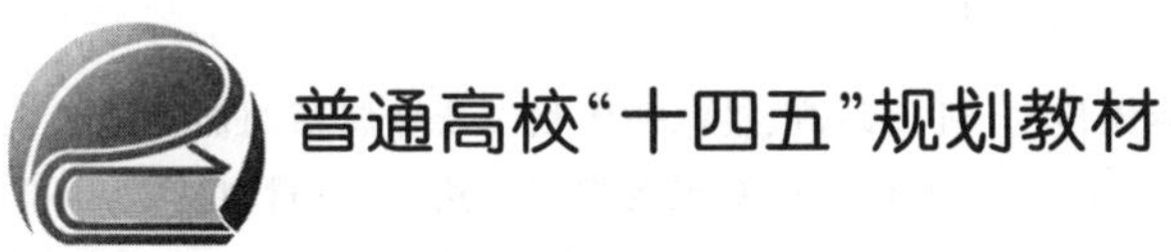

机械概论

（第3版）

杨书仪　刘中坚　彭春江　郭　勇　主编
余以道　主审

北京航空航天大学出版社

内 容 简 介

本书主要包括金属材料及热处理、机械设计、液压传动、机械制造、机电一体化以及金属切削加工工艺规程及经济分析6篇内容,介绍了金属材料的主要性能特点、热处理基础知识及常用方法、工程材料的选用;常用机构,常用机械传动装置,轮系、轴系零部件和机械零件设计的一般步骤;液压传动的工作原理和组成、液压元件、液压基本回路;金属成型和金属切削加工的各种加工方法、先进制造技术;传感技术、机电控制、数控加工技术、机器人技术;金属切削加工工艺过程、工艺规程的经济分析。

本书注重联系生产实际,采用3D视图表述,每章后面均附有练习思考题。

本书可作为高等院校本科、高职高专的自动化、电气工程、机器人技术、数控技术、计算机应用、经济类、管理类等非机械类专业的教材,也可作为有关专业技术人员的自学教材和参考书。

图书在版编目(CIP)数据

机械概论 / 杨书仪等主编. -- 3版. -- 北京 :北京航空航天大学出版社, 2020.4

ISBN 978-7-5124-3273-4

Ⅰ. ①机… Ⅱ. ①杨… Ⅲ. ①机械学-高等学校-教材 Ⅳ. ①TH11

中国版本图书馆CIP数据核字(2020)第025539号

机械概论(第3版)

杨书仪 刘中坚 彭春江 郭 勇 主编

余以道 主审

责任编辑 孙兴芳

*

北京航空航天大学出版社出版发行

北京市海淀区学院路37号(邮编100191) http://www.buaapress.com.cn

发行部电话:(010)82317024 传真:(010)82328026

读者信箱:goodtextbook@126.com 邮购电话:(010)82316936

涿州市新华印刷有限公司印装 各地书店经销

*

开本:787×1 092 1/16 印张:18.5 字数:474千字

2020年8月第3版 2020年8月第1次印刷 印数:2 000册

ISBN 978-7-5124-3273-4 定价:49.00元

第3版前言

机械学科是人类文明发展史上最古老的学科之一，随着科学技术的发展，今天的机械学科已经融入国民经济的各个领域。

本书是为高等院校非机械类专业编写的工业技术基础教材，注重基本概念、基本理论、基本方法、基本结构和用途的介绍，课内学习为40学时左右，可使近机械类及非机械类专业学生做到专博结合、一专多能，尽快掌握有关机械基础知识。自2012年8月第1版出版以来，本书受到全国许多高校师生的欢迎和肯定。随着机械工程学科的快速发展，根据部分教师和读者的意见和建议，编者结合近几年的教学实践，对第2版进行了修订，此次修订仍沿用第2版的体系结构，并保持了原有特色。本次修订增加了第五篇"机电一体化"；重新编写了第三篇"液压传动"，删除了过时或不合适的内容；其余各章节文字、图表也均作了适当的增减。

本书共6篇22章，内容主要包括金属材料及热处理、机械设计、液压传动、机械制造、机电一体化以及金属切削加工工艺规程及经济分析，介绍了金属材料的主要性能特点、热处理基础知识及常用方法、其他工程材料的选用；常用机构，常用机械传动装置，轮系、轴系零部件，机械零件设计的一般步骤；液压传动的工作原理和组成、液压元件、液压基本回路；金属成型、金属切削加工的各种加工方法、先进制造技术；传感技术、机电控制、数控加工技术、机器人技术；金属切削加工工艺过程、工艺规程的经济分析。

在本书的编写过程中，根据非机械类专业的特点，力求简化理论，突出重点，强调理论与工程实践的结合，技术与经济管理的结合，着力体现本书的综合性、实践性和可读性特点；内容阐述深入浅出，通俗易懂，书中插图采用3D效果视图，便于学生自学理解。

本书编写修订工作主要是在第2版基础上完成的，具体分工如下：湖南科技大学杨书仪编写并修订了第5章的5.1节、第6章的6.5节、第8章、第14章，郭勇编写并修订了第9～11章，彭春江编写了第15～17章、19章，刘中坚编写并修订了第3章的3.3节和3.4节、第4章、第18章、第21章、第22章。全书由杨书仪统稿及修改，余以道主审。

本书在编写和修订的过程中参阅和引用了部分院校的教材以及有关机械手

册和资料,有些插图来自于互联网,在此谨向相关作者和出版社表示衷心的感谢。

本书可作为高等院校本科、高职高专的自动化、电气工程、机器人技术、数控技术、计算机应用、经济类、管理类等非机械类专业的教材,也可作为有关专业技术人员的自学教材和参考书。

限于编者水平,书中难免存在不足和错误之处,恳请广大读者和有关专家学者不吝批评指正,并请将宝贵意见反馈到编者邮箱:ysy822@126.com。

编　者

2020 年 4 月

目　　录

第一篇　金属材料及热处理

第二篇　机械设计

第三篇　液压传动

第四篇　机械制造

第五篇　机电一体化

第六篇　金属切削加工工艺规程及经济分析

第一篇　金属材料及热处理

金属材料由纯金属和合金两部分组成，它是现代工业、农业、国防及科学技术的重要物质基础。生产中，各类机器设备、仪器仪表的制造都需要使用大量的金属材料。

本篇将研究金属材料及合金的性能与用途；金属及合金的结构、组织与性能三者之间的关系；改变金属与合金组织及工艺性能的方法等。

第1章　金属材料的基本知识

1.1　金属材料的主要性能

由纯金属元素组成，或以金属元素为主组成的具有金属特性的物质统称为金属材料。由两种或两种以上金属元素，或金属元素和非金属元素组成的具有金属特性的物质称为合金。比如，纯铜是由铜元素组成的金属材料，钢是由铁(Fe)和碳(C)两种元素组成的合金，黄铜是由Cu和Zn两种元素组成的合金。因为合金的力学性能和工艺性能比纯金属好，成本比纯金属低，所以工业上使用的金属材料主要为合金，极少使用纯金属。

金属材料的性能包括力学性能、物理性能、化学性能和工艺性能等，它是机械产品选材及机械零件加工工艺方案拟定的依据。金属材料性能的好坏直接影响金属零件及其制品的质量、使用寿命和加工成本。当金属材料作为结构材料使用时，主要以其力学性能指标作为选材依据。

1.1.1　金属及合金的力学性能

在外加载荷(外力)作用下，金属材料所表现出来的，抵抗变形和破坏的能力称为金属(合金)的力学性能。由于外加载荷(含静载荷、动载荷和交变载荷)的作用形式不同，金属材料抵抗外力的能力也不同。金属材料常用的力学性能有强度、塑性、硬度、冲击韧度及疲劳强度等。

1. 强　度

金属材料在外加载荷作用下，抵抗永久变形和破坏的能力称为强度。金属材料的强度越高，抵抗外力变形和破坏的能力就越大。由于载荷作用的方式不同，故强度可分为抗拉强度、抗压强度、抗弯强度、抗扭强度和抗剪强度。工程上常用的强度指标为屈服强度和抗拉强度。各种材料之间强度的比较一般用应力来表示,应力是单位面积材料承受的内力,单位为 Pa,实际中常用 MPa(兆帕)表示,1 MPa=10^6 Pa 或 1 MPa=1 N/mm^2,1 Pa=1 N。

(1) 屈服强度

材料承受载荷到一定数值后,不再增加载荷,而塑性变形仍然继续发生的现象称为屈服,材料产生屈服时的最小应力称为屈服强度 σ_s(MPa),表达式如下:

$$\sigma_s = \frac{F_s}{A_0} \tag{1-1}$$

式中:F_s 为屈服时承受的载荷(N);A_0 为试样原始横截面积(mm^2)。

对于高碳钢、铸铁等脆性材料,受载后一般无明显屈服现象,故屈服点的测量很困难。工程上常用残余伸长为 0.2%原长时的应力 $\sigma_{0.2}$ 作为屈服强度指标,该指标称为规定残余伸长应力,表达式如下:

$$\sigma_{0.2} = \frac{F_{0.2}}{A_0} \tag{1-2}$$

(2) 抗拉强度

试样在被拉断前所能承受的最大应力值称为抗拉强度 σ_b(MPa),表达式如下:

$$\sigma_b = \frac{F_b}{A_0} \tag{1-3}$$

式中:F_b 为试样拉断前承受的最大载荷(N);A_0 为试样原始横截面积(mm^2)。

一般情况下,机械零件都是在弹性状态下工作的,不允许发生微小的塑性变形,所以要求材料必须在低于 σ_s 的载荷条件下工作,以免引起零件的塑性变形。当然,材料也不能在超过 σ_b 的载荷条件下工作,否则容易使机械零件破坏。

(3) 拉伸曲线

把标准试样装夹在万能试验机上,缓慢加载拉伸,使试样在外加载荷作用下,不断伸长直至拉断,此过程载荷 F 与试样伸长量 ΔL 之间形成的曲线称为拉伸曲线。拉伸曲线一般由试验机自动绘出,金属材料的强度指标可通过拉伸实验测定。

图 1-1 所示为低碳钢(退火状态)拉伸曲线,图中纵坐标代表载荷 F(N),横坐标代表绝对伸长量 ΔL(mm)。从图 1-1 中可以看出,$F=0$ 时,$\Delta L=0$;缓慢加载使载荷从 $0 \to F_e$ 时,ΔL 成比例增加,此阶段为弹性变形阶段,若在该阶段卸除载荷,那么试样能恢复原样。当载荷从 $F_e \to F_s$ 时,ΔL 不再成比例伸长,该阶段为塑性变形(永久变形)阶段,此时卸除载荷,试样不能完全恢复原样。当载荷从 $F_s \to F_d$ 时,曲线接近水平,此阶段表示即使不再增加载荷,试样仍继续伸长,该阶段为屈服阶段。当载荷增至最大值 F_b 时,试样伸长量 ΔL 剧增,截面迅速变小形成“缩颈”,使得缩颈处单位面积承受的载荷大为增加,最后至 k 点断裂,所以 bk 段为缩颈阶段。

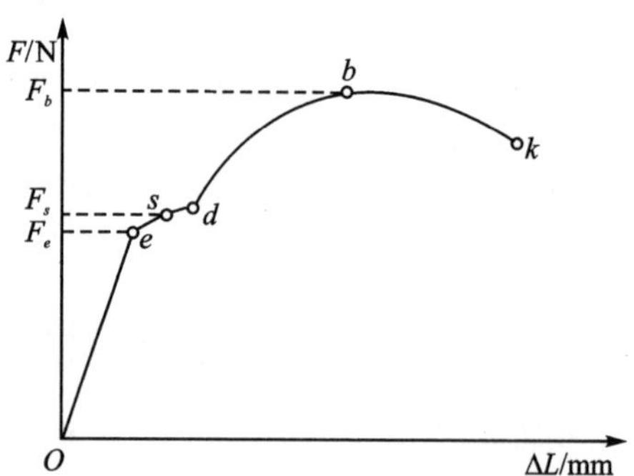

图 1-1 低碳钢(退火状态)拉伸曲线

2. 塑　性

金属材料在载荷作用下产生塑性变形而不会断裂的能力称为塑性。常用的塑性指标有断后伸长率和断面收缩率，这两项指标一般通过拉伸实验测定。

(1) 断后伸长率 δ

试样被拉断后，总伸长量与原始长度比值的百分比称为断后伸长率或延伸率，用符号 δ 表示，即

$$\delta=\frac{L_1-L_0}{L_0}\times 100\% \tag{1-4}$$

式中：L_0 为试样原始长度(mm)；L_1 为试样拉断后长度(mm)。

试样尺寸不同，δ 值的大小也不同。实验测定时，一般采用计算长度等于其直径 5 倍或 10 倍的标准化试样，断后伸长率代号分别用 δ_5 或 δ_{10} 表示。

(2) 断面收缩率 ψ

试样被拉断时，缩颈处横截面积最大缩减量与原始横截面积比值的百分比称为断面收缩率，用符号 ψ 表示，即

$$\psi=\frac{A_0-A_1}{A_0}\times 100\% \tag{1-5}$$

式中：A_0 为试样原始横截面积(mm^2)；A_1 为试样断口处横截面积(mm^2)。

一般情况下，δ 值或 ψ 值越大，金属材料的塑性越好，零件越能承受大的负荷，而不至于突然断裂。比如低碳钢塑性好，能承受大的负荷，常用于冷冲压、冷拔和锻打等压力加工；高碳钢、铸铁等塑性差，受力时容易突然断裂，一般不进行压力加工。

3. 硬　度

材料抵抗局部变形、压痕或划痕的能力称为硬度。硬度是衡量材料软硬程度的力学性能指标，硬度越高，耐磨性越好。常用的硬度指标有布氏硬度、洛氏硬度和维氏硬度。

(1) 布氏硬度 HB

测试原理如图 1-2 所示，采用直径为 D 的淬火钢球或硬质合金球，在布氏硬度计上压头规定的载荷 F 的作用下，压入被测金属表面，保持一定时间后卸除载荷，计算压痕单位表面积上所承受的平均压力，该值即为布氏硬度值，如下：

$$\text{HB}=\frac{F}{A_{\text{压}}} \tag{1-6}$$

式中：F 为试验力(kgf，1 kgf=9.8 N)；$A_{\text{压}}$ 为压痕表面积(mm^2)。

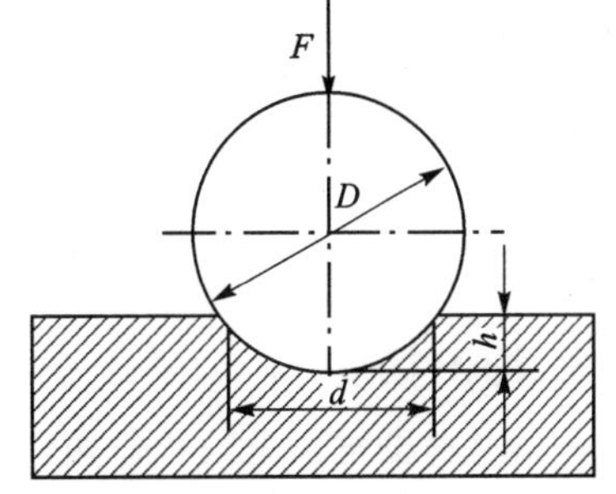

图 1-2　布氏硬度试验法

当压头为淬火钢球时，测定的布氏硬度值用 HBS 表示；当压头为硬质合金球时，测定的布氏硬度值用 HBW 表示。

实际工作中，布氏硬度值一般不需要计算，只要用放大镜测出压痕直径 d 的大小，即可查表得出 HB 值，比如：测量钢铁(厚度＞6 mm)材料硬度时，通常采用直径为 10 mm 的淬火钢球加 3×10^4 N 的载荷，再用放大镜测出压痕直径 d，查表得出 HB 值。由于布氏硬度试验留

下的压痕较大,能反映较大范围内金属各组成部分的平均性能,所以试验结果较准确。当测定低碳钢、灰铸铁、有色金属及未经淬火的中碳结构钢等材料的硬度时,一般采用布氏硬度,但对材料硬度高 (HB>450)、表面要求高或薄壁类零件硬度的测定,不宜用布氏硬度。

(2) 洛氏硬度 HR

洛氏硬度是通过测量压痕深度的大小来衡量材料硬度的高低的,压痕越深,硬度越低。测试原理如图 1-3 所示,用锥顶角为 120°的金刚石圆锥体或 ϕ1.588 mm(1/16 in)的淬火钢球作为压头压入金属表面。为保证测量精度,先要轻施初载荷使压头与试样表面接触良好,再施加主载荷保持一定时间后卸除,由压痕深度 h 值的大小确定材料的洛氏硬度值。

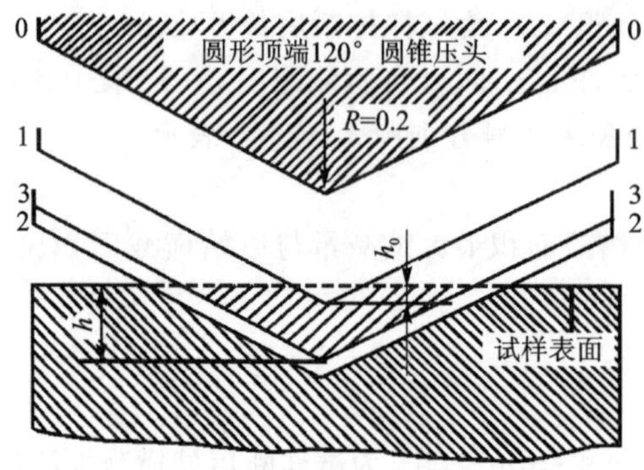

图 1-3 洛氏硬度试验法

洛氏硬度值不用计算,可从表盘上直接读出。为适应不同的材料、不同的硬度,在洛氏硬度试验机上用 A、B、C 三种标尺分别代表三种载荷值,测得的硬度分别为 HRA、HRB 和 HRC。A、B、C 三种标尺的压头类型、载荷及应用范围如表 1-1 所列。

表 1-1 洛氏硬度试验条件及应用范围

符号		压头类型	载荷 F/kgf		应用
标尺	硬度值		初	总	
A	HRA	120°金刚石圆锥体	100	600	硬质合金、表面淬火、渗碳钢
B	HRB	ϕ1.588 mm 钢球	100	1 000	非金属、退火及正火钢、铜合金
C	HRC	120°金刚石圆锥体	100	1 500	淬火钢、调质钢及硬度高的工件

4. 冲击韧度

金属材料抵抗冲击载荷作用而不被破坏的能力称为冲击韧度。机器上的某些零件(如飞机起落架、冷冲模上的冲头、汽车启动和刹车装置等)在工作时经常要承受短时冲击载荷,对这类需要承受冲击载荷的零件和结构,除了要有高的强度和一定的塑性外,还要有足够的冲击韧度。冲击韧度的测定原理如图 1-4 所示,选取一件带 V 型或 U 型缺口的标准试样,放在冲击试验机支座上,由置于一定高度的重锤自由落下并一次冲断试样,则冲击韧度值 α_k(J/cm^2)等于试样缺口处单位截面积上所消耗的冲击功,即

$$\alpha_k = \frac{W_k}{A} \tag{1-7}$$

式中:W_k 为冲击功(J);A 为试样断口处的横截面积(cm^2)。其中,α_k 值越大,材料的韧性越

好，受冲击时越不容易断裂。常用的冲击试验机能直接从刻度盘上读出冲击功，不需要计算。

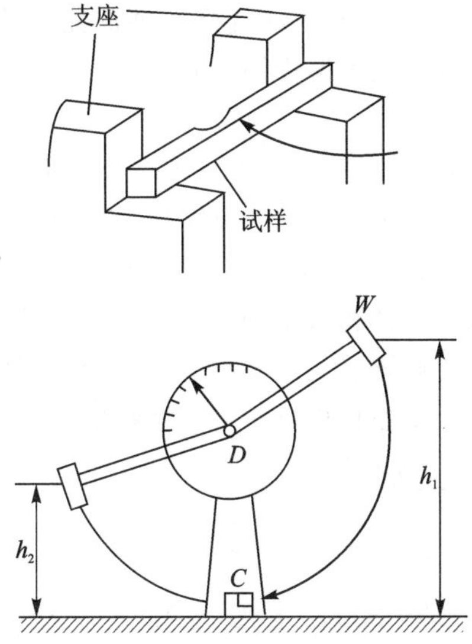

图 1－4　冲击韧度的测定示意图

5. 疲劳强度

机器中的许多零件(比如齿轮、连杆、轴、弹簧等)，工作时经常要承受交变循环载荷的作用。虽然这种交变载荷小于材料的强度极限，但经多次循环后，容易在没有明显塑性变形的情况下突然断裂。金属在交变载荷的循环作用下产生疲劳裂纹并使其扩展而导致的断裂称为疲劳破坏或疲劳断裂。疲劳破坏是在没有预兆的情况下突然发生的，大部分工作中被损坏的机械零件都属于疲劳破坏。疲劳破坏经常发生且极具危险性，常造成严重事故。

材料在指定的循环基数下不产生断裂时，所能承受的最大应力称为疲劳强度(σ_{-1})。疲劳强度的大小与应力变化次数有关，按照一般的规定，黑色金属材料循环次数为 $10^6 \sim 10^7$ 次，有色金属材料循环次数为 10^8 次。

疲劳破坏断裂的原因很多，普遍认为，当材料表面有划痕、缺口，材料内部有气孔、夹杂物，或长期处在交变应力的反复作用下时，零件容易出现疲劳断裂。为了提高机械零件的疲劳强度，延长其使用寿命，可通过采取改善零件的内部组织，改变零件的外部结构形状(如避免尖角)，减小和避免应力集中，减少表面碰伤、刀痕，对零件进行表面热处理、表面强化处理等方法来实现。

1.1.2　金属及合金的工艺性能

金属材料对不同加工工艺方法的适应能力称为金属材料的工艺性能。金属材料的工艺性能反映了金属材料接受各种加工及处理时难易的适应程度，对零件的制造工艺、产品质量、加工生产率和生产成本等均有极大的影响。不同的加工、成型和处理方法，对金属材料工艺性能的要求也不同，材料的工艺性能必须与之相适应。金属材料常用的工艺性能包括：铸造性能、锻造性能、切削加工性能和焊接性能等。

1. 铸造性能

金属及其合金在铸造工艺过程中,获得的优良铸件的能力称为铸造性能。衡量铸造性能好坏的主要指标包括:流动性、收缩性和偏析倾向。

(1) 流动性

金属熔融后的流动能力称为流动性,流动性主要受金属化学成分和浇注温度的影响。金属的流动性越好,越容易充满铸型,越能获得外形完整、尺寸精确、轮廓清晰的铸件。

(2) 收缩性

铸件冷却或凝固时,铸件尺寸或体积减小的现象称为收缩性。铸件的收缩轻微时会影响尺寸的精度,严重时则会使铸件产生疏松、缩孔、变形、内应力和开裂等缺陷。如图1-5所示的圆筒形铸件,其收缩时转角处容易产生缩孔和裂缝。一般来说,金属的收缩率越小,铸造性能越好。

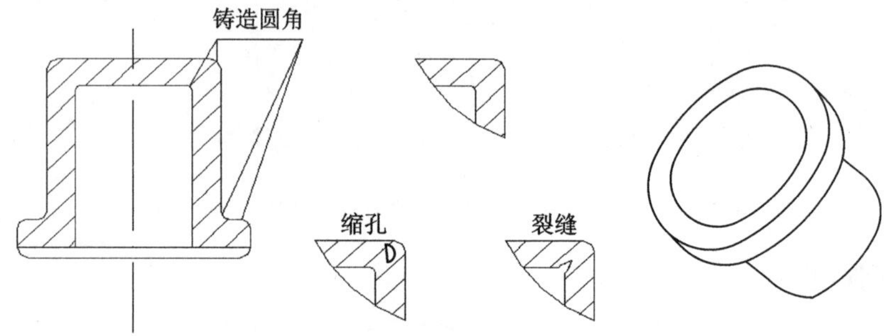

图1-5 铸件收缩时产生的缩孔、裂缝

(3) 偏析倾向

金属凝固后,出现的内部化学成分及组织不均匀的现象称为偏析。偏析严重时会降低铸件的质量,并使铸件各部分的力学性能产生差异。偏析的存在对大型铸件的危害极大。

2. 锻造性能

金属及其合金采用锻压成形的方法,获得优良锻件的难易程度称为锻造性能。锻造性能的好坏取决于金属塑性及变形抗力,塑性越好,变形抗力越小,金属的锻造性能越好。常温下,黄铜及铝合金的锻造性能良好,加热状态下的碳钢锻造性能较好,铸件材料则不能进行锻压。

3. 切削加工性能

金属材料切削加工的难易程度称为切削加工性能。切削加工性能的好坏取决于工件切削后的表面光洁度以及刀具的使用寿命等。影响金属切削加工的因素很多,主要有工件的化学成分、工件硬度、材料塑性、形变强度和导热性等。通常,铸铁的切削加工性能优于钢,普通碳钢的切削加工性能优于高合金钢。工业生产中,常采用适当的热处理方式或改变钢的化学成分的方式,来改善钢的切削加工性能。

4. 焊接性能

金属材料对焊接加工的适应能力(或在一定的焊接工艺条件下,获得高质量焊接接头的难易程度)称为焊接性能。碳钢及低合金钢的焊接性能取决于碳含量及其化学成分,低碳钢焊接性能良好,高碳钢和铸件的焊接性能较差。

1.2　铁碳合金的结构

以铁和碳两种元素为主组成的金属材料称为铁碳合金。铁碳合金按含碳量多少分为工业纯铁、钢和生铁。工业纯铁含碳量低(ω_C<0.021 8%),塑性好,强度、硬度很低,不耐磨,所以极少用来制造机器零件。在纯铁中加入少量碳元素后变成钢(钢为ω_C=0.021 8%～2.11%的铁碳合金),钢的组织和性能不同于纯铁,强度和硬度明显提高,在工业生产中被广泛使用。根据含碳量及室温组织的不同,钢又分为共析钢(ω_C=0.77%)、亚共析钢(ω_C<0.77%)和过共析钢(ω_C>0.77%)三种。当纯铁中碳元素含量继续增大至2.11%<ω_C<6.69%时变成白口铁。白口铁按室温组织的不同,分为共晶白口铁(ω_C=4.3%)、亚共晶白口铁(2.11%<ω_C<4.3%)和过共晶白口铁(4.3%<ω_C<6.69%)。

1.2.1　铁碳合金组织

在铁碳合金中,碳可以熔解在铁中形成固溶体(固溶体指溶质原子溶入金属溶剂的晶格中所组成的合金相),或形成化合物与固溶体的机械混合物(机械混合物指由纯金属、固溶体、金属化合物这些合金的基本相按照固定比例构成的组织);碳也可以与铁形成一系列金属化合物(如Fe_3C、Fe_2C及FeC等)。常用的铁碳合金在固态时的基本组织有:铁素体、奥氏体、渗碳体、珠光体和莱氏体。碳溶于α铁中形成的间隙固溶体称为铁素体,用符号F表示。碳溶于γ铁中形成的间隙固溶体称为奥氏体,用符号A表示;碳与铁形成的具有复杂晶格的金属化合物称为渗碳体,用符号Fe_3C表示;由软的铁素体片和硬的渗碳体片相间组合而成的机械混合物称为珠光体,用符号P表示;碳的质量分数为4.3%的液态铁碳合金,在冷却到1 148 ℃时,由液态中同时结晶出奥氏体和渗碳体的共晶体称为莱氏体,用符号Ld表示。各种基本组织的形成机理及综合性能如表1-2所列。

表1-2　铁碳合金基本组织形成机理及综合性能

组织名称(代号)	形成机理	综合性能
铁素体(F)	碳溶于α铁中形成的间隙固溶体,α铁体心立方结构保持不变,碳溶解度小	含碳量低,强度及硬度低,塑性及韧性好,性能近似工业纯铁
奥氏体(A)	碳溶于γ铁中形成的间隙固溶体,γ铁面心立方结构保持不变,碳溶解度较大	强度及硬度一般,塑性及韧性良好,抗变形能力差,属高温组织
渗碳体(Fe_3C)	碳与铁形成的具有复杂晶格的金属化合物	含碳量高(ω_C=6.69%),强度及硬度高,塑性及韧性极低
珠光体(P)	由软的铁素体片和硬的渗碳体片相间组合而成的机械混合物	含碳量高(ω_C=0.77%),有较高的强度和硬度,足够的塑性及韧性
莱氏体(Ld)	ω_C=4.3%的液态铁碳合金,冷却到1 148 ℃时,由液态中同时结晶出奥氏体和渗碳体的共晶体	含碳量ω_C=4.3%,硬度很高,塑性很差,属白口铸铁的基本组织

钢中含碳量越高,渗碳体所占比重越大,强度、硬度越高,塑性、韧性越低。渗碳体在一定条件下,可以分解为铁和自由状态的石墨:

$$Fe_3C \rightarrow 3Fe + C(石墨)$$

1.2.2 铁碳合金相图

反映铁碳合金在结晶过程中温度、合金成分及组织之间关系或状态的图形称为铁碳合金相图,如图 1-6 所示。看图时须注意下列问题:①铁碳合金相图是在极缓慢冷却(或加热)条件下绘制测定的图形;②对含碳量高(ω_C>6.69%)的 Fe_2C 及 FeC 来说,因为脆性太大,没有实用价值,所以图 1-6 所示的铁碳合金相图是含碳量为 0~6.69%的合金部分;③当碳的质量分数等于 6.69%时,铁元素和碳元素形成的金属化合物 Fe_3C 可看成是合金的一个组元,所以铁碳合金相图实际上是 $Fe-Fe_3C$ 的相图。

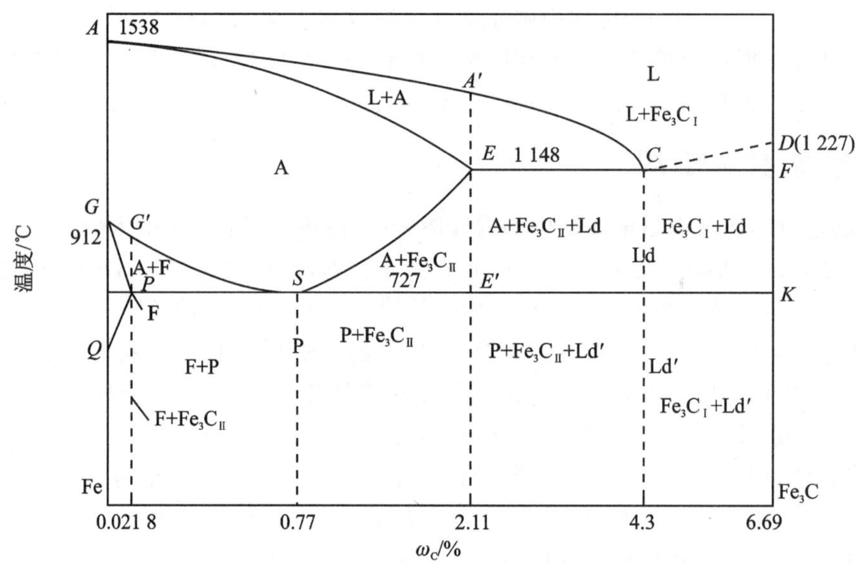

图 1-6 简化的铁碳合金相图

1. $Fe-Fe_3C$ 相图分析

在铁碳合金相图中,纵坐标代表温度,横坐标代表碳的质量分数。横坐标最左端(坐标原点)碳的质量分数等于零,属纯铁;横坐标最右端碳的质量分数等于 6.69%,是铁碳合金 Fe_3C。

(1) $Fe-Fe_3C$ 相图中特性点的含义

在铁碳合金相图中用字母标出的点均表示一定特性(成分和温度),这些点称为特性点。各特性点的温度及含义如表 1-3 所列。

表 1-3 铁碳合金相图中的特性点

特性号	温度/℃	ω_C/%	含 义
A	1 538	0	纯铁熔点
C	1 148	4.30	共晶点
D	1 227	6.69	渗碳体熔点(按热力学的计算值)
E	1 148	2.11	碳在 γ 铁中的最大溶解度
G	912	0	α 铁⇌γ 铁同素异晶转变点
S	727	0.77	共析点
P	727	0.021 8	碳在 α 铁中的最大溶解度
Q	室温	0.008	室温下碳在 α 铁中的溶解度

(2) $Fe-Fe_3C$ 相图中图线的含义

铁碳合金相图中各条线实际上是铁碳合金内部组织发生转变时的组织转变线。各线的名称及含义如下：

① *ACD* 为液相线。铁碳合金在该线以上的温度区域为液态，缓冷至该线时开始结晶。

② *AEC* 为固相线。当铁碳合金缓冷至该线时，全部结晶为固态，该线以下区域为固态区。简化后的相图中有两条水平线，代表两个等温反应。

- *ECF* 水平线为共晶转变线（生铁的固相线）。当 $\omega_C>2.11\%$ 的液态铁碳合金缓冷至此线（1 148 ℃）时，均会发生共晶转变，生成莱氏体（Ld），如下：

$$Lc \rightarrow Ld(A_E + Fe_3C)$$

- *PSK* 水平线为共析反应线，又称 A_1 线。反应产物为珠光体（铁素体和渗碳体的机械混合物）。当 $\omega_C>0.021\ 8\%$ 的铁碳合金缓冷至此线（727 ℃）时，均发生共析转变，由奥氏体变为珠光体（P），如下：

$$A_S \rightarrow P(F_P + Fe_3C)$$

③ *GS* 线是从奥氏体中析出铁素体的开始线，又称 A_3 线。当 $\omega_C<0.77\%$ 的铁碳合金缓冷至此线时开始从奥氏体中析出铁素体，或加热至此线时铁素体即停止转变为奥氏体。

④ *ES* 线是碳在 γ 铁中的溶解度曲线，又称 A_{cm} 线。其表示在 *AESG* 区域中的奥氏体，随着温度的缓慢下降，组织继续发生改变，至 *GS* 线时开始析出铁素体，至 *ES* 线时开始析出二次渗碳体（$Fe_3C_{Ⅱ}$），至 *ES* 与 *GS* 线的交点 *S*（727 ℃，ω_C 为 0.77%）时发生共析反应（*S* 点为共析点）。通过共析反应，可从奥氏体中同时析出铁素体与二次渗碳体的机械混合物（珠光体）。

⑤ *PQ* 线是碳在铁素体中的溶解度曲线。其表示铁碳合金从 727 ℃缓冷至 600 ℃时，碳的溶解度 ω_C 从最大的 0.021 8%下降至 0.008%，即室温下几乎不溶碳。此时，铁素体中多余的碳将以渗碳体形式析出，称为三次渗碳体（$Fe_3C_{Ⅲ}$）。第一、二、三次渗碳体的成分、晶体结构和性能都相同，只是渗碳体形成来源、分布、形态不同，因此对铁碳合金的作用和性能影响有所不同。

2. 钢在缓慢冷却中的组织转变

由铁碳合金相图可知，不管含碳量多少，当钢液冷却至 *AC* 线时即开始析出奥氏体。随着温度下降，奥氏体不断增加，钢液不断减少，当温度降到 *AE* 线时，结晶完毕成为均匀的奥氏体组织；当温度在 *AE* 线和 *GSE* 线之间时，奥氏体不发生组织转变；当温度降低至 *GSE* 线时，含碳量不同的奥氏体会发生三种不同组织的转变。表 1-4 所列为钢在缓慢冷却过程中的组织转变。

表 1-4　钢在缓慢冷却过程中的组织转变

钢的类别	组织转变过程	*PSK* 线以下组织	组织转变简图
共析钢 $\omega_C=0.77\%$	奥氏体缓冷至 *S* 点，全部变成珠光体	P （珠光体）	A　P(F+Fe₃C)

续表 1-4

钢的类别	组织转变过程	PSK 线以下组织	组织转变简图
亚共析钢 0.021 8%<ω_C<0.77%	自高温缓冷至 *GS* 线,奥氏体中开始析出铁素体;随着温度继续下降,铁素体不断增加,当温度降至 *PSK* 线时,停止析出铁素体,碳的质量分数增至 0.77%,发生共析反应,析出珠光体	P+F 机械混合物 (铁素体+珠光体)	A → A+F → F+P(F+Fe_3C)
过共析钢 0.77%<ω_C≤2.11%	自高温缓冷至 *ES* 线,奥氏体中开始析出渗碳体;随着温度下降,渗碳体不断增加。当温度降至 *PSK* 线时,停止析出渗碳体,碳的质量分数减少至 0.77%,发生共析反应,析出珠光体	P+ Fe_3C_{II} 机械混合物 (网状渗碳体+珠光体)	A → A-Fe_3C_{II} → P+Fe_3C_{II}

1.3 钢的热处理方法

1.3.1 钢的热处理原理

1. 概　述

将固态金属或合金采用适当的方式进行加热、保温和冷却,以获得所需组织结构与性能的工艺称为钢的热处理。

根据热处理目的和工艺方法的不同,热处理分为普通热处理和表面热处理。普通热处理又分为退火、正火、淬火和回火;表面热处理分表面淬火和化学热处理,其中表面淬火含火焰加热和感应加热,化学热处理含渗碳和渗氮等。热处理方法虽然很多,但任何一种热处理工艺都是由加热、保温和冷却三个阶段组成的。热处理工艺过程可用温度-时间坐标系中的曲线图表示,这种曲线称为热处理工艺曲线,见图 1-7 所示。

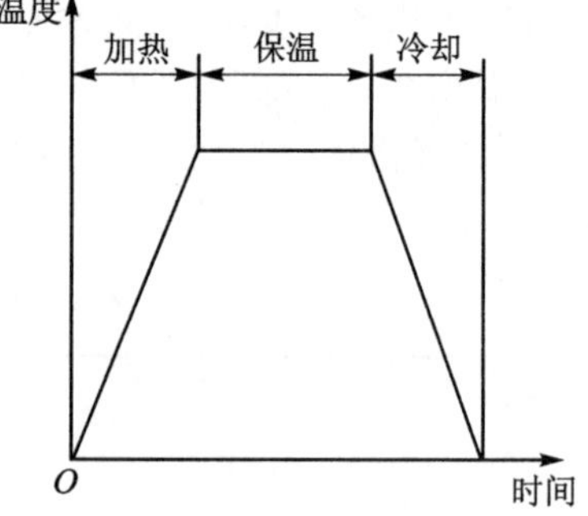

图 1-7　热处理工艺曲线示意图

2. 钢在加热时的转变

在处理工艺中,当钢被加热到一定温度时,将得到一种叫奥氏体的内部组织。该组织强度及硬度高,塑性良好,晶粒大小、晶粒成分及均匀化程度对钢冷却后的组织和性能有着重要的影响。因此,为了得到细小均匀的奥氏体晶粒,必须

严格控制钢的加热温度和保温时间，确保钢在冷却后获得高性能的组织。

3. 钢在冷却时的转变

钢的冷却是热处理的关键工序，成分相同的钢经加热获得奥氏体组织后，当以不同的速度冷却时，将获得不同的力学性能，见表 1－5。

表 1－5　冷却速度与力学性能

冷却方法	随炉缓冷	空　冷	油　冷	水　冷
冷却速度	10 ℃/min	10 ℃/s	150 ℃/s	600 ℃/s
所得硬度(HRC)	12	26	41	63

1.3.2　退火与正火

1. 退　火

将钢加热到合适的温度，保温一定时间，然后缓慢冷却（一般随炉冷却或埋入导热性较差的介质中一段时间）以获得接近相图中常温组织的热处理工艺称为退火。退火能降低零件的硬度以利于切削加工，也能改善组织、细化晶粒、提高零件的机械性能，消除零件的内应力。由于钢的成分和退火目的不同，退火可分为完全退火、球化退火、等温退火、去应力退火、扩散退火和再结晶退火等。

2. 正　火

将钢件加热到组织转变为奥氏体的临界温度以上，使其完全奥氏体化，保温后出炉空冷的热处理工艺称为正火。正火的冷却速度比退火稍快，经正火得到的珠光体组织较细，钢的强度和硬度有所提高；且正火操作简便，采用炉外冷却（空冷、风冷或喷雾冷），能量耗费少，成本较低，生产率较高，所以应用广泛。

1.3.3　淬火与回火

1. 淬　火

将钢加热到组织转变为奥氏体的临界温度以上，以急剧水冷或油冷等方式，快速（超过临界冷却速度）冷却的热处理工艺称为淬火。淬火能使钢获得马氏体组织，提高刀具或量具的硬度与耐磨性，也能改善一般结构零件的强度和韧性。淬火作为强化钢材的主要手段之一，常和回火一起配合使用。常用淬火方法有双液淬火、单液淬火、马氏体分级淬火和贝氏体等温淬火等。

2. 回　火

将经过淬火后的钢重新加热到组织转变为奥氏体临界温度以下某一温度，保温一定时间，然后冷却（一般空冷）至室温的热处理工艺称为回火。回火能消除或减少淬火产生的内应力，防止工件变形、开裂，提高工件韧性，降低工件脆性；回火还能调节硬度，使工件获得稳定的尺寸和较好的力学性能组织。

回火分为低温回火、中温回火和高温回火。低温回火能减小工件内应力，降低脆性，保持淬火后高的硬度和高的耐磨性，主要用于处理要求硬度高、耐磨性好的零件（如刃具、量具、模具等),温度范围为150～250 ℃。如果在100～150 ℃的溶液中(水溶液或油溶液)长时间低温回火,就能提高精密零件或量具尺寸的稳定性,该种回火方式称为时效处理。

中温回火能使工件获得足够的韧性、高的弹性及高的屈服极限,常用于各种弹簧、发条及锻模等,温度范围为350～500 ℃。

高温回火能消除淬火应力,使零件获得一定的强度、硬度、塑性、韧性及综合力学性能,温度范围为500～650 ℃。生产中习惯于将淬火后再高温回火的热处理工艺称为调质处理。调质处理一般用于处理要求综合机械性能较好的重要零件,如曲轴、连杆、齿轮、螺栓、轴承等。

1.3.4 表面热处理

通过改变零件表层组织或表层化学成分的热处理方法称为表面热处理。表面热处理分表面淬火及化学热处理两种。

机器中的许多零件,如齿轮、曲轴、凸轮、活塞销等在工作时,既要承受一定的摩擦及动载荷,又要具有高的硬度、耐磨性及足够的心部强度和韧性。高碳钢硬度高但心部韧性不好,低碳钢心部韧性好但表面硬度低,不耐磨,而表面热处理能同时兼顾零件的表面及心部要求。

1. 表面淬火

对零件进行快速加热,使其表面层迅速淬硬,而心部在来不及被加热的情况下迅速冷却的热处理方法称为表面淬火。表面淬火能使零件表面层获得高的硬度,心部仍保持原组织不变。

表面淬火快速加热的方法有火焰加热、电感应加热、脉冲能量加热、电接触加热等,目前应用最广的是火焰加热及电感应加热。

利用氧和乙炔或氧和煤气等混合气体燃烧的火焰快速加热零件,使零件表面层迅速被加热到淬火温度,而热量还未能向零件心部传递时,立即喷水(乳化液)冷却的方法称为火焰加热表面淬火(见图1-8)。该方法设备简单,表面层淬硬速度快,工件变形小,适用于单件、小批或大型工件的热处理(如大齿轮、钢轨面等)。但淬火质量难以保证,容易过热,使用起来有一定的局限性。

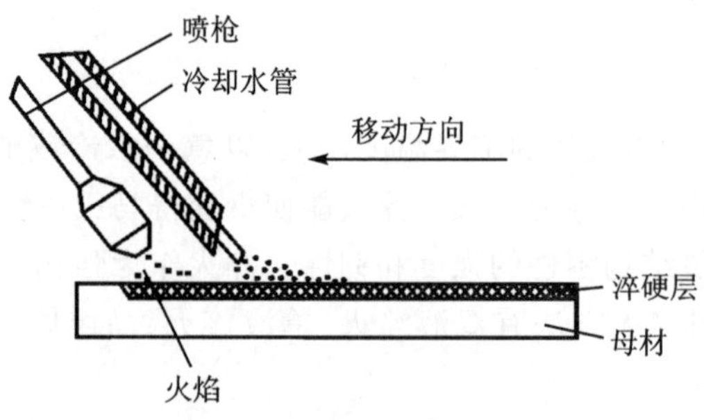

图1-8　火焰加热表面淬火

将工件放入用铜管绕成的线圈内,在线圈中通以一定频率的交流电,使其产生频率相同的交流磁场。在工件内部,同样会产生与线圈电流频率相同、方向相反的感应电流,即涡流,涡流能使电能变成热能,且主要集中在零件表面,频率越高,涡流集中的表面层越薄,这种现象称为集肤效应。

利用集肤效应原理,使工件表面层快速加热到淬火温度后,立即喷水冷却使表层淬硬的方法称为感应加热表面淬火,如图1-9所示。由于频率不同,感应加热装置分为高频(100～

1 000 kHz)、中频(1～10 kHz)和工频(普通工业电 50 Hz) 三种,三种方式的淬硬深度随电流频率的降低而增加,分别为:高频淬火,能得到 0.5～2 mm 深的淬硬层;中频淬火,能得到 2.4～10 mm 深的淬硬层;工频淬火,能得到大于 10～15 mm 深的淬硬层。

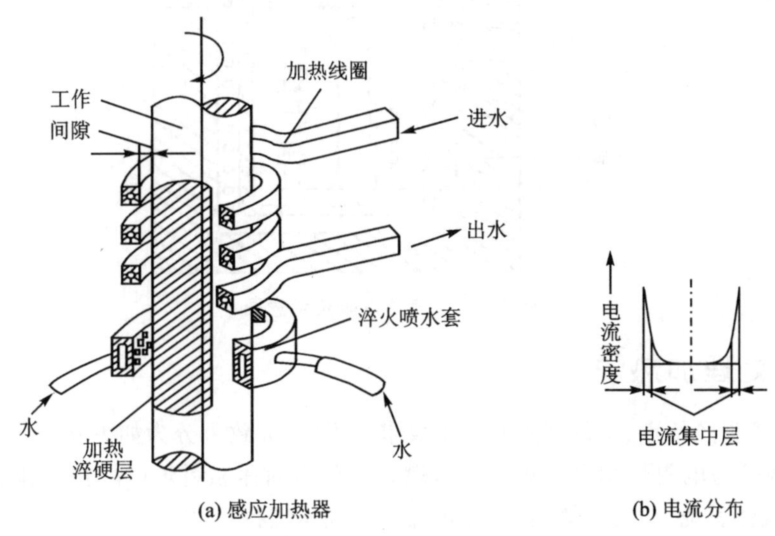

图 1-9　感应加热表面淬火

感应加热表面淬火因速度快,生产效率高,产品质量好,易于实现机械化、自动化,在大批量流水线生产中得到了广泛应用;但因设备昂贵,设备维修、调整困难,且对复杂形状零件的感应器不易制造,所以不宜用于单件或小批生产中。

2. 化学热处理

将钢件放入一定温度的活性介质中,经加热、保温,使介质中的一种或几种活性原子渗入到钢件表层,以改变表层化学成分、组织和表层性能的热处理工艺称为化学热处理。化学热处理按表面渗入元素的不同,可分为渗碳、渗氮、渗硼、渗金属(铝、铬等)和氰化(碳氮共渗)等,常用的是渗碳和渗氮。

(1) 钢的渗碳

将钢件置于渗碳介质中加热保温,使碳原子渗入钢件表层,表层含碳量增加的化学热处理工艺称为钢的渗碳,如图 1-10 所示。渗碳后的钢件经淬火、低温回火后,能提高表层硬度和耐磨性,而心部仍保持一定的强度及良好的塑性和韧性。

(2) 钢的渗氮

在一定温度下,将活性氮原子渗入钢件表面,使表层含氮量增加的化学热处理工艺称为钢的渗氮(或氮化),被渗氮的钢的表层称为氮化层。氮化层具有高硬度、高耐磨性及良好的耐疲劳和耐蚀等性能。零件经渗氮处理后,能在 600 ℃高温环境下使用,而表层硬度不会显著降低。经过渗氮后,不需要淬火,零件变形小、精度高。工业生产中的氮化用钢多数为含有铬、钼、铝等元素的合金钢,因为这些合金元素能和氮形成高硬度且性能稳定的氮化物(如 TiN、AlN 等)。

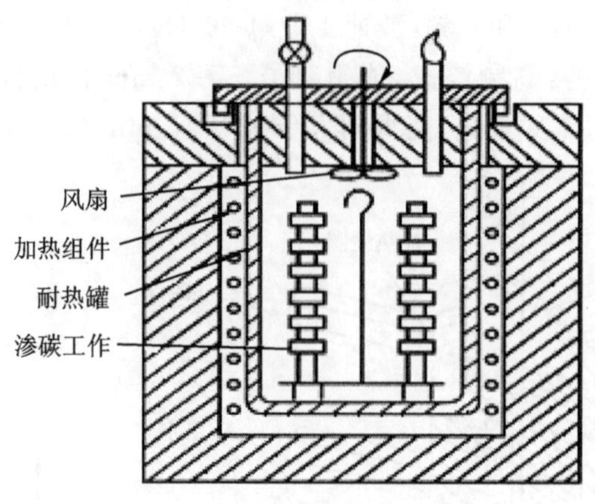

图 1-10 气体渗碳法示意图

1.3.5 热处理加热炉

根据热处理生产特点、工件特点及技术要求的不同,大致可分为如下几类:

① 按热源分为电阻炉和燃料炉,其中,燃料炉分为固体燃料炉(煤、焦碳作燃料)、液体燃料炉(重油等液体燃烧)和气体燃料炉(焦炉煤气等气体燃料)三类。

② 按炉型分为箱式炉和井式炉。

③ 按工作温度分为高温炉(1 000～1 300 ℃)、中温炉(650～1 000 ℃)和低温炉(低于 650 ℃)。

④ 按加热介质分为空所炉(空气介质)、控制气氛炉(特制的含一定成分的气体介质)和浴炉。其中,浴炉又分为盐浴炉(熔盐介质)、碱浴炉(熔碱介质)、油浴炉(油液介质)。

电阻炉由于具有热源方便、炉温均匀、好控制、热处理质量高,易于实现机械化、自动化等优越性而被广泛使用。

练习思考题

1-1 金属及其合金有哪些基本的力学性能?

1-2 一根标准拉力试棒直径为 10 mm,长度为 50 mm。试验时测出材料在 26 000 N 时屈服,45 000 N 时断裂。拉断后试棒长度为 58 mm,断口直径为 7.75 mm。试计算 σ_s、σ_b、δ 和 ψ。

1-3 默绘出简化后的铁碳合金相图。

1-4 参考图 1-6,简述各典型成分在缓冷时的组织转变过程。

1-5 什么是热处理? 热处理的目的是什么? 热处理有哪些基本类型?

1-6 解释名词术语:退火、正火、淬火、回火及调质处理。

1-7 什么叫钢的表面热处理? 常用的表面热处理方法有哪些?

1-8 什么是表面淬火? 常用的表面淬火方法有哪些?

1-9 何谓化学热处理? 常用的化学热处理有哪几种?

1-10 什么叫钢的渗碳? 渗碳的主要目的是什么?

1-11 什么叫钢的渗氮? 渗氮的作用是什么? 工业上常用的氮化用钢有哪些?

1-12 热处理加热炉是如何分类的?

第 2 章　黑色金属材料

金属材料由黑色金属材料(钢铁材料)和非铁金属材料两大类组成。黑色金属又分为碳素钢和合金钢,黑色金属以外的其他金属称为非铁金属。

2.1　碳素钢

含碳量小于 2.11%的铁碳合金称为碳素钢,简称碳钢。碳钢中除了铁、碳两种元素外,还含有少量的锰、硅、硫、磷等杂质。碳素钢因为冶炼方便、加工容易、不消耗贵重合金元素、价格低,通过不同的热处理工艺能获得一定的力学性能,所以被广泛应用于建筑、交通运输及机械制造领域。但是,由于碳素钢的淬透性及热硬性低,不能用于大尺寸、重载荷的零件,也不能用于耐热、耐磨、耐蚀等方面的零件,所以影响了它的使用范围。

2.1.1　碳钢的分类

碳钢的分类方法有很多,常按其化学成分、冶金质量和用途进行分类,如下:

① 按钢中碳元素的含量可分为低碳钢($\omega_C<0.25\%$)、中碳钢($0.25<\omega_C<0.6\%$)和高碳钢($0.6<\omega_C<1.4\%$);

② 按钢中有害杂质硫、磷含量的多少,可分为普通碳素结构钢($\omega_S\leqslant0.050\%$,$\omega_P\leqslant0.045\%$)、优质碳素结构钢($\omega_S\leqslant0.035\%$,$\omega_P\leqslant0.035\%$)和高级优质碳素结构钢($\omega_S\leqslant0.020\%$,$\omega_P\leqslant0.030\%$);

③ 按钢的用途不同,可分为碳素结构钢(含碳量 0.06%~0.38%,属中、低碳钢,硫、磷含量较高)、碳素工具钢(含碳量 0.65%~1.35%,属高碳钢)和铸钢。

2.1.2　碳钢的牌号、性能及用途

1. 结构钢

(1) 碳素结构钢

碳素结构钢牌号用"Q+数字+质量等级符号+脱氧方法符号"表示。比如,Q235 - AF 中的"Q"代表钢材料屈服点"屈"字汉语拼音的字首;屈服点 $\sigma_s=235$ MPa;质量等级符号分 A、B、C、D 四个等级,A 级质量最差,D 级质量最好,此处为 A 级质量。脱氧方法符号用 F、b、Z、TZ 表示,F 为沸腾钢,属不脱氧钢;b 为半镇静钢,属半脱氧钢;Z、TZ 分别代表镇静钢和特殊镇静钢(Z、TZ 通常省略),这两种钢是完全脱氧钢。此处为沸腾钢。碳素结构钢的塑性、韧性均较好,一般在供应状态下使用,不需要进行热处理,主要用于制作钢筋、钢板等建筑用材及机器构件。

(2) 优质碳素结构钢

优质碳素结构钢牌号由两位数字组成,表示钢中碳的平均万分含量(质量分数),如 45 钢

表示 ω_C=0.45%。含锰量高的优质碳素结构钢牌号后面需附加 Mn 元素符号，如 20Mn、15Mn 等。优质碳素结构钢中硫、磷等有害杂质含量较少，常用于制造比较重要的机械零件，而且一般需要热处理。

当 ω_C<0.25%时，优质碳素结构钢的塑性、韧性均好，焊接性能优良，容易冲压成形，但强度较低，适用于制造各种冲压及焊接件。

当 ω_C=0.3%～0.5%时，优质碳素结构钢的强度高，塑性、韧性稍低，经过热处理后可获得良好的综合力学性能，适用于制造齿轮、轴类零件及重要的螺栓、销钉等。

当 ω_C>0.55%时，优质碳素结构钢经过热处理后可获得高的强度、高的硬度及良好的弹性，适用于制造弹簧及耐磨零件。

2. 碳素工具钢

按钢中有害杂质硫、磷的含量可分为优质碳素工具钢和高级优质碳素工具钢。碳素工具钢牌号用"T+数字"表示，其中，"T" 代表"碳"字汉语拼音的字首，数字表示含碳量的千分数。若为高级优质碳素工具钢，则在牌号后加 A，如 T12 中的数字表示平均含碳量 ω_C=1.2%；T10A 中的数字表示平均含碳量 ω_C=1%，A 表示高级优质。碳素工具钢因为热处理变形大，热硬性较低，所以仅适用于制造非精密量具、金属切削低速手用刀具(如锉刀、锯条、手用丝锥、剃刀、刮刀)、模具及木工工具等。常用的碳素工具钢有 T8、T10、T12、T10A 及 T12A 等。

3. 铸 钢

铸钢按化学成分分为二类：铸造碳钢和铸造合金钢，其中，铸造碳钢占 80%以上，牌号由"ZG+数字+数字"组成，第一组数字为该牌号铸钢屈服点，第二组数字为抗拉强度。比如，ZG310—570 表示工程铸钢的屈服强度 σ_s=310 MPa，抗拉强度 σ_p=570 MPa。企业生产中，铸钢用于制作形状复杂、难以锻压成形且不宜采用铸铁材料的零件。常用铸钢有 ZG200-400、ZG230-450 等。

2.2 合金钢

冶炼时，在钢中加入适量的合金元素(如锰、硅、铬、钼、钨、钛、铝、铜、钒、铌及稀土元素等)后形成的钢称为合金钢。合金元素的加入能提高钢的机械性能、工艺性能、物理性能和化学性能，所以合金钢在机械制造中得到了广泛应用。

2.2.1 合金钢的分类

生产中的合金钢通常按合金元素的种类、总含量、用途及金相组织来分类，如下：

① 按钢中合金元素的总含量分为低合金钢(ω_{Me}<5%)、中合金钢(5%<ω_{Me}<10%)和高合金钢(ω_{Me}>10%)；

② 按钢中合金元素的种类分为铬钢、锰钢、硅锰钢、铬镍钢、铬锰钢、铬钼钢和铬镍钼钢等；

③ 按主要用途分为合金结构钢、合金工具钢和特殊性能钢；

④ 按金相组织分为奥氏体钢、马氏体钢和铁素体钢。

2.2.2　合金钢的牌号、性能及用途

1. 合金结构钢

在碳素结构钢中适当地加入一种或数种合金元素(如硅、锰、铬、钼、钒等)形成的钢称为合金结构钢,合金结构钢的牌号用钢的含碳量、合金元素种类及含量表示。当钢中合金元素的平均含量<1.5%时,牌号中只标元素名称,不标含量,如 60Si2Mn 代表 $\omega_{C}=0.6\%$、$\omega_{Si}=2\%$、$\omega_{Mn}<1.5\%$的硅锰合金结构钢。制作时,滚动轴承必需专用的滚动轴承钢属于专用合金结构钢,牌号前需加“G”,如 GCr15,其中“G”代表钢的种类,Cr 代表合金元素名称,15 代表合金元素含量 $\omega_{Cr}=1.5\%$。合金结构钢具有较高的强度、较好的韧性和较强的淬透性,主要用来制造机械设备上的结构零件及建筑工程(如桥梁、船舶、锅炉等)构件,如 40Cr 常用作传动轴材料。

2. 合金工具钢

用于制造各种工具的合金钢称为合金工具钢。合金工具钢按用途分为合金刃具钢、合金模具钢和合金量具钢。合金工具钢的牌号由“一位数字+元素符号”表示,符号前的一位数字代表平均含碳量的千分数(钢中含碳量≥1%时省略标注)。如 9CrSi 表示平均含碳量为 0.9%;Cr12 表示含碳量大于 1%,省略标注。合金工具钢因加入了硅、锰、铬等少量合金元素,所以提高了材料的热硬性,改善了材料的热处理性能。合金刃具钢用来制造车刀、刨刀、钻头、铣刀、铰刀、丝锥、板牙等刀具。合金模具钢用来制造落料、冷镦、剪切、拉丝等冷作模具钢及热锻、热剪、压铸等热作模具钢。合金量具钢用来制造卡尺、块规、千分尺等各种测量工具。

3. 特殊性能钢

具有某些特殊的物理、化学或力学性能,且合金元素含量较多的合金钢称为特殊性能钢。常用的有不锈钢、耐热钢、耐磨钢和软磁钢等。

(1) 不锈钢

含铬、镍等合金元素及少量锰、钛、钼元素,具有抵抗空气、蒸汽、酸、碱或其他介质腐蚀的钢称为不锈钢。不锈钢的牌号由“一位数字+元素符号+数字”表示,前面的数字表示平均含碳量的千分数,后面的数字表示合金元素平均百分含量。如 1Cr13,表示平均含碳量为 0.1%,平均含铬量为 13%。不锈钢耐蚀不锈性能良好,适用于化工设备(如抗酸溶液腐蚀的容器及衬里、输送管道)、医疗器械等。常用的不锈钢有 1Cr13、2Cr13、1Cr18Ni9Ti、1Cr18Ni9 等。

(2) 耐热钢

在高温下使用时能抗氧化而不起皮,并能保持足够强度的钢称为耐热钢。耐热钢既耐热又具有相当的强度,主要用于制造在高温条件下使用的零件,如内燃机气阀。常用的耐热钢有 4Cr10Si2Mo、4Cr14Ni14W2Mo 等。

(3) 耐磨钢

在巨大压力和强烈冲击载荷作用下才能发生硬化且具有高耐磨性的钢称为耐磨钢。常用的耐磨钢是高锰钢,牌号为 ZGMn13,其中“ZG”表示“铸钢”二字汉语拼音的字首,Mn 为锰元素符号,13 为锰的质量分数平均值。高锰的特点是高碳(ω_{C} 为 1%~1.3%)、高锰(ω_{Mn} 为 11%~14%),所以其硬度和耐磨性高,但过高的硬度和耐磨性会使冲击韧性下降,增加开裂倾向,所以这种钢硬而脆。耐磨钢主要用作挖掘机铲齿、坦克履带、铁道道岔、防弹板等在强烈冲击和严重磨损条件下工作的零件材料。

(4) 软磁钢

在钢中加入硅轧制而成的薄片状材料称为软磁钢或硅钢片。硅钢片磁性好,其中含有一定数量的硅(1%~4.5%硅含量),碳、硫、磷、氧、氮等杂质含量极少,主要用于制造变压器、电机、电工仪表等。

2.3 铸 铁

含碳量大于 2.11%的铁碳合金称为铸铁,工业中的铸铁含碳量在 2.5%~4.0%。铸铁中的碳元素主要以渗碳体和游离态的石墨两种形式存在,根据碳的存在形式不同,铸铁可以分为白口铸铁、灰口铸铁、可锻铸铁、球墨铸铁和合金铸铁等。灰口铸铁中的石墨呈片状,石墨的数量、形状、大小和分布对灰口铸铁性能的影响很大,石墨片愈大,分布愈不均匀,愈易产生应力集中,机械性能愈低,反之,则性能愈好;可锻铸铁中的石墨呈团絮状,是由白口铸件在固态下经长时间石墨化退火而成;球墨铸铁中的石墨呈球状;蠕墨铸铁中的石墨呈蠕虫状。不同铸铁呈现出的石墨形态如图 2-1 所示。

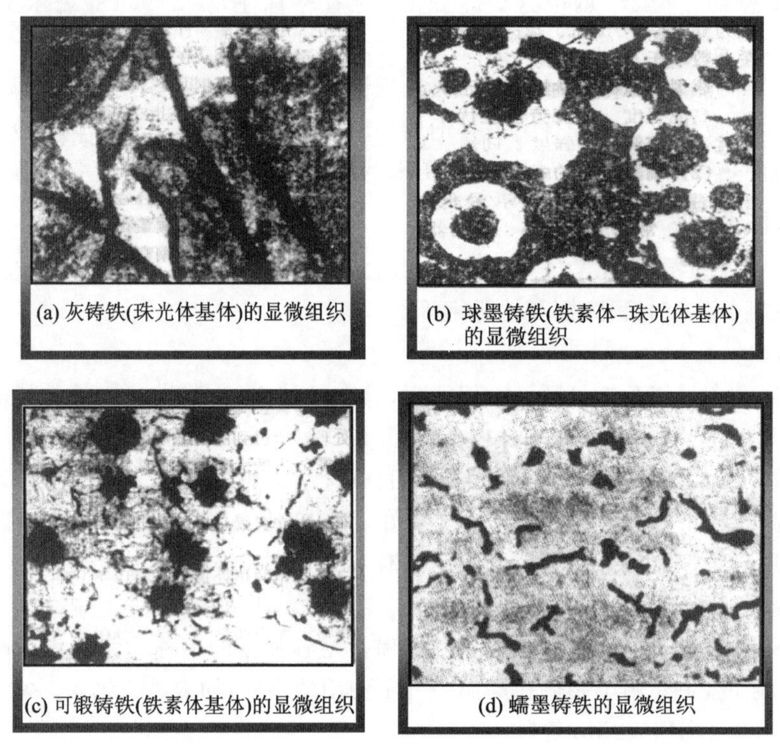

(a) 灰铸铁(珠光体基体)的显微组织

(b) 球墨铸铁(铁素体-珠光体基体)的显微组织

(c) 可锻铸铁(铁素体基体)的显微组织

(d) 蠕墨铸铁的显微组织

图 2-1 铸铁的显微组织图

1. 白口铸铁

白口铸铁断面呈白色,其中的碳以化合物 Fe_3C 的形式存在。白口铸铁的性能硬而脆,不能进行切削加工,主要用作炼钢用原材料,不用来制造机械零部件。

2. 灰口铸铁

灰口铸铁断面呈灰色，其中的碳以片状石墨形式存在。灰口铸铁性能软而脆，铸造性好，且具有良好的耐磨性、耐热性、减振性和切削加工性，主要用于制造机床床身、罩盖、支架、底座、带轮、齿轮和箱体等，在工业生产中被广泛应用。灰口铸铁的牌号由“HT＋数字”组成，其中，“HT”指“灰铁”二字汉语拼音的字首，数字表示最低抗拉强度（单位：MPa）。如 HT300，表示最低抗拉强度 $\sigma_p=300$ MPa 的灰口铸铁。

3. 可锻铸铁

可锻铸铁又名马铁或玛铁，其中的碳大部分或全部以团絮状石墨形式存在。可锻铸铁的力学性有所改善，强度、韧性比灰口铸铁高，主要用于铸造汽车、拖拉机的后桥外壳、低压阀门、机床附件及农具等承受冲击振动的薄壁零件。

根据金相组织的不同，可锻铸铁分为黑心可锻铸铁、白心可锻铸铁和珠光体可锻铸铁等。白心可锻铸铁性能较差，生产中极少使用。可锻铸铁的牌号由“三个汉语拼音字母＋数字＋数字”组成，前一组数字表示其最低抗拉强度（单位：MPa），后一组数字表示其最低伸长率（百分数）。如 KTH350－10，表示最低抗拉强度 $\sigma_p=350$ MPa、最低伸长率为 10％的黑心可锻铸铁；KTZ550－04，表示最低抗拉强度 $\sigma_p=550$ MPa、最低伸长率为 4％的珠光体可锻铸铁。

4. 球墨铸铁

在铁水中加入球化剂（如纯镁或稀土镁合金）进行球化和孕育处理，使铸铁中的碳大部分或全部以球状石墨形式存在的铸铁称为球墨铸铁。球墨铸铁机械性能良好，塑性、韧性和耐磨性较普通灰铸铁好，某些性能指标接近钢，抗拉强度甚至高于碳钢，广泛应用于机械制造、交通、冶金等工业部门，常用来制造汽缸套、活塞、曲轴和机架等机械零件。球墨铸铁的牌号由“QT＋数字＋数字”组成，前一组数字表示其最低抗拉强度（单位：MPa），后一组数字表示其最低伸长率（百分数）。如 QT500－5，表示最低抗拉强度 $\sigma_p=500$ MPa、最低伸长率为 5％的球墨铸铁。

练习思考题

2－1　什么是碳素钢？碳素钢有何特点？

2－2　通常所说的低碳钢、中碳钢、高碳钢的含碳量范围各为多少？

2－3　普通碳素结构钢和优质碳素结构钢划分的依据是什么？

2－4　试比较碳钢和合金钢的优缺点。

2－5　合金钢中经常加入的合金元素有哪些？合金钢是如何分类的？

2－6　说明下列钢号的含义及钢材的主要用途：Q235、45、T10A、2Cr13、4Cr10Si2Mo、ZGMn13。

2－7　请为下列零件选择材料：螺栓、锉刀、钻头、冲模、齿轮、弹簧、机床主轴、机床床身、柴油机曲轴。

2－8　什么是铸铁？常用的铸铁有哪些？

第3章　非铁金属材料

非铁金属种类很多，又具有某些独特的性能，故其是工业上不可缺少的金属材料。非铁金属应用较广的是铝、铜、钛及其合金和滑动轴承合金。

3.1　铝及铝合金

3.1.1　工业纯铝

工业上使用的纯铝比重小（约为铁的1/3），导电性能好（稍次于铜），塑性好，在空气中具有良好的抗腐蚀性，但强度及硬度低。所以，工业纯铝常用于制作电线、电缆等导电材料，以及要求具有良好的导热和抗腐蚀性能，但对结构和硬度要求低的零件。

工业纯铝并不是绝对的纯，其中含有少量的铁、硅等杂质。铝中杂质含量越多，其导电性、导热性、抗大气腐蚀性及塑性越低。工业纯铝的牌号依其杂质的限量来编制，用“L＋数字”表示，“L”表示“铝”字汉语拼音的字首，数字表示顺序，数字越大，纯度越低。含铝量为99.33％以上的高纯度铝的牌号为L01～L04，其后所附顺序数字编号越大铝纯度越高。L04的含铝量不小于99.996％。

3.1.2　铝合金

在铝中加入适量的硅、铜、镁、锰等合金元素后即成了铝合金，铝合金具有较高的强度和较好的机械性能。根据合金成分和工艺特点，铝合金可分为形变铝合金和铸造铝合金两类。

形变铝合金塑性较高，适宜于压力加工，所以又称为压力加工铝合金。按照其主要性能特点，可分为防锈铝合金（代号LF）、硬铝合金（代号LY）、超硬铝合金（代号LC）和锻铝合金（代号LD）等。牌号由“字母＋一组顺序号”组成，如LF21、LF5等。形变铝合金主要用作各类型材和结构件，如各式容器、发动机机架、飞机的大梁等。

铸造铝合金适用于铸造而不适用于压力加工，按照其中主要合金元素的不同，可分为铝硅合金、铝铜合金、铝镁合金和铝锌合金四类。各类铸造铝合金的牌号均用“ZL＋三个数字”表示。其中，三个数字中第一个表示类别，1为铝硅系，2为铝铜系，3为铝镁系，4为铝锌系；第二、第三个数字为顺序号。例如，ZL102、ZL203、ZL302等。铸造铝合金主要用作各种铸件，如活塞、汽缸盖和汽缸体等。

3.2　铜及铜合金

3.2.1　纯　铜

工业纯铜又名紫铜,常用电解法获得,故又称电解铜。纯铜具有很高的导电性、导热性和耐蚀性(纯铜在大气、水、水蒸气、热水中基本上不受腐蚀),并且具有良好的塑性,能承受各种形式的冷热压力加工,但纯铜强度较低,主要用作各种导电材料及配制铜合金。

按照冶金部门规定,纯铜加工产品代号、成分及大致用途如表 3-1 所列。

表 3-1　纯铜加工产品代号、成分及应用

代　号	含铜量/%	杂质含量/%		杂质总量/%	主要用途
		Bi	Pb		
T1	99.95	0.002	0.005	0.05	电线、电缆、导电螺钉、化工用蒸发器、储藏器、雷管和各种管道
T2	99.90	0.002	0.005	0.1	
T3	99.70	0.002	0.01	0.3	电气开关、垫圈、垫片、铆钉、管嘴、油管和管道
T4	99.50	0.003	0.05	0.5	

3.2.2　铜合金

由于纯铜强度低,所以工业生产中广泛使用铜合金作为结构材料。按合金成分的不同,铜合金分为黄铜(铜与锌的合金)、锡青铜(铜与锡的合金)和无锡青铜等。

1. 黄　铜

含锌量低于 50%,以锌为唯一或主要合金元素的铜合金称为黄铜。黄铜分为普通黄铜和特殊黄铜。普通黄铜牌号由"H+数字"组成,其中"H"为"黄"汉语拼音的字首,数字表示含铜量的平均值,如 H96 指含铜量平均值为 96%的普通黄铜。在铜锌合金中加有其他元素的黄铜称为特殊黄铜,牌号由"H+主加元素符号+数字+数字"组成,前一数字为含铜量平均值,后一数字为主加元素含量平均值,如 HPb59-1 为含铜量平均值 59%、含铅量平均值 1%的特殊黄铜。黄铜主要用于制造散热器、弹簧、垫片、衬套及耐蚀零件等。

2. 青　铜

铜与锌以外元素组成的合金称为青铜,以锡为主要合金元素的青铜称为锡青铜。锡青铜牌号由"Q+第一主加元素符号+主加元素平均含量+其他元素含量"组成。例如,QSn 代表含锡量 4%、含锌量 3%的青铜;ZQSn 6-6-3 代表含锡为 5%~7%、含锌为 5%~7%、含铅为 2%~4%的铸造锡青铜。锡青铜耐磨性和耐蚀性较好,但铸造性能差,流动性不好,易形成缩松,难以得到致密的铸件,而且锡的价格高,比较稀少,所以应用不多。目前大量使用的是以铝、锰、硅为主要合金元素的无锡青铜,如铅青铜、铝青铜等,主要用于制造齿轮、蜗轮、轴套、阀体及耐磨耐蚀的零件。

3.3 常用的轴承合金材料

轴承支承旋转体转动,是非常关键的机械零件,分为滚动轴承和滑动轴承两种大类型。因为其工作原理、工作环境不同,所以对材料的选择也不同。

3.3.1 滚动轴承的材料选择

滚动轴承零件主要是在交变复杂应力状态下工作,破坏形式主要有:

① 长期高速工作造成的疲劳剥落。

② 摩擦磨损造成的轴承精度丧失。

③ 裂纹压痕锈蚀等原因造成的轴承的非正常破坏。

滚动轴承的材料应具有高的抗塑性变形能力,低的摩擦因数和热膨胀系数,良好的尺寸稳定性,以及很高的疲劳强度。

滚动轴承套圈和滚动体常用的钢种有高碳铬轴承钢、碳素轴承钢、渗碳钢、耐腐蚀轴承钢、高温轴承钢、防磁轴承钢和中碳合金钢。在使用时主要考虑轴承所受载荷的轻重,是否受冲击,以及工作温度高低和周围环境是否有腐蚀性。

高碳铬轴承钢有 GCr15、GCr15Mo 和 G8Cr15 等,主要用于重载低冲击环境。碳素轴承钢有 G55 和 G70Mn,主要用于低载低冲击环境。渗碳钢有 20CrMnTi 和 20CrNiMo 等,主要用于重载高冲击环境。考虑腐蚀介质可采用 95Cr18 和 102Cr18Mo 等不锈高碳铬轴承钢;低温环境可采用 06Cr18Ni11Ti 等奥氏体不锈钢;大尺寸轴承因工艺问题大多采用中碳合金钢 42CrMo、50CrNi 等;精密轴承考虑淬火变形,很多情况下采用渗氮处理,使用 38CrMoAl 和 42CrMo 等渗氮钢;无磁轴承多采用工具钢 7Mn15Cr2Al3V2WMo。

3.3.2 滑动轴承的材料选择

对滑动轴承来说,轴和轴瓦之间存在滑动摩擦。与轴瓦相比,轴价格昂贵,更换困难,在磨损不可避免的情况下优先保护轴,所以主要从轴瓦材料上下工夫。

滑动轴承主要承受交变载荷和冲击,破坏形式主要为轴承表面的磨粒磨损、刮伤、咬粘(胶合)、疲劳剥落和腐蚀等。要求滑动轴承材料应具备足够的韧性,较小的热膨胀系数,良好的导热性和耐蚀性,较小的摩擦因数,良好的耐磨性和磨合性。

制造轴瓦及其内衬的合金称为轴承合金。轴瓦或轴套一般采用铸造的方法制备,在薄壁情况下可以采用轧制。轴承合金中通常含锡、铅、铜、铝等元素,可按化学成分分为锡基、铅基、铜基、铝基轴承合金。

(1) 锡基轴承合金

锡基轴承合金具有工艺性好、膨胀系数小、嵌藏性和减摩性较好等优点,广泛应用于汽车、拖拉机、汽轮机等机器设备的高速传动轴上。但是,锡基轴承合金的疲劳强度比较低,锡的熔点也低,所以一般适宜在低温环境下使用(工作温度<150 ℃)。

(2) 铅基轴承合金

铅基轴承合金是以铅为主,加入少量锑、锡、铜等元素的合金。铅基轴承合金的强度、硬度、耐蚀性和导热性都不如锡基轴承合金,但其成本低,有自润滑性。铅基轴承合金仅适于低

速、低负荷或静载下中负荷的轴承，常用于低速、低载条件下工作的设备，如汽车、拖拉机曲轴的轴承等。

以铅或锡为基的轴承合金称为“巴氏合金”或“巴比特合金”，其牌号由“ZCH＋Sn(铅基则为 Pb)＋Sb＋数字”组成。其中，“Z”为“铸造”的汉语拼音字首，“CH”表示轴承，“Sn”为基本元素“锡”的化学符号，“Sb”为主加元素“锑”的化学符号，数字由主加元素(Sb)和辅加元素(Cu)的百分含量组成。例如，ZCHSnSb11－6 表示百分含量为 11％的 Sb 及百分含量约为 6％的 Cu 的锡基轴承合金。

(3) 铜基轴承合金

铜基轴承合金主要有铅青铜。铅青铜具有较高的导热性、良好的耐磨性和较高的疲劳强度，并能在 300 ℃左右工作。由于铅青铜的性能优良，故在机械制造和航空工业上应用较广。

(4) 铝基轴承合金

铝基轴承合金的比重小，导热性好，疲劳强度和高温强度高，化学稳定性好，能承受较大的压强。铝基轴承合金适用在高速高负荷条件下工作的轴承，已在汽车、内燃机上广泛使用。但是，由于其线膨胀系数大，所以运转时容易与轴咬合。

练习思考题

3－1　简述 HPb59－1、ZQSn 6－6－3、ZCHSnSb11－6 代表的含义。

3－2　什么是黄铜？黄铜的主要用途是什么？

3－3　形变铝合金按照其性能特点可分为哪几类？

3－4　滚动轴承合金材料常用的钢种有哪些？

3－5　什么是巴氏合金？巴氏合金一般用于什么样的工作环境？

3－6　铜基和铝基轴承合金材料一般用于什么样的工作环境？

第4章　其他工程材料

根据材料的本性或其结合键的性质对工程材料进行分类，除黑色金属和非金属外，还有高分子材料、陶瓷材料、复合材料。

4.1　高分子材料

4.1.1　高分子材料的基本知识

高分子化合物指相对分子质量较高的化合物，简称高分子，其相对分子质量（以前称为分子量）一般大于5 000，甚至达到几百万。高分子的相对分子质量虽大，但是其化学结构并不复杂，通常是由一个个重复单元（一种或几种低分子化合物）聚合而成的，故一般又称为高分子聚合物。

高分子材料是以高分子化合物为基体，同时添加助剂、填料后得到的材料，故又称为聚合物材料。日常生活中接触的物质如橡胶、塑料、纤维，棉花、人的器官等都是由高分子材料组成的。天然高分子是生命起源与进化的基础，所有的生命体都可以看成由高分子材料组成。常见的树脂聚乙烯就是乙烯 $n(CH_2=CH_2)$ 加入催化剂聚合制得的 $[CH_2—CH_2]n$。

高分子材料一般可以分为天然和人工合成两大类。天然高分子材料包括纤维、蚕丝、天然橡胶、淀粉等自然界存在的材料。人工高分子材料包括塑料、涂料、各种胶粘剂、人工纤维等人工合成的材料。

高分子材料还可以按材料的性质和用途分类，如橡胶、塑料、纤维高分子材料；按分子主链的元素结构分类，如碳链、杂链、元素有机高分子材料；按分子主链的几何形状分类，如线型、体型高分子材料。

4.1.2　高分子材料的性能

高分子材料为聚合物，聚合结构可分为大分子链结构和聚集态结构。大分子链结构从宏观来看可以分为线型、支链型和体型，从微观上来看可以分成重复单元结构、序列结构和立体异构。聚集态结构是指高聚物分子链之间的几何排列和堆砌结构，包括结晶、无定形态（玻璃态、高弹态、粘流态）结构等。

因为高分子材料是通过聚合组成的，所以其性能与组成它的小分子物质有相关性，但同时也具有多方面的独特性能。所以，了解高分子材料的性能时必须从聚合结构和分子运动两方面考虑。

高分子材料的性能有以下几个显著特点：

① 强度低：强度平均为100 MPa，虽然比金属低得多，但密度小，所以许多高分子材料的比强度（密度与强度之比）是很高的，甚至某些工程塑料的比强度比钢铁和其他金属还高。

② 弹性高、弹性模量低：弹性变形量大，可达到 100%～1 000%，而一般金属材料只有 0.1%～1.0%；弹性模量低，为 2～20 MPa，而一般金属材料为 10^3～2×10^5 MPa。

③ 粘弹性：弹性变形滞后于应力的变化，即弹性变形不仅取决于应力，而且取决于应力作用的速率。它是高分子材料的又一重要特性。

④ 耐热性差：高分子材料在变热过程中容易发生链段运动和整个分子链运动，导致材料软化或熔化，使性能变坏，耐热性差。

⑤ 导热性和导电性差：高分子材料分子间是共价键结合的，内部没有离子和自由电子，分子链相互缠绕在一起，所以高分子材料的导热性和导电性差。高分子材料的导热性能为金属的 1/100～1/1 000，基本不导电。

⑥ 热膨胀系数大：受热后，分子运动增强，链间缠绕程度降低，分子间结合力减小，分子链柔性增大。高分子材料的热膨胀系数为金属的 3～10 倍。

利用这些性质，我们生产了很多物美价廉的产品。例如，利用橡胶的良好弹性制作轮胎，利用塑料的差的导热性做成开水壶的手柄，利用塑料的好的绝缘性好制作电线的护套，等等。

4.1.3 常见工程高分子材料

现实生活中高分子材料用途很广，常见的有塑料、橡胶、合成纤维、胶粘剂和涂料等。

1. 塑　料

塑料是以树脂为主要成分，加入一些添加剂制成的。这部分添加剂主要用来改善使用性能和工艺性能，所以树脂的种类、性能、数量和添加剂决定了塑料的性能。工业中用的树脂主要是合成树脂。

与金属材料相比，塑料的密度小、比强度高、化学稳定性好，电绝缘性优异，减摩、耐磨性好，消声吸振性好，成型加工性好，但耐热性低，易燃烧、易老化，导热性差，热膨胀系数大，刚性差。

塑料在工程中的应用主要为下列 5 方面：

① 一般结构件：通常采用聚氟乙烯、聚乙烯、聚丙烯、ABS 等塑料，具备一定的机械强度和耐热性且成型性好，价格较便宜。

② 普通传动零件：通常采用尼龙、聚甲醛、聚碳酸酯、增强聚丙烯等塑料，具备较高的强度、韧性、耐磨性，有一定的疲劳强度和尺寸稳定性。

③ 摩擦零件：通常采用低压聚乙烯、尼龙、聚四氟乙烯等塑料，具备自润滑性，摩擦因数小，有一定的强度。

④ 耐蚀零件：通常用聚丙烯、硬聚氯乙烯、填充聚四氟乙烯、聚三氟氯乙烯等塑料，主要应用在化工设备上，根据所接触的介质来选择。

⑤ 电器零件：常用于电气设备的塑料有酚醛塑料、氨基塑料、交联聚乙烯、聚碳酸酯、氟塑料和环氧塑料。其中，氟塑料和环氧塑料等具有良好的绝缘性能。

常用塑料的性能和用途见表 4-1。

表 4-1　常用塑料的性能和用途

名称(代号)	主要性能	用途举例
聚氯乙烯(PVC)	耐热性差,在 −15～60 ℃的情况下使用。硬质聚氯乙烯强度较高,绝缘性、耐蚀性好;软质聚氯乙烯强度低于硬质,绝缘性较好,耐蚀性差	硬质聚氯乙烯用于化工耐蚀的结构材料,如输油管、容器、离心泵、阀门管件等;软质聚氯乙烯用于制作电线、电缆的绝缘包皮、农用薄膜、工业包装。注意:硬质聚氯乙烯有毒,不能包装食品
聚乙烯(PE)	分低压、中压、高压三种,其中,低压聚乙烯质地坚硬,具有良好的耐磨性、耐蚀性和电绝缘性;高压聚乙烯化学稳定性高,有良好的绝缘性、耐冲击性,柔软,透明,无毒	低压聚乙烯制造塑料管、塑料板、塑料绳、承载不高的齿轮、轴承等;高压聚乙烯制作塑料薄膜、塑料瓶、茶杯、食品袋、电线、电缆包皮等
聚丙烯(PP)	密度小,强度、硬度、刚性、耐热性均优于低压聚乙烯,电绝缘性好,且不受湿度影响,耐蚀性好,无毒、无味,低温脆性大,不耐磨,易老化,在 100～120 ℃的情况下使用	一般机械零件,如齿轮、接头;耐蚀件,如化工管道、容器;绝缘件,如电视机、电扇壳体;生活用具、医疗器械、食品和药品包装、汽车保险杠、编织袋等
聚苯乙烯(PS)	耐蚀性、绝缘性、透明性好,吸水性小,强度较高,耐热性、耐磨性差,易燃、易脆裂,使用温度<80 ℃	绝缘件、仪表外壳、灯罩、接线盒、开关按钮、玩具、日用器皿、装饰品、食品盒、耐油的零件等
聚酰胺(俗称尼龙)(PA)	强度、韧性、耐磨性、耐蚀性、吸振性、自润滑性良好,成型性好,摩擦因数小,无毒、无味,吸水性高、在<100 ℃时使用	常用的有尼龙 6、尼龙 66、尼龙 610、尼龙 1010 等。制作耐磨、耐蚀的承载和传动零件,如轴承、机床导轨、齿轮、螺母;制作高压耐油密封圈,或喷涂在金属表面作防腐、耐磨涂层
聚甲基丙烯酸甲酯(俗称有机玻璃)(PMMA)	绝缘性、着色性和透光性好,耐蚀性、强度、耐紫外线、抗大气老化性较好,但脆性大,易溶于有机溶剂中,表面硬度不高,易擦伤,在 −60～100 ℃的情况下使用	航空、仪器、仪表、汽车和无线电工业中的透明件和装饰件,如飞机座窗,灯罩,电视和雷达的屏幕,油标,油杯,设备标牌等
丙烯腈(A)-丁二烯(B)-苯乙烯(S)共聚物(ABS)	韧性和尺寸稳定性高,强度、刚性、耐磨性、耐油性、耐水性、绝缘性好,长期使用易起层	电话机、仪表外壳、齿轮、轴承、把手、管道、仪表盘、轿车车身、汽车挡泥板、冰箱内衬等
聚四氟乙烯(PTFE)	耐蚀性优良,绝缘性、自润滑性、耐老化性、耐热性和耐寒性好,摩擦因数小,加工成型性不好,抗蠕变性差,强度低,价格较高	耐蚀件、减摩件、耐磨件、密封件、绝缘件,如高频电缆、电容线圈架、化工反应器、管道、热交换器等
聚碳酸酯(PC)	强度高,尺寸稳定性、抗蠕变性、透明性好,无毒、吸水性小。耐磨性和耐疲劳性不如尼龙和聚甲醛,可在 −60～120 ℃的情况下长期使用,有透明金属之称	齿轮、凸轮、涡轮、电气仪表零件、大型灯罩、防护玻璃、飞机挡风罩、高级绝缘材料等
酚醛塑料(俗称电木)(PF)	强度、硬度、绝缘性、耐蚀性(除强碱外)、尺寸稳定性好,在水润滑条件下摩擦因数小,价格低。脆性大,耐光性差,加工性差,工作温度>100 ℃,只能模压成型	仪表外壳、灯头、灯座、插座、电器绝缘板、耐酸泵、刹车片、电器开关、水润滑轴承、皮带轮、无声齿轮等

续表 4-1

名称(代号)	主要性能	用途举例
环氧塑料(EP)	有固态、液态两种,其中,固态使用时,强度高,韧性、化学稳定性、绝缘性、耐热性、耐寒性好,防水、防潮,粘结力强,成型工艺简便,成型后收缩率小,在−80～155 ℃的情况下长期使用。液态作为胶粘剂和涂料使用(俗称万能胶)	塑料模具,量具,仪表、电器零件,灌封电器、电子仪表装置及线圈,涂覆、包封和修复机件
氨基塑料(脲醛塑料和三聚氰胺甲醛塑料)	颜色鲜艳,半透明如玉,绝缘性好;耐水性差,在<80 ℃的情况下长期使用。三聚氰胺甲醛塑料又称蜜胺-甲醛塑料(MF),吸水率小、耐沸水煮、硬度高、耐磨、无毒	脲醛塑料用于制作装饰件和绝缘件,如开关、插头、旋钮、把手、灯座,钟表、电话机外壳等;蜜胺-甲醛塑料制作餐具、医疗器具等

2. 橡　胶

橡胶是以生胶为主要原料,加入适量配合剂而制成的高分子材料。生胶是指未加配合剂的天然胶或合成胶。橡胶制品的性能主要取决于生胶的性能。

橡胶按原料来源的不同分为天然橡胶和合成橡胶。其中,天然橡胶是指橡胶树上流出的胶乳,经凝固干燥后加压制成的固态生胶,再经硫化处理获得;合成橡胶是指用石油、天然气、煤和农副产品为原料制成的高分子化合物。

橡胶弹性大,吸振能力强,耐磨性、绝缘性好,有一定的耐蚀性和足够的强度。

天然橡胶具有较高的弹性、较好的力学性能、良好的电绝缘性及耐碱性,用于制造轮胎、胶带、胶管等。

合成橡胶常见的有丁苯橡胶、顺丁橡胶、氯丁橡胶。其中,丁苯橡胶:耐磨性、耐热性、耐油性、抗老化性比天然橡胶好,但生胶强度低、粘结性差、成型困难、硫化速度慢。顺丁橡胶:弹性、耐磨性、耐热性、耐寒性均优于天然橡胶,但强度较低,加工性能差,抗撕性差,主要用于制造轮胎材料。氯丁橡胶:各项性能均较好,但耐寒性差,密度大,生胶稳定性差,主要用于制造矿井的运输管、胶管、电缆、高速带、垫圈等。丁腈橡胶:耐油性好,且耐热、耐燃烧、耐磨、耐碱、耐有机溶剂;其缺点是耐寒性差,是制作汽车雨刮条的优良材料。硅橡胶:高耐热性和耐寒性,抗老化能力强、绝缘性好;其缺点是强度低、耐磨性、耐酸性差,价格较贵,经常用于保温杯的密封圈。氟橡胶:化学稳定性高,耐蚀性能居各类橡胶之首,使用温度高达 300 ℃,主要用于军工或高技术中的密封件。

3. 合成纤维

纤维是指由连续或不连续的细丝组成的均匀条状或丝状的高分子材料,细丝长度一般比本身直径大 100 倍。纤维分为天然纤维和化学纤维,其中,化学纤维又分为人造纤维和合成纤维。人造纤维是用自然界的纤维加工制成的,如“人造丝”“人造棉”;合成纤维则是以石油、煤、天然气为原料制成的,如涤纶、锦纶、腈纶。

合成纤维具有优良的物理、机械性能和化学性能,如强度高、密度小、弹性高、耐磨性好、吸水性低、保暖性好、耐酸碱性好,以及不会发霉或虫蛀等。某些特种纤维还具有耐高温、耐辐射、高强力、高模量等特殊性能。它的应用范围深入到国防工业、航空航天、交通运输、医疗卫生、海洋水产、通信联络等重要领域。例如,合成纤维在民用上可纺制轻暖、耐穿的各种服装面料、装饰,工业上可用作轮胎帘子布、运输带、传送带、渔网、绳索、工作服等;高性能特种合成纤维可用作降落伞、飞行服、飞机导弹、雷达的绝缘材料等。我们熟悉的美军头盔和防弹衣材料凯夫拉(Kevlar)就是其代表。

因为塑料的含义很宽泛,比如尼龙既是塑料的一种,又可以制成合成纤维,所以在使用时不必刻意区分材质是塑料的还是纤维的,本质上它们是同一个东西。

4. 胶粘剂和涂料

胶粘剂是以粘性物质为基础,加入需要的添加剂组成的,俗称胶。常用的粘料有树脂、橡胶、淀粉、蛋白质等高分子材料,以及硅酸盐类、磷酸盐类等。

用胶粘剂连接两个相同或不同材料制品的工艺方法称为胶接。

胶接在某些应用场合可代替铆接、焊接、螺纹连接,具有质量小、粘接面应力分布均匀、强度较高、密封性好、操作工艺简便、成本低、适用性广等优点,但胶接接头耐热性差、易老化。胶粘剂还可用于固定、密封、补漏和修复等。

胶粘剂可分为天然胶粘剂和合成胶粘剂,也可分为有机胶粘剂和无机胶粘剂。

涂料是一种有机高分子胶体的混合溶液,把它涂布于物体表面上,经过自然或人工的方法将其干燥、固化,形成一层薄膜,均匀地覆盖和良好地附着在物体表面上,具有防护、装饰或其他特殊作用。这样形成的膜通称涂膜,又称为漆膜或涂层。因为以前通常采用植物油作为成膜物质,故狭义上又称为油漆。自20世纪以来,以各种合成树脂作为主要成分配制的涂装材料被广义地称为"涂料"。

(1) 常用胶粘剂简介

① 环氧胶粘剂:粘料主要使用环氧树脂。在我国应用最广的是双酚A型,俗称"万能胶"。

② 改性酚醛胶粘剂:耐热性、耐老化性好,粘接强度高,但脆性、固化收缩率大。

③ 聚氨酯胶粘剂:柔韧性好,可低温使用,但不耐热、强度低。

(2) 常用涂料简介

① 酚醛树脂涂料:应用最早,有清漆、绝缘漆、耐酸漆、地板漆等。

② 氨基树脂涂料:涂膜光亮、坚硬。

③ 醇酸树脂涂料:涂膜光亮、保光性强、耐久性好,适用于金属底漆。

4.2 陶瓷材料

4.2.1 陶瓷材料基本知识

陶瓷是人类生活和生产中不可缺少的一种材料。陶瓷产品的应用范围遍及国民经济各个领域。随着生产力的发展和技术水平的提高,陶瓷的含义和范围也随之发生变化。传统上,陶瓷的概念是指以黏土及其天然矿物为原料,经过粉碎混合、成型、焙烧等工艺过程所制得的各种制品。它使用的原料主要是硅酸盐矿物。随着生产的发展与科学技术的进步,人们制造出许多新的品种,如高温陶瓷、超硬刀具及耐磨陶瓷、介电陶瓷、压电陶瓷、高导热陶瓷、高耐腐蚀性的化工及化学陶瓷,这些常称为特种陶瓷。虽然生产特种陶瓷时基本上还是沿用粉末原料

处理—成型—烧结这种传统的工艺方法，但所采用的原料已不仅仅是天然矿物，而是扩大到其他化工原料，其组成范围早已超出传统陶瓷的概念和范畴，是高新技术的产物。我们现在所说的现代陶瓷材料即无机非金属材料，是与金属和有机材料并列的三大类现代材料之一。

4.2.2　陶瓷材料的性能

金属材料的化学键大都是金属键，没有方向性，因此金属有很好的塑性变形性能。而作为无机非金属材料的陶瓷，其化学键是共价键和离子键，有很强的方向性和很高的结合能，但很难产生塑性变形，并且其脆性大，裂纹敏感性强。正是由于陶瓷具有这类化学键，才使其具有一系列比金属材料优异的特殊性能，主要体现为高硬度，具有优异的耐磨性；高燃点、熔点，具有很好的耐热性；高化学稳定性，具有良好的耐蚀性。尤其是这些年发展迅猛的功能陶瓷，更在电磁、热、光等方面具备优良的性能。

4.2.3　工程陶瓷材料及应用

按化学成分分类，陶瓷可分为纯氧化物系陶瓷和非氧化物系陶瓷，如碳化物、硼化物、氮化物和硅化物等。但是，工程上，我们更习惯将陶瓷按性能和用途分类，分为结构陶瓷和功能陶瓷。

① 结构陶瓷。结构陶瓷作为结构材料用于制造结构零部件，主要考虑其力学性能，如强度、韧性、硬度、模量、耐磨性、耐高温性能(高温强度、抗热震性、耐烧蚀性)等。常见的结构陶瓷有：高温陶瓷，可在 800 ℃以上长期使用，常用于窑炉、发动机、航空航天、空间技术等领域；高强陶瓷，具备高韧性、高强度、良好的抗冲击性，常用于机床主轴轴承、密封环、模具等领域；超硬陶瓷，其热稳定性、化学稳定性、弹性模量优良，常用于高速磨削刀具、防弹装备等领域；耐腐蚀陶瓷，具有优良的化学稳定性和耐腐蚀性能，常用于化工设备、舰船潜艇、防护、过滤等领域。

② 功能陶瓷。功能陶瓷作为功能材料用于制造功能器件，主要考虑其物理性能，如电磁性能、热性能、光性能、生物性能等。常见的功能陶瓷有：电子陶瓷，利用其压电、光电、绝缘性等性能，将其用于电子元器件、超高压绝缘子等；超导陶瓷，利用其导电特性、耐低温性，将其用于超导光缆、空间、电子、生物等领域；光学陶瓷，利用其透波性能、透明性、荧光性等，将其用于天线罩、发光器、激光器件等；敏感陶瓷，利用其物理化学特性，制作热敏、气敏、光敏等传感器；生物陶瓷，利用其良好的生物相容性，制作陶瓷关节、骨骼、牙齿等；磁性陶瓷，利用其磁导率、硬度高等特性，将其用于微波器件、量子无线电等；储能陶瓷，利用其能量转换与存储特性，将其用于热、电、光、氢储能等。

目前，对于先进的陶瓷，无论是选用的原料，还是成材后的晶粒尺寸，大都属于微米级别，因此也称为微米陶瓷。随着技术的发展，近 20 年来，科研工作者逐步将原料以及成材后的晶粒尺度向纳米推进，出现了纳米陶瓷，材料的强度、韧性和超塑性大幅度提高，克服了工程陶瓷的许多不足，并对材料的力学、电学、热学、磁学、光学等性能产生了重要影响，为工程陶瓷的应用开拓了新领域。例如，纳米级的外墙用建筑陶瓷材料具有自清洁和防雾功能；有的纳米陶瓷常温下可以弯曲 180°，或压缩至原厚度的 1/4 也不会破碎。

4.3　工程材料的选用

在机械产品设计中，材料的选择非常重要。这对机械产品的使用性能、产品质量、生产成本、加工工艺等方面都有着重大影响。在实际工作中,应根据产品的定位,合理选用材料,使机械产品达到较高的性价比。

4.3.1 机械产品失效分析

机械产品的失效往往是由其组成零件的失效或整体设计时的失误造成的。例如,结构设计中的整体刚度不够、强度不够、稳定性不够。本小节主要讨论零件失效的情况。

失效指机械零件由于某种原因丧失预定功能进而影响整个产品使用的现象,包括零件完全破坏,不能继续工作;严重损伤,继续工作很不安全;虽能安全工作,但已不能起到令人满意的预定的作用。

失效分析的目的就是找出零件损伤的原因,并提出相应的改进措施。零件失效大体分为三大类:过量变形失效、断裂失效和表面损伤失效。过量变形失效:零件因变形量超过允许范围而造成的失效,主要包括过量弹性变形、塑性变形和高温下发生的蠕变等形式。断裂指零件分离为互不相连的两个或两个以上部分的现象,断裂失效是最严重的失效形式,主要包括韧性断裂失效、低温脆性断裂失效、疲劳断裂失效、蠕变断裂失效和环境断裂失效等形式。表面损伤失效:零件工作时,由于其表面的相对摩擦或受到环境介质的腐蚀而在其表面造成损伤或尺寸变化所引起的失效,主要包括表面磨损失效、腐蚀失效、表面疲劳失效等形式。

机械零件在工作中失效往往不是由一种失效方式引起的,但总是有一种失效方式在起主导作用。失效分析的核心问题就是要找出主要的失效原因。造成失效的原因有多种,主要有:

① 设计过程:工作条件估计错误;计算校核错误;结构设计不合理,例如存在不合理的应力集中。

② 材料选择:零件选材不能满足工作条件的需要;使用了成分或性能不合格的低劣材料。

③ 加工缺陷:机加工缺陷,例如表面粗糙度不达标,较深的刀痕、磨削裂纹;锻造铸造缺陷,例如内部有裂纹、砂孔;热处理缺陷,例如保温时间不足、变形、开裂;焊接缺陷,例如虚焊等。

④ 安装使用缺陷:操作不当,安装时配合过紧、过松,固定不稳,过载使用,疏于维护等。

失效分析的一般方法:了解零件的工作环境和失效经过,仔细观察失效零件,分析零件表面和内部的变化,确定失效性质,审查有关零件的设计、材料、加工、安装、使用、维护等方面的资料,必要时比较相同零件,最终判断失效的原因,写出分析报告。

失效分析主要进行的测试项目有宏观缺陷检查、断口或损伤表面显微分析、材料化学分析、应力分析、力学性能测试、断裂力学分析等。结构方面损坏的可以比对有限元分析的结果,或对内部结构进行X光或超声波检测;存在同型号产品的,对相似环境和工况尚未损坏的同型号零件进行对比检测和分析往往是比较快捷的方法。

4.3.2 材料选择原则

材料选择的一般原则:满足必需的使用性能;具有良好的工艺性能、经济性。具体如下:

① 使用性能:主要是指零件在使用状态下材料应该具有的机械性能、物理性能和化学性能,是选材的主要因素。使用性能的要求是在分析零件的受力情况、工作环境等工况,分析零件失效主要形式的基础上提出来的。如表4-2所列,不同的零件因各自工况的不同,对其主要机械性能指标的要求也不同。

表 4-2　不同零件的机械性能指标

零件名称	工作条件	失效形式	主要机械性能指标
齿轮	交变应力(弯曲、压)、冲击载荷、摩擦	断齿、过度磨损	抗弯强度、疲劳强度、接触疲劳强度、硬度
传动轴	交变应力(弯曲、扭转)、冲击载荷、摩擦	疲劳断裂、弯曲、过度磨损	屈服强度、疲劳强度、硬度
弹簧	交变应力、振动	丧失弹力、疲劳断裂	弹性极限、屈强比、疲劳强度

在保证机械性能指标的同时，还应综合考虑材料的物理性能和化学性能，例如飞机上的铆钉，就必须考虑材料的密度、高低温性能、抗腐蚀能力等，以确保满足使用的要求。

② 工艺性能：泛指加工的难易程度。在选材中，与使用性能相比，工艺性能常处于次要地位。随着加工技术的发展，工艺性能也会随之发生变化。工艺性能往往与经济性相关。

③ 经济性：零件材料的价格并不是越低越好，除了必须具备高的性价比外，还要考虑社会成本，例如节能、环保等因素。

4.3.3　典型零件选材实例分析

1. C630 机床变速箱齿轮选材举例

(1) 齿轮的工作条件、失效形式及其对材料性能的要求

① 分析齿轮的工作条件：工作条件较好，转速中等，载荷不大，工作平稳无强烈冲击。进一步分析发现，由于传递扭矩，齿根承受了很大的交变弯曲应力；启停或换挡，齿部承受了一定的冲击载荷；齿面相互接触，承受了很大的压应力和摩擦力。

② 分析齿轮的失效形式：疲劳断裂，主要从根部发生，是齿轮严重的失效形式；齿面磨损，齿面摩擦，使齿厚变小；齿面接触疲劳破坏，齿面产生微型裂纹，微型裂纹发展，引起点状剥落；过载断裂，可能因冲击载荷过大而造成断齿。

③ 分析工作环境：一般工况，对温度、腐蚀性密度等物理化学性能无特殊要求。

(2) 根据齿轮的性能要求确定大致选材范围

首先，根据工作条件及失效形式的分析，要求材料有高的弯曲疲劳强度，高的接触疲劳强度和耐磨性，较高的强度和冲击韧性。根据已知材料的性能，基本可以确定在低、中碳钢或其合金钢中选取。进一步分析发现，齿轮精度的要求不是太高，所以热处理变形小的钢种都比较适合，齿面能够通过高频淬火提高硬度，确保耐磨性并保持齿心的足够韧性。

综合以上两方面的考虑，再加上对材料的工艺性能、成本和性价比的分析，大致可以确定选用低、中碳钢或其合金钢。在加工时选择合理的工艺过程，充分发挥材料的性能。

(3) 选材结果

一般情况下可选 45 钢(中碳钢)，经过热处理，能很好地满足齿轮的性能要求。如果考虑耐磨性能，则可以选择价格稍高的 40Cr(中碳合金钢，淬透性好)。如果机床功率很小，冲击载荷很小，则低速齿轮可采用价格稍便宜的 HT350、QT500-5 等铸铁制造。对于追求工作环境的低噪声、机床功率较小的情况，还可以选择聚甲醛材质。

(4) 工艺路线(以选择 45 钢的情况为例)

工艺路线如下：

下料→锻造→正火→粗加工→调质→精加工→轮齿高频淬火及回火→精磨

选 45 钢,齿轮毛坯一般用钢锭锻造成型,不采用铸造的方法,以保证其力学性能。锻造后正火,消除内应力,均匀组织,并保证同批次产品硬度基本一致,便于选择刀具加工。

得到毛坯后先粗加工成形,然后调质,调质处理实际就是淬火后高温回火的双重热处理方法,使整个齿轮毛坯得到较好的综合力学性能,心部有足够的强度和韧性,能承受较大的交变弯曲应力和冲击载荷,并可减少齿轮的淬火变形。这道主要的,可能会引起变形、硬度增加或微小尺寸变化的热处理工序完成后,进行精加工成形。

得到基本符合尺寸要求的齿轮后,对轮齿部分高频淬火然后低温回火。通过高频淬火,使轮齿表面硬度达到 52 HRC,提高耐磨性。为了消除淬火应力,接着进行低温回火。最后,精磨得到成品。精磨一方面可以提高齿轮的精度,另一方面可以提高疲劳强度。

2. 轴类零件

(1) 轴类零件的工作条件、失效形式及其对材料性能的要求

① 分析轴的工作条件:工作时受交变弯曲和扭转应力的复合作用;与轴上零件有相对运动,必然存在摩擦和磨损;轴在高速运转过程中会产生振动,启停受一定的冲击载荷,多数轴可能会承受一定的过载载荷。

② 轴类零件的失效方式:长期交变载荷下达到疲劳极限后断裂,大载荷或冲击载荷作用引起过量变形甚至断裂;与其他零件相对运动时造成表面磨损等。

③ 分析工作环境:一般工况,对温度、腐蚀性、密度等物理性能无特殊要求。

(2) 根据轴的性能要求确定大致选材范围

首先,根据工作条件及失效形式的分析,要求材料具有足够的强度、塑性和一定的韧性。其中,高的疲劳强度对应力集中敏感性低;足够的淬透性,热处理后有高硬度、高耐磨性。其次,从工艺性能的角度考虑,材料必须具备良好的切削加工性能,必要时可以通过热处理提高其综合性能。最后,分析材料的工艺性能、成本和性价比,可知一般轴类零件可以使用中碳钢;重要或承受载荷较大的,对质量、尺寸、耐磨性有要求的可以使用合金钢;外形复杂的如曲轴可以考虑球墨铸铁。

(3) 选材结果

一般轴类零件使用 35、40、45、50 钢,经正火、调质或表面淬火热处理改善性能;载荷较大,对轴的外形、尺寸、质量、磨性等要求高时采用 40Cr、20Cr、42CrMo 等;曲轴类可以采用球墨铸铁。

(4) 工艺路线(以选择 40CrMo 的情况为例)

工艺路线如下:

下料→锻造→正火→粗加工→调质→精加工→
轴径处或需要的表面进行淬火+低温回火→磨削

合理选用材料是产品成功的关键步骤之一,很多情况下并不是只有一种选择。掌握选材的原则后,应根据产品的实际情况,具体情况具体分析。例如硬币材料的选择,仔细考虑其使用情况,必然会提出轻便、无毒、低价、资源广、耐磨、耐腐蚀、光泽好、易加工等要求,而满足这些条件的材料有很多,在考虑其面值后,可以选择铝镁合金、铜锌合金和钢芯镀镍等材料;又如眼镜架的材料选择,根据产品定位的不同,可以选择树脂、板材、钛合金等。

练习思考题

4-1　什么是高分子材料？常见的高分子材料有哪些？

4-2　什么是塑料？塑料在工程中主要应用在哪些方面？

4-3　PVC、PA、PE、PP、PS、ABS、PC 分别指什么塑料？

4-4　阐述橡胶的定义和特性。

4-5　阐述合成纤维的定义。

4-6　阐述油漆和涂料概念的区别。

4-7　什么是胶接？其特点是什么？

4-8　陶瓷可分为哪几类？试分别介绍其用途。

4-9　工程材料选择的一般原则是什么？

4-10　随意选取身边的某件产品，识别其各部分材料，并考虑其选材依据。

第二篇　机械设计

第5章　常用机构

机构是由若干个构件组合而成且具有确定的相对运动的组合体。若组成机构的所有构件都在同一平面内或几个相互平行的平面内运动，则称这种机构为平面机构，否则称为空间机构。本章只讨论平面机构。常用的传动机构为连杆传动、凸轮传动、螺旋传动、间歇传动机构等。

5.1　基本概念

5.1.1　零件、构件和部件

任何机器都是由若干零件组成的，如齿轮、螺栓、螺母等。所以，零件是机器中最基本的制造单元体。

零件可分为两类：一类称为通用零件，如螺栓、螺母、齿轮、弹簧等；另一类称为专用零件，只适用于特定形式的机器上，如内燃机的曲轴、活塞，车床上的尾架体等。

机器是根据某种具体使用要求而设计的多种实物的组合体。在分析机器的运动时，并不是所有的运动件都是零件，而是常常由于机构上的需要，把几个零件刚性地连接在一起，作为一个整体进行运动。例如，在图5-1所示的单缸内燃机中，连杆7(见图5-2)就是由连杆体、连杆头、螺栓和螺母等零件刚性连接在一起的运动件，这种由一个或几个零件所构成的运动单元体，称为构件。

为了便于设计、制造、运输、安装和维修，通常会把一台机器划分为若干个部件。部件是由一组协同工作的零件所组成的独立制造或独立装配的装配单元体，如减速器、联轴器、离合器、滚动轴承等。

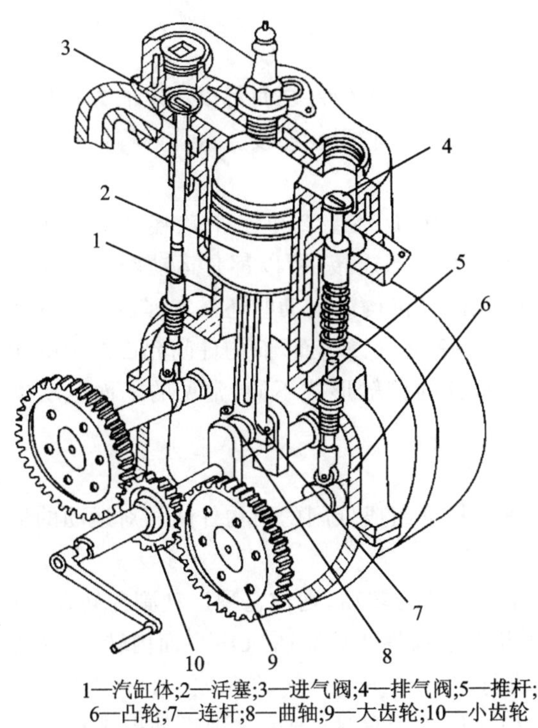

1—汽缸体;2—活塞;3—进气阀;4—排气阀;5—推杆;
6—凸轮;7—连杆;8—曲轴;9—大齿轮;10—小齿轮

图 5-1　单缸内燃机

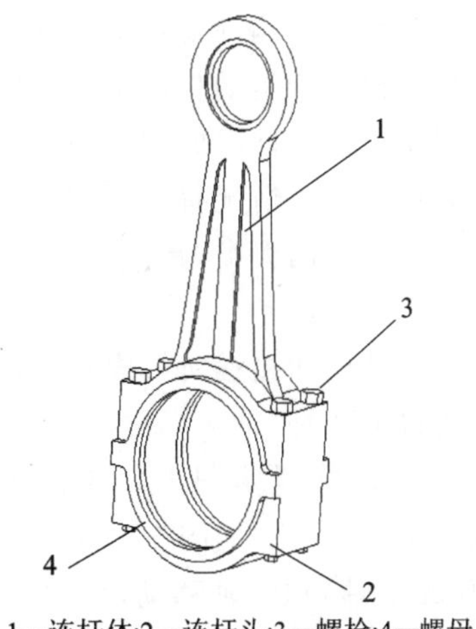

1—连杆体;2—连杆头;3—螺栓;4—螺母

图 5-2　连　杆

5.1.2　机器和机构

机器是人类为了生产和生活需要而创造发明的产物，如电动机、内燃机、起重机、加工机床等。尽管机器的种类很多，构造各异，性能与用途亦各不相同，但从它们的组成、运动规律及功能转换关系来看，机器具有以下几个共同的特征：①机器由许多构件经人工组合而成；②各构件之间具有确定的相对运动；③它可用来完成有用的机械功(如各种机床、起重运输机械)或转换机械能(如内燃机、电动机分别将热能和电能转换为机械能)。

如图 5-1 所示的单缸内燃机，其是由汽缸体 1、活塞 2、进气阀 3、排气阀 4、推杆 5、凸轮 6、连杆 7、曲轴 8、大齿轮 9 和小齿轮 10 等构件组成的机器。活塞 2 的往复移动通过连杆 7 转变为曲轴 8 的连续转动。凸轮 6 和推杆 5 用来打开或关闭进排气阀 3 和排气阀 4。在曲轴 8 和齿轮之间还安装了一对齿轮，用来保证曲轴 8 每转两周，进气阀 3 和排气阀 4 各开闭一次。这样，当燃气推动活塞 2 运动时，进气阀 3 和排气阀 4 有规律地开闭，就把燃气的热能转换为曲轴转动的机械能了。

机构也是由若干构件经人工组合而成的，且各个构件之间具有确定的相对运动。如图 5-1 所示，由曲轴 8、连杆 7、活塞 2 和汽缸体 1 组成的曲柄滑块机构可以把活塞 2 的往复直线移动转变为曲轴 8 的连续转动。所以，机构只具有机器的前两个特征。

机器是由机构组成的，一部机器可包含一个机构(如电动机、鼓风机)或几个机构(如内燃机)，因此，若不考虑机器在做功和能量转换方面的功能，仅从组成和运动的观点来看，那么机器与机构之间并无区别。所以，习惯上用“机器”一词作为机器与机构的总称。

5.1.3 运动副及其分类

由5.1.2小节可知,机构是由若干构件组合而成的,而构件之间都以一定的方式相互连接且存在一定的相对运动。这种连接使两构件直接接触但非刚性连接。这种两构件直接接触并具有确定的相对运动的连接称为运动副。

在图5-1所示的单缸内燃机中,活塞2与汽缸体1、活塞2与连杆7、连杆7与曲轴8等的连接都是两个构件直接接触并能产生相对运动的活动连接,所以都是运动副。不同形式的运动副对机构的运动将产生不同的影响,因此,在研究机构的运动时还需掌握运动副的类型。

对于由两构件组成的运动副,其接触部分不外乎是点、线、面,而构件间允许产生的相对运动与它们的接触情况有关。按照组成运动副两构件的接触形式不同,常见的平面运动副可分为低副和高副两大类,具体如下:

(1) 低　副

两构件以面接触所形成的运动副称为低副。根据组成低副的两构件间相对运动的形式又可分为以下两种:

① 转动副:若组成运动副的两构件间的相对运动为转动,则称这种运动副为转动副(或回转副),也称铰链。如图5-3(a)所示,构件1相对于构件2只能在 yOz 平面内转动,而不能沿 x 轴(或 y 轴)和 z 轴移动,因此它们组成转动副。

② 移动副:若组成运动副的两构件间的相对运动为移动,则称这种运动副为移动副。如图5-3(b)所示,两构件间的相对运动只能沿 x 轴移动,而不能沿 z 轴(或 y 轴)移动以及绕其他任何轴转动,因此它们组成了移动副。

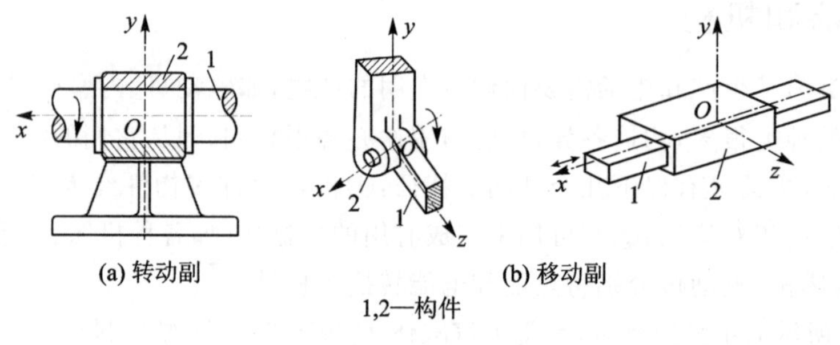

(a) 转动副　　(b) 移动副

1,2—构件

图5-3　平面低副

(2) 高　副

以点或线接触形成的运动副称为高副。组成高副的两构件间的相对运动称为转动兼移动。高副又分为凸轮副和齿轮副,分别如图5-4(a)和图5-4(b)所示。构件1和构件2在 A 点接触而构成高副,它们之间的相对运动只能沿接触点 A 的切线方向($t-t$ 方向)移动和绕 A 点转动,而不能沿 $n-n$ 方向移动。

除平面低副和平面高副外,常用的还有球面副(见图5-5(a))和螺旋副(见图5-5(b))等,它们都属于空间运动副。对于空间运动副,本小节不作进一步讨论。

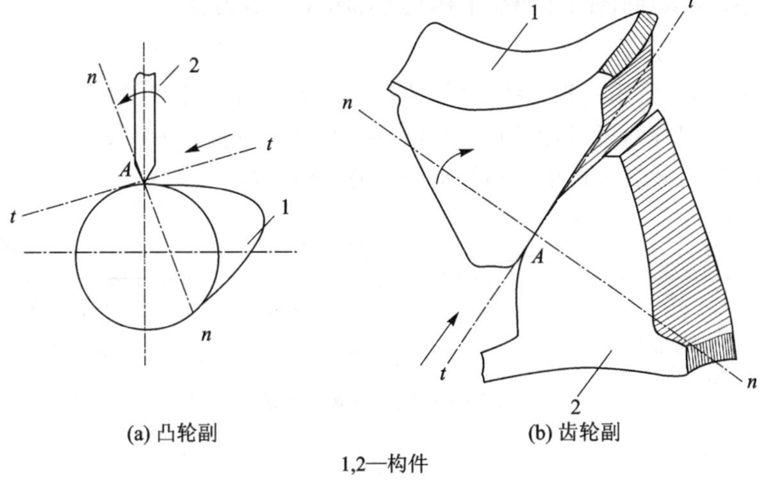

(a) 凸轮副　　(b) 齿轮副

1,2—构件

图 5－4　平面高副

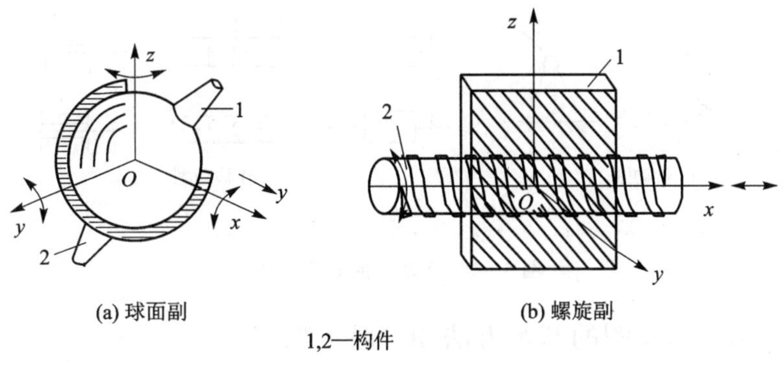

(a) 球面副　　(b) 螺旋副

1,2—构件

图 5－5　空间运动副

5.1.4　平面机构运动简图

1. 机构运动简图及其作用

无论是分析现有机构，还是设计新机构，都需要画出能表明其运动特征的简单图形。由于机构的运动取决于主动件的运动规律、运动副的类型和数目、运动副的相对位置尺寸(构件长度)、构件的数目，与构件的外形、断面尺寸、组成构件的零件数目及固联方式等无关，所以只要用简单的线条和符号来代表构件和运动副，并按一定的比例确定各运动副的相对位置，即可表明机构的运动关系。这种表示机构各构件间相对运动关系的简单图形称为机构运动简图。

机构运动简图应与它所表达的实际机构具有完全相同的运动特性。由机构运动简图可以了解机构的组成和类型，即机构中构件的数目、运动副的种类和数目、运动副的相对位置、机架和主动件。利用机构运动简图不仅可以表达一部复杂机器的传动原理，还可进行机构的运动和动力分析。

如果只需表明机构的运动情况，也可不严格按比例绘制简图，这样的机构运动简图通常称为机构示意图。

2. 平面机构运动简图中的构件和运动副的表示方法

(1) 构件的表示方法

对于轴、杆和连杆,常用一根直线表示,两端画出运动副的符号,如图5-6(a)所示;若构件固联在一起,则涂以焊缝记号,如图5-6(b)所示;机架的表示法如图5-6(c)所示,其中左图为机架基本符号,右图表示机架利用转动副与另一构件相连。

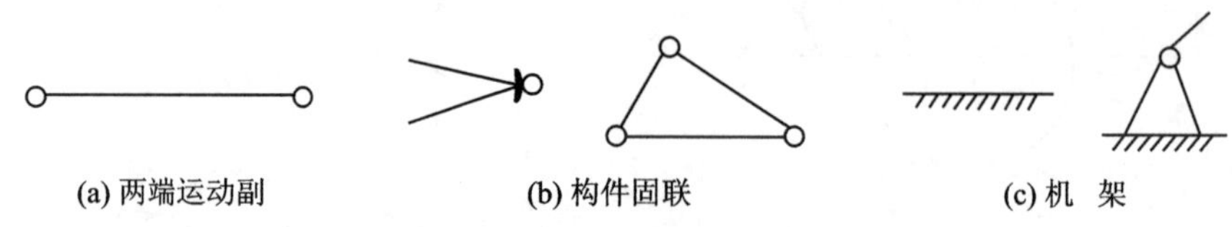

图5-6 构件的表示方法

(2) 运动副的表示方法

两构件组成的转动副和移动副的表示方法分别如图5-7(a)和图5-7(b)所示。如果两构件之一为机架,则在固定构件上画斜线。

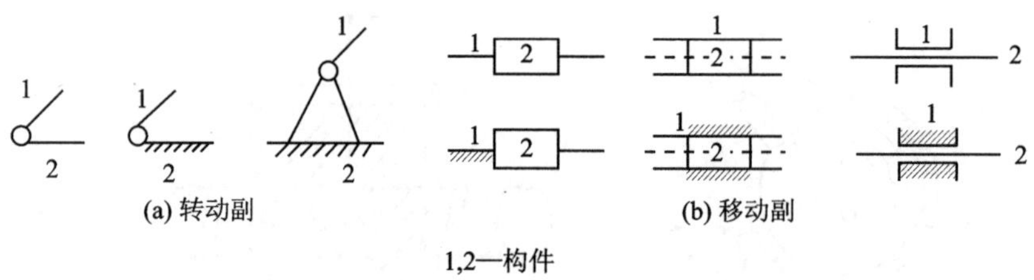

图5-7 运动副的表示方法

3. 绘制机构运动简图的基本方法和一般步骤

在绘制机构运动简图时,应当清楚机构的实际结构和运动传递情况。为此,需要首先确定原动部分和工作部分,再循着运动传递路线搞清楚运动关系,从而确定构件数目、运动副的类型和数目,绘制机构运动简图可按以下步骤进行。

(1) 分析结构和运动情况

分析机构的结构和运动传递情况,找出机架、主动件和从动件。从主动件开始,沿传动线路分析各构件的相对运动情况,确定运动关系。

(2) 确定构件数目、运动副的类型和数目

弄清楚构件数目,分析构件间的连接关系,确定运动副的类型和数目。

(3) 测量运动尺寸

测量出机构运动副间的相对位置尺寸。对于杆件,测量出杆件的长度。

(4) 选取视图平面

对于平面机构,取构件运动平面作为视图平面。

(5) 绘制机构运动简图

选择适当的比例尺,定出各运动副之间的相对位置,并以简单的线条和规定的符号画出机构运动简图。图中各运动副顺序标以大写英文字母,各构件标以阿拉伯数字,并将主动件的运动方向用箭头标明。

绘制机构运动简图的比例尺 μ_1 为

$$\mu_1=\frac{\text{运动尺寸的实际长度(m)}}{\text{图上所画的长度(mm)}}$$

下面举例说明机构运动简图的绘制方法。

例 5－1　绘制如图 5－8 (a)所示颚式破碎机的机构运动简图。

解:绘制机构运动简图的一般步骤如下:

① 分析机构的组成及运动情况。

机构运动由电动机将运动传递给带轮 5 输入,而带轮 5 和偏心轴 1 连成一体(属同一构件),绕转动中心 A 转动;偏心轴 1 带动动颚板 2 运动;肘板 3 的一端与动颚板 2 相连,另一端与机架 4 在 D 点相连。这样,当偏心轴 1 转动时便带动动颚板 2 做平面运动,定颚板固定不动,从而将矿石轧碎。由此可知,偏心轴 1 为主动件,动颚板 2 和肘板 3 为从动件,定颚板和 D 的固定处为机架;该机构由机架和 3 个活动构件组成。

② 确定构件数目、运动副的类型和数目。

偏心轴 1 与机架组成转动副 A;偏心轴 1 与动颚板 2 组成转动副 B;肘板 3 与动颚板 2 组成转动副 C;肘板 3 与机架组成转动副 D。可见,该机构共有 4 个构件和 4 个转动副。

③ 选取视图平面。

由于该机构中各运动副的轴线互相平行,即所有活动构件均在同一平面或相互平行的平面内运动,故选构件的运动平面为绘制简图的平面。

④ 选取适当的比例尺,绘制机构运动简图。

按选定的比例尺,确定各运动副的相对位置,并按规定的符号绘出运动副,如图 5－8 (b)中的 4 个转动副 A、B、C、D,然后用线段将同一构件上的运动副连接起来代表构件。连接 A、B 为偏心轴 1,连接 B、C 为动颚板 2,连接 C、D 为肘板 3,并在图 5－8(b)中的机架上加画斜线,在偏心轴 1 主动件上标出箭头。这样便绘出了颚式破碎机的机构运动简图。

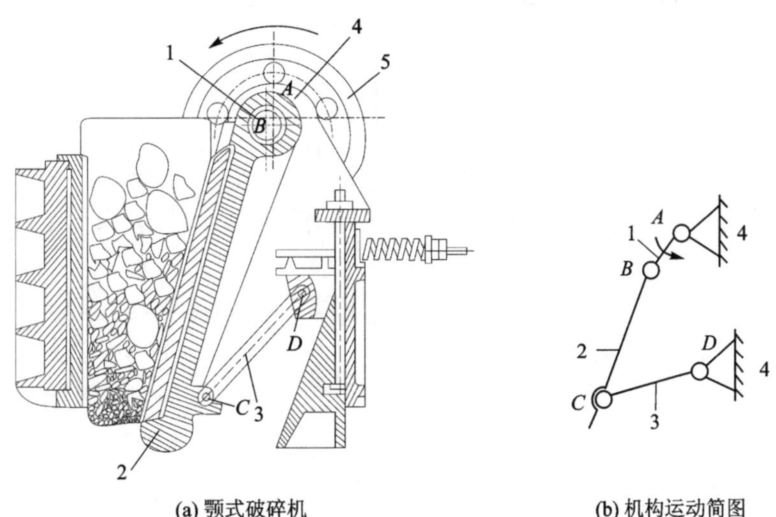

(a) 颚式破碎机　　(b) 机构运动简图

1—偏心轴;2—动颚板;3— 肘板;4—机架;5—带轮

图 5－8　颚式破碎机及其机构运动简图

部分常用机构运动简图符号如表5-1所列。

表5-1　部分常用机构运动简图符号(摘自GB/T 4460—2013)

名　称		代表符号
杆的固定连接		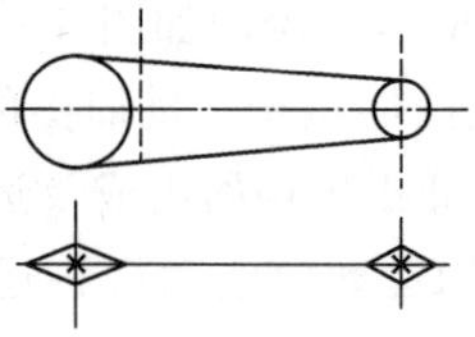
零件与轴的固定		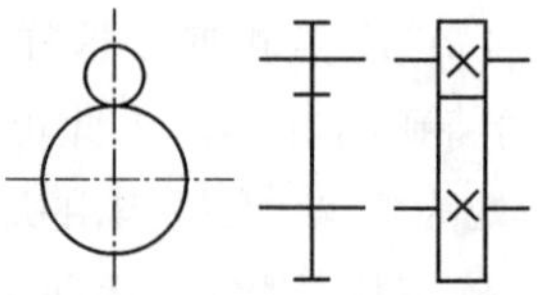
轴承	向心轴承	普通轴承　滚动轴承
	推力轴承	单向推力　双向推力　推力滚动轴承
	向心推力轴承	单向向心推力　双向向心推力　向心推力滚动轴承
联轴器	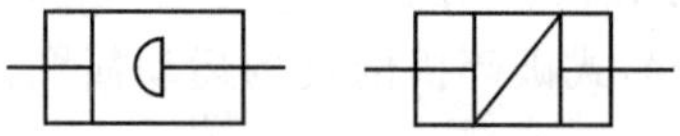	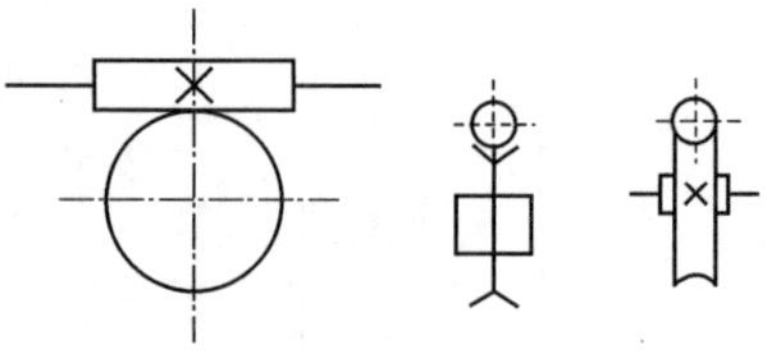 可移式联轴器　弹性联轴器
离合器	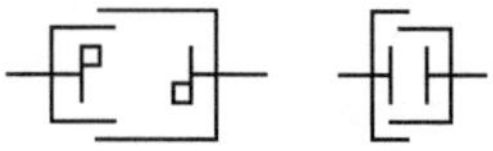	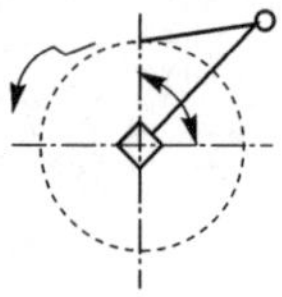 啮合式　摩擦式
制动器	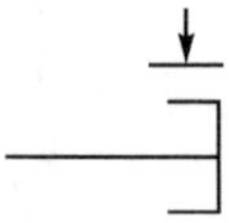	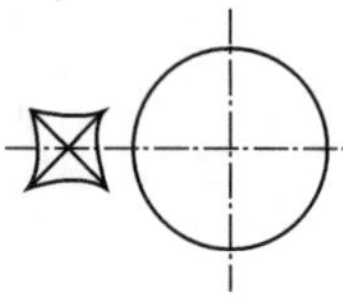
在支架上的电动机 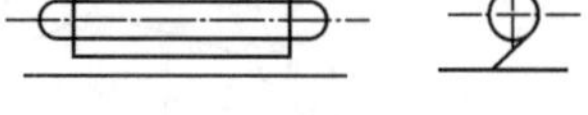		
带传动 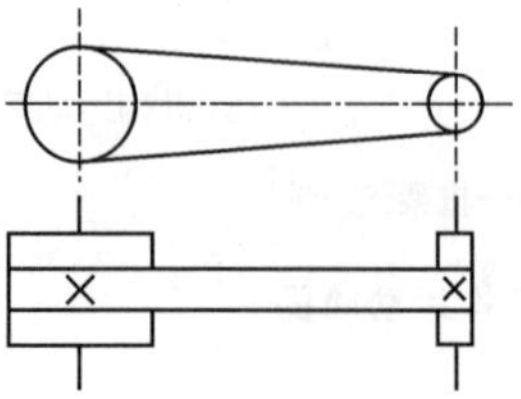		

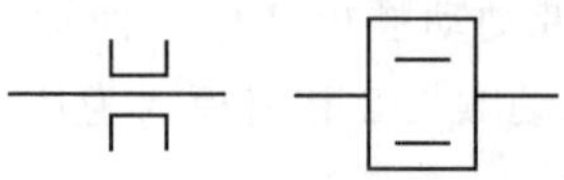

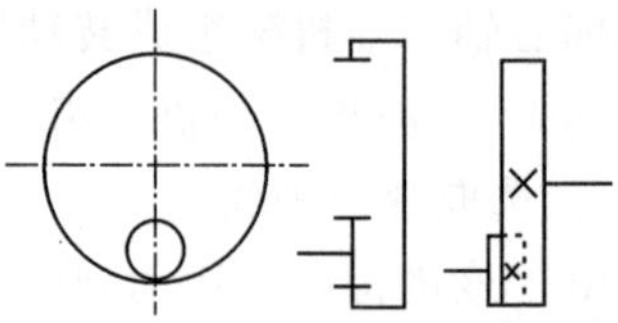

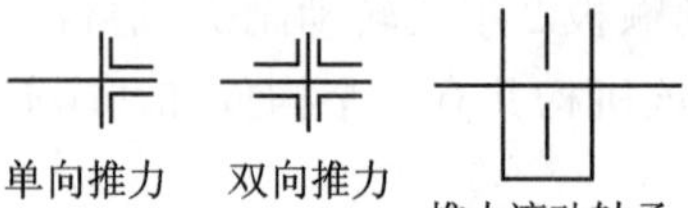

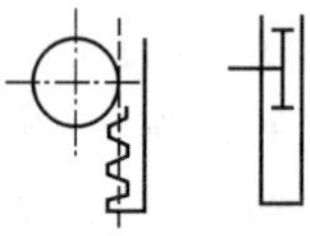

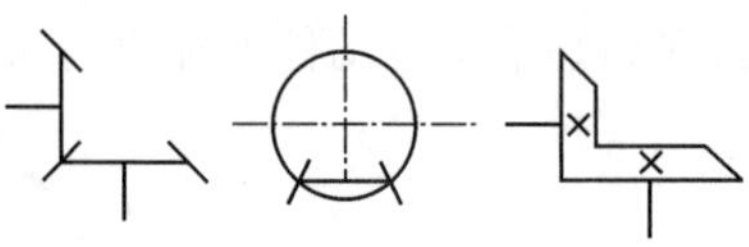

名　称	代表符号
链传动	
外啮合圆柱齿轮机构	
内啮合圆柱齿轮机构	
齿轮齿条传动	
推齿轮机构	
蜗杆传动	
棘轮机构	(外啮合)
槽轮机构	(内啮合)

5.1.5　连接及其分类

1. 键、花键连接

(1) 键的类型、特点及应用

1) 平键连接

平键连接以键的两侧面为工作面，上表面与轮槽底之间留有间隙(见图 5-9(a))，工作时靠键与键槽侧面的挤压来传递转矩。这种键结构简单，装拆方便，对中性好。常用的平键有普通平键、导键和滑键等。

普通平键按端部形状可分为 A 型(圆头)、B 型(方头)和 C 型(单圆头)三种，如图 5-9(b)所示。其中，A 型用得最广；B 型键的轴上键槽用盘铣刀铣出，轴上应力集中较小；C 型多用于轴端，轴上的键槽可用指状铣刀铣出，轴上键槽端部引起的应力集中较大。

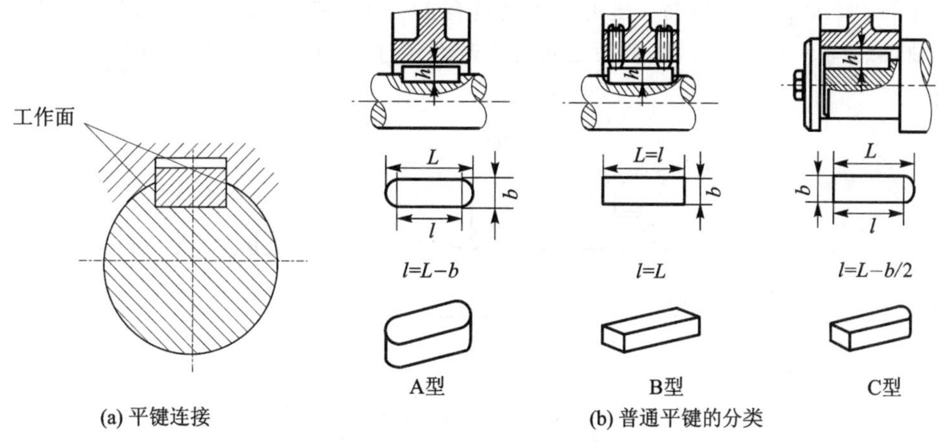

(a) 平键连接　(b) 普通平键的分类

图 5-9　平键连接及普通平键的分类

普通平键用于静连接，若零件需在轴上移动，则可采用导键和滑键。导键有 A 型、B 型两种，如图 5-10 所示。导键长度较长，为防止键体在轴槽中松动，需用螺钉将键体固定在轴上的键槽中，轴上的零件沿键轴向移动。为便于拆键，键上设有起键螺钉孔。当滑移距离较长时，可采用如图 5-11 所示的滑键连接，在这种连接中，键固定在轮毂上，随轮毂在轴的键槽中移动。

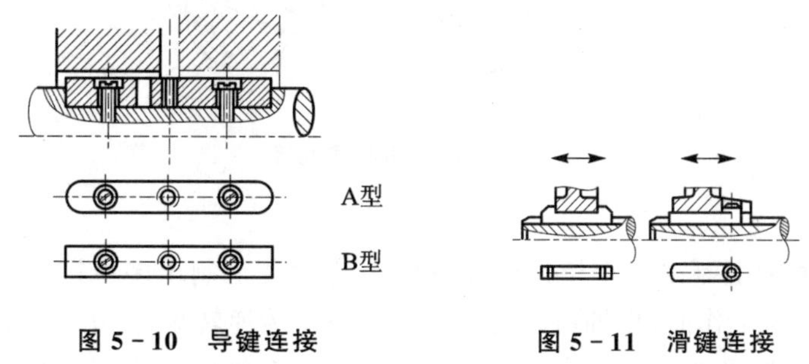

图 5-10　导键连接　　**图 5-11　滑键连接**

2) 半圆键连接

半圆键连接如图 5-12 所示，半圆键工作时靠两侧面传递转矩。这种键在轴的键槽中能摆动,以适应轮毂中键槽的斜度。这种键的工艺性好,装拆方便,但对轴的强度削弱严重,故一般用于轻载连接,如轴的锥形端部。

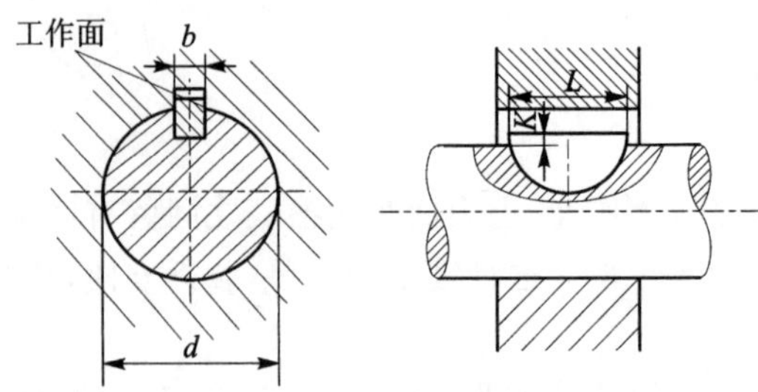

图 5-12　半圆键连接

3) 楔键连接

楔键的上下两面是工作面。键的上表面具有 1∶100 的斜度,如图 5-13 所示。装配后,键楔紧在轴毂之间。工作时靠键、轴毂之间的摩擦力传递转矩,也能传递单向轴向力,但定心精度不高。

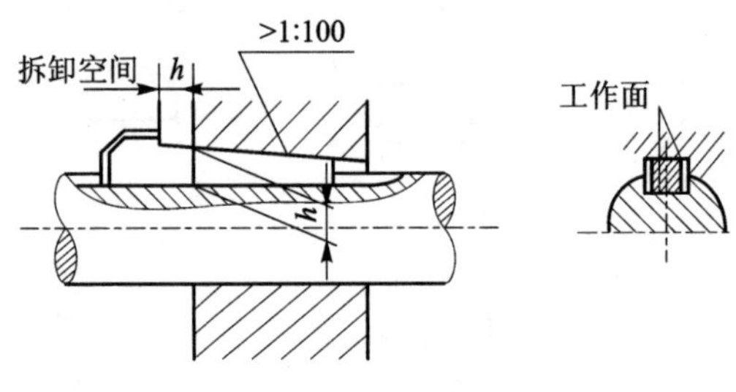

图 5-13　楔键连接

4) 切向键连接

切向键由两个 1∶100 的单边斜楔键组成,装配后,共同楔紧在轮毂和轴之间(见图 5-14)。键的窄面是工作面,能传递较大的转矩,常用于载荷大、对中要求不严格的场合。由于键槽对轴削弱较大,故一般在直径大于 10 mm 的轴上使用。

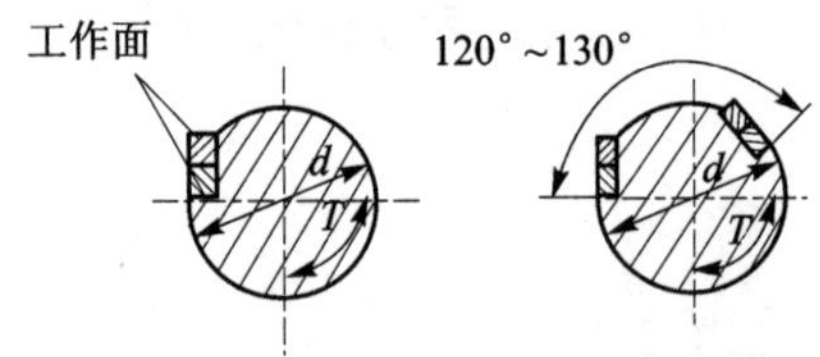

图 5-14　切向键连接

(2) 花键连接

花键连接是由轴上制出多个键齿的花键轴与轮毂孔上制出多个键槽的花键孔组成的连接。花键齿的侧面为工作面,靠轴与毂的齿侧面的挤压传递转矩,可用于动连接和静连接。

花键因多齿承载,所以承载能力高。由于花键连接对轴的强度削弱小,应力集中小,定心精度高,导向性好,故其常用于载荷大、定心精度高的静连接和动连接,特别是对动连接更有独特的优越性。但是,花键连接的花键轴和孔需用专用设备和工具加工,故成本较高。常见花键

连接的类型、特点及应用见表 5－2。

表 5－2　花键连接的类型、特点及应用

类　型	特　点	应　用
矩形花键 d D	多齿工作，承载能力高，对中性好，导向性好，齿根较浅，应力集中较小，加工方便，能用磨削的方法获得较高的精度。标准中规定了两个系列：轻系列用于载荷较小的静连接；中系列用于中等载荷	应用广泛，如在飞机、汽车、拖拉机、机床、农业机械及一般机械传动装置等中使用
渐开线花键	齿廓为渐开线，受载时齿上有径向力，能起自动定心作用，使各齿受力均匀，强度高、寿命长。加工工艺与齿轮相同，易获得较高精度和互换性。渐开线花键的轮齿标准压力角 α 有 30°及 45°两种	用于载荷较大、定心精度要求较高以及尺寸较大的连接

对于花键连接的强度计算，一般先根据连接件的特点、尺寸、使用要求和工作条件确定其类型和尺寸，然后再进行必要的强度校核。

2. 螺纹连接

(1) 螺纹的形成与类型

在直径为 d_2 的圆柱面上，绕一底边长为 πd_2 的直角三角形 ABC，三角形的斜边 AB 在圆柱表面上形成一条螺旋线，如图 5－15 所示。若取一通过圆柱轴线的牙型平面 N 沿螺旋线移动，则此牙型平面空间轨迹就构成了螺纹，如图 5－16 所示。不同形状的牙型平面 N 可形成不同牙型的螺纹。

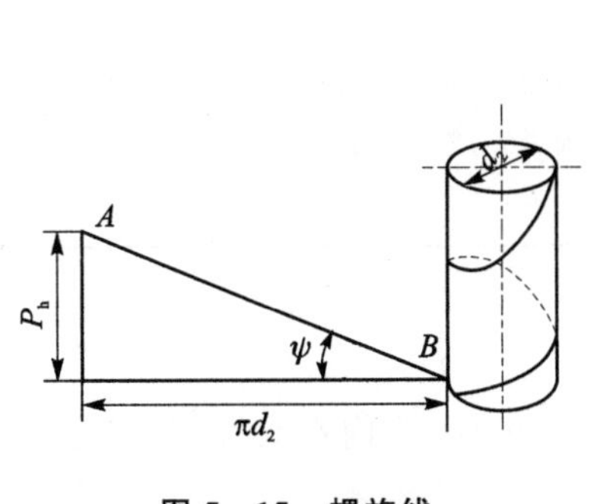

图 5－15　螺旋线

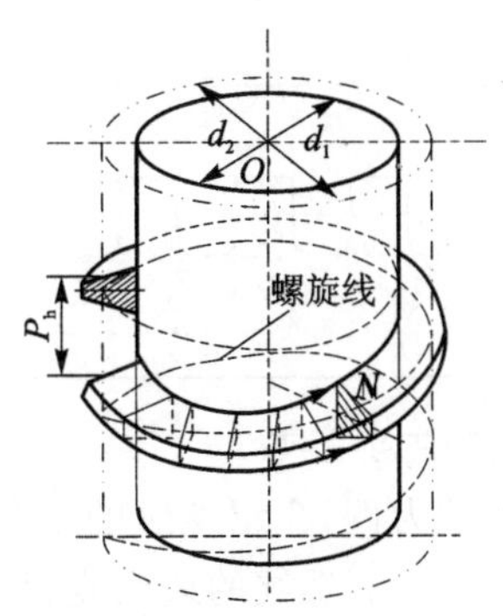

图 5－16　螺纹的形成

在圆柱表面上只有一条螺旋线形成的螺纹称为单线螺纹(见图 5-17(a))。在圆柱表面上若有两条或三条等距螺旋线,则可形成双线螺纹(见图 5-17(b))或三线螺纹。为制造方便,螺纹线数一般不超过 4。单线螺纹常用于连接,也可用于传动;多线螺纹则用于传动。

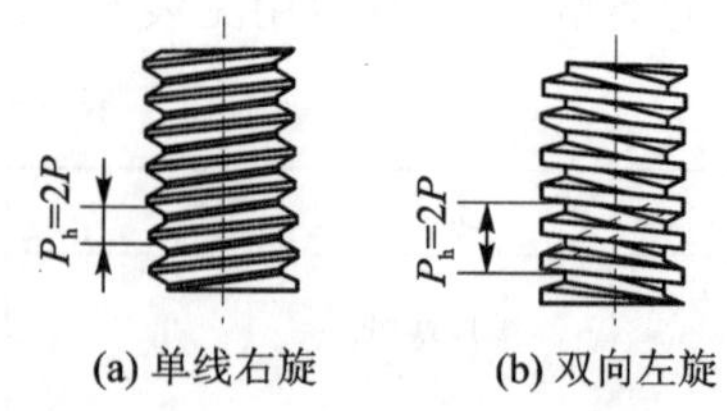

图 5-17 不同线数和旋向的螺纹

此外,螺纹又可分为右旋(见图 5-17(a))和左旋(见图 5-17(b)),其中,右旋螺纹应用最广。

螺纹还可按在内外圆柱面上的分布分为圆柱外螺纹和圆柱内螺纹,其中,在圆柱外表面形成的螺纹称为圆柱外螺纹;在圆柱内表面形成的螺纹称为圆柱内螺纹。

常用螺纹的特点及应用见表 5-3。

表 5-3 常用螺纹的特点及应用

螺纹类型	牙型图	特点和应用
普通螺纹	60°	牙型角 $\alpha=60°$,当量摩擦因数大,自锁性能好。对于同一公称直径,按螺距 P 的大小可分为粗牙和细牙。粗牙螺纹用于一般连接,细牙螺纹常用于细小零件、薄壁件,也可用于微调机构
圆柱管螺纹	55°	牙型角 $\alpha=55°$,牙顶有较大圆角,内外螺纹旋合后无径向间隙。该螺纹为寸制细牙螺纹,公称直径近似为管子内径,紧密性好,用于压力在 1.5 MPa 以下的管路连接
梯形螺纹	30°	牙型角 $\alpha=30°$,牙根强度高,对中性好,传动效率较高,是应用较广的传动螺纹
锯齿形螺纹	30° 3°	工作面的牙型斜角为 3°,非工作面的牙型斜角为 30°,传动效率较梯形螺纹高,牙根强度也高,用于单向受力的传动螺旋机构
矩形螺纹		牙型斜角为 0°,传动效率高,但牙根强度差,磨损后无法补尝间隙,定心性能差,一般很少采用

(2) 螺纹的主要参数

以普通螺纹为例,介绍螺纹的主要参数(见图 5-18)。

① 大径 $d(D)$:螺纹的最大直径,即与外螺纹牙顶(或内螺纹牙底)重合的假想圆柱面的直径,是螺纹的公称直径。

② 小径 $d_1(D_1)$:螺纹的最小直径,即与外螺纹牙底(或内螺纹牙顶)重合的假想圆柱面

的直径。

③ 中径 $d_2(D_2)$：一个假想圆柱面的直径，其母线通过牙型上牙厚和牙间宽相等圆柱面的直径。

④ 螺距 P：相邻两牙在中径上对应两点间的轴向距离。

⑤ 导程 P_h：同一条螺旋线上的相邻两牙在中径上对应两点间的轴向距离。设螺旋线数为 n，则

$$P_h = nP$$

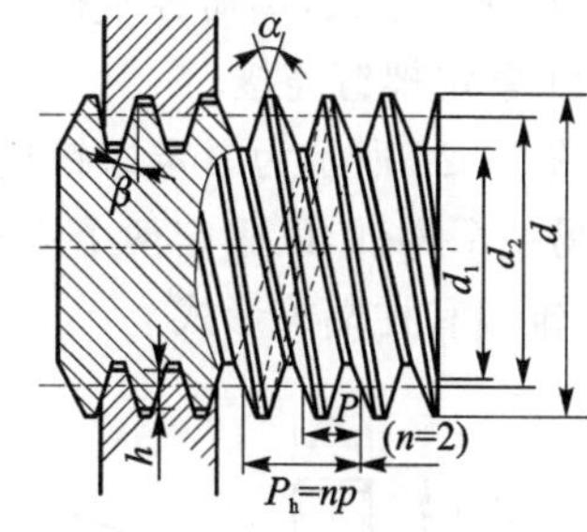

图 5－18　螺纹的主参数

⑥ 螺纹升角 ψ：在中径圆柱上螺旋线的切线与垂直于螺纹轴线的平面间的夹角，计算公式如下：

$$\tan \psi = \frac{P_h}{\pi d_2} = \frac{nP}{\pi d_2} \tag{5-1}$$

⑦ 牙型角 α：轴向剖面内螺纹牙型两侧面的夹角。

⑧ 牙型斜角 β：轴向剖面内螺纹牙型一侧边与螺纹轴线的垂线间的夹角。

⑨ 接触高度 h：内外螺纹相互旋合后螺纹接触面的径向距离。

(3) 螺纹连接的基本类型

1) 螺栓连接

螺栓连接是将螺栓穿过被连接件上的光孔然后用螺母锁紧。这种连接结构简单、装拆方便、应用广泛。螺栓连接有普通螺栓连接和铰制孔螺栓连接两种，图 5－19 (a) 所示为普通螺栓连接，其结构特点是螺栓杆与被连接件孔壁之间有间隙，工作载荷只能使螺栓受到拉伸的作用。图 5－19 (b)所示为铰制孔螺栓连接，被连接件上的铰制孔和螺栓的光杆部分多采用基孔制过渡配合，螺栓杆受到剪切和挤压的作用。

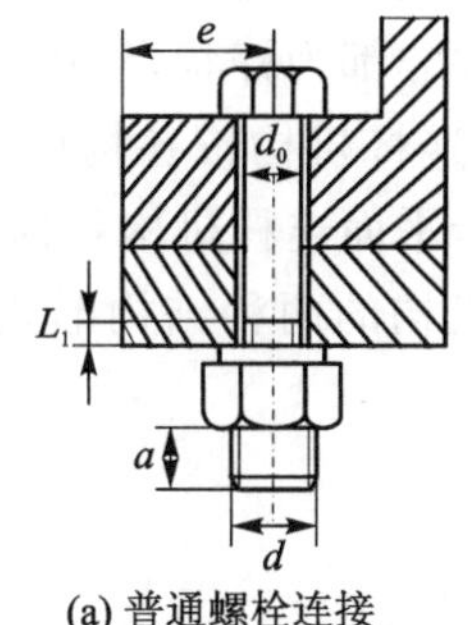

(a) 普通螺栓连接　　(b) 铰制孔螺栓连接

注：静载荷 $L_1 \geqslant (0.3\sim0.5)d$；变载荷 $L_1 \geqslant 0.75d$；冲击或弯曲载荷 $L_1 \geqslant d$；$e = d + (3\sim6)\,\text{mm}$；$d_0 \approx 1.1d$；$a = (0.2\sim0.3)d$；铰制孔螺栓连接 $L_1 \approx d$。

图 5－19　螺栓连接

2) 双头螺栓连接

图 5－20 所示为双头螺栓连接。这种连接用于被连接件中的一个较厚而不宜制成通孔且需要经常拆卸的场合。拆卸时，只需拧下螺母而不必从螺纹孔中拧出螺栓，即可将被连接件分开。

3) 螺钉连接

图 5－21 所示为螺钉连接。这种连接不需要用螺母，适用于一个被连接件较厚，不便钻成

通孔，且受力不大，不需经常拆卸的场合。

4）紧定螺钉连接

图 5-22 所示为紧定螺钉连接，将紧定螺钉旋入一零件的螺纹孔中，并用螺钉端部顶住或顶入另一个零件，以固定两个零件的相对位置，并可传递不大的力或转矩。紧定螺钉的端部有平端、锥端和柱端等形式。

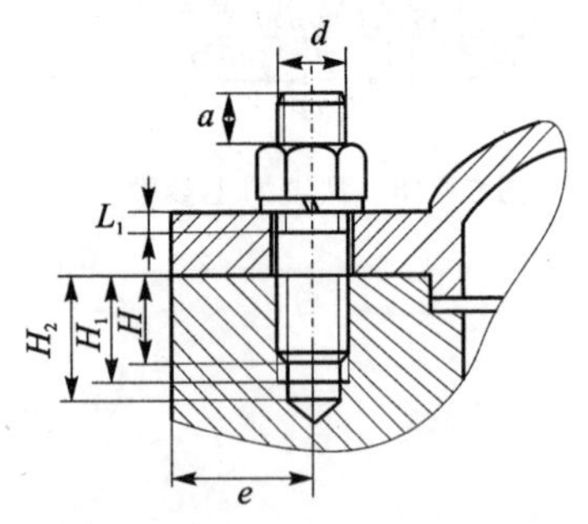

注：螺纹拧入深度 H、钢或青铜 $H\approx d$，铸铁 $H=(1.25\sim1.5)d$，铝合金 $H=(1.5\sim2.5)d$，螺纹孔深度 $H_1=H+(2\sim2.5)P$，钻孔深度 $H_2=H_1+(0.5\sim1)d$；L_1、a、e 值同普通螺栓连接的情况。

图 5-20　双头螺柱连接

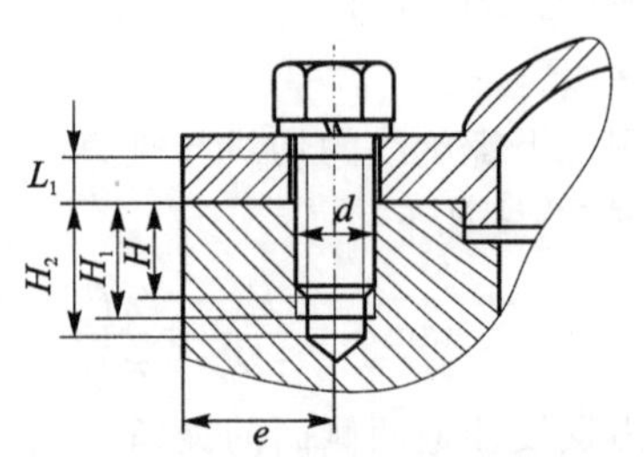

注：螺纹拧入深度 H、钢或青铜 $H\approx d$，铸铁 $H=(1.25\sim1.5)d$，铝合金 $H=(1.5\sim2.5)d$，螺纹孔深度 $H_1=H+(2\sim2.5)P$，钻孔深度 $H_2=H_1+(0.5\sim1)d$；L_1、e 值同普通螺栓连接的情况。

图 5-21　螺钉连接

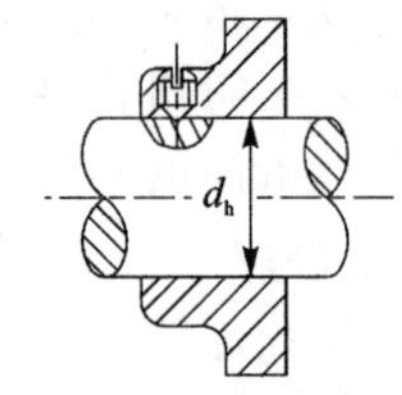

图 5-22　紧定螺钉连接

5.2　平面连杆机构

用转动副和移动副将若干构件相互连接而成的机构称为连杆机构，利用连杆机构可以实现运动变换和动力传递。连杆机构中各构件的形状并非都为杆状，但从运动原理来看，各构件可由等效的杆状构件代替，所以通常称为连杆结构。连杆机构按各构件间相对运动性质的不同，可分为空间连杆机构和平面连杆机构两类。其中，平面连杆机构各构件间的相对运动均在同一平面或相互平行的平面内。下面介绍平面连杆机构的两种结构形式：铰链四杆机构和曲柄滑块机构。

5.2.1　铰链四杆机构

在平面连杆机构中，四个构件相互用转动副连接而成的机构称为铰链四杆机构，简称四杆机构。图 5-23 所示的破碎机的破碎机构即为四杆机构。当轮子绕固定轴心 A 转动时，轮子上的偏心销 B 和连杆 BC，使动颚板 CD 往复摆动。当动颚板向左摆动时，它与固定颚板间的空间变大，使矿石下落；当向右摆动时，矿石在两颚板之间被轧碎。

破碎机构可用四个具有等效运动规律的四杆机构代替，如图 5-24 所示，其中 A、B、C、D 为四个铰链。

为了方便分析研究机构的运动，不需要完全画出机构的真实图形，只需用规定符号画出能表达其运动特性的简化图形，即机构运动简图(简称机构简图)。

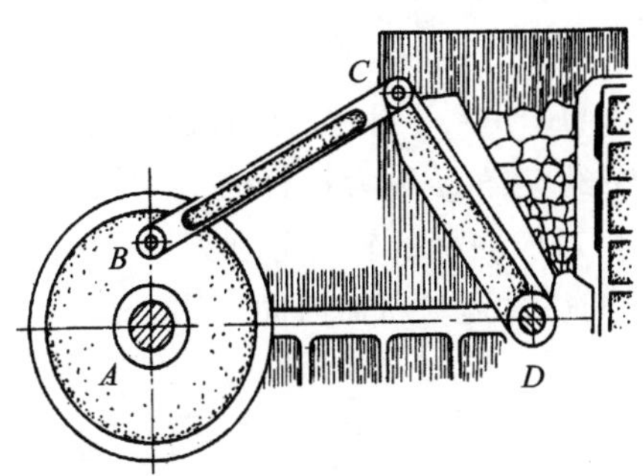

图 5－23　破碎机的破碎机构

图 5－25 所示为铰链四杆机构运动简图，其中箭头表示构件的运动方向。构件 AD 固定不动，称为静杆或机架。构件 AB 可绕轴 A 做整周转动，称为曲柄。构件 CD 可绕轴 D 做往复摆动，称为摇杆。曲柄和摇杆都与机架连接，故统称为连架杆。连接两连架杆的构件 BC 称为连杆。除了机架和连杆外，其余两杆可能为曲柄或摇杆，因而可以构成具有不同运动特点的四杆机构。按连架杆的运动方式分，四杆机构有以下三种基本形式。

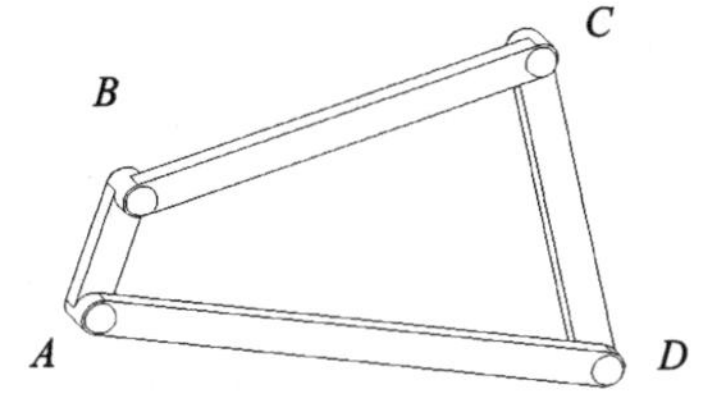

图 5－24　铰链四杆机构

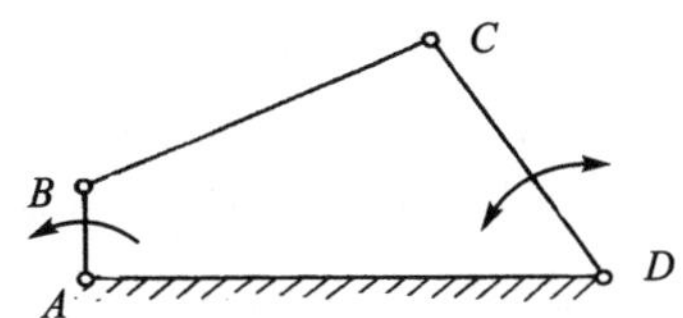

图 5－25　铰链四杆机构运动简图

1. 曲柄摇杆机构

在四杆机构中，如果连架杆中的一个为曲柄，另一个为摇杆，则此机构为曲柄摇杆机构。

在曲柄摇杆机构中，曲柄和摇杆可互为主动件，当曲柄为主动件时，可将曲柄的圆周运动转变为摇杆的往复摆动(见图 5－23 所示的破碎机的破碎机构)；当摇杆为主动件时，可将摇杆的往复摆动转变为曲柄的圆周运动。如图 5－26 所示的缝纫机的驱动机构，踏板即为摇杆，曲轴即为曲柄，当踏板做往复摆动时，通过连杆能使曲轴连续转动。

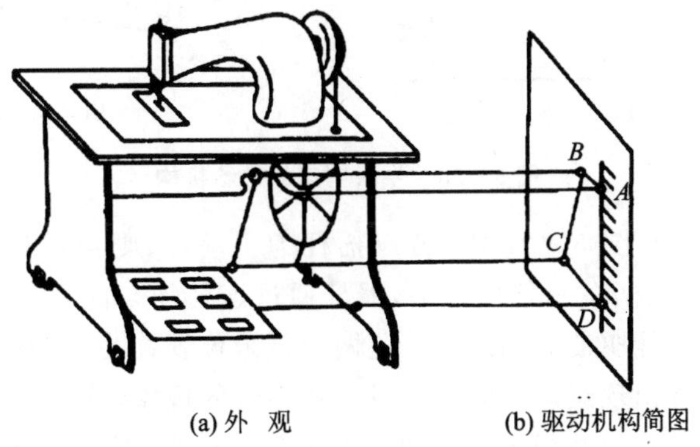

图 5－26　缝纫机的驱动机构

曲柄摇杆机构具有两个主要特点：

① 急回特性。如图 5－27 所示，当曲柄 AB 为主动件并做等速回转时，摇杆 CD 为从动件并做变速往复摆动。当曲柄 AB 回转一周时，有两次与连杆 BC 共线，摇杆 CD 往复摆动各一次，其极限位置 C_1D 和 C_2D 的夹角 φ 称为摇杆的最大摆角（见图 5－27 中的虚线所示）。当摇杆往复摆过这一夹角 φ 时，对应曲柄的转角分别为 α_1 和 α_2。因为曲柄 AB 是等速回转，所以 α_1 与 α_2 之比就代表了摇杆往复运动所需时间之比。

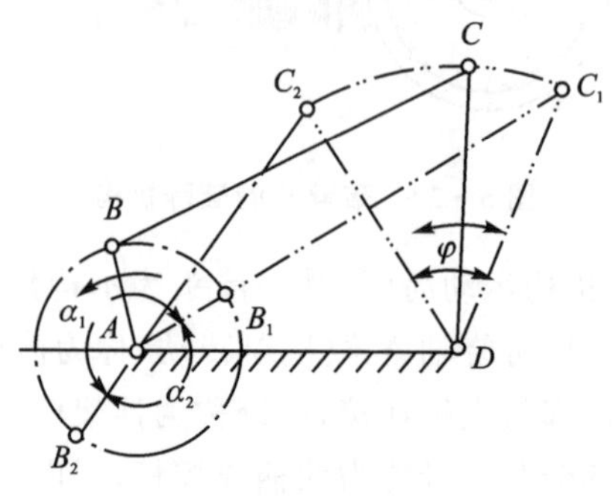

图 5－27　摇杆的最大摆角和死点位置

在图 5－27 中，$\alpha_1 > \alpha_2$，因此摇杆往复摆动同样角度 φ 所需的时间是不等的。这种从动件往复运动所需时间不等的性质称为急回特性。在实际生产中，利用机构的急回特性，将慢行程作为工作行程，快行程作为空回行程，这样既能满足工作要求，又能提高生产效率。如图 5－28 所示的牛头刨床的进给机构，刨床的进给运动是间歇运动，每当刨刀返回时，工作台带动工件进给一次。当轮子绕轴 A 转动时，轮子上的偏心销 B 通过杆 BC，使带有棘爪的杆 CD 左右摆动。棘爪推动固定在丝杆上的棘轮，使丝杠产生间歇转动，丝杆驱动固定在工作台内的螺母产生间歇直线位移，使工作台实现间歇进给运动。

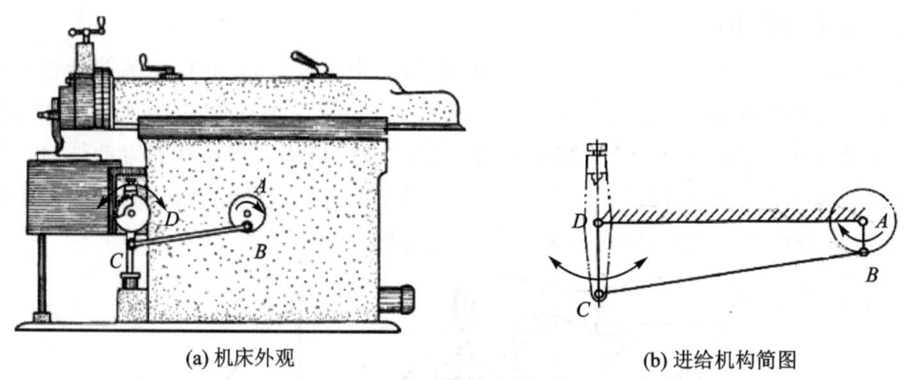

(a) 机床外观　　(b) 进给机构简图

图 5－28　牛头刨床的进给机构

② 存在死点位置。在图 5－27 中，若以摇杆为主动件，则当摇杆 CD 到达两极限位置 C_1D 和 C_2D 时，连杆和曲柄在一条直线上，摇杆通过连杆加与曲柄的力将通过铰链 A 的中心，其力矩为零，因此，不能驱使曲柄转动。这两个极限位置称为机构的死点位置。在传动过程中，机构在死点位置会出现运动方向不定或卡死不转的现象，这时，可利用构件（或飞轮）的惯性力及其他措施来克服，如缝纫机的驱动机构在运动中就是依靠飞轮的惯性通过死点的。

2. 双曲柄机构

在四杆机构中，若两连架杆均为曲柄，则该机构称为双曲柄机构。在双曲柄机构中，两曲柄均可作为主动件。根据两曲柄的长度不等或相等的不同结构，其机构的特性亦不同。

① 两曲柄不等长的结构如图 5－29 所示。若以曲柄 AB 为主动件，则当曲柄 AB 转动 180°至 AB' 时，从动曲柄 CD 则转至 $C'D$，转角为 α_1；当主动曲柄再由 AB' 转动 180°至 AB 时，从动曲柄也由 $C'D$ 转回至 CD，转角为 α_2，显然 $\alpha_1>\alpha_2$。故这种曲柄运动的特点是：当主动曲柄等速回转一周时，从动曲柄变速回转一周。如图 5－30 所示的惯性筛就是利用了双曲柄机构的运动特点，使筛子做变速运动，利用被筛物体的惯性，达到筛选的目的。

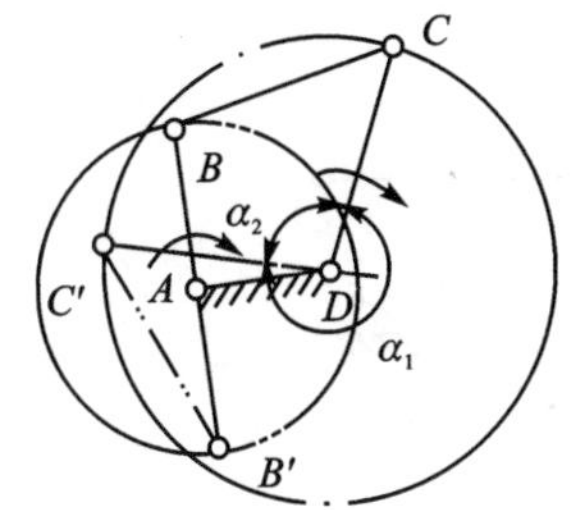

图 5－29　两曲柄不等长的结构

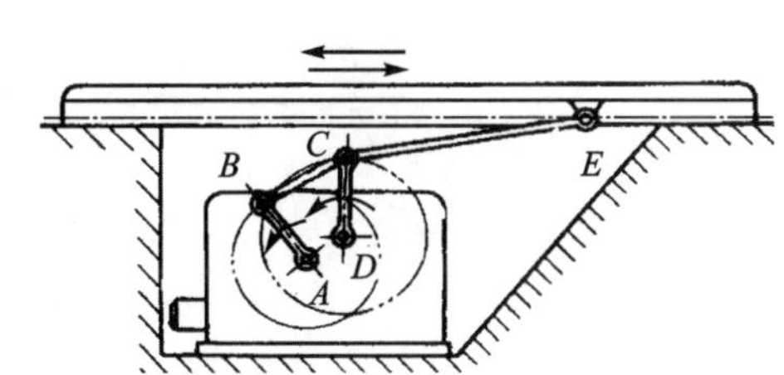

图 5－30　惯性筛

② 两曲柄等长的结构如图 5－31 所示。因为连杆与静物也等长，故又称为平行双曲柄机构。当主动曲柄运行至四杆共线位置时，从动曲柄出现运动不确定状态，可得到平行双曲柄机构（见图 5－31(a)）和反向双曲柄机构（见图 5－31(b)）。前者两曲柄的回转方向相同，角速度时时相等；而后者两曲柄的回转方向相反，角速度不等。由于平行双曲柄机构具有等速转动的特点，故在传动机械中常常采用。如图 5－32 所示的机车主动轮联动装置就应用了平行双曲柄机构。为防止驱动机构在运动过程中变成反向双曲柄机构，这里加装了辅助曲柄 EF。

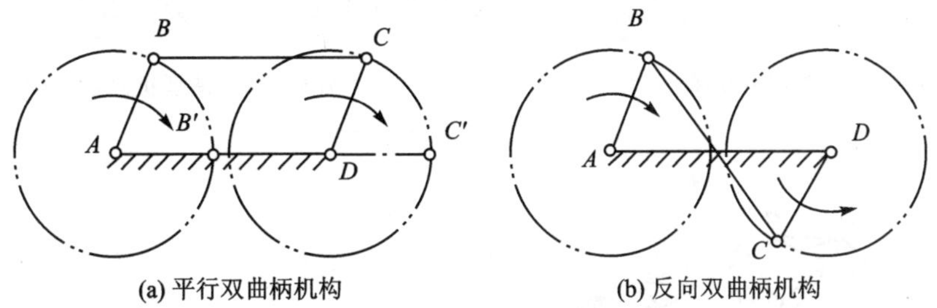

(a) 平行双曲柄机构　(b) 反向双曲柄机构

图 5－31　两曲柄等长的结构

3. 双摇杆机构

在四杆机构中，若两连架杆均为摇杆，则该机构称为双摇杆机构，如图 5－33 所示。在双摇杆机构中，两摇杆均可作为主动件。当连杆与从动摇杆成一直线时，机构处于死点位置。如图 5－34 所示的造型机翻台机构就采用了双摇杆机构，当摇杆摆动时，可使翻台处于合模和脱模两个工作位置。如图 5－35 所示的港口起重机也采用了双摇杆机构，通过该机构实现货物的水平吊运。

四杆机构之所以有上述三种不同形式，主要原因是四杆相对长度选取的不同。如何区分四杆机构的基本形式呢？主要分为以下两种情况：

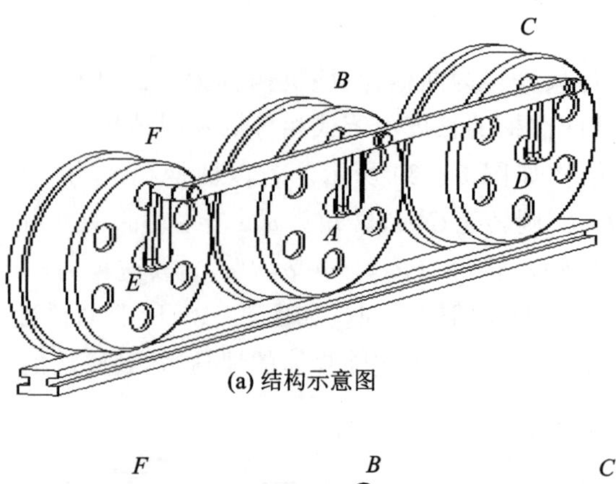

(a) 结构示意图

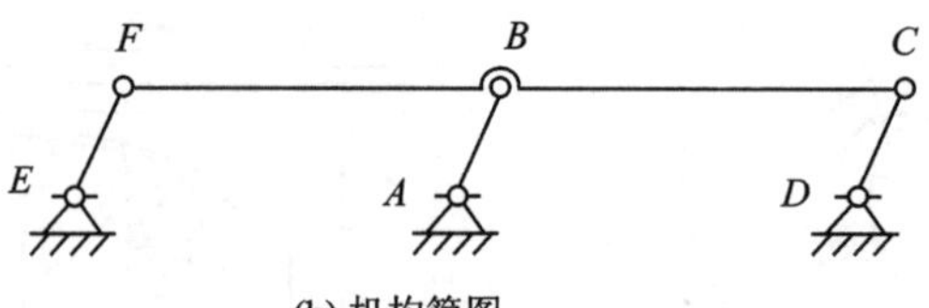

(b) 机构简图

图 5-32 机车主动轮联动装置

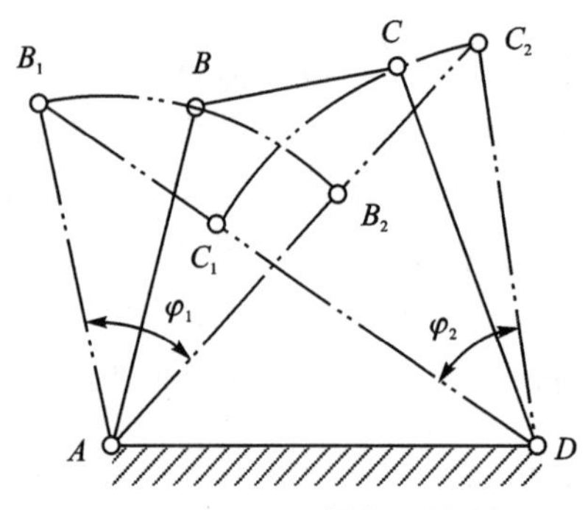

图 5-33 双摇杆机构

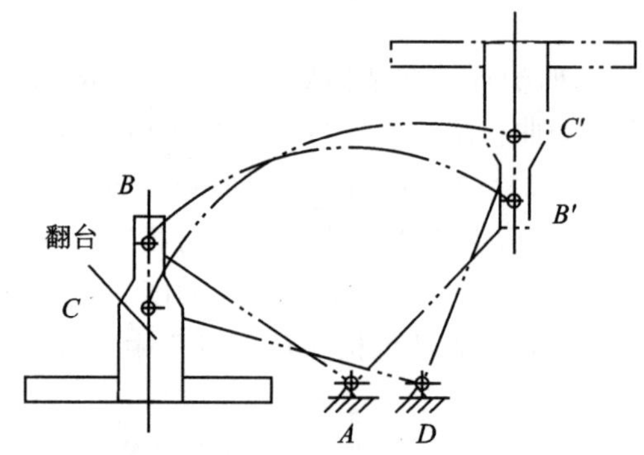

图 5-34 造型机翻台机构

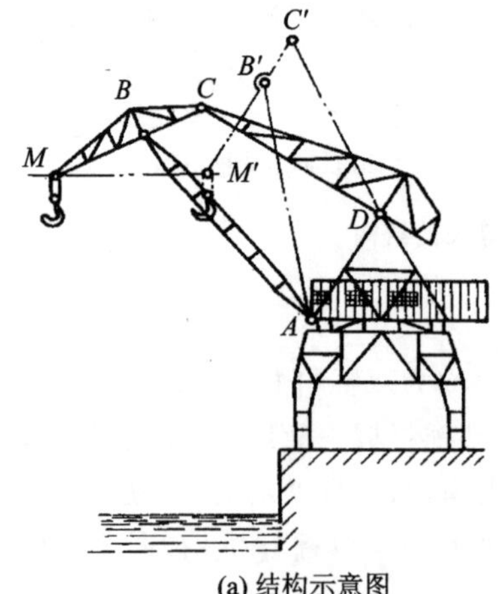

(a) 结构示意图

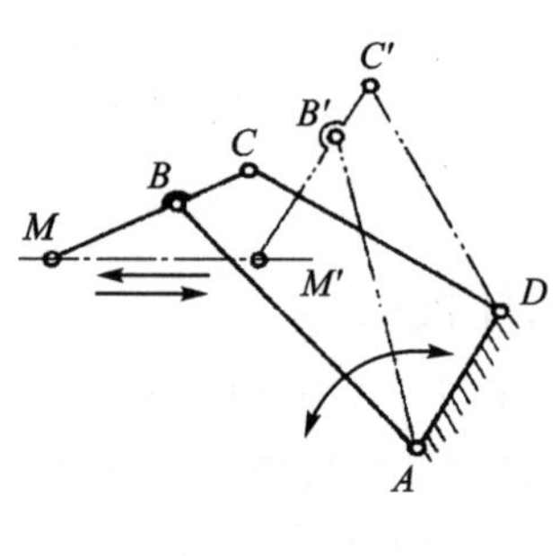

(b) 机构简图

图 5-35 港口起重机

① 最短杆与最长杆长度之和小于或等于其余两杆长度之和。

第一，当最短杆为曲柄时，此机构为曲柄摇杆机构；

第二，当最短杆为机架时，此机构为双曲柄机构；

第三，当最短杆为连杆时，此机构为双摇杆机构。

② 当最短杆与最长杆长度之和大于其余两杆之和时，不论取哪一根杆为静杆，都只能构成双摇杆机构。

5.2.2　曲柄滑块机构

曲柄滑块机构是由曲柄、连杆、滑块及机架组成的，当曲柄摇杆机构的一个转动副转化为一个移动副时，该机构就转化成曲柄滑块机构。图 5－36 所示为曲柄滑块机构简图。在曲柄滑块机构中，若曲柄为主动件，则当曲柄做圆周转动时，可通过连杆带动滑块做往复运动；反之，若滑块为主动件，则当滑块做往复直线运动时，即可通过连杆带动曲柄做圆周转动。

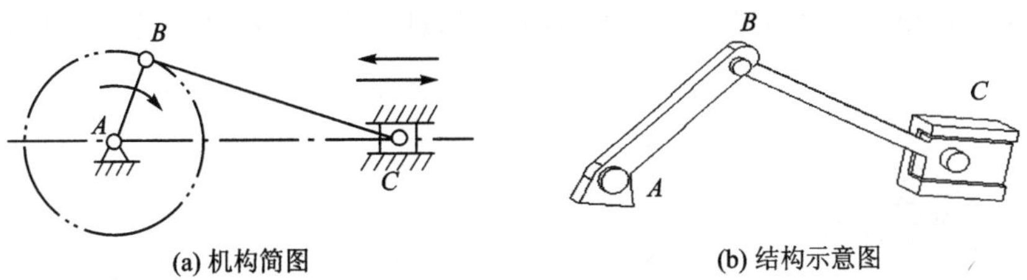

(a) 机构简图　　(b) 结构示意图

图 5－36　曲柄滑块机构简图

在曲柄滑块机构中，若滑块与曲柄连在一条直线上，则简图称为对心曲柄滑块机构，当滑块为主动件时，存在死点位置。若滑块与曲柄不在一条线上，则称为偏置曲柄滑块机构，当滑块为主动件时，具有急回特性。

曲柄滑块机构在各种机械中应用相当广泛。图 5－37 所示是在曲柄压力机中应用曲柄滑块机构将曲柄转动变为滑块往复直线移动；图 5－38 所示是在内燃机中应用曲柄滑块机构将滑块(活塞)往复直线移动变为曲柄转动。

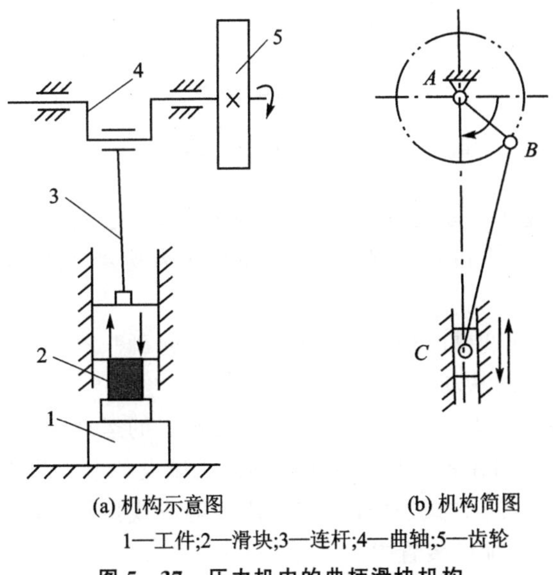

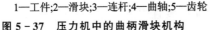

(a) 机构示意图　　(b) 机构简图

1—工件;2—滑块;3—连杆;4—曲轴;5—齿轮

图 5－37　压力机中的曲柄滑块机构

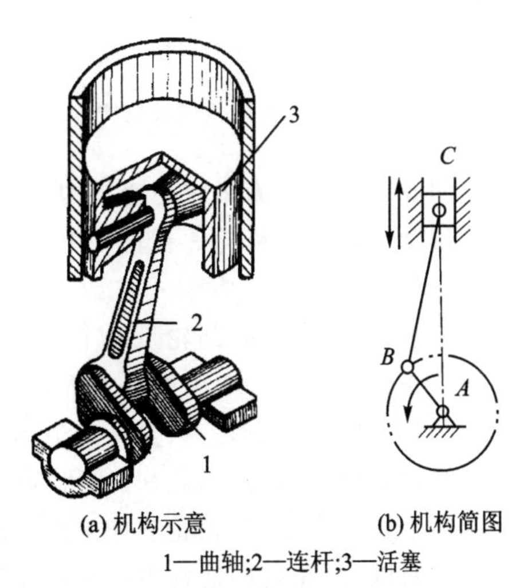

(a) 机构示意　　(b) 机构简图

1—曲轴;2—连杆;3—活塞

图 5－38　内燃机中的曲柄滑块机构

5.3 凸轮机构

5.3.1 凸轮机构的应用和特点

凸轮机构是由凸轮、从动件和机架三个基本构件组成的,是一种结构十分简单而紧凑的机构。其最大的特点是从动件的运动规律完全取决于凸轮廓线的形状。

凸轮机构在机械传动中应用很广,下面将介绍几个应用实例。

图 5-39 所示为内燃机气阀机构。当凸轮 1 匀速转动时,其轮廓迫使气阀 2 往复移动,从而按预定时间打开或关闭气门,完成配气动作。

图 5-40 所示为铸造车间造型机的凸轮机构。当凸轮 1 按图示方向转动时,在一时间段内,凸轮轮廓推动滚子 2 使工作台 3 上升;在另一时间段内,凸轮让滚子落下,工作台便自由落下。当凸轮连续转动时,工作台便上下往复运动,因碰撞产生震动,将工作台上砂箱中的砂子震实。

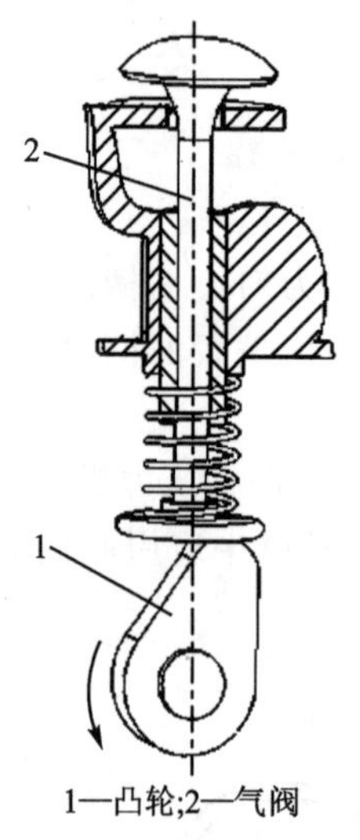

1—凸轮;2—气阀

图 5-39 内燃机气阀机构

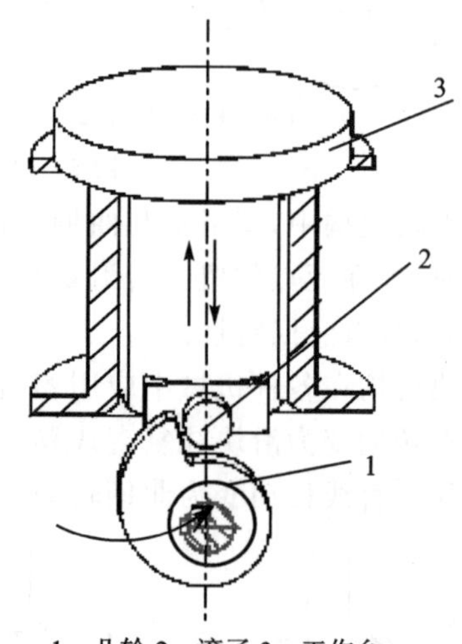

1—凸轮;2—滚子;3—工作台

图 5-40 造型机的凸轮机构

图 5-41 所示为车床变速机构。当圆柱凸轮 1 转动时,凸轮上的凹槽使拨叉 2 左右移动,从而带动三联滑移齿轮 3 在轴Ⅰ上滑动,使它的各个齿轮分别与轴Ⅱ上的固定齿啮合,使轴Ⅱ得到三种速度。

从上述实例可知,凸轮是一个具有曲线轮廓或凹槽的构件,而图 5-39 中的气阀、图 5-40 中的工作台和图 5-41 中的拨叉都是凸轮机构中的从动杆。

凸轮机构的优点是:只要做出适当的凸轮轮廓,即可使从动杆得到任意预定的运动规律,并且结构简单、紧凑。因此,凸轮机构被广泛地应用在各种自动或半自动的机械设备中。凸轮机构的主要缺点是:凸轮轮廓加工比较困难;凸轮轮廓与从动杆之间是点接触或线接触,容易磨损。所以,凸轮机构通常多用于传递动力不大的辅助装置中。

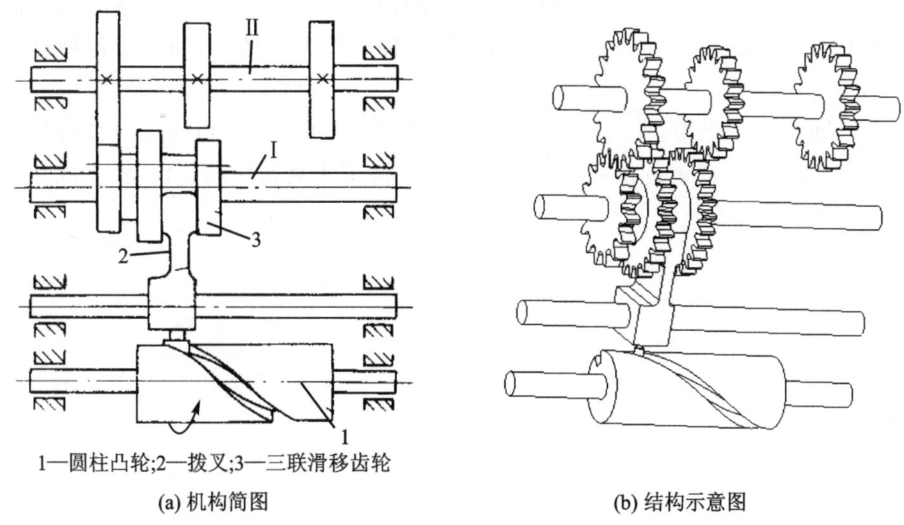

图 5-41　车床变速机构

5.3.2　凸轮机构的类型

凸轮机构的种类很多，一般分类如下：

1. 按凸轮的形状分

① 盘形凸轮机构：凸轮是一个具有变化半径的圆盘，其从动杆在垂直于凸轮回转轴线的平面内运动(见图 5-39 和图 5-40)。

② 移动凸轮机构：当盘形凸轮的回转半径趋于无穷远时，就成为移动凸轮。在移动凸轮机构中，凸轮做往复直线运动(见图 5-42)。

③ 圆柱凸轮机构：这种凸轮是一具有凹槽或曲形端面的圆柱体(见图 5-41、图 5-43)。

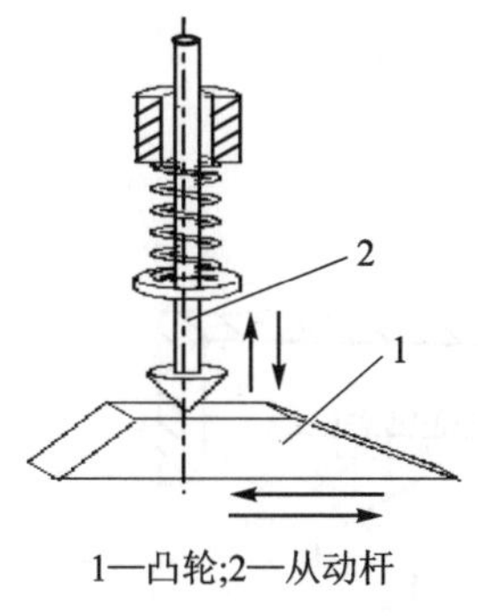

图 5-42　移动凸轮机构

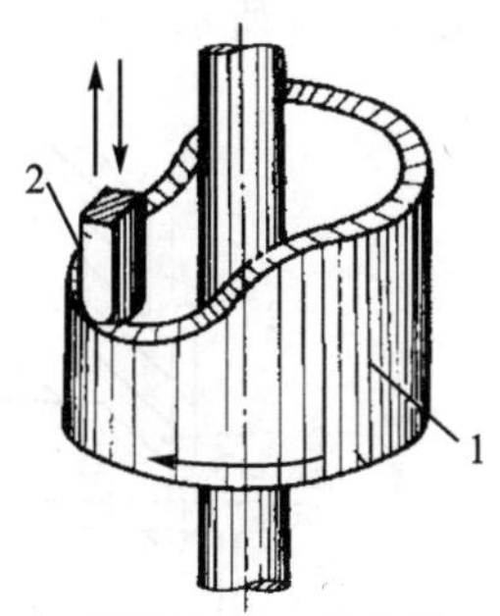

图 5-43　圆柱凸轮机构

2. 按从动杆的形式分

① 尖顶从动杆凸轮机构：这种从动杆结构简单(见图 5-44(a))，且由于它是以尖顶和凸轮接触的，因此对于较复杂的凸轮轮廓也能准确地获得所需要的运动规律，但尖顶容易磨损。它适用于受力不大、低速及要求传动灵敏的场合，如仪表记录仪等。

② 滚子从动杆凸轮机构:这种凸轮机构的从动杆(见图5-44(b))与凸轮表面之间的摩擦阻力小,但结构复杂,噪声大;一般适用于速度不高、载荷较大的场合,如用于各种自动化的生产机械中等。

③ 平底从动杆凸轮机构:在这种凸轮机构中,从动杆(见图5-44(c))的底面与凸轮轮廓表面之间是线接触,易形成锲行油膜,能减少磨损,故适用于高速传动。但是,平底从动杆不能用于具有内凹轮廓曲线的凸轮。

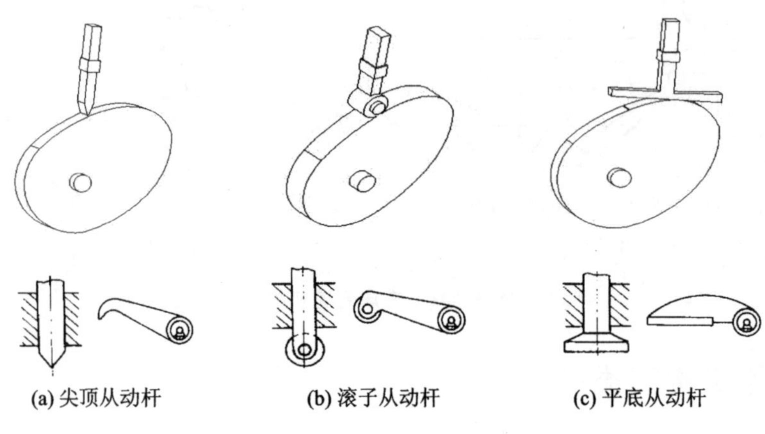

图5-44 从动杆的形式

此外,按从动杆的运动方式分,凸轮机构还可分为移动从动杆凸轮机构和摆动从动杆凸轮机构。

5.4 螺旋机构

螺旋机构主要是由螺杆、螺母和机架组成,用于旋转运动和直线运动之间的转换,同时传递运动和动力,如图5-45所示。

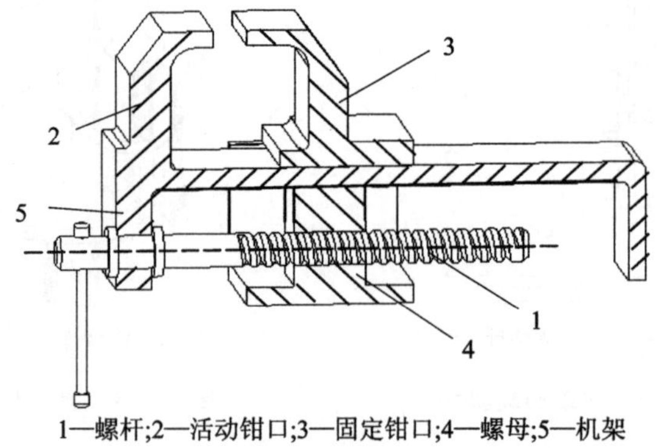

1—螺杆;2—活动钳口;3—固定钳口;4—螺母;5—机架

图5-45 台虎钳

5.4.1　螺旋机构的螺纹

1. 螺纹的类型

根据螺纹截面形状的不同，螺纹分为矩形、梯形、锯齿形和三角形等几种（见图 5－46）。其中，梯形及锯齿形螺纹在螺旋机构中应用广泛；矩形螺纹难于精确制造，故应用较少；三角形螺纹主要用于连接。

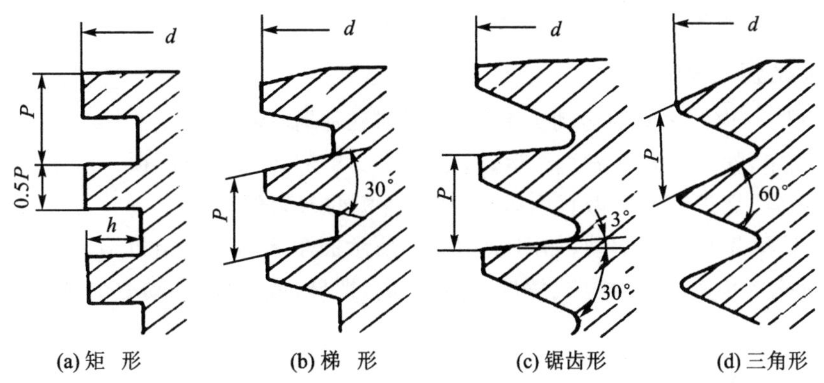

图 5－46　螺纹的牙型

根据螺旋线旋绕方向的不同，螺纹可分为右旋和左旋两种（见图 5－47）。当螺纹的轴线垂直于水平面时，正面的螺纹线右高则为右旋螺纹（见图 5－47(a)和图 5－47(c)），反之为左旋螺纹（见图 5－47(b)）。一般机械中大多采用右旋螺纹。

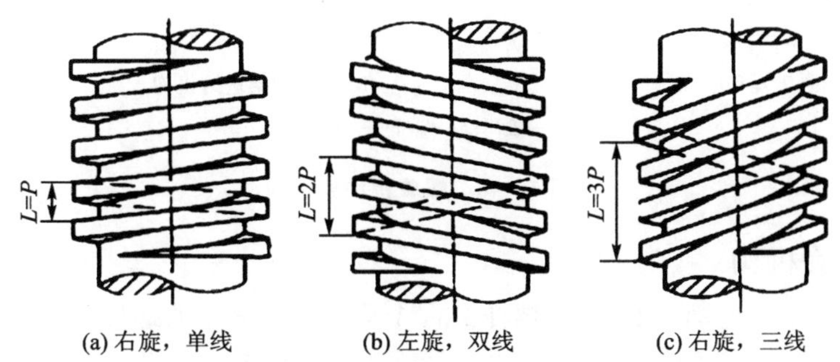

图 5－47　螺纹的旋向和线数

根据螺旋线数目的不同，螺纹还可分为单线、双线、三线和多线等几种。图 5－47(a)所示为单线螺纹，图 5－47(b)所示为双线螺纹，图 5－47(c)所示为三线螺纹。

2. 螺纹的导程和升角

由图 5－47 可知，螺纹的导程 L 与螺距 P 及线数 n 的关系是

$$L = nP \tag{5-2}$$

在图 5－47 中，若螺纹中径为 d，在一个导程 L 内，将螺纹中经 d 的圆柱面上的螺旋线和周长线分别展开在轴向平面内，则螺旋线为两端高差为 L 的斜直线，周长线则为长度为 πd 的水平直线，两条线的夹角 φ 即为螺纹升角。根据几何关系得：

$$\tan\varphi = \frac{L}{\pi d} \tag{5-3}$$

在一般情况下,螺纹升角 φ 都较小,当螺杆(或螺母)受到轴向力作用时,无论这个力有多大,螺母(或螺杆)都不会自行松退,这就是螺纹的自锁作用。由于螺旋机构具有自锁功能,故在停止传动的情况下,能够实现精确可靠的轴向定位。

5.4.2 螺旋机构的形式

根据螺旋机构的传动方式,可分为以下两大类:

1. 普通螺旋机构

按螺旋机构三构件之间的运动关系分,有下列三种运动状态:

① 螺母固定,丝杆回转并做直线运动,如图 5-48(a)所示的千斤顶;

② 丝杆固定,螺母回转并做直线运动,如插齿机的刀架传动;

③ 丝杆转动,螺母直线运动,如图 5-48(b)所示的车床刀架进给机构。

在螺旋机构的传动中,丝杆(或螺母)每转一周,螺母(或丝杆)移动一个导程。

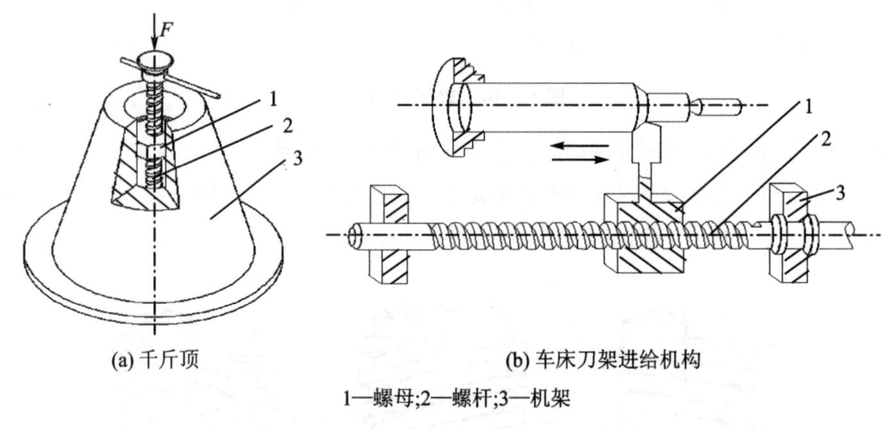

1—螺母;2—螺杆;3—机架

图 5-48 螺旋传动实例

2. 差动螺旋机构

如图 5-49 所示的差动螺旋机构,螺杆 1 的 A 段螺纹在固定的螺母 3 中转动,螺母 2 不能转动,可在机架的 C 处直线移动,螺杆 1 的 B 段在螺母 2 中转动。设 A 段螺距为 P_A,B 段螺距为 P_B,若两段螺纹旋向相同,则以螺杆 1 为参照物,当螺杆 1 转过 φ 角时,螺母 3 相对螺杆 1 后退 $L_A=P_A(\varphi/2\pi)$,螺母 2 相对螺杆 1 后退 $L_B=P_B(\varphi/2\pi)$,螺母 2 相对螺母 3 的直线位移为

$$L = L_A - L_B = (P_A - P_B)(\varphi/2\pi) \tag{5-4}$$

当 P_A 与 P_B 相差很小时,L 就很小,从而达到微调的目的。如若 A、B 两段螺纹旋向相反,则 L 就很大,螺母 2 将出现快速移动,即

$$L = L_A + L_B = (P_A + P_B)(\varphi/2\pi) \tag{5-5}$$

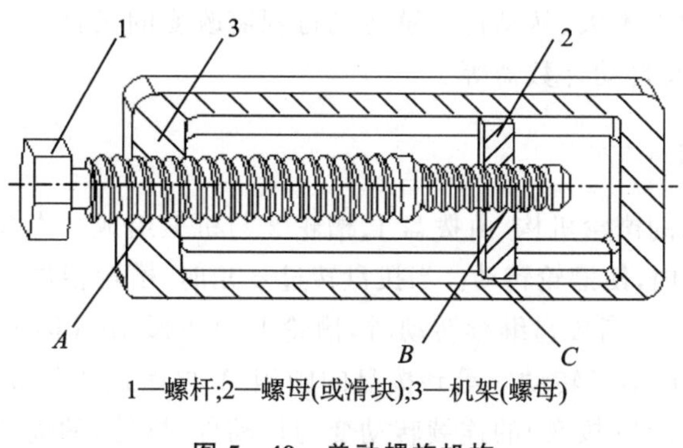

1—螺杆;2—螺母(或滑块);3—机架(螺母)

图 5-49　差动螺旋机构

5.5　间歇运动机构

当主动件均匀转动,又需要从动件产生周期性的运动和停顿时,就可应用间歇运动机构。常见的间歇运动机构有棘轮机构和槽轮机构两种。

5.5.1　棘轮机构

图 5-50 所示为棘轮机构,主要由棘爪 1、止退棘爪 2、棘轮 3 与机架组成。O_1O_2BA 为曲柄摇杆机构,曲柄 O_1A 均匀转动,摇杆 O_2B 往复摆动。当摇杆 O_2B 向左摆动时,装在摇杆上的棘爪 1 插入棘轮的齿间,并推动棘轮逆时针方向转动;当摇杆 O_2B 向右摆动时,棘爪在齿背上滑过,棘轮静止不动。这样就将摇杆的往复摆动转换为了棘轮的单向间歇转动。为了防止棘轮自动反转,这里采用了止退棘爪 2。

在图 5-50 中,调节棘轮的转角时是通过转动螺杆 D 来改变曲柄 O_1A 的长度,当摇杆摆动的角度发生变化时,棘轮转角也随之相应转变。在图 5-51 中,是将棘轮装在罩盖 A 内,只需露出部分齿,这样改变罩盖 A 的位置时不用改变摇杆的摆角 φ,就能使棘轮的转角由 α_1 变成 α_2。

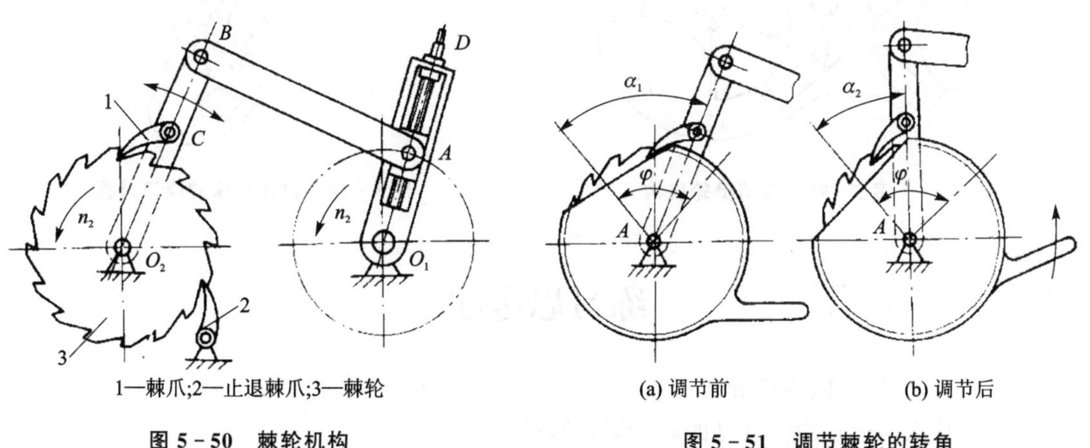

1—棘爪;2—止退棘爪;3—棘轮

图 5-50　棘轮机构

(a) 调节前　(b) 调节后

图 5-51　调节棘轮的转角

棘轮机构的棘爪与棘轮的牙齿开始接触的瞬间会发生冲击,在工作过程中有躁声,故棘轮机构一般用于主动件速度不大、从动件间歇运动行程需改变的场合,如各种机床和自动机械的进给机构、进料机构以及自动计数器等。

5.5.2 槽轮机构

如图 5-52(a)所示的槽轮机构,由拨盘 1、槽轮 2 与机架组成。当拨盘转动时,其上的圆销 A 进入槽轮相对应的槽内,使槽轮转动。当拨盘转过 φ 角时,槽轮转过 α 角(见图 5-52(b)),此时圆销 A 开始离开槽轮。当拨盘继续转动时,槽轮上的凹弧 abc(称为锁止弧)与拨盘上的凸弧 def 相接触,此时槽轮不能转动。等到拨盘的圆销 A 再次进入槽轮的另一槽内时,槽轮又开始转动,这样就将主动件(拨盘)的连续转动变为从动件(槽轮)的周期性间歇转动了。

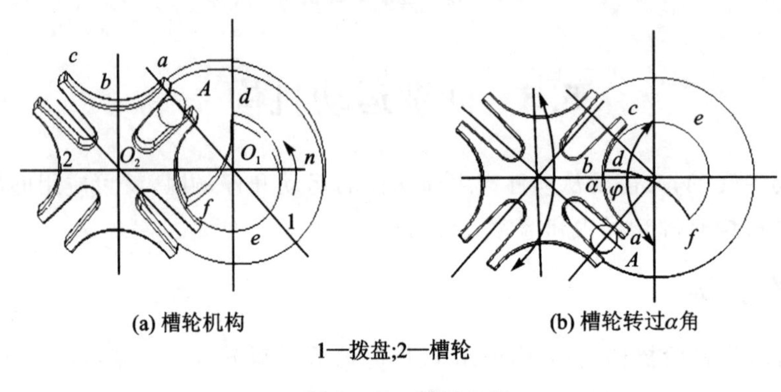

(a) 槽轮机构　　(b) 槽轮转过α角

1—拨盘;2—槽轮

图 5-52　槽轮机构

由图 5-52 可知,槽轮静止的时间比转动的时间长,若需静止的时间缩短些,则可增加拨盘上圆销的数目。如图 5-53 所示,拨盘上有两个圆销,当拨盘旋转一周时,槽轮转过 2α。槽轮机构的结构简单,常用于自动机床的换刀装置(见图 5-54)、电影放映机的输片机构等。

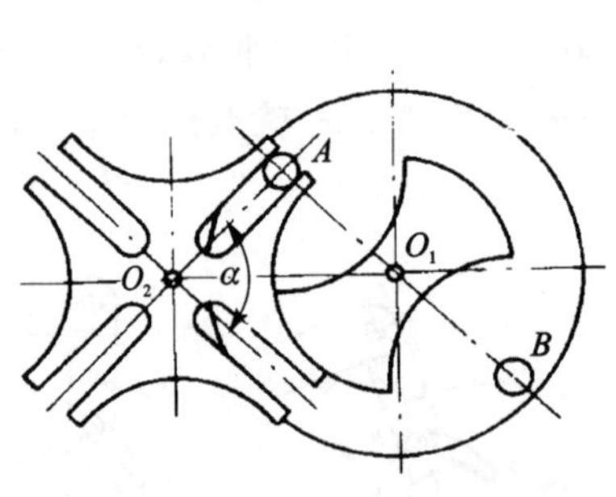

图 5-53　双销槽轮机构

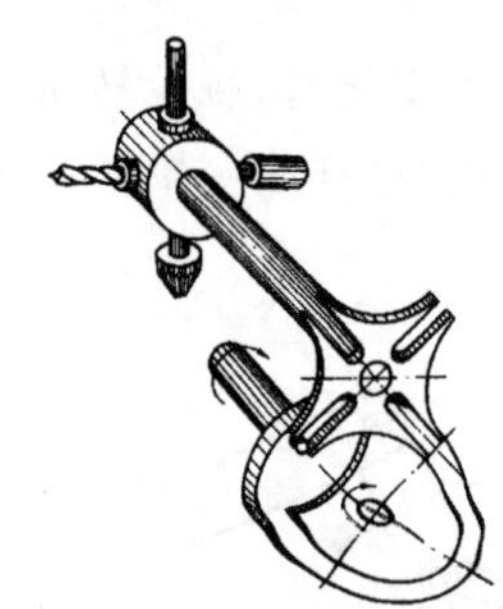

图 5-54　自动机床的换刀装置

练习思考题

5-1　什么是零件、构件和机构?

5-2　什么叫运动副?常见的运动副有哪些?

5-3　什么样的机构叫作铰链四杆机构?四杆机构有哪几种基本形式?试指出它们的运动特点,并各举一应用实例。

5-4　根据题图 5-1 中注明的尺寸，判断各铰链四杆机构的类型。

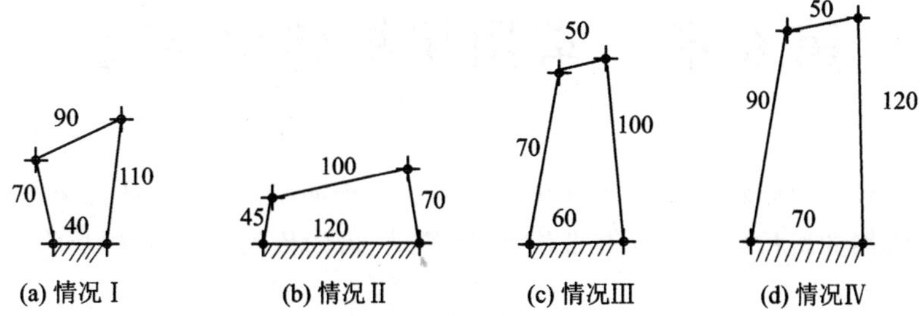

题图 5-1　习题 5-4 用图

5-5　叙述曲柄滑块机构的组成和运动特点。

5-6　什么是机构的急回机会特性？

5-7　什么是机构的死点位置？用什么方法可以使机构通过死点位置？

5-8　螺旋机构的主要特点是什么？

5-9　简单介绍棘轮机构和槽轮机构的运动特点。

第6章　常用机械传动装置

机械传动装置主要是将主动轴的旋转运动和动力传递给从动轴，且转速的大小和转动方向可以变换。常用的机械传动装置有带传动、链传动、齿轮传动和蜗杆传动等。

6.1　带传动

6.1.1　带传动的工作原理和速比

1. 带传动的工作原理

带传动是用挠性传动带做中间体而依靠带与带轮的摩擦力传递运动和动力的一种传动。如图 6－1 所示，带传动一般由主动轮 1、从动轮 2 和传动带 3 组成。工作时，传动带 3 紧套在主动轮 1 和从动轮 2 上，使带与两轮的接触面上产生正压力，当主动轮 1（通常是小轮）转动时，依靠带与轮的摩擦力，驱动传动带 3 运动，而传动带 3 又使从动轮 2 转动。

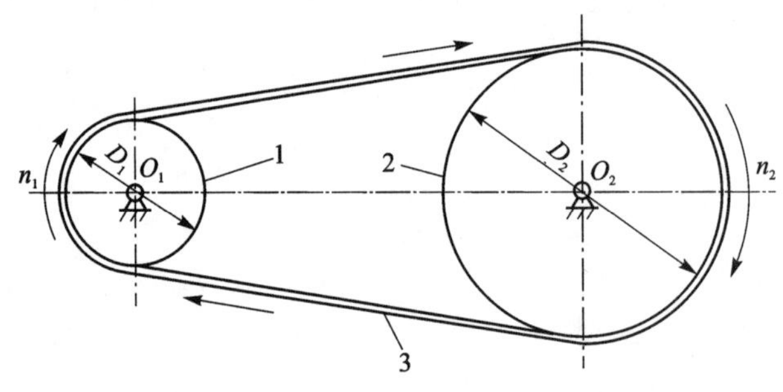

图 6－1　带传动

2. 带传动的传动比

带传动的传动比（也称速比）即主动轮与从动轮的转速（或角速度）之比，用 i 表示，即

$$i=\frac{n_1}{n_2}=\frac{\omega_1}{\omega_2} \tag{6-1}$$

式中：n_1、n_2 为主、从动轮的转速（r/min）；ω_1、ω_2 为主、从动轮的角速度（rad/s）。

当带传动工作时，若带与带轮发生的微小滑动（由于带是挠性体，故发生弹性变形）忽略不计，那么，主动轮的圆周速度和从动轮的相等，即

$$v_1=v_2$$

因

$$v_1=\frac{\pi D_1 n_1}{60},\quad v_2=\frac{\pi D_2 n_2}{60}$$

故可得带传动的速比计算公式为

$$i=\frac{n_1}{n_2}=\frac{\omega_1}{\omega_2}=\frac{D_1}{D_2} \tag{6-2}$$

其中，D 表示带轮的直径。

式(6-2)表明：带传动时两轮的转速与带轮直径成反比。

6.1.2　带传动的特点和类型及失效形式

1. 带传动的优点

带传动的优点如下：

① 可适用于两轴距离较远的传动。

② 传动带是挠性体，故具有弹性，因而运动平稳，噪声小，有吸振缓冲作用。

③ 过载时，带与带轮之间会打滑，能起到对机器的保护作用。

④ 结构简单，成本低，安装维护方便。

2. 带传动的缺点

带传动的缺点如下：

① 结构不够紧凑，外廓尺寸大。

② 不能保证准确的传动速比(工作时存在弹性滑动)。

③ 由于需要施加张紧力，所以轴及轴承受到的不平衡径向力较大。

④ 带的寿命较短，不易用于高温、易燃的场合。

3. 带传动的类型

在带传动中，根据带的截面形状，可分为平带、V 带、多楔带以及圆形带，平带和 V 带应用比较广泛。平带的结构简单、效率高、制造方便，多用于高速、中心距较远的传动场合。

与平带相比，在同样张紧的情况下，V 带在槽面上能产生较大的摩擦力，因此它的传动能力比平带高，这是 V 带在工作性能上的最大优点。所以，V 带可用于中心距较小和传动比较大的场合，结构紧凑。

4. 带传动的失效形式

(1) 打　滑

带传动是依靠摩擦力驱动的，当传递的圆周阻力大于带与带轮接触面上所产生的最大摩擦力时，带与带轮就发生打滑而使传动失效。打滑会加剧带的磨损，使转速下降，影响带的正常工作。

(2) 传动带的疲劳破坏

当传动带工作时，带的各个截面所受的应力在不断变化，转速越高，带的长度越短，单位时间内带绕过带轮的次数越多，带的应力变化也就越频繁。当长时间工作时，带会由于“疲劳”而产生撕裂和脱层，使传动带疲劳失效。

6.1.3　V 带及带轮

1. V 带的结构和型号

目前，V 带在机器中使用最广泛，是一种无接头的环形带。V 带已经标准化，其截面结构如图 6-2 所示,常由包布层 1、伸张层 2、强力层 3 和压缩层 4 组成。普通 V 带按截面的基本尺寸从小到大分成 Y、Z、A、B、C、D、E 七种型号。生产现场中使用最多的是 Z、A、B 三种型号。新的国家标准还规定,V 带的节线长度(横截面形心连线的长度)为基准长度,以 L_d 表示。普通 V 带的基准长度 L_d 已经制定了标准系列。在进行带传动计算和选用时,可先按下列公式计算基准长度 L_d 的近似值 L'_d,即

$$L'_d = 2a + \frac{\pi}{2}(D_1 + D_2) + \frac{D_1 - D_2}{4a} \tag{6-3}$$

式中:a 为主、从二带轮的中心距;D_1、D_2 为主、从二带轮的基准直径(与基准长度 L_d 相对应的带轮直径)。

计算出的 L'_d 值按普通 V 带的基准长度系列(GB 11544—1997)进行圆整,最后便可确定 L_d 的标准值。

2. 带轮的结构

带轮一般由轮缘、轮辐和轮毂组成(见图 6-3)。带轮的轮辐部分有实心、辐板(或孔板)和椭圆轮辐三种结构。

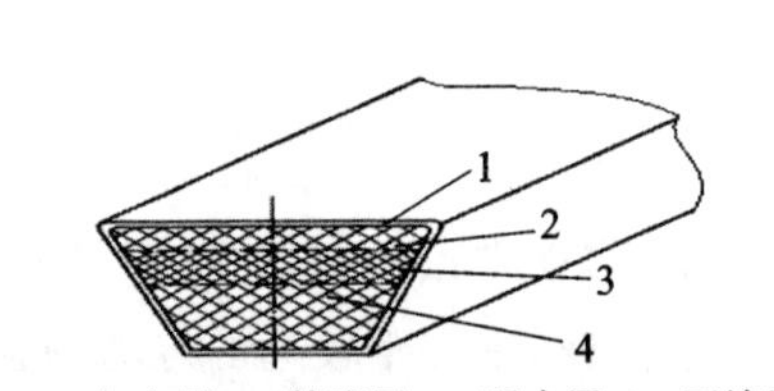

1—包布层;2—伸张层;3—强力层;4—压缩层

图 6-2 V 带的结构图

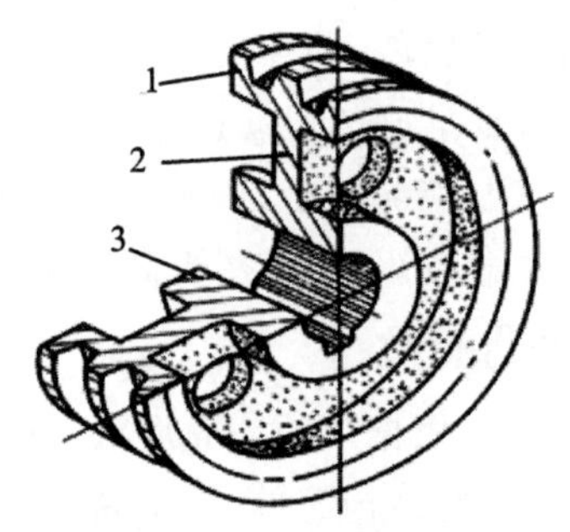

1—轮缘;2—轮辐;3—轮毂

图 6-3 V 带传动的带轮

6.1.4 带传动的张紧装置

传动带与带轮之间具有一定的张紧力,使带传动正常工作。但工作一段时间后,传动带通常变得松弛,初拉力减小,传动能力下降。为了改变这种情况,带传动应采用合理的张紧装置。V 带传动常用的张紧装置有调距张紧和张紧轮张紧两种结构,如下:

① 调距张紧。如图 6-4 所示,将安装带轮的电动机 1 装在滑道 2 上,调节调整螺钉 3 可以移动电机,使传动带张紧。

在中小功率的带传动中,可采用图 6-5 中的自动张紧装置,将装有带轮的电动机 1 固定在浮动的摆架 2 上,利用电机的自动调距张紧。

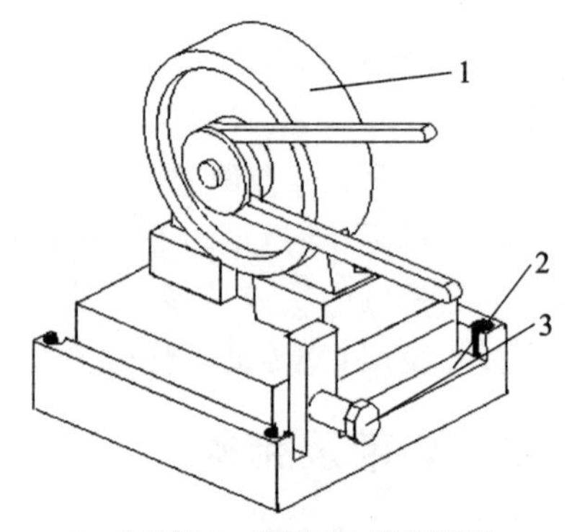

1—电动机;2—滑道;3—调整螺钉

图 6-4 调距张紧装置

② 张紧轮张紧。当中心距不能调节时,可采用

图 6-6 所示的张紧轮张紧装置。张紧轮张紧装置一般应放在松边的内侧，使传动带只受单向弯曲，并尽可能靠近大带轮，以免小带轮的包角太小。

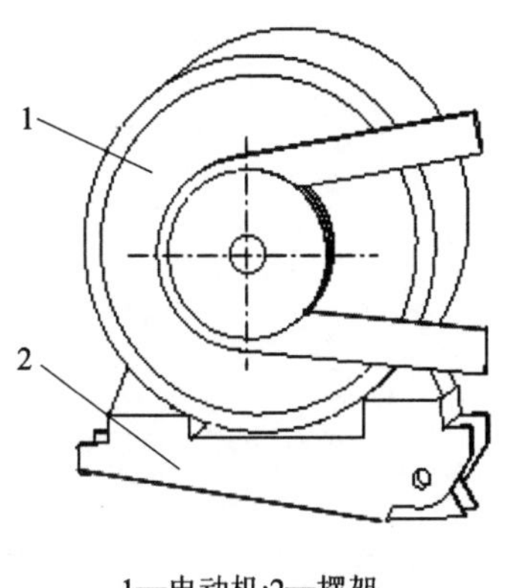

1—电动机;2—摆架

图 6-5　自动张紧装置

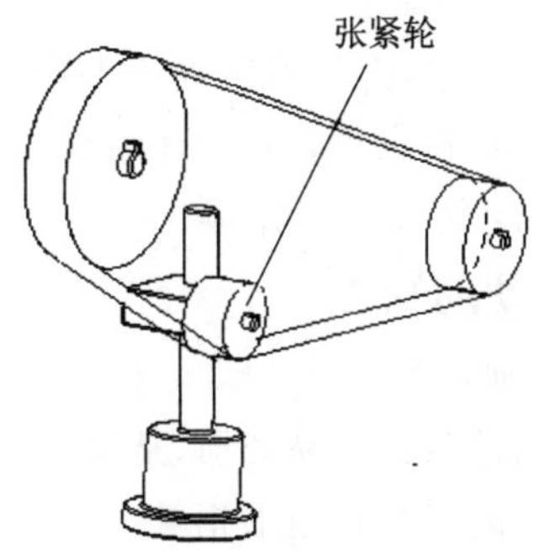

图 6-6　张紧轮张紧装置

6.2　链传动

6.2.1　链传动及速比

链传动是通过链条连接主动轮和从动轮的一种挠性传动(见图 6-7)。它依靠链节和链轮轮齿的啮合来传递运动和动力。

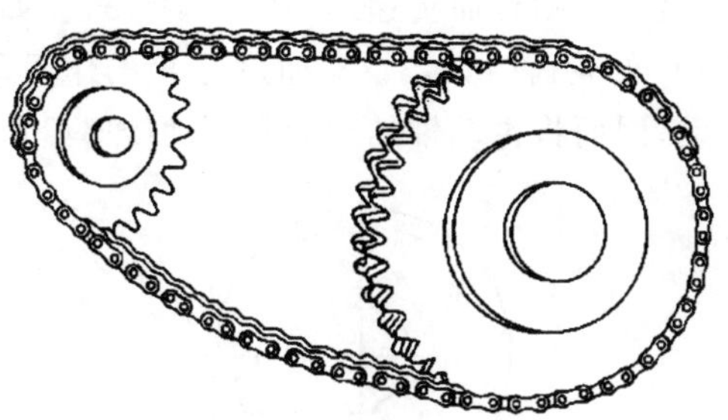

图 6-7　链传动

设某链传动中主动链轮齿数为 z_1、转速为 n_1，从动链轮齿数为 z_2、转速为 n_2。由于是啮合传动，当主动链轮转过 n_1 周，即转过 n_1z_1 个齿时，从动链轮就转过 n_2 周，即转过 n_2z_2 个齿，在单位时间内主动轮与从动轮转过的齿数应相等，即

$$z_1n_1 = z_2n_2$$

传动的速比为

$$i = \frac{n_1}{n_2} = \frac{z_2}{z_1} \tag{6-4}$$

6.2.2 链传动的特点和应用

1. 链传动的优点

链传动的优点如下：

① 无滑动现象，能保持准确的平均传动比。

② 能在两轴相距较远时传递运动和动力。

③ 效率高，为 0.95～0.98。

2. 链传动的缺点

链传动的缺点如下：

① 链传动链条铰链易磨损，从而出现跳齿。

② 链传动的瞬时转速不相等。

③ 高速传动时不平稳，有噪声。

3. 应　用

链传动广泛应用于中心距大、要求平均传动比准确、环境恶劣的场合，目前广泛地应用于农业机械、轻工机械、交通运输机械、国防工业等行业。

6.3 齿轮传动

6.3.1 齿轮传动的概述

齿轮传动是一种依靠轮齿相互啮合而传递运动的传动形式。如图 6-8 所示，当一对齿轮相互啮合而工作时，主动轮 O_1 的轮齿(1,2,3,…)通过力 F 的作用逐个推压从动轮 O_2 的齿轮(1′,2′,3′,…)，使从动轮转动，因而将主动轴的动力和运动传递给从动轴。

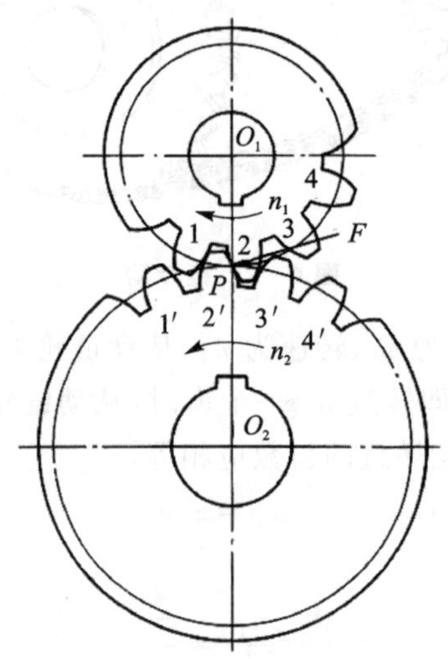

图 6-8　齿轮传动

1. 齿轮材料

常用的齿轮材料有碳素钢和合金结构钢、铸钢和铸铁、非铁金属和非金属材料等。大多数齿轮用锻钢做主要材料，一般由含碳量为 0.1%～0.6%的碳素钢或合金钢组成，一般根据齿面硬度和承载能力分为软齿面齿轮传动(≤350HBS)和硬齿面齿轮传动(>350HBS)；铸钢一般用于齿轮较大、轮坯不易锻造的情况；非金属材料齿轮主要是为了消除齿轮传动的噪声，常用的有工程塑料、皮革。

2. 齿轮传动的速比

齿轮传动是依靠轮齿的啮合传递运动的，所以主动齿轮每分钟转过的齿数 n_1z_1，与从动齿轮每分钟转过的齿数 n_2z_2 是相等的(z 表示齿轮的齿数，n 表示齿轮转速)，即

$$z_1n_1 = z_2n_2$$

由此可得一对齿轮传动的速比为

$$i = \frac{n_1}{n_2} = \frac{z_2}{z_1} \tag{6-5}$$

式(6-5)表明：在一对齿轮传动中，两轮的速比与它们的齿数成反比。

一对齿轮传动的速比不宜过大，过大易使结构过于庞大，制造和安装不方便。通常，一对圆柱齿轮传动的速比 $i \leqslant 5$，一对锥齿轮传动的速比 $i \leqslant 3$。

由图 6-8 所知，当一对齿轮传动时，通过两轮中心线上的节点 P 的一对圆在做纯滚动运动，此二圆称为节圆。设二节圆直径为 d_1 和 d_2，由于两轮在 P 点的圆周速度相同，皆为

$$v_P = \pi d_1 n_1 = \pi d_2 n_2$$

故有

$$i = \frac{n_1}{n_2} = \frac{d_2}{d_1} \tag{6-6}$$

式(6-6)表明：在一对齿轮传动中，两轮的转速与节圆直径成反比。

3. 齿轮传动的特点及应用

齿轮传动的主要优点是：① 适用的载荷和速度范围大；② 瞬时传动速比稳定；③ 传动效率高(一般效率为 0.95～0.98)，最高可达 0.99；④ 工作可靠，寿命长；⑤ 可用于平行轴、相交轴、交叉轴间的运动传递，结构紧凑，在同样的情况下，齿轮传动需要的空间尺寸较小。

齿轮传动的主要缺点是：① 要求较高的制造和安装精度，价格贵，且精度较低时在高速运转时易产生较大的振动和噪声；② 不宜用于间距较大的两轴之间的传动。

齿轮传动是机械中应用最广泛的一种传动机构，通常即用于传递动力，又用于传递运动，在仪表中则主要用来传递运动。大部分齿轮传动用于传递回转运动，齿轮齿条传动则可将回转运动变换成直线运动，或者将直线运动变换成回转运动。

4. 齿轮传动的类型

按照齿轮两轴相对位置和齿的倾斜方向，齿轮传动的主要类型、特点及应用如表 6-1 所列。

表 6－1　常用齿轮传动的分类及特点

啮合类别		图　例	特　点
两轴平行	外啮合直齿圆柱齿轮传动		齿轮的两轴线平行,转向相反;工作时无轴向力;传动时,两轴转动方向相反;制造简单;平稳性差,易引起动载荷和噪声;一般用于速度较低的传动
	外啮合斜齿圆柱齿轮传动		两齿轮转向相反;相啮合的两齿轮的齿轮倾斜方向相反,倾斜角大小相同;传动平稳,噪声小;工作中会产生轴向力,轮齿倾斜角越大,轴向力越大;适用于圆周速度较高的场合($v>2\sim3$ m/s)
	人字齿轮传动		轮齿左右倾斜方向相反,呈“人”字形,因此可以消除斜齿轮因轮齿单向倾斜而产生的轴向力;承载能力高,多用于重载传动
	内啮合圆柱齿轮传动		两齿轮的转向相同;结构紧凑,效率高;多用于轮系;轮齿可制成直齿,也可制成斜齿,当制成斜齿时,两轮轮齿倾斜方向相同,倾斜角大小相等
	齿条传动		相当于大齿轮直径为无穷大的一对外啮合圆柱齿轮转动;齿轮做回转运动,齿条做直线运动;齿轮一般是直齿,也有制成斜齿的
两轴相交	直齿锥齿轮传动		齿轮排列在圆锥体表面上,其方向与圆锥的母线一致;制造安装方便;一般用在两轴线相交成 90°、速度低、载荷小的场合
	曲线齿锥齿轮传动		一对曲线齿锥齿轮同时啮合的齿数比直齿圆锥齿轮多,啮合过程不易产生冲击,传动较平稳;承载能力大

续表 6－1

啮合类别		图　例	特　点
两轴交错	交错轴斜齿轮传动		两轴线交错，且两齿轮点接触，效率低，磨损严重

6.3.2　渐开线齿廓曲线

齿轮传动最基本的要求是传动准确、平稳，即要求它的角速比（两轮角速度的比值 ω_1/ω_2）必须保持不变，以免齿轮工作中产生冲击和噪声。实际上，大多数机械设备都要求其中的齿轮传动能保持瞬时传动比不变。当然，就转过的整个周数而言，不论轮齿的齿廓形状如何，齿轮传动的转速比都是不变的，即与它们的齿数成反比。但若欲使其每一瞬间的速比（如角速比 ω_1/ω_2）都保持恒定不变，则必须选用适当的齿廓曲线，即两齿轮廓不论在何位置接触，过接触点的公法线都必须与两轮的轴心连线交于定点（齿廓啮合定律）。理论上，可以设计出多种这样的齿廓曲线，但是考虑到生产制造、安装及强度等要求，目前以渐开线齿廓应用较多，其他的还有摆线、圆弧齿廓。本小节只讨论渐开线齿轮传动。

1. 渐开线的形成

如图 6－9 所示，一直线 AB 与半径为 r_b 的圆相切，当直线沿该圆做纯滚动时，直线上任意一点 K 的轨迹 CD 称为该圆的渐开线，该圆称为渐开线的基圆，r_b 为基圆半径，而 AB 称为渐开线的发生线。

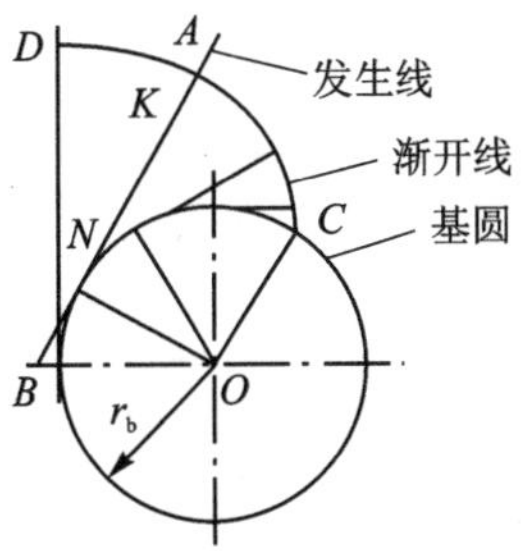

图 6－9　渐开线的形成图

2. 渐开线的性质

通过渐开线的形成过程可知其具有以下性质 ：

① 发生线在基圆上滚过的线段长度 NK 等于基圆上被滚过的一段弧长 NC，即

$$NK = \overset{\frown}{NC}$$

② 渐开线上任意一点 K 的法线必与基圆相切，同一基圆上的渐开线形状完全相同。由图 6－9 可知，渐开线上各点的曲率半径是变化的，离基圆越远，其曲率半径越大，渐开线就越趋平直。

③ 渐开线的形状取决于基圆的大小，同一基圆上的渐开线形状完全相同。由图 6－9 可知，基圆越小，渐开线越弯曲；基圆越大，渐开线就越平直；当基圆半径趋于无穷大时，渐开线就成为一条直线（此时，齿轮就变成了齿条）。

④ 基圆内无渐开线。

3. 渐开线齿廓的压力角

在一对齿轮啮合过程中，齿廓接触点的法相压力和齿廓上该点速度方向的夹角，称为齿廓

在这一点的压力角。

如图 6－10 所示，两齿轮渐开线齿廓啮合于 K 点，它的正压力 F 的方向与渐开线绕基圆圆心 O 转动时该点速度 v_K 的方向所夹的锐角，称为齿廓在 K 点的压力角，以 α_K 表示。

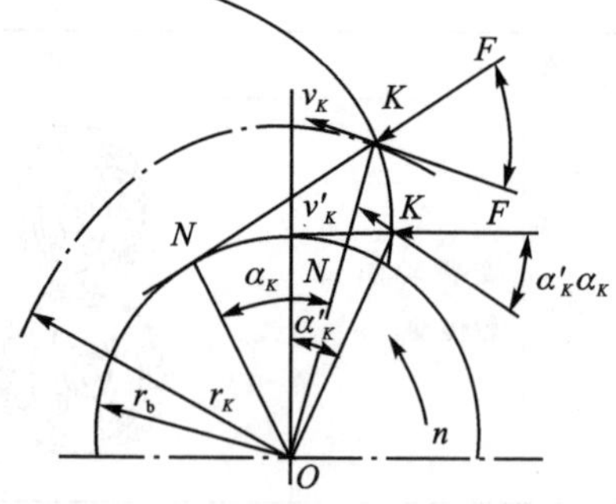

图 6－10　渐开线齿廓的压力角

由图 6－10 可知，

$$\angle NOK = \alpha_K$$

$$\cos\alpha_K = \frac{ON}{OK} = \frac{r_b}{r_K} \qquad (6-7)$$

或

$$\alpha_K = \arccos\frac{r_b}{r_K}$$

由式(6－7)可知，渐开线上的压力角各不相等，离基圆越远，压力角越大(基圆半径 r_b 是常数，离基圆越远，r_K 越大)。

6.3.3　直齿圆柱齿轮各部分的名称和基本尺寸

如图 6－11 所示，渐开线直齿圆柱齿轮各部分的名称及几何关系如下：

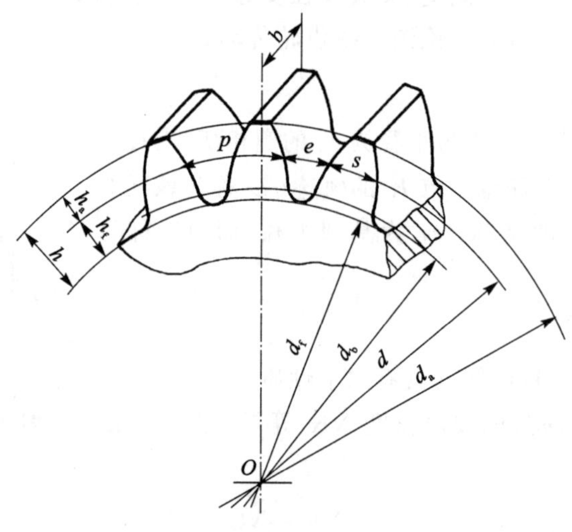

图 6－11　直齿圆柱齿轮各部分的名称和基本尺寸

(1) 齿顶圆

连接各轮齿齿顶的圆称为齿顶圆，齿顶圆直径用 d_a 表示。

(2) 齿根圆

过轮齿各齿槽底部所做的圆称为齿根圆，齿根圆直径用 d_f 表示。

(3) 齿厚与齿槽宽

一个轮齿上两侧齿廓在某圆上截取的弧长，称为该圆上的齿厚，以 s_x 表示；而齿槽两侧齿廓之间的弧长则称为该圆上的齿槽宽，以 e_x 表示。

(4) 齿　距

在任意直径 d_x 的圆周上，相邻两齿的对应点之间的弧长称为该圆的齿距，以 p_x 表示。显然存在如下关系：

$$p_x = s_x + e_x = \frac{\pi d_x}{z} \tag{6-8}$$

(5) 分度圆

分度圆是齿轮上一个特定的圆，其直径以 d 表示，在其上齿厚和齿槽宽相等。其计算公式如下：

$$d = \frac{p}{\pi} z \tag{6-9}$$

若以 s 和 e 分别表示分度圆上的齿厚与齿槽宽，则在标准齿轮中，有

$$s = e = \frac{p}{2} \tag{6-10}$$

(6) 分度圆模数

由式(6-9)可知，在不同直径的圆周上，p/π 的值不同，为无理数，计算和测量都很不方便，故通常将比值 p/π 规定为标准值，称为模数，以 m 表示，即

$$m = \frac{p}{\pi} \tag{6-11}$$

于是得

$$d = mz \tag{6-12}$$

模数是齿轮尺寸计算中的一个重要的基本参数，其单位为 mm。齿数相同的齿轮，模数越大，轮齿也越大，齿轮抗弯强度越高。我国已制定出齿轮模数标准系列。

(7) 分度圆压力角

渐开线上各点的压力角大小不等，通常取分度圆上的压力角称为分度圆压力角，分度圆上的压力角规定为标准值。我国规定标准压力角为 20°和 15°，分度圆压力角为 20°，这也表明，齿廓曲线是渐开线上压力角为 20°左右的一段，而不是任意的渐开线线段。

(8) 全齿高、齿顶高、齿根高和顶隙

在齿轮上(见图 6-11)，齿顶圆与齿根圆之间的径向距离称为全齿高，以 h 表示；齿顶圆与分度圆之间的径向距离称为齿顶高，以 h_a 表示；齿根圆与分度圆之间的径向距离称为齿根高，以 h_f 表示。显然，

$$h = h_a = h_f \tag{6-13}$$

如果用模数表示，则齿顶高和齿根高可分别写为

$$h_a = h_a^* m \tag{6-14}$$

$$h_f = h_a + c = (h_a^* + c^*) m \tag{6-15}$$

式中：h_a^* 为齿顶高系数；c^* 为顶隙系数。

h_a^* 和 c^* 已经标准化了，对于正常齿，$h_a^* = 1, c^* = 0.25$；对于短齿，$h_a^* = 0.8, c^* = 0.3$。

在式(6-15)中，齿顶高与齿根高的差值 c 称为顶隙，其值为

$$c = c^* m$$

当一对齿轮啮合(见图 6-11)时，由于顶隙 c 的存在，一个齿轮的齿顶就不会与另一个齿

轮的齿槽底部相抵触,并且顶隙还可以储存润滑油,有利于齿面的润滑。

(9) 齿　宽

轮齿两端面之间的距离称为齿宽,以 b 表示。

表 6-2 列出了标准渐开线直齿圆柱齿轮基本尺寸的计算公式。这里所说的标准齿轮是指 m、a、h_a^*、c^* 都是标准值且 $e=s$ 的齿轮。

表 6-2　标准渐开浅直齿圆柱齿轮基本尺寸的计算公式($h_a^*=1, c^*=0.25, a=20°$)

名　称	代　号	计算公式
模数	m	根据强度和结构要求确定,取标准值
齿距	p	$p=\pi m$
齿厚	s	$s=\frac{p}{2}=\frac{\pi m}{2}$
齿槽宽	e	$e=\frac{p}{2}=\frac{\pi m}{2}$
分度圆直径	d	$d=mz$
齿顶高	h_a	$h_a=h_a^* m=m$
齿根高	h_f	$h_f=(h_a^*+c^*)m=1.25m$
全齿高	h	$h=h_a+h_f=(2h_a^*+c^*)m=2.25m$
齿顶圆直径	d_a	$d_a=d+2h_a=m(z+2)$
齿根圆直径	d_f	$d_f=d-2h_f=m(z-2.5)$
齿宽	b	由强度和结构要求确定,一般变速箱换挡齿轮:$b=(6\sim8)m$;减速器齿轮:$b=(10\sim12)m$
中心距	a	$a=\frac{d_1+d_2}{2}=\frac{m}{2}(z_1+z_2)=\frac{mz}{2}(1+i)$

6.3.4　斜齿圆柱齿轮传动和锥齿轮传动的特点及应用

1. 斜齿圆柱齿轮传动的特点及应用

将一个直齿圆柱齿轮沿轴线垂直分成若干个单元,使每个单元依次扭转一个角度,便得到斜齿圆柱齿轮(又称斜齿轮),其轮齿形状的变化如图 6-12 所示。

图 6-13 所示是一斜齿轮沿分度圆柱面的展开图,其中,带剖面线的部分表示齿厚,空白部分表示齿槽,角 β 为齿轮的螺旋角。β 角越大,则轮齿倾斜越大,当 $\beta=0$ 时,该齿轮就是直齿圆柱齿轮。所以,螺旋角 β 是斜齿圆柱齿轮的一个重要参数。

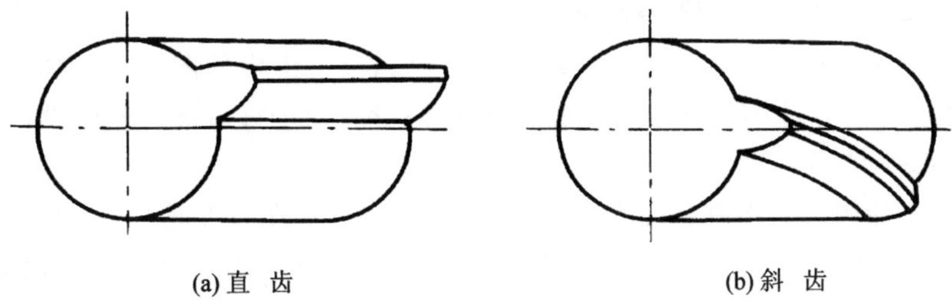

图 6-12　斜齿与直齿的比较

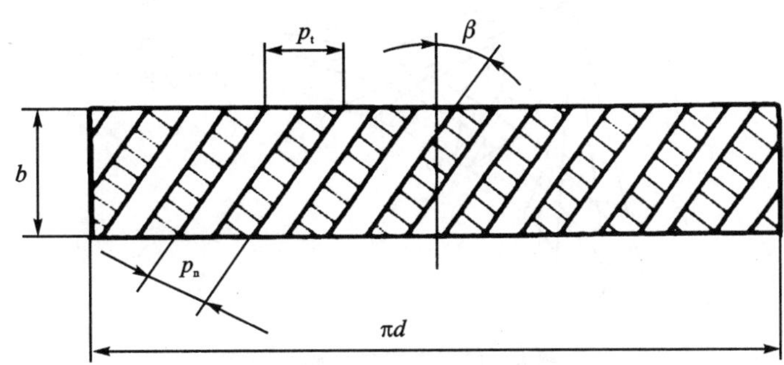

图 6-13　斜齿轮沿分度圆柱面展开

一对直齿圆柱齿轮在啮合传动过程中，由于轮齿齿面上的接触线都是平行于轴线的直线(见图 6-14(a))，因此，全齿宽同时进入和退出啮合。当受载荷时，轮齿开始就会突然承受载荷，退出啮合时突然卸载，故传动的平稳性差，易发生冲击。

斜齿圆柱齿轮在啮合传动过程中，因为轮齿是倾斜的，所以轮齿的接触线都是与轴线不平行的斜线(见图 6-14(b))。从啮合开始，接触线长度由零逐渐增大到进入啮合，到某一位置后又逐渐减小退出啮合。因此，轮齿受力的突增或突减情况有所减轻，传动较为平稳。

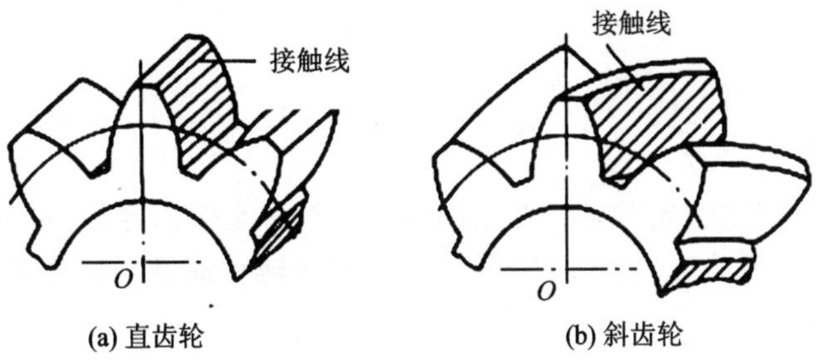

图 6-14　齿轮接触线

总之，斜齿圆柱齿轮传动具有以下特点：

① 平稳性和承载能力都优于直齿圆柱齿轮传动，适用于高速和重载的传动场合。

② 斜齿圆柱齿轮承受载荷时会产生附加的轴向分力，而且螺旋角越大，轴向分力也越大，这是不利的方面。改用人字齿轮(见表 6-1)可以消除附加轴向力，因此人字齿轮适用于传递大功率的重型机械中。

2. 锥齿轮传动的特点及啮合条件

锥齿轮用于传动两相交轴之间的运动和动力(见表 6-1 中的图)。两轴的夹角可以是任意的,但通常是 90°。锥齿轮有直齿、曲线齿和斜齿三种,由于直齿锥齿轮的设计、制造和安装较简单,故应用较广。

圆柱齿轮的轮齿分布在圆柱面上,而锥齿轮的轮齿分布在圆锥面上。因此,齿形从大端到小端逐渐缩小,如图 6-15 所示,有分度圆锥、齿顶圆锥、齿根圆锥三种。锥齿轮的大小端参数不同,国家标准规定大端为标准值。

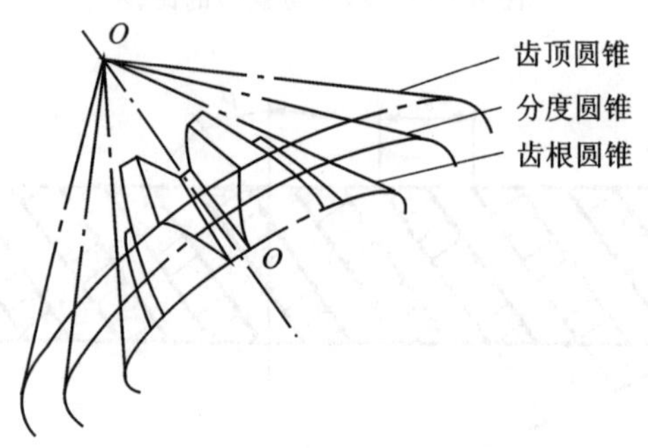

图 6-15 锥齿轮的轮齿分布

一对直齿锥齿轮的啮合相当于一对当量齿轮啮合,正确的啮合条件为:两齿轮的大端模数 m 和压力角 α 分别相等,即

$$m_1 = m_2 = m$$

$$\alpha_1 = \alpha_2 = \alpha$$

6.3.5 齿轮传动轮系速比的计算

在机械中,为了使主动轴(输入轴)的一种转速变为从动轴(输出轴)的多种转速,或者获得大的传动比,通常采用一系列相互啮合的齿轮来传递运动,这种用多对齿轮组成的传动系统称为轮系。

1. 轮系的类型和作用

(1) 轮系的类型

按照轮系在传动时各齿轮的轴线在空间的相对位置是否固定,轮系可分为以下两种类型:

① 定轴轮系。在传动时,若轮系中所有齿轮的回转轴线都是固定的,则这种轮系称为定轴轮系(或普通轮系)。

② 周转轮系。在传动时,若轮系中至少有一个齿轮的回转轴线的位置不固定,即绕另一个定轴齿轮的轴线回转,则这种轮系称为周转轮系。

(2) 轮系的作用

轮系的主要作用如下:

① 实现大的传动比。为了避免两个齿轮直径过大,使两轮的寿命相差较大,须获得较大传动比,此时采用轮系。

② 实现较远距离的传动。当两轴线距离较大时,用一系列齿轮啮合传动代替一对齿轮传动,可使齿轮尺寸变小,结构紧凑。

③ 得到多种传动速比。例如，汽车后桥变速箱里的滑移齿轮变速系统。

④ 改变从动轴的转向。例如，机床上三星齿轮换向机构。

⑤ 实现运动的合成和分解。

2. 定轴轮系速比的计算

轮系的传动比是指轮系中的主动轮（首轮）与从动轮（末轮）的速动之比，一般要确定从动轮的转动方向。

最基本的定轴轮系是由一对齿轮组成的，其传动速比为

$$i_{12}=\frac{n_1}{n_2}=\pm\frac{z_2}{z_1}$$

式中：n_1、n_2 分别表示主动轮（或主动轴）和从动轮（或从动轴）的转速；z_1、z_2 分别表示主动轮和从动轮的齿数，其中，一对外啮合齿轮的转向相反时取“－“号，一对内啮合齿轮转向相同时取“＋”号。

如图 6－16 所示的定轴轮系，下面将介绍如何计算其速比。

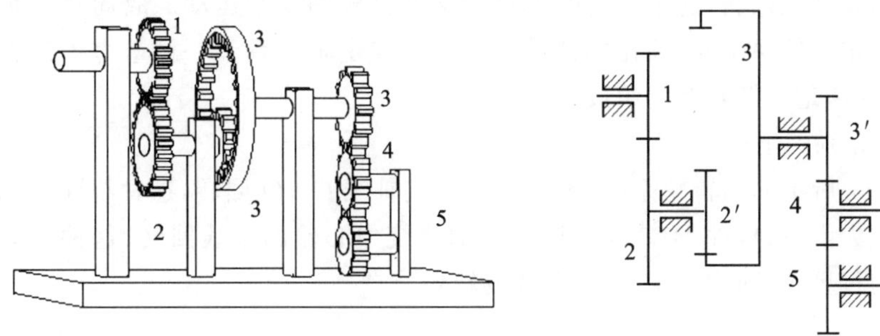

图 6－16　定轴轮系

若图 6－16 中各齿轮的齿数已知，则可求得各对齿轮的速比：

$$i_{12}=\frac{n_1}{n_2}=-\frac{z_2}{z_1}$$

$$i_{2'3}=\frac{n_{2'}}{n_3}=\frac{z_3}{z_{2'}}$$

$$i_{3'4}=\frac{n_{3'}}{n_4}=-\frac{z_4}{z_{3'}}$$

$$i_{45}=\frac{n_4}{n_5}=-\frac{z_5}{z_4}$$

将以上各式等号两边分别连乘后得

$$i_{12}i_{2'3}i_{3'4}i_{45}=\frac{n_1}{n_2}\times\frac{n_{2'}}{n_3}\times\frac{n_{3'}}{n_4}\times\frac{n_{4'}}{n_5}=\left(-\frac{z_2}{z_1}\right)\left(\frac{z_3}{z_{2'}}\right)\left(-\frac{z_4}{z_{3'}}\right)\left(-\frac{z_5}{z_4}\right)$$

因为

$$n_2=n_{2'},\quad n_3=n_{3'},\quad n_4=n_{4'}$$

故

$$i_{15}=i_{12}i_{2'3}i_{3'4}i_{45}=\frac{n_1}{n_5}=(-1)^3\frac{z_2z_3z_4z_5}{z_1z_{2'}z_{3'}z_4} \tag{6-16}$$

由式(6-16)可知,定轴轮系首、末两轮的传动比等于组成该轮系各对啮合齿轮传动比的连乘积,还等于该轮系中所有从动轮齿数连乘积与所有主动轮齿数连乘积的比值。

$$i_{主从}=\frac{n_{主}}{n_{从}}=(-1)^n\frac{各从动轮齿轮数的乘积}{各主动轮齿轮数的乘积} \tag{6-17}$$

式中:指数 n 表示定轴轮系中外啮合齿轮的对数。

在图 6-16 所示的轮系中,齿轮 4 与齿轮 3′和 5 同时啮合。其中,与齿轮 3′啮合时,齿轮 4 为从动轮;与齿轮 5 啮合时,齿轮 4 为主动轮。因此,在计算式中,分子和分母中的 z_4 可以抵消,说明齿轮 4 不影响传动比的大小。由于它增加了一次外啮合次数,改变了末轮的转向,所以这种齿轮称为惰轮。

3. 速比计算

定轴轮系中各齿轮的运动是绕定轴回转,而周转轮系至少有一个齿轮的轴线是不固定的,它绕着另一固定轴线回转,这个齿轮既做自转又做公转的复杂运动。故周转轮系各齿轮间的运动关系就和定轴轮系不同,速比的计算方法也就和定轴轮系不一样。为了计算周转轮系的速比,首先应弄清楚周转轮系的组成。

(1) 周转轮系的组成

在图 6-17 所示的周转轮系中,齿轮 1 绕固定轴线 $O-O$ 回转,这种绕固定轴回转的齿轮称为中心轮或太阳轮;构件 H 带着齿轮 2 的轴线绕中心轮的轴线回转,这种具有运动几何轴线的齿轮称为行星轮,而构件 H 称为系杆或转臂。

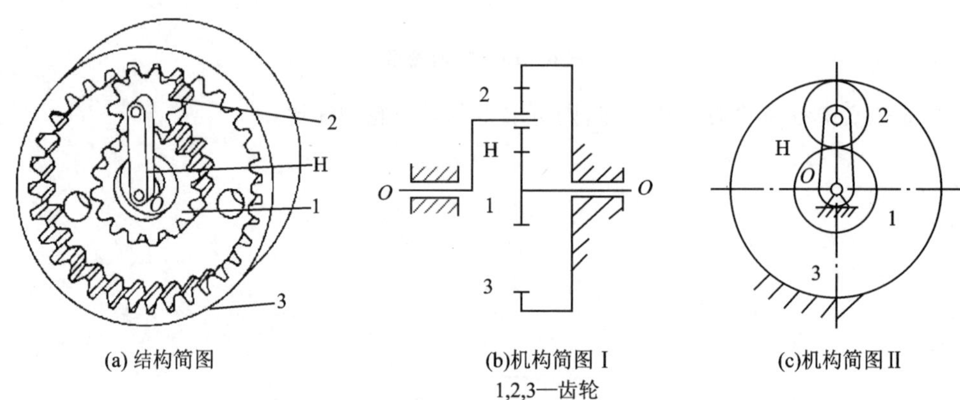

(a) 结构简图　(b)机构简图 I　(c)机构简图 II

1,2,3—齿轮

图 6-17　周转轮系

(2) 周转轮系速比的计算

在图 6-18(a)中,齿轮 1、3 为中心轮,齿轮 2 为行星轮,构件 H 为系杆。由于周转轮系中系杆是转动的,因此传动比不能用定轴轮系的公式计算。但根据相对运动原理可知,给整个轮系加上一个与系杆 H 转速 n_H 大小相等、方向相反的转速 $-n_H$,则轮系的相对运动关系保持不变。这样,由于加上 $-n_H$ 后,系杆 H 就可看作固定不动,故周转轮系也就转化为定轴轮系。经转化得到的假定定轴轮系,称为周转轮系的转化机构(见图 6-18(b))。

当轮系加上公共转速 $-n_H$ 时,各构件的转速变化见图 6-18(b)。转化完成后,就可以根

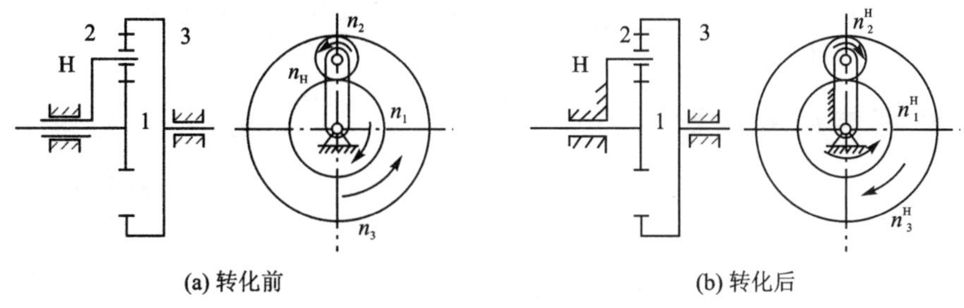

(a) 转化前　　(b) 转化后

图 6-18　周转轮系的转化

据定轴轮系的方法计算周转轮系的传动比了。

$$i_{13}^{H}=\frac{n_1^H}{n_3^H}=\frac{n_1-n_H}{n_3-n_H}=(-1)\ \frac{z_2z_3}{z_1z_2}=-\frac{z_3}{z_1} \tag{6-18}$$

由式(6-18)可知，当给定转速 n_1、n_2、n_H 中的任意两个后，即可求得第三个转速。正负号的确定要考虑各构件的转向，如已知的两构件(给定转速的)转向相反，则用负号。

写成一般式为

$$i_{GK}^{H}=\frac{n_G-n_H}{n_K-n_H}=(-1)^m\ \frac{\text{从齿轮}G\text{至}K\text{间所有从动轮齿数连乘积}}{\text{从齿轮}G\text{至}K\text{间所有主动轮齿数连乘积}} \tag{6-19}$$

式中：$n_G n_K$ 为周转轮系中任意两个齿轮 G 和 K 的转速，m 为齿轮 G 至 K 间外啮合的次数。

6.4　蜗杆传动

6.4.1　蜗杆传动原理及其速比计算

蜗杆传动由蜗杆 1 和蜗轮 2 组成(见图 6-19)，用于传递空间两交错轴之间的运动和动力，蜗杆为主动件，两轴通常在空间交错成 90°角。

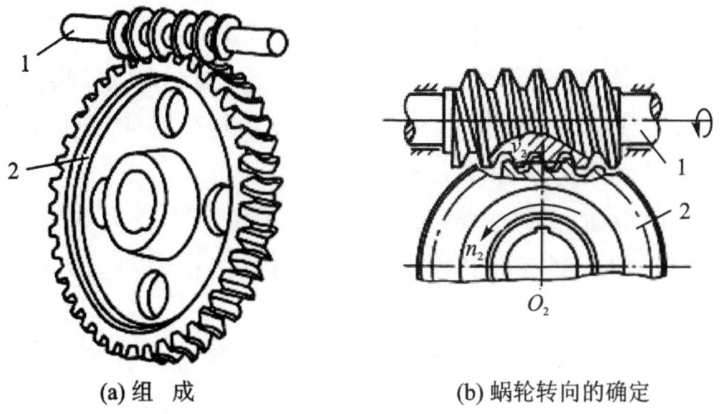

(a) 组　成　　(b) 蜗轮转向的确定

图 6-19　蜗杆传动

蜗杆传动中，蜗轮转向的判定方法：把蜗杆传动看作一螺旋机构，蜗杆相当于螺杆，那么螺旋机构中螺母移动的方向就是蜗轮在啮合点的圆周速度的方向，据此即可判定蜗轮的转动方向(见图 6-19)。

常用的普通蜗杆形状如同圆柱形螺旋,其螺纹有左旋、右旋,以及单头、多头之分。蜗轮是一个轮齿沿齿宽方向做成圆弧形的斜齿轮。

6.4.2 蜗杆传动的速比及特点

如图 6-19 所示,蜗杆的转速为 n_1,头数为 z_1;蜗轮的转速为 n_2,齿数为 z_2。在节点处,蜗轮每分钟有 n_2z_2 个齿经过节点,蜗杆每分钟有 n_1z_1 个齿经过节点。在啮合过程中,两者转过的齿数相等,即

$$n_1z_1=n_2z_2$$

所以,传动比为

$$i=\frac{n_1}{n_2}=\frac{z_2}{z_1}$$

蜗杆传动主要特点如下:

① 传动比大。在传递动力时,传动比一般为 10～80,在分度机构中传动比可达 300～1 000,故结构紧凑。

② 工作平稳。由于蜗杆的齿是连续的螺旋线形齿,工作平稳。

③ 有自锁作用。当蜗杆的导程角小于当量摩擦角时,只有蜗杆能驱动蜗轮,蜗轮却不能驱动蜗杆,所以它有自锁作用。

④ 效率低。蜗杆传动工作时滑动速度大,摩擦剧烈,产生严重的磨损,易发生胶合,效率较低(一般效率 $\eta=0.7\sim0.9$)。

6.5 其他传动方式

6.5.1 螺旋传动的类型、特点及应用

螺旋传动是利用螺杆和螺母组成的螺旋副来实现传动要求的。它主要用于将回转运动变为直线运动或将直线运动变为回转运动,同时传递运动或动力。

如图 6-20 所示,螺旋传动的运动转变方式如下:① 螺母固定,螺杆又转又移(应用较多);② 螺杆转,螺母移;③ 螺杆固定,螺母又转又移(应用较少);④ 螺母转,螺杆移。

按其用途不同,螺旋传动可分为以下几种类型:

① 传力螺旋。它以传递动力为主,要求以较小的转矩产生较大的轴向推力,用以克服工件阻力,如举重器、千斤顶、加压螺旋。其特点:低速、间歇工作,传递轴向力大,而且通常需有自锁性。

② 传导螺旋。它以传递运动为主,如机床进给机构的螺旋丝杠等。其特点:速度高,连续工作,精度高。

③ 调整螺旋。它用以调整、固定零件的相对位置,如机床、仪器及测试装置中的微调螺旋。其特点:受力较小且不经常转动。

按摩擦副的性质不同,螺旋传动可分为滑动螺旋、滚动螺旋和静压螺旋。

滑动螺旋的优点是传动比大,承载能力高,加工方便,传动平稳,工作可靠,易于自锁;缺点是磨损快,寿命短,低速时有爬行现象(滑移),摩擦损耗大,传动效率低(30%～40%),传动精度低。

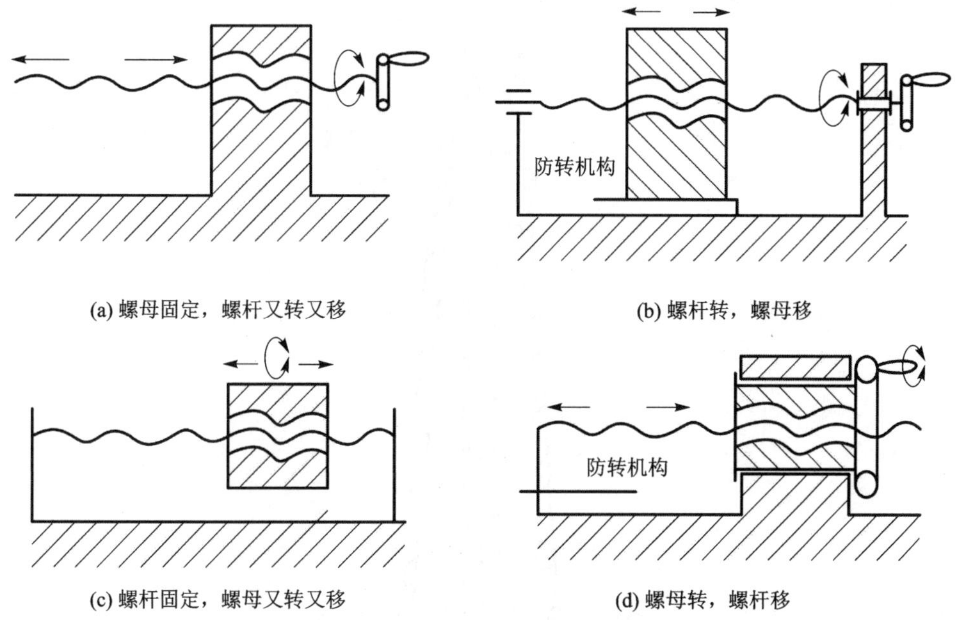

图 6-20　螺旋传动的运动转变方式

滚动螺旋传动(见图 6-21)的摩擦性质为滚动摩擦。滚动螺旋传动是在具有圆弧形螺旋槽的螺杆和螺母之间连续装填若干滚动体(多用钢球)，当传动工作时滚动体沿螺纹滚道滚动并形成循环。循环方式有内循环、外循环两种。滚动螺旋传动的优点：传动效率高(可达90%)，启动力小，传动灵活平稳，低速不爬行，同步性好，定位精度高，正、逆运动效率相同，可实现逆传动。其缺点：不自锁，需附加自锁装置，抗振性差，结构复杂，制造工艺要求高，成本较高。

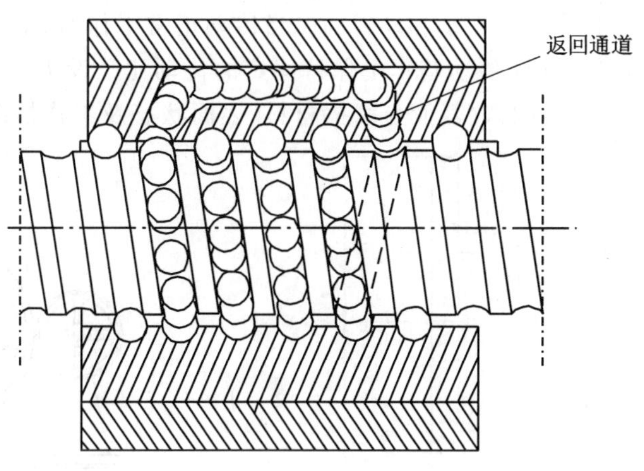

图 6-21　滚动螺旋传动

静压螺旋实际上是采用静压流体润滑的滑动螺旋。摩擦性质为液体摩擦，靠外部液压系统提供压力油，压力油进入螺杆与螺母螺纹间的油缸，促使螺杆、螺母、螺纹牙间产生压力油膜而分隔开。其优点：摩擦因数小，效率高，工作稳定，无爬行现象，定位精度高，磨损小，寿命长。其缺点：螺母结构复杂(需密封)，需要稳压供油系统，成本较高。静压螺旋适用于精密机床中的进给和分度机构。螺旋起重装置如图 6－22 所示。

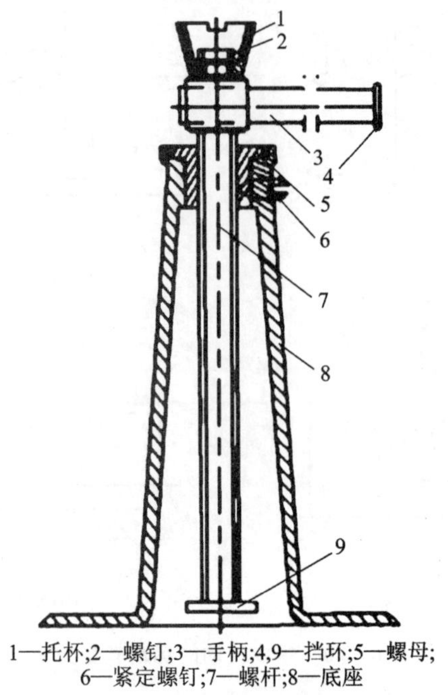

1—托杯;2—螺钉;3—手柄;4,9—挡环;5—螺母;
6—紧定螺钉;7—螺杆;8—底座

图 6－22　螺旋起重装置

6.5.2　摩擦轮传动的类型、特点及应用

1. 摩擦轮传动的工作原理

图 6－23 所示是最简单的摩擦轮传动,它是由两个相互压紧的圆柱摩擦轮组成,依靠两摩擦轮接触面间的切向摩擦力传递运动和动力的。当传动正常工作时,主动轮 1 可借助摩擦力的作用带动从动轮 2 回转,并使传动基本上保持固定的传动比。设 F_N 为两轮接触面间的法向压力,μ 为轮面材料的摩擦因数(其值与摩擦材料、表面状态及工作情况有关),则传动在接

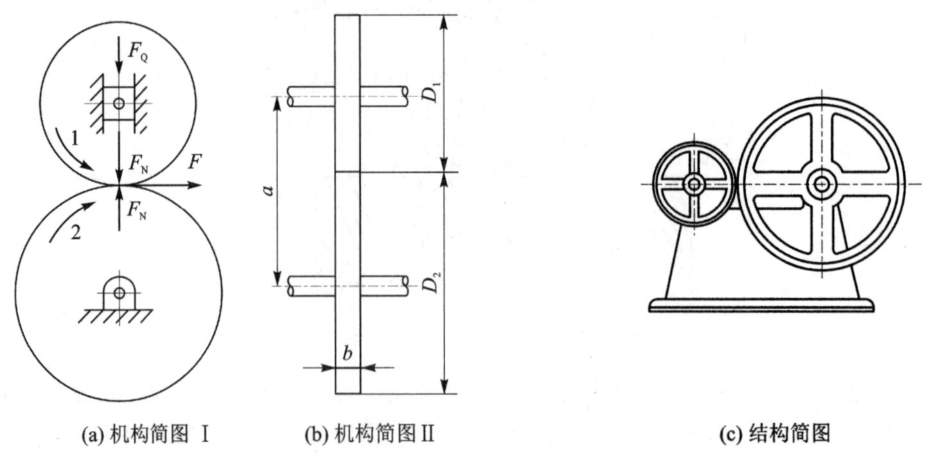

图 6－23　摩擦轮传动

触面间的最大摩擦力为 μF_N，此摩擦力应大于或等于带动从动轮所需的工作圆周力 F，即

$$\mu F_N \geqslant F$$

如果 $\mu F_N < F$，那么主动轮就带不动从动轮回转，而将在从动轮的轮面上打滑。

由于摩擦轮传动是在摩擦力的作用下工作的，所以两轮应保持足够的压紧力。

2. 摩擦轮传动的类型和结构

(1) 圆柱平摩擦轮传动

如图 6－24 所示，圆柱平摩擦轮传动分为外切和内切两种类型。此种结构形式简单，制造容易，但所需压紧力较大，宜用于小功率传动的场合。

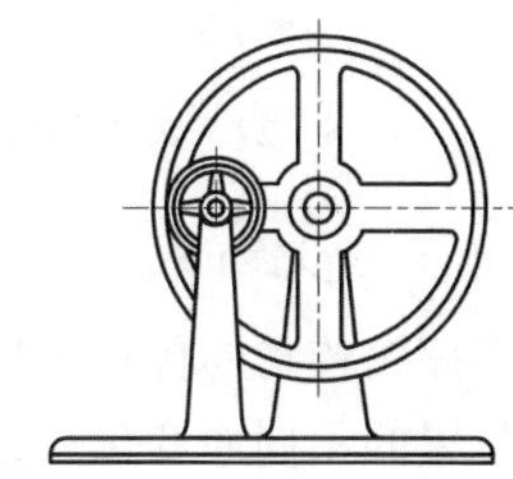

图 6－24　圆柱平摩擦轮传动

(2) 圆柱槽摩擦轮传动

图 6－25 所示为圆柱槽摩擦轮传动，其特点是带有 2β 角度的槽，侧面接触。因此，在同样压紧力的条件下，可以增大切向摩擦力，提高传动功率，但易发热与磨损，传动效率较低且对加工和安装要求较高。该传动适用于绞车驱动装置等机械中。

(3) 圆锥摩擦轮传动

图 6－26 所示为圆锥摩擦轮传动，可传递两相交轴之间的运动，两轮锥面相切。垂直相交轴圆锥摩擦轮传动在实际使用中通常采用双动轮对称布置的结构形式，以改善受力状况。这种形式的摩擦轮传动结构简单，易于制造，但安装要求较高，常用手摩擦压力机中。

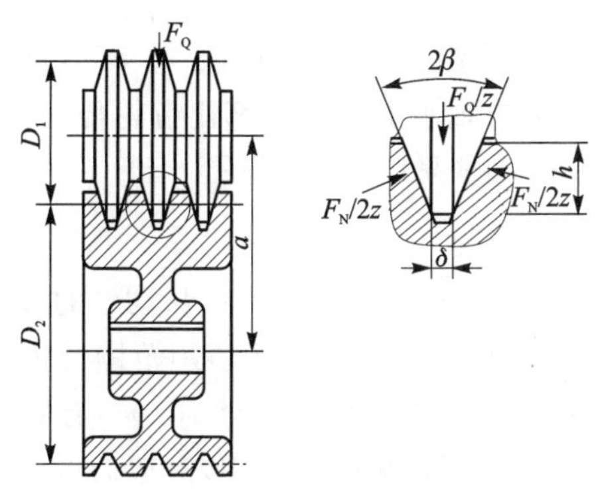

图 6－25　圆柱槽摩擦轮传动

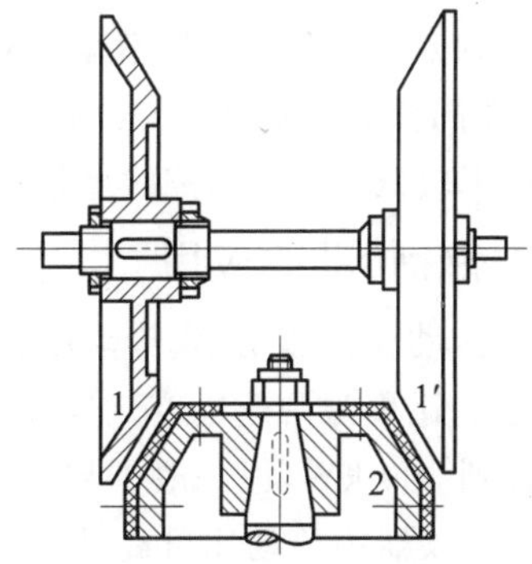

图 6－26　圆锥摩擦轮传动

(4) 滚轮圆盘式摩擦轮传动

图 6－27 所示为滚轮圆盘式摩擦轮传动，用于传递两垂直相交轴间的运动。此种结构形式需要压紧力较大，易发热和磨损。如果将滚轮制成鼓形，则可减小相对滑动。如果沿主动轴 1 方向移动滚轮，则可实现正反向无级变速。此机构常用于摩擦压力机中。

(5) 滚轮圆锥式摩擦轮传动

图 6－28 所示为滚轮圆锥式摩擦传动，滚轮 2 绕主动轴 1 转动，并可在主动轴 1 的花键上移动。该机构兼有圆柱和圆锥摩擦轮传动的特点，可用于无级变速传动中。

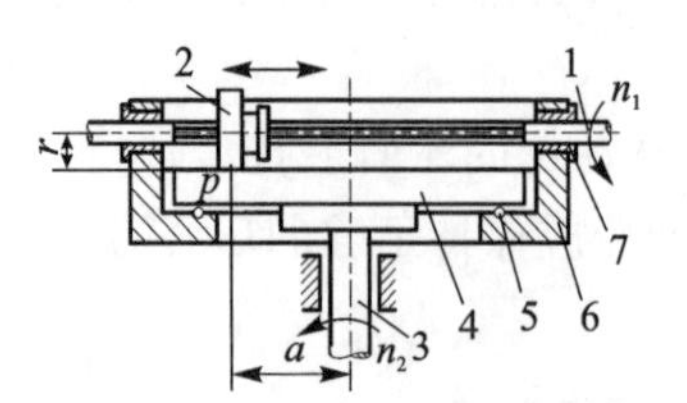

1—主动轴;2—滚轮;3—从动轴;
4—盘形摩擦轮;5—滚珠;6—托盘;7—轴套

图 6-27 滚轮圆盘式摩擦传动

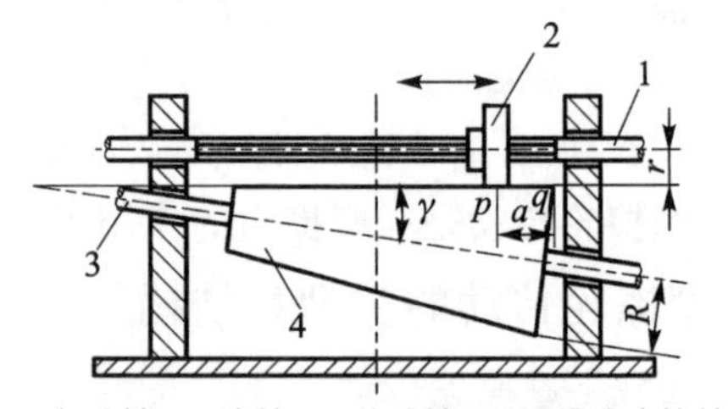

1—主动轴;2—滚轮;3—从动轴;4—圆锥式摩擦轮

图 6-28 滚轮圆锥式摩擦传动

图 6-24～图 6-26 所示的摩擦轮传动的传动比基本是固定的,而图 6-27 和图 6-28 所示的摩擦轮传动的传动比是可调的。若主动轮以一定的转速回转,则从动轮的转速可随两轮接触位置的不同而变化。这种从动轮转速可以调节、传动比可作相应改变的摩擦轮传动通常称为摩擦无级变速器。由于摩擦无级变速器中的从动轮转速可以在不停车的情况下调节至最佳工作速度,所以有利于提高产品质量和工作效率。

3. 摩擦轮传动的特点

与其他形式传动相比,摩擦轮传动具有下列优点:① 由于摩擦轮轮面没有轮齿,所以结构简单,易于制造;② 工作时不会发生类似齿轮节距误差所引起的周期性冲击,因而运转平稳,噪声很小;③ 过载时发生打滑,故能防止机器中重要零件的损坏;④ 能无级地改变传动比(通常称为无级调速)等。

其主要缺点:① 存在弹性滑动,不能保持准确的传动比,传动精度低;② 不宜传递很大的功率,当传递同样大的功率时,轮廓尺寸和作用在轴与轴承上的载荷都比齿轮传动大,结构不紧凑;③ 效率较低;④ 干摩擦时磨损快、寿命低;⑤ 必须采用压紧装置等。

4. 摩擦轮传动的应用

摩擦轮传动在传递功率、传动比、调速幅度(在传动比可调的传动中,从动轴的最大转速与其最小转速之比称为调速幅度)、速度、轴间距离等方面都有着很大的适用范围。传递功率可从 2 kW 直到 300 kW,但一般不超过 20 kW。传动比一般可到 7(甚至到 10),有卸载轴时可到 15,在手动仪器中传动比可高达 25。调速幅度在直接接触的传动中,一般为 3～4,在有中间机件的传动中,一般可达到 8～12。圆周速度可由很低到高达 25 m/s。

6.5.3 摩擦无级变速器的原理、特点及应用

为了获得最合适的工作速度,机器通常应能在一定范围内任意调整其转速,这就需要采用无级变速器。随着工程技术的不断发展,无级变速器的应用越来越广泛。目前,实现无级变速的方式有很多,有机械的、电气的和液压的。多数机械无级变速器都是利用摩擦轮传动的原理,本小节将简要介绍摩擦无级变速器。

1. 摩擦无级变速器的原理

图 6-29 所示为圆柱滚子-平板式无级变速器。当主动摩擦轮 1 以恒定的转速 n_1 回转时,因主动摩擦轮 1 紧紧压在从动摩擦轮 2 上,因而靠摩擦力的作用带动从动摩擦轮 2 以转速 n_2 回转。假定在节点 P 处无滑动,即在节点 P 处,两轮的圆周速度相等,故其传动比 $i=$

$n_1/n_2=r_2/r_1$。如果主动摩擦轮 1 沿着主动轴 O_1-O_1 改变自己的位置，也就改变了从动摩擦轮 2 的工作半径 r_2，从而改变了从动摩擦轮 2 的转速 n_2。因为主动摩擦轮 1 可以在主动轴 O_1-O_1 上连续任意移动，故可以在一定范围内无级地改变 n_2 的值，实现无级变速。

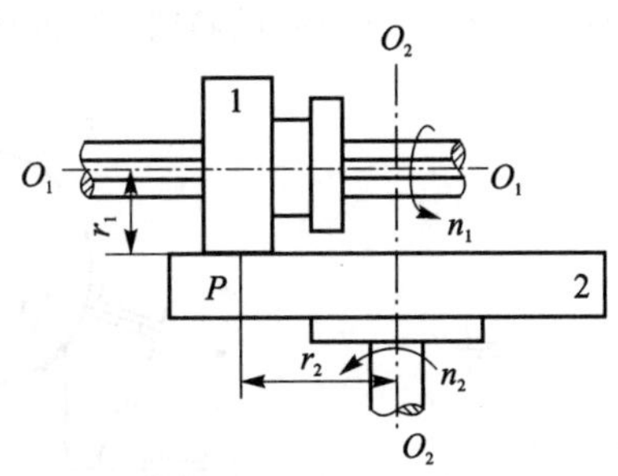

1—主动摩擦轮;2—从动摩擦轮

图 6-29　圈柱滚子-平板式无级变速器

2. 摩擦无级变速器的特点及应用

靠摩擦传递的无级变速器具有结构简单、维修方便、传动平稳、噪声低、有过载保护作用等优点；有些无级变速器可在较大的变速范围内具有传递恒定功率的特性，这是电气和液压无级变速器所能达到的。但缺点是不能保证精确的传动比，承受过载及冲击能力差，轴及轴承上的载荷较大等。

无级变速传动主要用于下列场合：

① 为适应工艺参数多变或连续变化的要求，运转中需经常连续地改变速度，如卷绕机等；

② 探求最佳工作速度，如试验机、自动线的试调等；

③ 几台机器协调运转；

④ 缓冲启动。

3. 常见摩擦无级变速器的形式

根据有无中间机件，摩擦无级变速器可分为直接接触的和间接接触的两大类。根据各类变速器中的摩擦面形状，又有圆盘的、圆锥的、球面的、环柱体的等数种不同形式。根据两摩擦轮轴线的相互位置，可分为互相垂直、互相平行、同轴、任意几种形式。摩擦无级变速器的类型很多，下面将介绍几种常见的无级变速器。

(1) 滚轮平盘式无级变速器

如图 6-30 所示，主动滚轮 1 与从动平盘 2 用弹簧 3 压紧，工作时靠接触处产生的摩擦力传动，传动比 $i=r_2/r_1$。当操纵滚轮 1 做轴向移动时，即可改变 r_2，从而实现无级变速。这种无级变速器传递相交轴的运动和动力，可实现升速或降速传动，可以逆转，并且具有结构简单、制造方便等特点。但是传动存在较大的相对滑动、磨损严重等缺点，不宜用于传递大功率。

(2) 钢球外锥轮式无级变速器

如图 6-31 所示，钢球外锥轮式无级变速器主要由两个锥轮（主动锥轮 1、从动锥轮 2）和一组钢球 3(通常为 6 个)组成。主动锥轮 1、从动锥轮 2 分别装在轴 Ⅰ、Ⅱ 上，钢球 3 被压紧在两锥轮的工作锥面上，并可绕钢球转轴 4 自由转动。工作时，主动锥轮 1 依靠摩擦力带动钢球 3 绕钢球转轴 4 旋转，钢球同样依靠摩擦力带动从动锥轮 2 转动。轴Ⅰ、Ⅱ的传动比为 $i=\frac{r_1}{R_1}\Big/\frac{r_2}{R_2}$，

由于 $R_1=R_2$,所以 $i=r_1/r_2$。调整钢球转轴 4 的倾斜角度与倾斜方向,即可改变钢球 3 的传动半径 r_1 和 r_2,从而实现无级变速。这种结构用于相同轴线的无级变速传动,可以用作升速或降速传动;主、从动轴位置可调换,实现对称调速。该变速器具有结构简单、传动平稳、相对滑动小、结构紧凑等特点,而且具有传递恒定功率的特性;但钢球加工精度要求高。

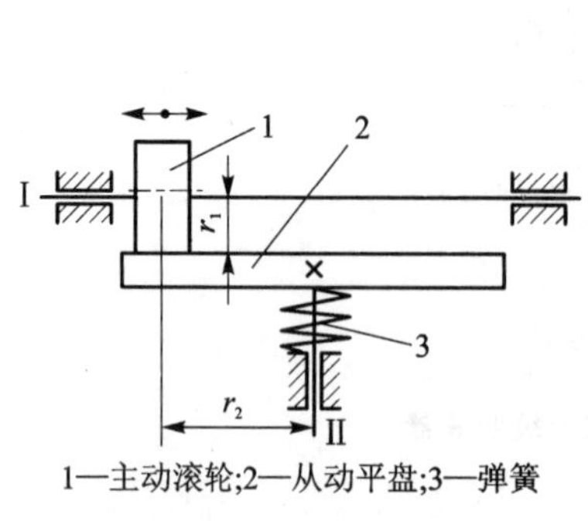

1—主动滚轮;2—从动平盘;3—弹簧

图 6-30　滚轮平盘式无级变速器

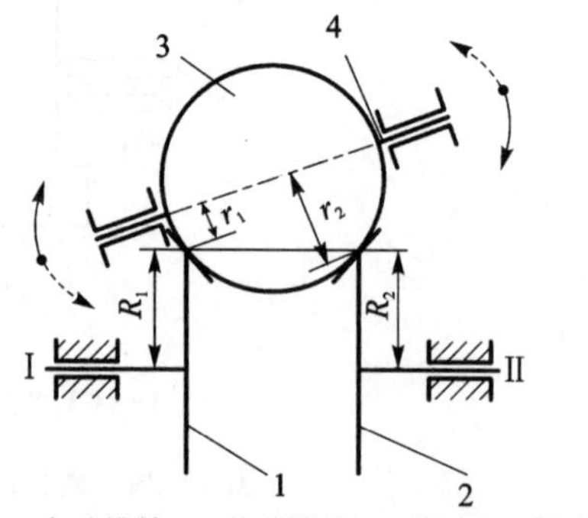

1—主动锥轮;2—从动锥轮;3—钢球;4—钢球转轴

图 6-31　钢球外锥轮式无级变速器

(3) 菱锥式无级变速器

如图 6-32 所示,空套在滚锥轴 4 上的菱形滚锥 3(通常为 5 或 6 个)被压紧在主动轮 1 和从动轮 2 之间。滚锥轴 4 支承在滚锥轴支架 5 上,其倾斜角是固定的。工作时,主动轮 1 靠摩擦力带动菱形滚锥 3 绕滚锥轴 4 旋转,菱形滚锥又靠摩擦力带动从动轮 2 旋转。轴Ⅰ、Ⅱ间的传动比 $i=\dfrac{r_1}{R_1}\cdot\dfrac{R_2}{r_2}$,操作滚锥轴支架 5 做水平移动,可改变菱形滚锥的传动半径 r_1 和 r_2,从而实现无级变速。这种结构形式为同轴线传动,可以用作升速和降速传动,具有传递恒定功率的特性。

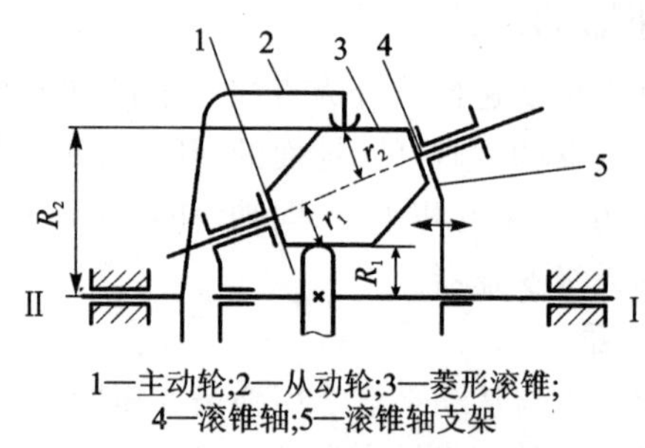

1—主动轮;2—从动轮;3—菱形滚锥;
4—滚锥轴;5—滚锥轴支架

图 6-32　菱锥式无级变速器

(4) 宽 V 带式无级变速器

如图 6-33 所示,在主动轴Ⅰ和从动轴Ⅱ上分别装有锥轮 1a、1b,以及 2a、2b,其中锥轮 1b 和 2a 分别固定在轴Ⅰ和Ⅱ上,锥轮 1a 和 2b 可以沿轴Ⅰ和Ⅱ同步移动。宽 V 带 3 套在两对锥轮之间,工作时如同 V 带传动,传动比 $i=r_2/r_1$。通过轴向同步移动锥轮 1a 和 2b,可改变传动半径 r_1 和 r_2,从而实现无级变速。这种结构为平行轴传动,可以用作升速或降速传动;同时,主、从动轮位置可以互换,实现对称调速。宽 V 带式无级变速器具有传递恒定功率的特性,但结构尺寸较大。

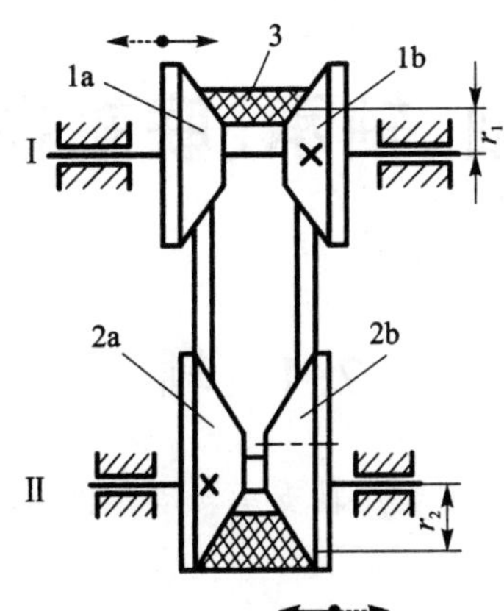

1b,2a—固定锥轮;1a,2b—可移动锥轮; 3—宽V带

图 6－33　宽 V 带式无级变速器

练习思考题

6－1　什么叫速比？带传动的速比如何计算？

6－2　说明带传动的工作原理和特点。

6－3　与平带传动比较,V 带传动为何能得到更为广泛的应用？

6－4　带传动为什么要设张紧装置？V 带传动常采用何种形式的张紧装置？

6－5　链传动的主要特点是什么？链传动适用于什么场合？

6－6　齿轮传动的速比如何计算？

6－7　与带传动相比,齿轮传动有哪些优缺点？

6－8　齿轮的齿廓曲线为什么必须具有适当的形状？渐开线齿轮有什么优点？

6－9　齿轮的齿距和模数表示什么意思？

6－10　什么是齿轮传动的节圆？什么是齿轮的分度圆？对于一对齿轮的啮合传动,它们的分度圆和节圆是否重合？

6－11　一对标准直齿圆柱齿轮的正确啮合条件是什么？

6－12　已知一标准直齿圆柱齿轮传动的中心距 $a=250$ mm,模数 $m=5$ mm,主动轮齿数 $z_1=20$,转速 $n_1=1\ 450$ r/min。试求从动轮的齿数、转速及传动速比。

6－13　已知一标准直齿圆柱齿轮传动,其速比 $i=3.5$,模数 $m=4$ mm,二轮齿数之和 $z_1+z_2=99$。试求两轮分度圆直径和传动中心距。

6－14　与直齿圆柱轮相比,斜齿轮的主要优缺点是什么？

6－15　锥齿轮传动一般适用于什么场合？

第 7 章　轴、轴承、联轴器与离合器

7.1　轴

轴是机器中的一个重要零件，主要用轴支承转动零件，使其具有确定的位置（齿轮、凸轮等）以及传递动力。

7.1.1　轴的分类

按照轴的不同用途和承受载荷情况，常用的轴可分为三类：

① 心轴。这类轴只起支承旋转零件的作用，如图 7－1(a)所示。

② 转轴。这类轴用来支承旋转零件并传递转矩，如图 7－1(b)所示。

③ 传动轴。这类轴不支承旋转零件，只传递转矩，一般为通轴。

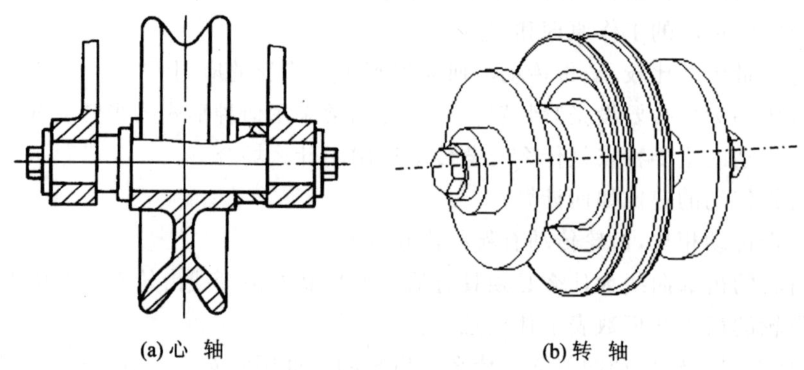

(a) 心　轴　　(b) 转　轴

图 7－1　心轴和转轴

此外，按照轴的结构形状，轴还可分为直轴、曲轴（见图 5－1 中的单缸内燃机曲轴）和挠性钢丝轴。

7.1.2　轴的材料

轴工作时所产生的应力大多是循环变应力，所以轴的损坏多为疲劳损坏。因此要求轴的材料具有高的机械强度和韧性，良好的工艺性和耐磨性，以及对应力集中的敏感度要小。

轴的材料主要是碳素钢和合金钢。碳素钢具有良好的综合机械性能，价廉，应力集中敏感度小，应用较多。常用的有 30 号、40 号、45 号和 50 号优质碳素钢，其中，45 号钢最常用。为保证力学性能，应进行调质或正火处理。对于载荷小或不重要的轴，不必热处理，采用普通的碳素钢如 Q235 即可。

合金钢具有较高的力学性能，但价格较贵，常用于载荷较大、要求强度较高、尺寸紧凑和耐磨性要求较高的情况。常用的有 20Cr、40MnB 和 40Cr 等合金钢，仍需热处理。采用合金钢

代替碳素钢并不能提高轴的刚度，因为其弹性模量相差不大。

轴的材料也可以用球墨铸铁，它具有良好的耐磨性和吸振性，而且价格便宜，但是强度、韧性较低。

图 7－2 所示是一种常见的转轴部件结构示例，除了根据受力情况设计合理的尺寸形状以使其具备必要的抗破坏、抗变形能力外，还必须满足下列要求：轴上零件和轴要能实现可靠的定位和坚固；应便于加工制造、装拆和调整；尺寸变化时，要有过渡圆角，尽量减少应力集中。

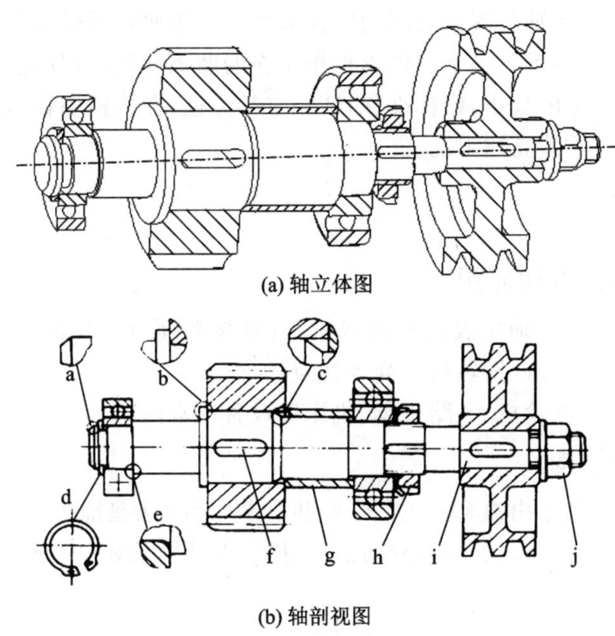

图 7－2　轴的典型结构

1. 零件在轴上的固定

零件在轴上的轴向固定方法有：轴肩（见图 7－2 中的 b、e）、弹性挡圈（见图 7－2 中的 d）、套筒（见图 7－2 中的 g）、螺母（见图 7－2 中的 h、j）、圆柱面（见图 7－2 中的 i）等。

零件在轴上的周向定位是防止零件与轴产生相对转动，可采用键连接（见图 7－2 中的 f）、花键连接（见图 7－3）、销钉连接、过盈配合等方法。

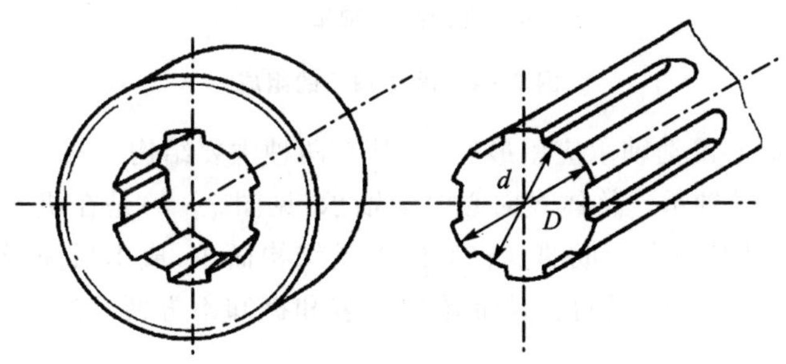

图 7－3　花键连接

2. 便于轴的加工制造、装拆和调整

为了便于装配,轴通常加工成阶梯轴,若轴上有几个键槽,则应将各键槽布置在一条线上。

7.2 轴 承

轴承是支承轴及轴上零件的常用部件。其功用有二:一为支承轴及其轴上的零件,并保持轴的旋转精度;二为减少转轴与支承之间的摩擦和磨损。按照轴承受载荷的方向,轴承可分为向心轴承、推力轴承和向心推力轴承。轴承根据工作的摩擦性质,可分为滑动摩擦轴承和滚动摩擦轴承。滚动轴承摩擦因数小,已标准化,使用维护方便,在机械中较常用,滑动轴承摩擦因数大,维护较复杂,适宜重载高速工况。

7.2.1 滑动轴承

1. 滑动轴承的特点和应用

滑动轴承工作时轴颈与轴承表面是面接触,且其接触面有一层油膜,所以具有承载能力大、噪声低、工作平稳、抗冲击、回转精度高等优点。

滑动轴承在内燃机、汽轮机、铁路机车、机床等设备中常用。

2. 滑动轴承的结构

如图 7-4 所示,滑动轴承由轴承座 1(或壳体)和整体轴套(主要是轴瓦 2)组成,这里,图 7-4(a)、图 7-4(b)和图 7-4(c)分别表示向心滑动轴承、推力滑动轴承和向心推力滑动轴承。

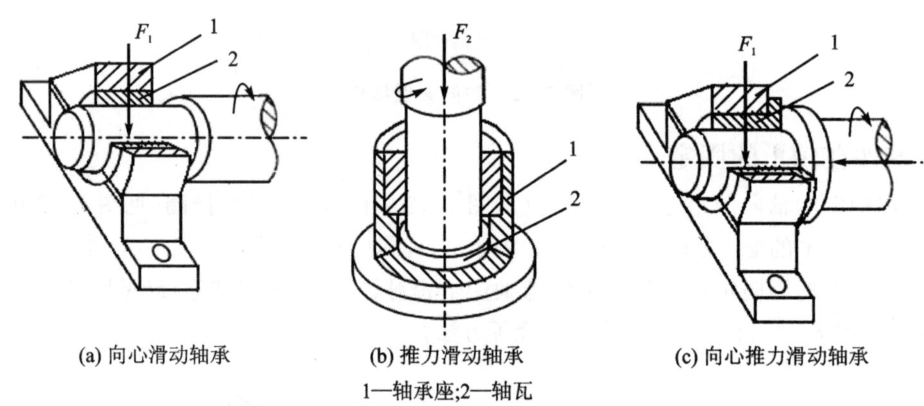

(a) 向心滑动轴承　(b) 推力滑动轴承　(c) 向心推力滑动轴承

1—轴承座;2—轴瓦

图 7-4 滑动轴承的组成

在滑动轴承中,向心滑动轴承应用最广泛,其有两种主要结构形式:

① 整体式向心滑动轴承。整体式向心滑动轴承(见图 7-5)是在机架(或壳体)上直接制孔并在孔内镶以筒形轴瓦组合而成的。它的优点是结构简单,成本低廉;缺点是轴套磨损后,无法调整轴承间隙,必须更换新轴瓦,且轴颈的安装和拆卸不方便。这种轴承多用于轻载、低速或间歇工作的场合。

② 剖分式向心滑动轴承。图 7-6 所示为一种普通的剖分式向心滑动轴承,它主要由轴承座、轴承盖及上、下轴瓦等组成,轴承盖和轴承座之间用两个螺栓连接。此轴承安装和拆卸

方便，轴瓦磨损后，可以通过调整垫片的厚度来调整间隙，因此得到广泛的应用并已标准化。

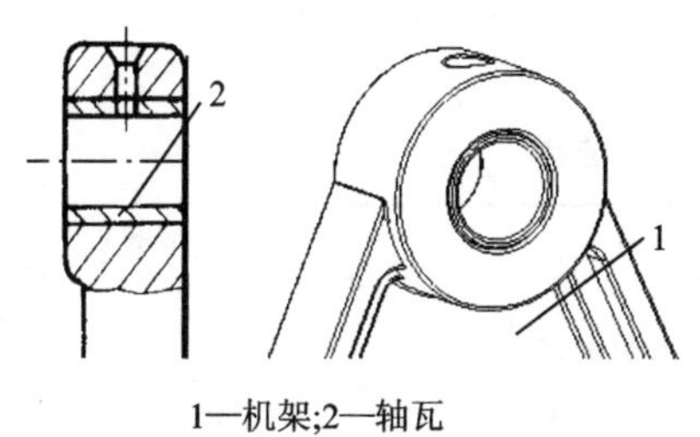

1—机架;2—轴瓦

图 7-5 整体式向心滑动轴承

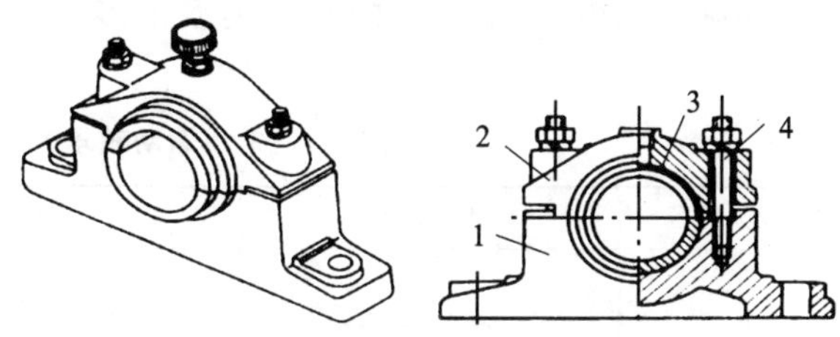

1—轴承座;2—轴承盖;3—轴瓦;4—螺栓

图 7-6　剖分式向心滑动轴承

7.2.2　滚动轴承

1. 滚动轴承的结构

滚动轴承的结构如图 7-7 所示，由外圈 1、内圈 2、滚动体 3 和保持架 4 等组成。内、外圈分别与轴颈和轴承座孔配合，外圈通常固定，内圈转动；内、外圈上的凹槽形成滚道；保持架的作用是均匀地把滚动体隔开；滚动体是滚动轴承的主体，它的大小、数量和形状与轴承的承载能力密切相关。滚动体的形状如图 7-8 所示。

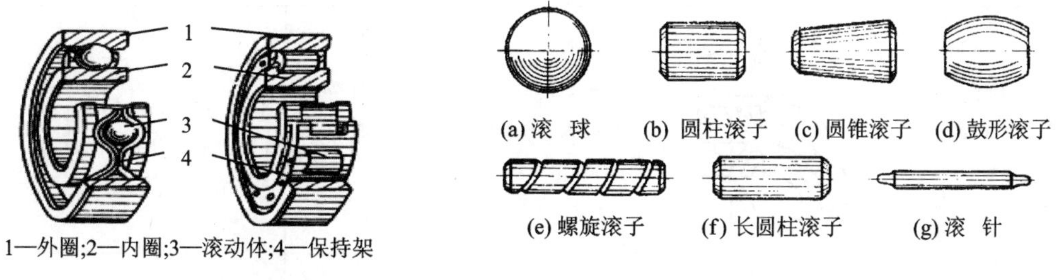

1—外圈;2—内圈;3—滚动体;4—保持架

图 7-7　滚动轴承的结构

图 7-8 滚动体的形式

2. 滚动轴承的优缺点

与滑动轴承相比，滚动轴承的主要优点是：

① 产品标准化，具有较好的通用性和互换性。

② 摩擦阻力小，精度高，效率高，维护保养方便。

③ 轴承径向间隙小，并且可用预紧的方法调整间隙，以提高旋转精度。

④ 部分型号滚动轴承可同时承受径向载荷与轴向载荷，轴向尺寸小，故可使机器结构简化、紧凑。

滚动轴承的主要缺点是：

① 抗冲击性能差，高速时噪声大，工作寿命较短。

② 大多数轴承径向尺寸大。

3. 滚动轴承的类型及代号

在实际应用中,滚动轴承的结构类型很多,现将常用滚动轴承的类型、特点和应用列于表 7－1 中。

表 7－1　常用滚动轴承的类型、特点和应用

类型及其代号	结构简图	性能特点	适用条件及举例
单列向心球轴承 (0000)		主要承受径向负荷,也可承受少许轴向负荷(双向),结构简单,摩擦因数小,极限转速高;但要求轴的刚度大,承受冲击能力差	常用于小功率的电动机、齿轮变速箱等
双向向心球面球轴承 (调心轴承) (1000)		不能承受纯轴向负荷,能自动调心	适用于多支点传动轴、刚性小的轴以及难以对中的轴
单列向心短圆柱滚子轴承 (2000)		只能承受纯径向负荷,承载能力比同尺寸的球轴承大,耐冲击能力较强,允许内外圈有微量的相对轴向移动,但不允许偏斜	适用于刚性较大,对中良好的轴。常用于大功率电机、人字齿轮减速器上
单列向心推力球轴承 (6000)		能承受径向及单向的轴向负荷,α 角越大,承受轴向负荷的能力越大;极限转速高	常用于转速较高、刚性较好并同时承受径向和轴向负荷的轴上(通常成对使用),如机床主轴、蜗轮减速器等
单列圆锥滚子轴承 (7000) ($\alpha=28°48'39''$) 其他 ($\alpha=10°\sim18°$)		能承受较大的径向和轴向负荷,内、外圈可分离,游隙可调,摩擦因数大,极限转速低,常成对使用	适用于刚性较大、转速较低、轴向和径向负荷较大的轴。应用很广,如减速器、车轮轴、轧钢机、起重机、机床主轴等
推力球轴承 (8000)		只能承受轴向负荷,轴线必须与轴承底座底面垂直,不适用于高转速	常用于起重机吊钩、蜗杆轴、锥齿轮轴、机床主轴等
滚针轴承 NA		径向尺寸最小,径向负荷能力很大,摩擦因数较大,旋转精度低	适用于径向负荷很大而径向尺寸受限制的地方,如万向联轴器、活塞销、边杆销等

滚动轴承代号由基本代号、前置代号和后置代号构成。前置、后置代号是轴承在结构形状、尺寸、公差等级(精度)、技术要求等有改变时,在其基本代号的左、右边添加的补充代号,一般情况下可部分或全部省略。基本代号代表轴承的基本类型、结构与尺寸,由内径代号、直径系列代号、宽度系列代号和类型代号组成。轴承类型代号用数字或字母标明,具体内容如表 7-1 所列。轴承尺寸系列代号由两个数字组合而成,位于左边的数字为轴承宽(高)度系列代号,位于右边的数字为轴承直径系列代号。宽(高)度系列代号表示内、外径相同,而宽(高)度不同的同一类轴承;直径系列代号则表示内径相同而外径不同的同一类轴承。

4. 滚动轴承的选用

滚动轴承是标准零件,使用时可按具体工作条件选择合适的轴承。表 7-1 已列出各类轴承的特点及应用场合,可作为选择轴承类型的参考。一般来说,选用滚动轴承应考虑下述几方面:

① 轴承载荷的大小、方向和性质。当载荷较小而平稳时,宜用球轴承;当载荷大、有冲击时宜用滚子轴承。当轴上承受纯径向载荷时,可采用圆柱滚子轴承或深沟球轴承;当同时承受径向载荷和轴向载荷时,可采用圆锥滚子轴承或角接触球轴承;当承受纯轴向载荷时,可采用推力轴承。

② 轴承的转速。球轴承和轻系列轴承用于较高的转速,滚子轴承和重系列则反之,而推力轴承的极限转速很低。

③ 调心性能的要求。调心球轴承和调心滚子轴承均能满足一定的调心要求。

④ 尺寸要求。当对轴承的径向尺寸有较严格的要求时,可用滚针轴承。

7.3　联轴器与离合器

联轴器和离合器是机械传动中常用的部件,功能是连接不同机器(或部件)的两根轴,使它们一起回转并传递转矩和运动。用联轴器连接的两根轴只有在机器停车时用拆卸的方法才能使它们分离,用离合器连接的两根轴在机器运转中可以方便地使它们分离或接合。

7.3.1　联轴器

按照结构特点,联轴器可分为刚性联轴器和弹性联轴器两大类。

1. 刚性联轴器

刚性联轴器是通过若干刚性零件将两轴连接在一起,常用如下几种结构形式。

(1) 凸缘联轴器

如图 7-9 所示,凸缘联轴器主要由两个分别装在两轴端部的凸缘盘和连接它们的螺栓组成。为使被连接两轴的中心线对准,可将一个联轴器的一个凸肩与另一联轴器的凹槽相配合。

(2) 万向联轴器

如图 7-10 所示,万向联轴器主要由两个叉形接头 1 和 3 及一个十字体 2 通过刚性铰接构成,故又称铰链联轴器。它广泛用于两种中心线相交成较大角度(角 α 可达 45°)的连接。

2. 弹性联轴器

弹性联轴器是依靠弹性元件来传递转矩和运动的,这类联轴器具有一定挠性,因而在工作

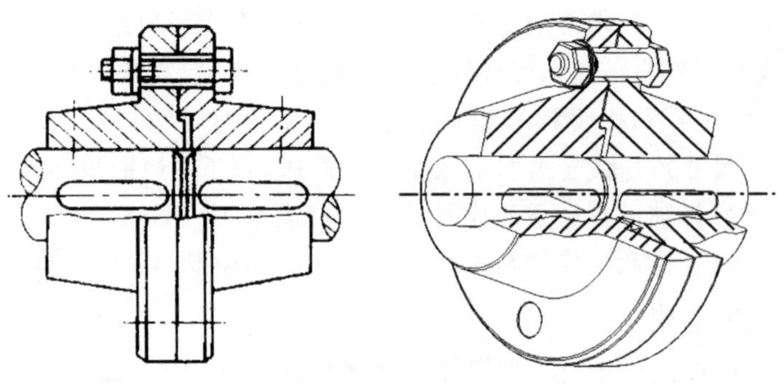

图 7-9　凸缘联轴器

中具有较好的缓冲与吸振能力。

(1) 弹性圈柱销联轴器

弹性圈柱销联轴器是机器中常用的一种弹性联轴器,如图 7-11 所示。它的主要零件是弹性橡胶圈、柱销和两个法兰盘。每个柱销上装有多个橡胶圈,插到法兰盘的销孔中,从而传递转矩。弹性圈柱销联轴器适用于正、反转和启动频繁的高速轴连接,如电动机、水泵等轴的连接,可获得较好的缓冲和吸振效果。

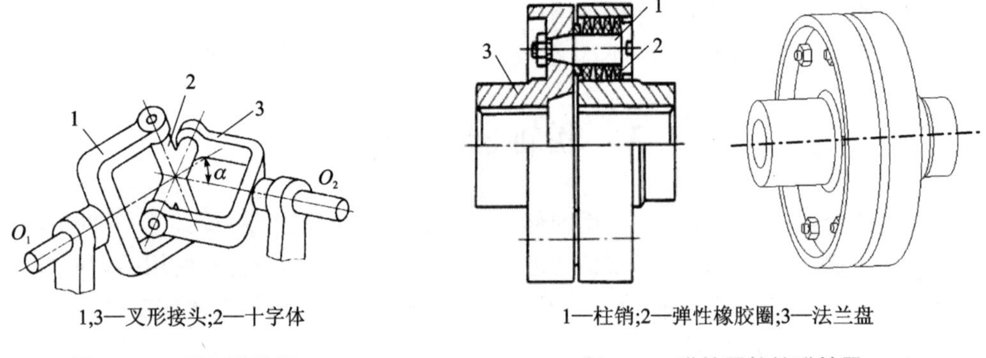

1,3—叉形接头;2—十字体

图 7-10　万向联轴器

1—柱销;2—弹性橡胶圈;3—法兰盘

图 7-11 弹性圆柱销联轴器

(2) 尼龙柱销联轴器

尼龙柱销联轴器和上述弹性圈柱销联轴器相似(见图 7-12),只是用尼龙柱销代替了橡胶圈和钢制柱销,其性能及用途与弹性圈柱销联轴器相同。由于尼龙栓销联轴器结构简单,制作容易,维护方便,所以常用它来代替弹性圈柱销联轴器。

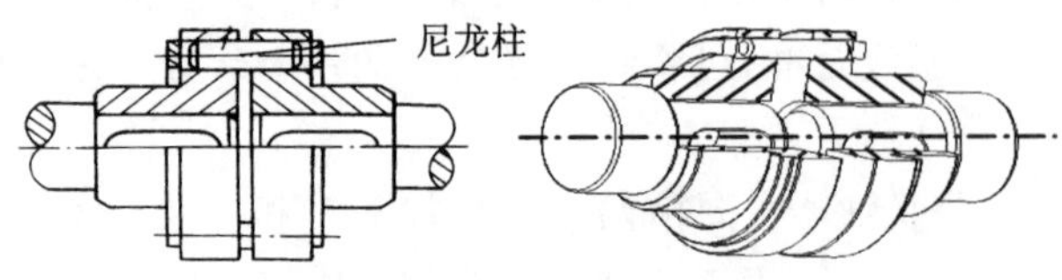

图 7-12　尼龙柱销联轴器

7.3.2　离合器

常用的离合器有嵌入式离合器和摩擦式离合器。嵌入式离合器依靠齿的嵌合来传递转矩和运动，摩擦式离合器则依靠工作表面间的摩擦力来传递转矩和运动。

离合器的操纵方式可以是机械式、电磁式、液压式等，此外还有自动离合的结构。自动离合器不需要外力操纵就能根据一定的条件自动分离或接合。

1. 嵌入式离合器

常用的嵌入式离合器有牙嵌离合器和齿轮离合器。

(1) 牙嵌离合器

如图 7－13 所示，牙嵌离合器主要由两个带有牙形齿的半联轴器组成，其中一个半离合器与轴之间采用导向键连接，通过操纵机构使它沿轴向转动，实现离合动作。

牙嵌离合器常用的牙型有矩形、梯形和锯齿形三种(见图 7－14)，前两种齿形能传递双向转矩，锯齿形则只能传递单向转矩。其中，梯形齿接合方便，强度较高，能自动补偿牙形齿的磨损和间隙，减少冲击，应用较多。

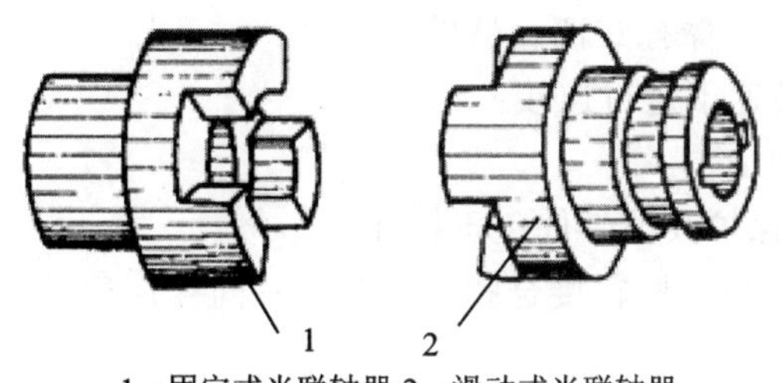

1—固定式半联轴器;2—滑动式半联轴器

图 7－13　牙嵌离合器

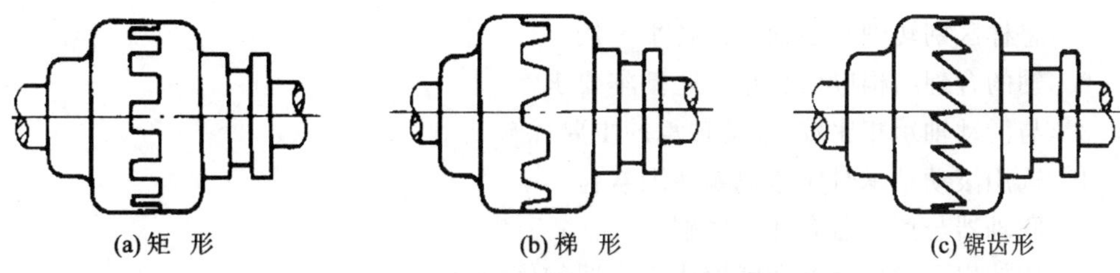

(a) 矩　形　　(b) 梯　形　　(c) 锯齿形

图 7－14　牙嵌离合器的牙型

牙嵌离合器结构简单，两轴连接后无相对滑动，尺寸小，但在接合时有冲击，因此必须在低速或停机状态下接合，否则容易将齿打坏。

(2) 齿轮离合器

齿轮离合器(见图 7－15)是由一个内齿圈和一个外齿轮组成的。齿轮离合器除具有牙嵌离合器的特点外，其传递转矩的能力更大。

2. 摩擦式离合器

摩擦式离合器是靠离合器中元件间的摩擦力来传递转矩的。摩擦式离合器的形式多样，常用的有圆盘式和圆锥式。圆盘式和圆锥式摩擦离合器结构简单，但传递转矩的能力较小，应用受到一定的限制。

图 7－16 所示为一种单片式圆盘摩擦离合器的典型结构。摩擦盘 2 固定在主动轴 1 上，摩擦盘 3 与从动轴用导向键连接，可以做轴向移动。工作时，通过操纵系统拨动滑环 4 以压力 Q 使两摩擦盘压紧，利用摩擦盘产生的摩擦力来传递转矩和运动。这种摩擦离合器结构简单，散热好，但只能传递较小的转矩。

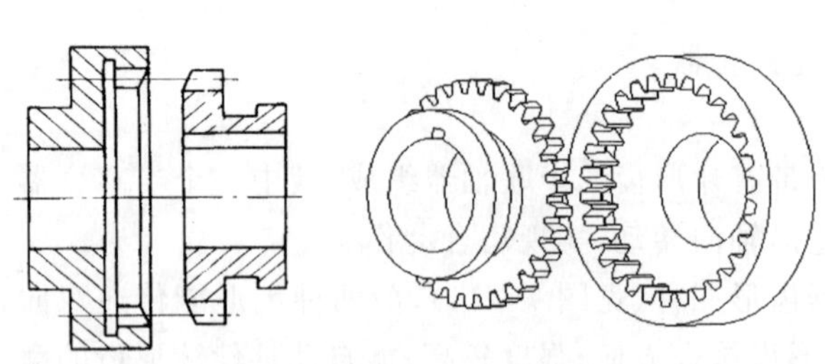

图 7－15　齿轮离合器

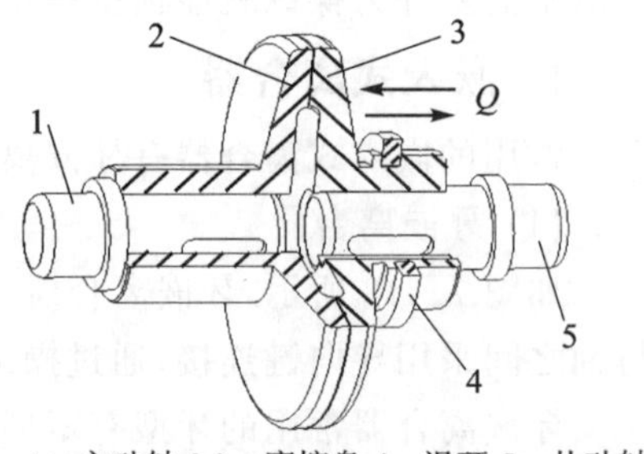

1—主动轴;2,3—摩擦盘;4—滑环;5—从动轴

图 7－16　单片式圆盘摩擦离合器

与嵌入式离合器相比较，摩擦式离合器的优点是：

① 两轴能在不同的转速下进行连接。

② 接合时冲击和振动小。

③ 过载时可以打滑，保护其他零件免于损坏。

摩擦式离合器的主要缺点是：在接合和分离时盘片间存在相对滑动，消耗能量以致引起发热，磨损较大。

练习思考题

7－1　怎样区别转轴和心轴？试各举一例。

7－2　轴的合理结构应该满足哪些基本要求？

7－3　与滑动轴承相比较，滚动轴承的主要优缺点是什么？

7－4　选用滚动轴承时应考虑哪些因素？

7－5　联轴器与离合器有什么区别？

7－6　比较嵌入式离合器和摩擦式离合器的优缺点。

第 8 章　设计理论与方法

8.1　机械零件设计准则与设计方法

8.1.1　机械零件的设计准则

为了保证所设计的机械零件能安全、可靠地工作，在进行设计工作之前，应确定相应的设计准则。不同的零件或相同的零件在差异较大的环境中工作时，都应有不同的设计准则。设计准则的确定应该与零件的失效形式紧密地联系起来。一般来讲，大体有以下几种设计准则：

1. 强度准则

强度准则就是指零件中的应力不得超过允许的限度。例如，对一次断裂来讲，应力不超过材料的强度极限；对疲劳破坏来讲，应力不超过零件的疲劳极限；对残余变形来讲，应力不超过材料的屈服极限。这就是满足了强度要求，符合了强度计算的准则。其具有代表性的表达式为

$$\sigma \leqslant \sigma_{\lim} \tag{8-1}$$

考虑各种偶然性或难以精确分析的影响，式(8-1)右边要除以设计安全系数(简称为安全系数)S，即

$$\sigma \leqslant \frac{\sigma_{\lim}}{S} \tag{8-2}$$

2. 刚度准则

零件在载荷作用下产生的弹性变形量 y(它广义地代表任何形式的弹性变形量)，小于或等于机器工作性能所允许的极限值$[y]$(许用变形量)，就是满足了刚度要求或符合了刚度设计准则。其表达式为

$$y \leqslant [y] \tag{8-3}$$

弹性变形量可按各种求变形量的理论实验方法来确定，而许用变形量$[y]$应随不同的使用场合，根据理论或经验来确定其合理的数值。

3. 寿命准则

影响寿命的主要因素有腐蚀、磨损和疲劳，这是三个不同范畴的问题，它们各自发展过程的规律也不同。迄今为止，还没有提出实用有效的腐蚀寿命计算方法，因而也无法列出腐蚀的计算准则。关于磨损的计算方法，由于其类型众多，产生的机理还未完全明晰，影响因素也很复杂，所以尚无可供工程实际使用的能够进行定量计算的方法，本书不拟讨论。关于疲劳寿命，通常是求出使用寿命时的疲劳极限或额定载荷来作为计算的依据。

4. 振动稳定性准则

机器中存在着很多周期性变化的激振源，例如齿轮的啮合、滚动轴承中的振动、滑动轴承

中的油膜振荡、弹性轴的偏心转动等。当某一零件本身的固有频率与上述激振源的频率重合或成整倍数关系时,这些零件就会发生共振,致使零件破坏或机器工作情况失常等。所谓振动稳定性,就是指在设计时要使机器中受激振作用的各零件的固有频率与激振源的频率错开。例如,令 f 代表零件的固有频率,f_p 代表激振源的频率,则通常应满足如下条件:

$$0.85f > f_p \text{ 或 } 1.15f < f_p \tag{8-4}$$

如果不能满足上述条件,则可用改变零件及系统的刚性、改变支承位置、增加或减少辅助支承等办法来改变 f 值。

把激振源与零件隔离,使激振的周期性改变的能量不能传递到零件上去,或者采用阻尼以减小受激振动零件的振幅,都可以改善零件的振动稳定性。

5. 可靠性准则

例如,有一大批某种零件,其件数为 N_0,在一定的工作条件下进行试验。如果在 t 时间后仍有 N 件在正常地工作,则此零件在该工作环境条件下工作 t 时间的可靠度 R 可表示为

$$R = N/N_0 \tag{8-5}$$

如果试验时间不断延长,而 N 不断减小,则可靠度也将改变。也就是说,零件的可靠度本身是一个时间的函数。

如果在时间 t 到 $t+\mathrm{d}t$ 的间隔中,又有 $\mathrm{d}N$ 件零件被破坏,则在此 $\mathrm{d}t$ 时间间隔内破坏的比率 $\lambda(t)$ 定义为

$$\sigma = \frac{F}{A} \leqslant [\sigma] = \frac{\sigma_{\lim}}{S}$$

$$\lambda(t) = -\frac{\frac{\mathrm{d}N}{\mathrm{d}t}}{N} \tag{8-6}$$

式中:$\lambda(t)$ 称为失效率,负号表示 $\mathrm{d}N$ 增大将使 N 减小。

分离变量并积分,得

$$-\int_0^t \lambda(t)\mathrm{d}t = \int_{N_0}^{N} \frac{\mathrm{d}N}{N} = \ln\frac{N}{N_0} = \ln R \tag{8-7}$$

即

$$R = \mathrm{e}^{-\int_0^t \lambda(t)\mathrm{d}t} \tag{8-8}$$

零件或部件的失效率 $\lambda(t)$ 与时间 t 的关系如图8-1所示。这条曲线常被形象化地称为浴盆曲线,一般是用实验的方法求得的。该曲线分为三段:第Ⅰ段代表早期失效阶段。在这个阶段中,失效率由开始时很高的数值急剧地下降到某一稳定的数值。引起这一阶段失效率特别高的原因是零部件中所存在的初始缺陷,例如零件上未被发现的加工裂纹,安装不正确,接触表面未经磨合(跑合)等。

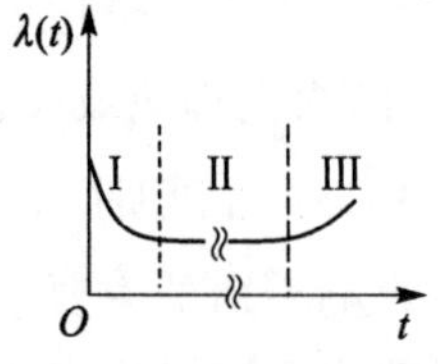

图8-1 失效率曲线图

第Ⅱ段代表正常使用阶段。在此阶段内如果发生失效(一般总是由偶然的原因引起的,故其发生是随机性),则失效率表现为缓慢增长。

第Ⅲ段代表损坏阶段。由于长时间的使用而使零件发生磨损、疲劳裂纹扩展等,使失效率

急剧地增加。良好地维护和及时更换马上要发生破坏的零件，就可以延缓机器进入这一阶段工作的时间。

表征零件可靠性的另一指标是零件的平均工作时间（也称平均寿命）。对于不可修复的零件，平均寿命是指其失效前的平均工作时间，用 MTTF (Mean Time To Failures)表示；对于可修复的零件，则是指其平均故障间隔时间，用 MTBF(Mean Time Between Failures)表示。在工程实际中，平均寿命应用统计的方法确定。

8.1.2　机械零件的设计方法

机械零件的设计方法可从不同的角度做出不同的分类。目前较为流行的分类方法是把过去长期采用的设计方法称为常规的（或传统的）设计方法，近几十年发展起来的设计方法称为现代设计方法。本小节主要阐明本书使用的常规设计方法。

机械零件的常规设计方法可概括地分为以下几种：

1. 理论设计

根据长期总结出来的设计理论和实验数据进行的设计称为理论设计。现以简单受拉杆件的强度设计为例来讨论理论设计的概念。设计时强度计算按式(8 - 2)为

$$\sigma \leqslant \frac{\sigma_{\lim}}{S}$$

或

$$\frac{F}{A} \leqslant \frac{\sigma_{\lim}}{S} \tag{8-9}$$

式中：F 为作用于拉杆上的外载荷；A 为拉杆横截面面积；$\sigma_{\lim}$ 为拉杆材料的极限应力；S 为设计安全系数（简称为安全系数）。

对式(8 - 9)的运算过程可以有下述两大类不同的处理方法：

(1) 设计计算

由式(8 - 9)直接求出杆件必需的横截面尺寸 A，即

$$A \geqslant \frac{SF}{\sigma_{\lim}} \tag{8-10}$$

(2) 校核计算

在按其他办法初步设计出杆件的横截面尺寸后，可选用下列四式之一进行校核计算：

$$\sigma = \frac{F}{A} \leqslant [\sigma] = \frac{\sigma_{\lim}}{S} \tag{8-11}$$

$$F \leqslant \frac{\sigma_{\lim} A}{S} \tag{8-12}$$

$$S_{ca} = \frac{\sigma_{\lim}}{\sigma} \geqslant S \tag{8-13}$$

$$\sigma_{\lim} \geqslant \sigma S \tag{8-14}$$

式(8 - 13)中的设计计算多用于能通过简单的力学模型进行设计的零件。校核计算则多用于结构复杂，应力分布较复杂，但又能用现有的应力分析方法（以强度为设计准则时）或变形分析方法（以刚度为设计准则时）进行计算的场合。

2. 经验设计

根据对某类零件已有的设计与使用实践而归纳出的经验关系式,或根据设计者本人的工作经验用类比的办法进行的设计称为经验设计。这对那些使用要求变动不大而结构形状已典型化的零件,例如箱体、机架、传动零件的各结构要素等,是很有效的设计方法。

3. 模型实验设计

对于一些尺寸巨大而结构又很复杂的重要零件,尤其是一些重型整体机械零件,为了提高设计质量,可采用模型实验设计的方法,即把初步设计的零部件或机器制成小模型或小尺寸样机,经过实验的手段对其各方面的特性进行检验,根据实验结果对设计进行逐步修改,从而达到完善。这样的设计过程称为模型实验设计。

这种设计方法费时、昂贵,因此只用于特别重要的设计中。

8.2 机械零件设计的一般步骤

机械零件的设计大体要经过以下几个步骤:

① 根据零件的使用要求,选择零件的类型和结构。为此,必须对各种零件的不同类型、优缺点、特性与使用范围等,进行综合对比并正确选用。

② 根据机器的工作要求,计算作用在零件上的载荷。

③ 根据零件的类型、结构和所受载荷,分析零件可能的失效形式,从而确定零件的设计准则。

④ 根据零件的工作条件及对零件的特殊要求(例如高温或在腐蚀性介质中工作等),选择适当的材料。

⑤ 根据设计准则进行有关的计算,确定零件的基本尺寸。

⑥ 根据工艺性及标准化等原则进行零件的结构设计。

⑦ 细节设计完成后,必要时进行详细的校核计算,以判定结构的合理性。

⑧ 画出零件的工作图,并写出计算说明书。

在进行设计时,对于数值的计算,除少数与几何尺寸精度要求有关外,一般以两位或三位有效数字的计算精度为宜。

必须再度强调指出,结构设计是机械零件的重要设计内容之一,在有些情况下,它占了设计工作量中一个较大的比例,一定要给予足够的重视。

绘制的零件工作图应完全符合制图标准,并满足加工的要求。

写出的设计说明书要条理清晰,语言简明,数字正确,格式统一,并附有必要的结构草图和计算草图。对于重要的引用数据,一般要注明来源。对于重要的计算结果,要写出简短的结论。

8.3 现代设计方法简介

8.3.1 设计发展的基本阶段

为了便于了解现代设计与传统设计的区别,先来简单回顾一下人类从事设计活动发展的

几个基本阶段。从人类生产的进步过程来看,整个设计进程大致经历了如下四个阶段:

① 直觉设计阶段。古代的设计是一种直觉设计,当时人们或许是从自然现象中直接得到启示,或是全凭人的直观感觉来设计制作工具。设计者多为具有丰富经验的手工艺人,他们之间没有信息交流。产品的制造只是根据制造者本人的经验或其头脑中的构思来完成的,设计与制造无法分开。设计方案存在于手工艺人头脑之中,无法记录表达,产品也比较简单。一项简单产品的问世,周期很长,这是一种自发设计。直觉设计阶段在人类历史上经历了一个很长的时期,17 世纪以前基本都属于这个阶段。

② 经验设计阶段。随着生产的发展,产品逐渐复杂起来,对产品的需求量也开始增大,单个手工艺人的经验或其头脑中自己的构思已难以满足这些要求,因而促使手工艺人必须联合起来,互相协作,于是逐渐出现了图纸。一部分经验丰富的人将自己的经验或构思用图纸表达出来,然后根据图纸组织生产。到 17 世纪初,数学与力学结合后,人们开始运用经验公式来解决设计中的一些问题,并开始按图纸进行制造,如早在 1670 年就已经出现有关大海船的图纸。图纸的出现,既可使具有丰富经验的手工艺人通过图纸将其经验或构思记录下来,传于他人,便于用图纸对产品进行分析、改进和提高,推动设计工作向前发展,还可使更多的人同时参加同一产品的生产活动,满足社会对产品的需求及生产率的要求。因此,利用图纸进行设计,使人类设计活动由直觉设计阶段进步到经验设计阶段。

③ 半理论半经验设计阶段。20 世纪初以来,由于试验技术与测试手段的迅速发展和应用,人们把对产品采用局部试验、模拟试验等作为设计辅助手段。通过中间试验取得较可靠的数据,选择较合适的结构,从而缩短了试制周期,提高了设计可靠性。这个阶段称为半理论半经验设计阶段(又称中间试验设计阶段)。在这个阶段中,随着科学技术的进步、试验手段的加强,使设计水平得到进一步提高,并取得了如下进展:第一,加强了设计基础理论和各种专业产品设计机理的研究,如材料应力应变、摩擦磨损理论、零件失效与寿命的研究,从而为设计提供了大量信息,如包含大量设计数据的图表(图册)和设计手册等;第二,加强了关键零件的设计研究,特别是加强了关键零部件的模拟试验,大大提高了设计速度和成功率;第三,加强了“三化”,即零件标准化、部件通用化、产品系列化的研究。后来又提出设计组合化,进一步提高了设计的速度、质量,降低了产品的成本。

本阶段加强了设计理论和方法的研究,与经验设计相比,本阶段设计的特点是大大减少了设计的盲目性,有效地提高了设计效率和质量,并降低了设计成本。至今,这种设计方法仍被广泛采用。

④ 现代设计阶段。近 50 年来,由于科学和技术迅速发展,对客观世界的认识不断深入,设计工作所需的理论基础和手段有了很大进步,特别是电子计算机技术的发展及应用,对设计工作产生了革命性的突变,为设计工作提供了实现设计自动化的条件。例如,一体化的 CAD/CAM 技术可将 CAD 的输出结果通过工程数据库以及有关应用接口作为 CAM 的输入信息,并直接输出记录有关信息的纸带,使用这种纸带,NC 机床即可直接加工出所设计的零件,实现无图纸化生产,使人类设计工作步入现代设计阶段。

此外,进入现代设计阶段的另一个特点是,当代对产品的设计已不能仅考虑产品本身,还要考虑对系统和环境的影响;不仅要考虑技术领域,还要考虑经济效益和社会效益;不仅考虑当前,还需考虑长远发展。例如,汽车设计不仅要考虑汽车本身的有关技术问题,还需考虑使用者的安全性、舒适性、操作方便性等人机工效特性。此外,还需考虑汽车的节能、环保以及车辆存放、道路发展等问题。总之,目前已进入现代设计阶段,它已要求在设计工作中把自然科学、社会科学、人类工程学,以及各种艺术、实际经验和聪明才智融合在一起,并用于设计中。

8.3.2 现代设计与传统设计

20世纪以来,由于科学和技术的发展与进步,设计的基础理论研究得到了加强,随着设计经验的积累,以及设计和工艺的结合,已形成一套半经验半理论的设计方法。依据这套方法进行的机电产品设计,称为传统设计。所谓"传统",是指该套设计方法已沿用了很长时间,直到现在仍被广泛采用着。传统设计又称常规设计。

传统设计是以经验总结为基础,运用力学和数学形成的经验、公式、图表、设计手册等作为设计的依据,通过经验公式、近似系数或类比等方法进行的设计。传统设计方法在长期运用中得到不断完善和提高,是符合当代技术水平的有效设计方法。但是由于所用的计算方法和参考数据偏重于经验的概括和总结,往往忽略了难解或非主要的因素,因而造成设计结果的近似性较大,也难免出现不确切和失误的情况。此外,在信息的处理、参量的统计和选取、经验或状态的存储和调用等还没有一个理想的有效方法,解算和绘图也多用手工完成,所以不仅影响设计速度和设计质量的提高,而且也难以做到精确和优化的效果。传统设计对技术与经济、技术与美学也未能做到很好地统一,这也使得设计具有一定的局限性。这些都是有待于进一步改进和完善的地方。

限于历史和科技发展的原因,传统设计方法基本上是一种以静态分析、近似计算、经验设计、手工劳动为特征的设计方法。显然,随着现代科学技术的飞速发展、生产技术的需要和市场的激烈竞争,以及先进设计手段的出现,这种传统设计方法已难以满足当今时代的要求,从而迫使设计领域不断研究和发展新的设计方法和技术。

现代设计是过去长期的传统设计活动的延伸和发展,它继承了传统设计的精华,吸收了当代科技成果和计算机技术,与传统设计相比,它是一种以动态分析、精确计算、优化设计和CAD为特征的设计方法。

现代设计方法与传统设计方法相比,主要完成了以下几方面的转变:

① 产品结构分析的定量化;

② 产品工况分析的动态化;

③ 产品质量分析的可靠性化;

④ 产品设计结果的最优化;

⑤ 产品设计过程的高效化和自动化。

目前,我国设计领域正面临着由传统设计向现代设计过渡的情况,广大设计人员应尽快适应这一新的变化。通过推行现代设计,尽快提高我国机电产品的性能、质量、可靠性和市场的竞争能力。

8.3.3 现代设计理论和方法的主要内容

设计理论是对产品设计原理和机理的科学总结。设计方法是使产品满足设计要求以及判断产品是否满足设计原则的依据。现代设计方法是基于设计理论形成的,因而更具科学性和逻辑性。实质上,现代设计理论和方法更是科学方法论在设计中的应用,是设计领域中发展起来的一门新兴的多元交叉学科。

现代设计理论和方法是以研究产品设计为对象的科学。它以电子计算机为手段,运用工

程设计的新理论和新方法使计算结果达到最优化，使设计过程实现高效化和自动化。通过传统经验的吸收、现代科技的运用、科学方法论的指导与方法学的实现，从而形成和发展了现代设计理论与方法这门新学科。

从 20 世纪 60 年代末开始，设计领域中相继出现一系列新兴理论与方法。为区别过去常用的传统设计理论和方法，我们把这些新兴理论和方法统称为现代设计。表 8－1 列出了目前现代设计理论和方法的主要内容。不同于传统设计方法，在运用现代设计理论和方法进行产品及工程设计时，一般都以计算机作为分析、计算、综合、决策的工具。

表 8－1　现代设计的主要理论和方法

序　号	理论和方法	序　号	理论和方法	序　号	理论和方法
1	设计方法学	9	绿色设计	17	三次设计
2	优化设计	10	模块化设计	18	人机工程
3	可靠性设计	11	相似设计	19	健壮设计
4	计算机辅助设计	12	虚拟设计	20	精度设计
5	动态设计	13	疲劳设计	21	工程遗传算法
6	有限元法	14	智能工程	22	设计专家系统
7	反求工程设计	15	价值工程	23	摩擦学设计
8	工业艺术造型设计	16	并行设计	24	人工神经元计算方法等

现代设计理论和方法的内容众多且丰富，它们是由既相对独立又有机联系的“十一论”方法学构成的，即功能论（可靠性为主体）、优化论、离散论、对应论、艺术论、系统论、信息论、控制论、突变论、智能论和模糊论。这“十一论”方法学如下：

① 信息论方法学（信号处理是现代设计的依据）；

② 功能论方法学（功能实现是现代设计的宗旨）；

③ 系统论方法学（系统分析是现代设计的前提）；

④ 突变论方法学（突变创造是现代设计的基石）；

⑤ 智能论方法学（智能运用是现代设计的核心）；

⑥ 优化论方法学（广义优化是现代设计的目标）；

⑦ 对应论方法学（相似模糊是现代设计的捷径）；

⑧ 控制论方法学（动态分析是现代设计的深化）；

⑨ 离散论方法学（离散处理是现代设计的细解）；

⑩ 艺术论方法学（悦心宜人是现代设计的美感）；

⑪ 模糊论方法学（模糊定量是现代设计的发展）。

综上所述，现代设计理论和方法的种类繁多，但并不是第一件产品或一项工程的设计都需要采用全部的设计方法，也不是每个产品零件或电子元件的设计均能采用上述每一种方法。由于不同的产品有不同的特点，所以设计时常需综合运用上述设计方法。如突变论方法学中的各种创造性设计法，智能论方法学中的计算机辅助设计，优化论方法学中的优化设计法，信息论方法学中的预测技术法、信息处理技术，对应论方法学中的相似设计法、科学类比法、模拟设计法，艺术论方法学中的工业造型设计法、人机工程学，寿命论方法学中的价值工程与价值创新等，都是经常需要用到的。

1. 计算机辅助设计

(1) 概　述

计算机辅助设计(Computer Aided Design,CAD)技术是由信息技术(包括计算机、网络通信、数据管理等技术)和设计技术(包括工业设计、产品设计、生产过程设计等)密切结合而发展形成的一门高新技术,是现代设计理论与方法中的一个重要方面,也是我国一直大力推广的一项新技术。在制造业中,CAD 技术已经成为先进制造技术群中的一项主体关键技术。

所谓 CAD 技术,就是利用计算机的软硬件辅助设计人员对产品进行规划、分析计算、综合、模拟、评价、绘图和编写技术文件等设计活动,其特点是将设计人员的思维、综合分析和创造能力与计算机的高速运算、巨大数据存储和快速图形生成等能力很好地结合起来。这样,在工程设计和机械产品设计中,许多繁重的工作,例如,非常复杂的数学和力学计算、多种设计方案的提出、综合分析比较与优化、工程图样及生产管理信息的输出等,均可由计算机来完成;而设计人员则可对计算、处理的中间结果做出判断、修改,以便更有效地完成设计工作。因而 CAD 技术能极大地提高工程和机械产品的设计质量,减轻设计人员的劳动,缩短设计周期,降低产品成本,为开发新产品和新工艺创造有利的条件。

CAD 技术也是一门多学科综合应用的新技术,它涉及以下一些技术基础:

① 图形处理技术,如自动绘图、几何建模、图形仿真及其他图形输入、输出技术。

② 工程分析技术,如有限元分析、优化设计及面向各种专业的工程分析等。

③ 数据管理与数据交换技术,如数据库管理、产品数据管理、产品数据交换规范及接口技术等。

④ 文档处理技术,如文档制作、编辑及文字处理等。

⑤ 软件设计技术,如窗口界面设计、软件工具及软件工程规范等。

CAD 技术诞生于 20 世纪 50 年代后期,进入 20 世纪 60 年代后,随着计算机软硬件技术的发展,在计算机上绘图变得可行,CAD 开始迅速发展,人们希望能够借助此项技术来摆脱烦琐、费时、精度低的传统手工绘图。此时,CAD 技术的出发点是用传统的三视图方法来表达零件,以图纸为媒介进行技术交流,这就是二维计算机绘图技术。在 CAD 软件发展初期,CAD 的含义仅仅是计算机辅助绘图,而非现在我们经常讨论的 CAD 所包含的全部内容。从广义上说,CAD 技术包括二维工程绘图、三维几何设计、有限元分析、数控加工、仿真模拟、产品数据管理、网络数据库以及上述技术(CAD/CAE/CAM)的集成技术等。CAD 技术以二维绘图为主要目标的算法一直持续到 20 世纪 70 年代末,以后作为 CAD 技术的一个分支而相对独立、平稳地发展。进入 20 世纪 80 年代,工业界认识到 CAD/CAM 新技术对生产的巨大促进作用,于是在设计与制造方面对 CAD/CAM 销售商提出了各种各样的要求,导致新理论、新算法的大量涌现。在软件方面做到了将设计与制造的各种单个软件集成起来,使之不仅能绘制工程图形,而且能进行三维造型、自由曲面设计、有限元分析、机构及机器人分析与仿真、注塑模设计等各种工程应用。与此同时,计算机硬件及输入/输出设备也有了很大发展,32 位字长的工程工作站及微机达到了过去小型机性能,计算机网络也获得了广泛应用。

(2) CAD 系统的硬件与软件

1) CAD 系统的硬件

CAD 系统的硬件是指计算机系统中的全部可以感触到的物理装置,包括各种规模和结构的计算机、存储设备以及输入/输出设备等几部分。

计算机系统的核心是中央处理机(Central Processing Unit,CPU)、主存储器和总线结构,它们也被称为计算机系统的主机。CPU 由控制器和运算器两部分构成,其中,控制器负责解释指令的含义、控制指令的执行顺序、访问存储器等,运算器负责执行指令所规定的算术和逻辑运算。

主存储器简称主存或内存,是存放指令和数据的部件,与 CPU 关系密切,其优点是能够实现信息快速直接存取。为了能保存程序和数据信息,大多数计算机都配置了外部存储器,作为主存储器的后援。在主存储器中只存放当前需要执行的指令和需要处理的数据信息,而将暂时不需要执行的程序和数据信息存储到外部存储器中,在需要时再成批地与主存储器交换信息。外部存储器的存储容量可以很大,价格相对于主存储器也比较便宜,可以反复使用,但其缺点是存取速度较慢。目前常用的外部存储器包括磁带机、磁盘机以及近年来发展非常迅速的光盘存储器。

计算机及外部存储器通过输入/输出设备与外界沟通信息,输入/输出设备一般被称为计算机的外围设备。所谓输入,就是把外界的信息变成计算机能够识别的电子脉冲,即由外围设备将数据送到计算机内存中。所谓输出,就是将输入过程反过来,将计算机内部编码的电子脉冲翻译成人们能够识别的字符或图形,即从计算机的内部将数据传送到外围设备。能够实现输入操作的装置被称为输入设备,CAD 系统所使用的输入设备主要包括键盘、光笔、图形输入板、数字化仪、鼠标器、扫描仪以及声音输入装置等;能够实现输出操作的装置被称为输出设备,CAD 系统所使用的输出设备主要包括字符显示器、图形显示器、打印机、绘图仪等。

图 8－2 所示为 CAD 系统硬件的基本配置,包括计算机主机和图形输入/输出设备。

图 8－2　CAD 系统硬件的基本配置

2) CAD 系统的软件

软件亦称软设备,是指管理及运用计算机的全部技术,一般用程序或指令来表示。从软件配置的角度来说,CAD 系统的软件分为系统软件和应用软件两大类。系统软件一般是由系统软件开发公司的软件专业人员负责研制开发,对于一般用户,主要关心应用软件的选用和开发即可。

目前,在 CAD 作业中,常用的绘图软件主要有 AutoCAD。

2. 可靠性设计

可靠性设计(Reliability Design,RD)是种很重要的现代设计方法,目前,这一设计方法已在现代机电产品的设计中得到广泛应用。它在提高产品的设计水平和质量,降低产品的成本,保证产品的可靠性、安全性等方面起着极其重要的作用。

可靠性设计是可靠性学科的一个重要分支,面对可靠性学科的系统研究是从1952年开始的。在第二次世界大战期间,美国的通信设备、航空设备、水声设备都有相当数量发生失效而不能使用的情况。因此,美国开始研究电子元件和系统的可靠性问题。另外,美国国防部研究与发展局还于1952年成立了一个所谓的“电子设备可靠性顾问团咨询组”,即AGREE(Advisory Group on Reliability of Electronic Equipment),对战争中使用的电子产品从设计、试制、生产到实验、保存、运输、使用等方面的可靠性作了全面的调查和研究,并于1957年提出了“电子设备可靠性报告”,即AGREE报告。该报告全面地总结了电子设备失效的原因与情况,提出了一套比较完整的评价产品可靠性的理论与方法。AGREE报告从而为可靠性科学的发展奠定了理论基础。在第二次世界大战中,由于研究V-火箭的需要,德国也开始进行可靠性工程的研究。

可靠性是产品质量的重要指标,它标志着产品不会丧失工作能力的可靠程度。

可靠性的定义:产品在规定的条件下和规定的时间内,完成规定功能的能力。它包含四个要素:研究对象、规定的条件、规定的时间和规定的功能。

在产品可靠性的设计、制造、实验和管理等多个阶段中都需要“量”的概念。因此,对可靠性进行量化是非常必要的,这就提出了可靠性设计的常用指标,或称可靠性特征量。

可靠度是指产品在规定的条件下和规定的时间内,完成规定功能的概率。可靠度通常用字母 R 表示。考虑到它是时间 t 的函数,故也记为 $R(t)$,称为可靠度函数。

设有 N 个相同的产品在相同的条件下工作,到任一给定的工作时间 t 时,累积有 $n(t)$ 个产品失效,其余 $N-n(t)$ 个产品仍能正常工作,那么该产品到时间 t 的可靠度的估计值为

$$R(t)=\frac{N-n(t)}{N} \tag{8-15}$$

其中,$R(t)$ 也称存活率。当 $N\to\infty$ 时,$\lim\limits_{N\to\infty}R(t)=R(t)$,即为该产品的可靠度。

由于可靠度表示的是一个概率,所以 $R(t)$ 的取值范围为

$$0\leqslant R(t)\leqslant 1$$

可靠度是评价产品可靠性的最重要的定量指标之一。

3. 优化设计

优化设计(Optimal Design,OD)是20世纪60年代随着计算机的广泛使用而迅速发展起来的一种现代设计方法。它是最优化技术和计算机技术在计算领域中应用的结果。优化设计能为工程及产品设计提供一种重要的科学设计方法,使得在解决复杂设计问题时,能从众多的设计方案中寻得尽可能完善的或最适宜的设计方案,因而采用这种设计方法能大大提高设计质量和设计效率。

目前,优化设计方法在机械、电子电气、化工、纺织、冶金、石油、航空航天、航海、道路交通及建筑等设计领域都得到了广泛的应用,而且取得了显著的技术和经济效果。特别是在机械设计中,对于机构、零件、部件、工艺设备等的基本参数,以及一个分系统的设计,都有许多优化设计方法取得良好经济效果的实例。实践证明,在机械设计中采用优化设计方法,不仅可以减轻机械设备自重,降低材料消耗与制造成本,而且可以提高产品的质量与工作性能,同时还能大大缩短产品设计周期。因此,优化设计已成为现代设计理论和方法中的一个重要领域,并且

愈来愈受到广大设计人员和工程技术人员的重视。

所谓优化设计，就是借助最优化数值计算方法和计算机技术来求取工程问题的最优设计方案。进行最优化设计时，首先必须将实际问题加以数学描述，形成一组由数学表达式组成的数学模型；然后选择一种最优化数值计算方法和计算机程序，在计算机上运算求解，得到一组最佳的设计参数，这组设计参数就是设计的最优解。

优化设计过程一般分为如下四步：

① 设计课题分析：首先确定设计目标，它可以是单项指标，也可以是多项设计指标的组合。从技术经济观点出发，就机械设计而言，机器的运动学和动力学性能、体积与质量、效率、成本、可靠性等，都可以作为设计所追求的目标，然后分析设计应满足的要求，主要有：某些参数的取值范围；某种设计性能或指标按设计规范推导出的技术性能；工艺条件对设计参数的限制等。

② 建立数学模型：将实际设计问题用数学方程的形式予以全面、准确地描述，其中包括确定设计变量，即哪些设计参与优选；构造目标函数，即评价设计方案优劣的设计指标；选择约束函数，即把设计应满足的各类条件以等式或不等式的形式表达。建立数学模型要做到准确、齐全这两点，即必须严格地按各种规范作出相应的数学描述，必须把设计应考虑的各种因素全部包括进去，这对于整个优化设计的效果来说是至关重要的。

③ 选择优化方法：根据数学模型的函数性态、设计精度要求等选择使用的优化方法，并编制出相应的计算机程序。

④ 上机计算择优：将所编程序及有关数据输入计算机，进行运算，求解得最优值，然后对所算结果作出分析判断，得到设计问题的最优设计方案。

上述步骤的核心是进行如下两项工作：一是分析设计任务，将实际问题转化为一个最优化问题，即建立优化问题的数学模型；二是选用适用的优化方法在计算机上求解数学模型，寻求最优设计方案。

4. 有限单元法

有限单元法(Finite Element Method, FEM)是力学、数学、物理学、计算方法、计算机技术等多种学科综合发展和结合的产物。在人类研究自然界的三大科学研究方法(理论分析、科学实验、科学计算)中，对大多数新型领域来说，由于科学理论和科学实验的局限性，科学计算已成为一种重要的研究手段。在大多数工程研究领域，有限单元法是进行科学计算的极为重要的方法之一。利用有限单元法几乎可以对任意复杂的工程结构进行分析，获取结构的各种机械性能信息，对工程结构进行评判，对工程事故进行分析。

人们对各种力学问题进行分析、求解，其方法归结起来可分为解析法(analytical method)和数值法(numeric method)。如果给定一个问题，通过一定的推导可以用具体的表达式来获得问题的解答，这样的求解方法就称为解析法。但是，由于实际物体的复杂性，除了少数非常简单的问题外，绝大多数科学研究和工程计算问题用解析法求解是非常困难的。因此，数值法求解成为一种不可替代的广泛应用的方法，并得到了不断发展。

目前，在工程技术领域常用的数值计算方法有：有限单元法、有限差分法、边界元法、离散单元法等。其中，有限单元法应用最为广泛，在工程计算领域中得到了广泛的应用。有限单元法是 20 世纪中期，伴随着计算机技术的发展而迅速发展起来的一种数值分析方法，其数学逻辑严谨，物理概念清晰，能灵活处理和求解各种复杂问题，采用矩阵形式表达基本公式，便于计算机编程，且应用非常广泛。这些优点赋予了它强大的生命力。

有限单元法的实质是将复杂的连续体划分为有限多个简单的单元体(见图 8-3),化无限自由度问题为有限自由度问题,将连续场函数的(偏)微分方程的求解问题转化为有限个参数的代数方程组的求解问题。用有限单元法分析工程结构问题时,将一个理想体离散化后,如何保证其数值解的收敛性和稳定性是有限单元理论讨论的主要内容之一,而数值解的收敛性与单元的划分及单元形状有关。在求解过程中,通常以位移为基本变量,使用虚位移原理或最小势能原理来求解。

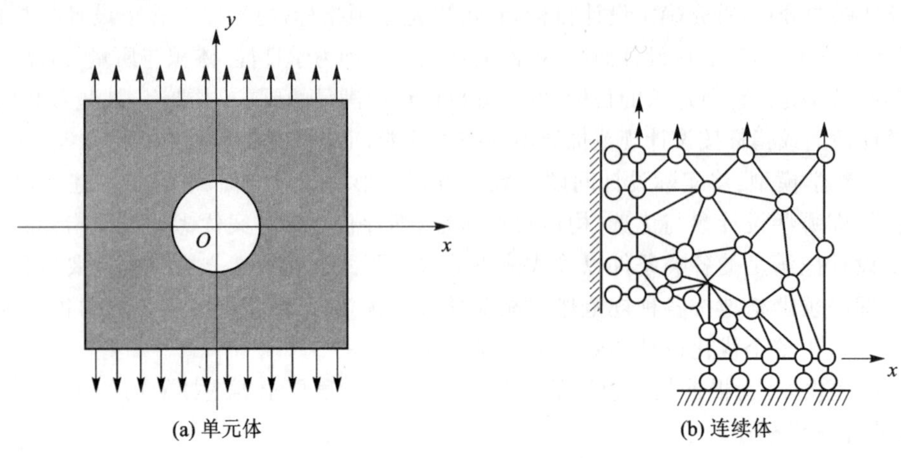

图 8-3 单元划分示意图

有限单元法的基本思想是先化整为零,再集零为整,也就是把一个连续体人为地分割成有限个单元,即把一个结构看成由若干通过结点相连的单元组成的整体,先进行单元分析,然后再把这些单元组合起来代表原来的结构进行整体分析。从数学的角度来看,有限单元法是将一个偏微分方程化成一个代数方程组,利用计算机求解。由于有限单元法采用的是矩阵算法,故借助计算机这个工具可以快速地计算出结果。

有限单元软件可以分为通用软件和专用软件两类。通用软件适应性广,规格规范,输入方法简单,有比较成熟齐全的单元库,大多提供二次开发的接口,但即使是这样,对于一些比较专业的问题,尤其是处于研究阶段的问题,也往往显得无能为力。因此,针对某些特定领域、特定问题开发的专用软件,在解决某些专业问题时就显得更为有效。不管是通用软件还是专用软件,其分析过程都包括前处理、分析计算、后处理三个步骤。目前常用的有限元软件有:ANSYS、MARC、ABQUS、NASTRAN、ADINA、ALGOR、SAP、STRAND、FEPG 等。

练习思考题

8-1 机械零件设计准则有哪些?

8-2 简述 CAD 技术发展和应用的概况及其优越性。

8-3 CAD 系统的硬件和软件各是由哪些部分组成的?

8-4 何为产品的可靠性?何为可靠度?如何计算可靠度?

8-5 何为优化设计?其设计步骤有哪些?

8-6 试说明有限单元法解题的主要步骤。

第三篇　液压传动

第9章　液压传动基本知识

液压传动是基于流体力学帕斯卡原理，利用液体的压力能进行能量传递和控制的传动方式。它利用各种元件组成具有所需功能的基本回路，再由若干基本回路有机组合成传动和控制系统，实现能量的转换、传递和控制。液压传动技术的突出优点使其在各行各业的应用相当普遍。随着科学技术（特别是控制技术和计算机技术）的迅猛发展，液压技术的应用空间更加广泛。

9.1　液压传动的工作原理和组成

9.1.1　液压传动系统的工作原理

1. 传动形式分类

完整的机器主要由三部分组成，即原动机、传动机构和工作机。原动机包括电动机、内燃机等。工作机是完成工作任务的直接部分，如挖掘机的铲斗、斗臂、回转平台等。为适应工作机的工作力和工作速度变化反应较宽以及其他操作性能（如停止、换向等）要求，在原动机和工作机之间设置了传动装置（或称传动机构）。

传动机构通常分为机械传动、电气传动和流体传动，如图9-1所示，其中流体传动的分类如图9-2所示。

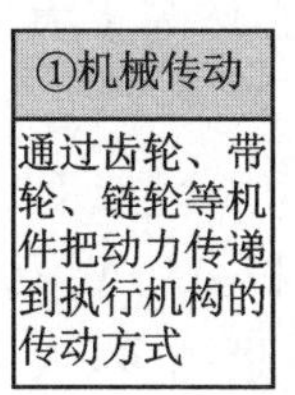

图9-1　传动机构分类

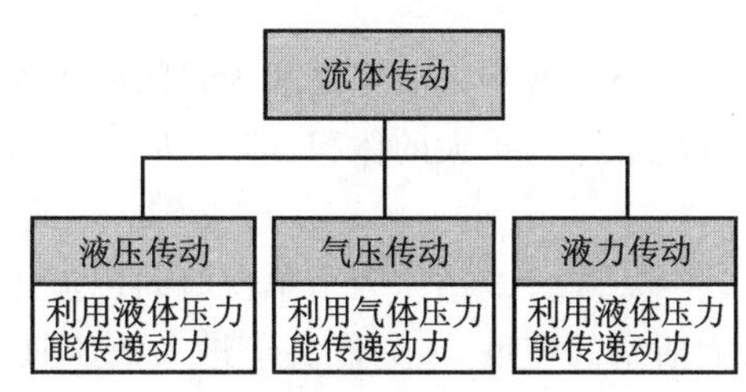

图9-2　流体传动分类

2. 液压传动的工作原理

图9-3(a)所示为液压千斤顶的工作原理图,其动作过程可以采用对应的工作状态展开图表示,如图9-3(b)和图9-3(c)所示。

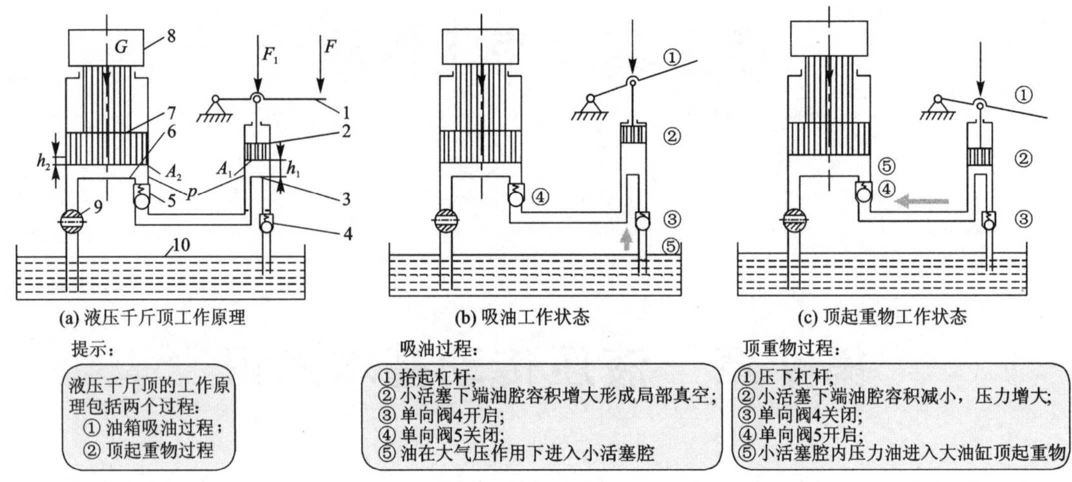

G
8
F1
F
1
7
6
2
h2
A2
A1
h1
p
5
3
9
4
10
(a) 液压千斤顶工作原理
提示:
液压千斤顶的工作原理包括两个过程:
① 油箱吸油过程;
② 顶起重物过程
①
②
④
③
⑤
(b) 吸油工作状态
吸油过程:
①抬起杠杆;
②小活塞下端油腔容积增大形成局部真空;
③单向阀4开启;
④单向阀5关闭;
⑤油在大气压作用下进入小活塞腔
①
②
⑤
④
③
(c) 顶起重物工作状态
顶重物过程:
①压下杠杆;
②小活塞下端油腔容积减小,压力增大;
③单向阀4关闭;
④单向阀5开启;
⑤小活塞腔内压力油进入大油缸顶起重物

1—杠杆;2—小活塞;3—小油缸;4,5—单向阀;6—大油缸;7—大活塞;8—重物;9—截止阀;10—油箱

图9-3 液压千斤顶

下面以图9-3所示的液压千斤顶为例,分析两活塞之间的力关系、运动关系和功率关系,说明液压传动的基本特征。

(1) 力的关系

当大活塞上有重物负载时,其下腔的油液将产生一定的液体压力 p,即

$$p=G/A_2 \tag{9-1}$$

在千斤顶工作中,在小活塞到大活塞之间形成了封闭的工作容积,依帕斯卡原理"在密闭容器内,施加于静止液体上的压力将以等值同时传递到液体各点",因此,要顶起重物,在小活塞下腔就必须产生一个等值的压力 p,即小活塞上施加的力为

$$F_1=pA_1=GA_1/A_2 \tag{9-2}$$

可见,在活塞面积 A_1、A_2 一定的情况下,液体压力 p 取决于举升的重物负载,而手动泵上的力 F_1 取决于压力 p。所以,被举升的重物负载越大,液体压力 p 越高,手动泵上所需的作用力 F_1 也就越大;反之,如果空载工作,且不计摩擦力,则液体压力 p 和手动泵上的作用力 F_1 都为零。液压传动这一特征可以简略地表述为"压力取决于负载"。

(2) 运动关系

由于小活塞到大活塞之间为封闭的工作容积,小活塞向下压出油液体积必然等于大活塞向上升起缸体内扩大的体积,即 $A_1h_1=A_2h_2$,两端同除以活塞移动时间 t 得

$$v_1A_1=v_2A_2 \quad 或 \quad v_2=v_1A_1/A_2=q/A_2 \tag{9-3}$$

其中,$q=v_1A_1=v_2A_2$,表示单位时间内流体流过某截面的体积。由于活塞面积 A_1、A_2 已定,所以大活塞的速度 v_2 只取决于进入液压缸的流量 q。这样,进入液压缸的流量越多,大活塞移动的速度 v_2 也就越高。液压传动这一特征可以简略地表述为"速度取决于流量"。

必须指出,以上两个特征是独立存在的,互不影响。不管液压千斤顶的负载如何变化,只

要供给的流量一定，活塞推动负载上升的运动速度就一定；同样，不管液压缸移动速度怎样，只要负载一定，推动负载所需的液体压力就确定不变。

(3) 功率关系

若不考虑各种能量损失，则手动泵的输入功率等于液压缸的输出功率，即

$$F_1 v_1 = G v_2 \quad 或 \quad P = p v_1 A_1 = p v_2 A_2 = pq \tag{9-4}$$

可见，液压传动的功率 P 可以用液体压力 p 和流量 q 的乘积来表示，压力 p 和流量 q 是液压传动中最基本、最重要的两个参数。

综上所述，液压传动的基本特征可以归纳为：以液体为工作介质，依靠处于密闭工作容积的液体压力能传递能量；压力的高低取决于负载；负载速度的传递是按容积变化相等的原则进行的，速度的大小取决于流量；压力和流量是液压传动中最基本、最重要的两个参数。

9.1.2 液压传动系统的组成

图 9-4 所示为机床工作台的液压传动系统，它由液压泵、溢流阀、节流阀、换向阀、液压缸、油箱及连接管道等组成。电动机带动液压泵 3 工作，将油箱 1 中的油液经过滤器 2 吸入液压泵 3，由液压泵输出压力油。工作台 10 的移动速度由节流阀 6 来调节，当节流阀开大时，进入液压缸 9 的油液增多，工作台的移动速度增大；反之，工作台的移动速度减小。液压泵 3 输出的压力油除了进入节流阀 6 以外，其余的则打开溢流阀 4 流回油箱。

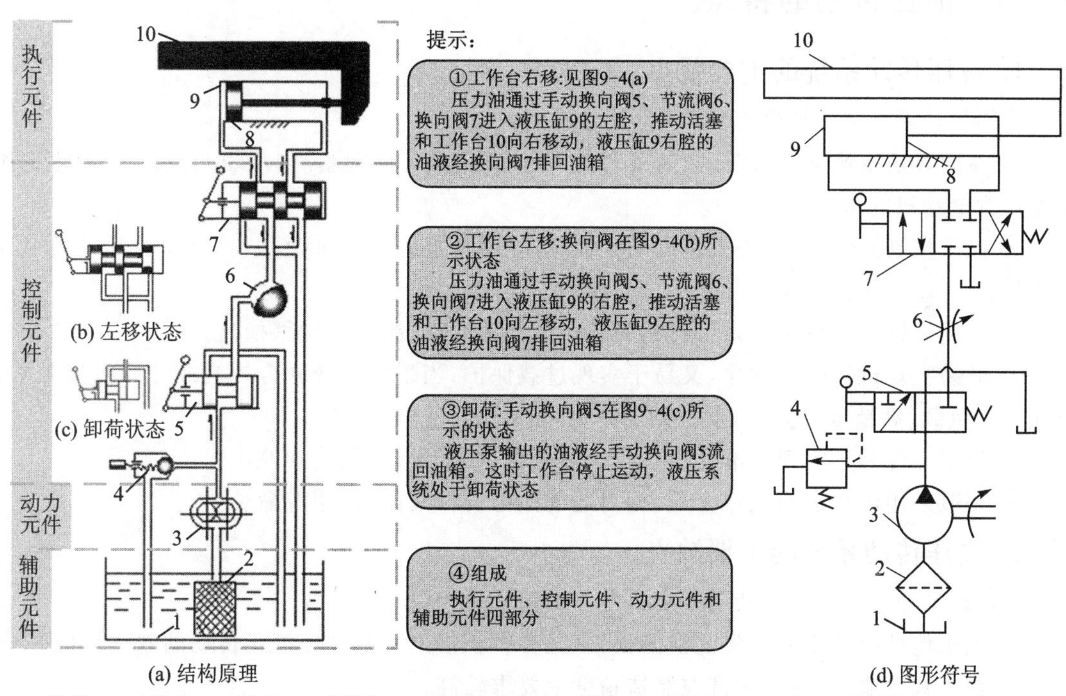

执行元件
控制元件
动力元件
辅助元件
(b) 左移状态
(c) 卸荷状态
提示：
①工作台右移：见图9-4(a)
压力油通过手动换向阀5、节流阀6、换向阀7进入液压缸9的左腔，推动活塞和工作台10向右移动，液压缸9右腔的油液经换向阀7排回油箱
②工作台左移：换向阀在图9-4(b)所示状态
压力油通过手动换向阀5、节流阀6、换向阀7进入液压缸9的右腔，推动活塞和工作台10向左移动，液压缸9左腔的油液经换向阀7排回油箱
③卸荷：手动换向阀5在图9-4(c)所示的状态
液压泵输出的油液经手动换向阀5流回油箱。这时工作台停止运动，液压系统处于卸荷状态
④组成
执行元件、控制元件、动力元件和辅助元件四部分
(a) 结构原理
(d) 图形符号

1—油箱；2—过滤器；3—液压泵；4—溢流阀；5—手动换向阀；6—节流阀；7—换向阀；8—活塞；9—液压缸；10—工作台

图 9-4　机床工作台的液压传动系统

图 9-4(a)所示的机床工作台液压系统结构原理图是一种半结构式的工作原理图，它直观且易于理解，但难绘制。在实际工作中，一般都采用国标 GB/T 786.1—2009 所规定的液压与气动图形符号来绘制，如图 9-4(d)所示。图形符号表示元件的功能，只反映各元件在油路

连接上的相互关系,不反映其空间安装位置;只反映静止位置或初始位置的工作状态,不反映其过渡过程。用图形符号表示的液压系统图既便于绘制,又可使液压系统简单明了。

由上例可见,一个完整的、能正常工作的液压系统,应该由动力元件、执行元件、控制元件和辅助元件四部分组成,如图 9-5 所示。

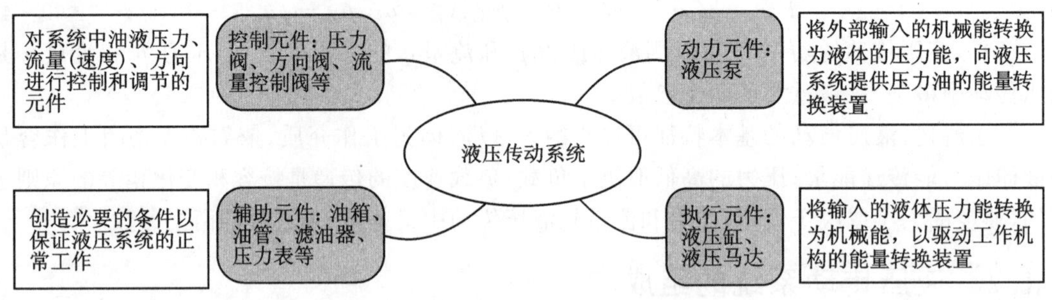

图 9-5 液压传动系统的组成及作用

9.2 液压传动的特点及控制方式

9.2.1 液压传动的特点

1. 液压传动系统的主要优点

液压传动系统的主要优点如下:

① 在同等功率情况下,液压执行元件体积小、质量小、结构紧凑,液压马达的外形尺寸和质量仅为电动机的 12%。

② 操纵控制方便,可实现大范围的无级调速(调速范围达 2 000:1),且可在运行过程中进行调速。

③ 液压装置工作较平稳,反应快,易于实现快速启动、制动和频繁换向。

④ 既易实现机器的自动化,又易于实现过载保护,当采用电液联合控制或计算机控制后,可实现大负载、高精度、远程自动控制。

⑤ 液压元件易于实现标准化、系列化、通用化,便于设计、制造和使用。

⑥ 一般采用矿物油为工作介质,相对运动面可自行润滑,使用寿命长。

2. 液压传动系统的主要缺点

液压传动系统的主要缺点如下:

① 液压传动中的主要损失是泄漏损失(又称容积损失),漏油使液压传动的效率较低。

② 为了减少泄漏,液压元件在制造精度上要求较高。

③ 工作性能易受温度变化影响,因此不宜在很高或很低的温度条件下工作。

④ 由于液压油的可压缩和泄漏,液压传动不能保证严格的传动比,不适于做定比传动。

9.2.2 液压传动的控制方式

所谓液压传动的“控制方式”,有两种不同的含义:一种是对传动部分的操纵调节方式;另

一种是指控制部分本身的结构组成。

液压传动的操纵调节方式大概归为手动式、半自动式和全自动式三种。凡需由人拨动手柄或按下按钮才能使系统实现其动作或状态的，便是手动式；凡由人启动后系统的各个动作或状态都能在机械的、电气的、电子的或其他机构操纵下顺序地实现出来，并在全部工作完成后自动停机的，便是半自动式；如果连启动这一步也不需人参与，那么它便是全自动式。

液压系统中控制部分的结构组成形式有开环式和闭环式两种，它们的概念和定义与“控制理论”中的描述完全相同。图 9-6(a)所示为一种液压系统开环控制框图，图中所示的节流阀预先调节好，工作过程不再调节。开环控制的质量受工作条件(如油温、负载等)变化的影响很大，严重时甚至无法达到既定的目标；图 9-6(b)所示为一种液压系统闭环控制框图，伺服阀通过杠杆反馈的油缸位移信号自动调节阀口大小和通断。闭环控制的质量受工作条件(如油温、负载等)变化的影响较小，可以进行精确控制。

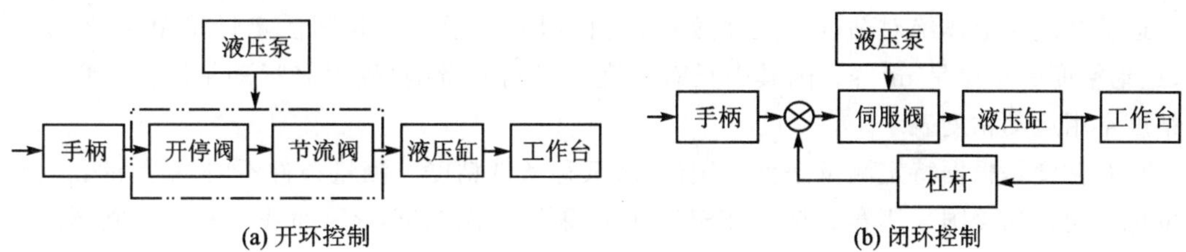

图 9-6　液压系统控制框图

9.3　液压液的特性和选择

9.3.1　液压液的特性

1. 密　度

物体维持原有运动(或者相对静止)状态的性质叫作惯性，表征惯性的物理量是质量，液体单位体积的质量称为密度，以 ρ 表示，即

$$\rho = m/V \tag{9-5}$$

式中：m 为液体的质量；V 为液体的体积。

液体的密度随压力和温度的变化而变化，即随压力的增加而加大，随温度的升高而减少。在一般情况下，由压力和温度引起的变化都比较小，在实际使用中油液的密度可近似地视为常数。

2. 可压缩性

液体受压力作用而发生体积变化的性质称为液体的可压缩性。液体压缩性的大小通常以体积压缩率 κ 来度量。它表示当温度不变时，在单位压强变化下液体体积的相对变化量，即

$$\kappa = -1/\Delta p \times \Delta V/V \tag{9-6}$$

式中：V 为液体加压前的体积；ΔV 为加压后液体体积的变化量；Δp 为压强变化量。

体积压缩率 κ 的倒数称为液体的体积弹性模量，以 K 表示，液压油的体积弹性模量在 $(1.4\sim1.9)\times10^9\ \mathrm{N/m^2}$ 内。对液压系统来讲，由于压力变化引起的液体体积变化很小，故一般可认为液体是不可压缩的。但在液体中混有空气时，其压缩性显著增加，并将影响系统的工

作性能。在有动态特性要求或压力变化范围很大的高压系统中,应考虑液体压缩性的影响,并严格排除液体中混有的空气。

3. 黏　性

液体在外力作用下流动(或有流动趋势)时,液体分子间的内聚力要阻止分子间的相对运动而产生内摩擦力,液体的这种性质称为液体的黏性。液体只有在流动(或有流动趋势)下才会呈现出黏性,静止液体不呈现黏性。

度量黏性大小的物理量称为粘度。常用的粘度有绝对粘度(动力粘度)、运动粘度和相对粘度三种。绝对粘度是表征流动液体内摩擦力大小的,其值等于液体以单位速度梯度流动时,单位面积上的内摩擦力,即

$$\mu = \tau/(\mathrm{d}u/\mathrm{d}y) \tag{9-7}$$

式中:μ 为动力粘度;τ 为单位面积内摩擦力;$\mathrm{d}u/\mathrm{d}y$ 为速度梯度。

运动粘度是液体绝对粘度与其密度的比值,用 ν 表示。在我国法定计量单位及 SI 单位中,运动粘度的单位是 m^2/s。因其中只有长度和时间的量纲,故得名运动粘度。工程中液体的粘度常用运动粘度表示。

相对粘度是根据特定测量条件制定的,故又称条件粘度。测量条件不同,采用的相对粘度单位也不同。如美国采用赛式粘度(SSU)、英国采用雷氏粘度(R),而我国和其他欧洲国家采用恩式粘度(°E)。

液体的粘度随压力的变化而变化。对常用液压油而言,压力增大,粘度增大,但在一般液压系统使用的压力范围内,压力对粘度的影响很小,可以忽略不计。液体的粘度随其温度升高而降低,这种粘度随温度变化的特性称为粘温特性。

9.3.2　液压液的选择

1. 对液压液的要求

不同工作机械、不同的使用情况对液压液的要求有很大的不同,为了更好地传递运动和动力,液压系统使用的液压液应具备如下性能:

① 合适的粘度,$\nu=(11.5\sim41.3)\times10^{-6}\ m^2/s$,较好的粘温特性。

② 润滑性能好。

③ 质地纯净,杂质少。

④ 对金属和密封有良好的相容性。

⑤ 对热、氧化、水解和剪切都有良好的稳定性。当温度低于 57 ℃时,油液的氧化进程缓慢,之后,温度每增加 10 ℃,氧化的程度就增加一倍,所以控制好液压液的温度特别重要。

⑥ 抗泡沫性好,抗乳化性好,腐蚀性小,防锈性好。

⑦ 体积膨胀系数小,比热容大。

⑧ 流动点和凝固点低,闪点(明火能使油面上油蒸汽闪燃,但油本身不燃烧时的温度)和燃点高。

⑨ 对人体无害,成本低。

2. 液压液的种类

液压传动介质按照 GB/T 7631.2—2003(等效采用 ISO 6743/4)进行分类,主要有石油基

液压油和难燃液压液两大类。

(1) 石油基液压油

石油基液压油有如下几种：

① L－HL 液压油(又名普通液压油)，是当前我国供需量最大的品种，用于一般液压系统，但只适于 0 ℃以上的工作环境。

② L－HM 液压油(又名抗磨液压油，M 代表抗磨型)，适用于－15 ℃以上的高压、高速工程机械和车辆液压系统。

③ L－HG 液压油(又名高级抗磨液压油、液压导轨油)，适用于液压和导轨合用系统的润滑。

④ L－HV 液压油(又名低温液压油、稠化液压油、高粘度指数液压油)，适用于低温地区的户外高压系统及数控精密机床液压系统。

⑤ 其他专用液压油，如航空液压油(红油)、炮用液压油、舰用液压油等。

(2) 难燃液压液

难燃液压液可分为合成型、油水乳化型和高水基型三大类。

1) 合成型抗燃工作液

① 水-乙二醇抗燃液压液(L－HFC 液压液)，其优点是凝点低(－50 ℃)，有一定的黏性，抗燃，适用于要求防火的液压系统，使用温度范围为－18～65 ℃；其缺点是价格高，润滑性差，只能用于中等压力(20 MPa 以下)。

② 磷酸酯液(L－HFDR 液压液)，其优点是：使用的温度范围宽(－54～135 ℃)，抗燃性好，抗氧化安定性和润滑性都很好；其缺点是价格昂贵，有毒性，与多种密封材料(如丁腈橡胶)的相容性很差。

2) 油水乳化型抗燃工作液(L－HFB、L－HFAE 液压液)

油水乳化型抗燃工作液(简称油水乳化液)是指互不相融的油和水，使其中的一种液体以极小的液滴均匀地分散在另一种液体中所形成的抗燃液体，分为水包油乳化液和油包水乳化液两大类。

3) 高水基型抗燃工作液(L－HFAS 液压液)

这种工作液不是油水乳化液，其主体为水，占 95%，其余 5% 为各种添加剂。其优点是成本低，抗燃性好，不污染环境；其缺点是粘度低，润滑性差。

3. 液压液选用原则与步骤

液压液的选择要综合考虑系统工作环境、工作条件、液压液品质和经济性等因素，其选择主要考虑品种和粘度两方面，其中最重要的是液压液的粘度。粘度太大，液流的压力损失和发热大，使系统效率下降；粘度太小，泄漏增大也影响效率。因此，应选择使系统能正常、高效和可靠工作的液压液粘度。

液压泵在液压系统的所有元件中的工作条件最为严峻，一般根据液压泵的要求确定液压液的粘度。此外，液压液的选择还需考虑环境温度、系统工作压力、执行元件运动类型和速度以及泄漏量等因素。当环境温度高、压力高、泄漏量大，而执行元件运动速度不高时，宜采用粘度较高的液压液，以减少系统泄漏；当环境温度低、压力低，而执行元件运动速度较高时，宜采用粘度较低的液压液，以减少液流的功率损失。液压液的选择通常经历下述四个步骤：

① 列出液压系统对液压液以下性能变化范围的要求：粘度、密度、体积模量、饱和蒸气压、

空气溶解度、温度界限、压力界限、阻燃性、润滑性、相容性、污染性等。

② 查阅产品说明书,选出符合或基本符合上述各项要求的液压液品种。

③ 进行综合权衡,调整各方面的要求和参数。

④ 与供货厂商联系,决定所采用的合适液压液。

9.4 液压传动在机械中的应用

机械工业各部门使用液压传动的出发点不尽相同:有的是利用它在传递动力上的长处,如工程机械、压力机械和航空工业。采用液压传动的主要原因是:取其结构简单、体积小、质量小、输出功率大;有的是利用它在操纵控制上的优点,如在机床上采用液压传动是因为其能在工作工程中实现无极变速、易于实现频繁换向、易于实现自动化等。此外,不同精度要求的主机也会选用不同控制形式的液压传动装置。液压传动在各类机械行业中的应用实例如表 9 - 1 所列。

表 9 - 1　液压传动在各类机械行业中的应用实例

行业名称	应用场所举例
工程机械	挖掘机、装载机、推土机、沥青混凝土摊铺机、压路机、铲运机等
起重运输机械	汽车起重机、港口龙门起重机、叉车、装卸机械、带式输送机等
矿山机械	凿岩机、开掘机、开采机、破碎机、提升机、液压支架等
建筑机械	压桩机、液压千斤顶、平地机、混凝土输送泵车等
农业机械	联合收割机、拖拉机、农具悬挂系统等
冶金机械	高炉开铁口机、电炉炉顶及电极升降机、轧钢机、压力机等
轻工机械	打包机、注塑机、校直机、橡胶硫化机、造纸机等
机床工业	半自动车床、刨床、铣床、磨床、仿形加工机床、数控机床及加工中心等
汽车工业	自卸式汽车、平板车、高空作业车、汽车 ABS 系统、转向器、减振器等
智能机械	折臂式小汽车装卸器、数字式体育锻炼器、模拟驾驶舱、机器人等

9.5 工程应用案例——海洋绞车制动系统

下面通过分析海洋绞车制动系统工作原理来展现液压传动技术在工程中的现实运用。

1. 海洋绞车简介

海洋绞车是水面支持系统中关键的甲板机械装备,主要依托科学考察船、海洋资源勘探船、海洋工程辅助船、海底铺管船等母船,广泛地应用于水下拖曳系统(Underwater Towed System,UTS)、水下机器人(Remote Operated Vehicle,ROV)、海底深水硬件安装(Deepwater Installation of Subsea Hardware,DISH)、海洋钻探、海洋管道铺设、深海石油和天然气开发等海洋资源勘探与深海作业环境中。图 9 - 7(a)所示为湖南科技大学自主研发的海洋绞车外形。制动系统用来保证海洋绞车提升过程减速、停车以及使所吊重物悬停功能的实现,其液压系统结构图如图 9 - 7(b)所示。

制动器是应用于海洋绞车刹车系统的液压执行机构,海洋绞车的制动力由碟簧变形产生

(a) 海洋绞车外形

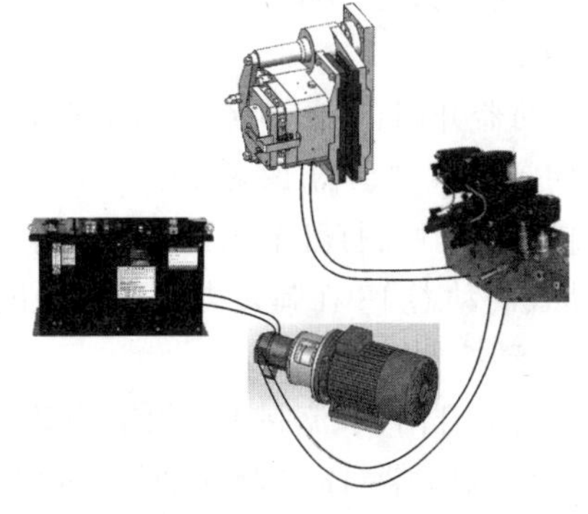

(b) 制动液压系统结构示意图

图 9-7 海洋绞车及其制动液压系统

的恢复力提供，并由液压系统提供松开制动器的推力。当海洋绞车启动时，液压站输出压力油松开制动器，海洋绞车开始工作；当工作制动时，液压站卸荷制动器在碟簧作用下以最大制动力在最短的时间内让海洋绞车停车。

2. 制动系统工作原理

海洋绞车制动系统的液压系统由电机、液压油泵、液压元件及液压附件等组成，为配套液压产品提供流量、压力稳定的液压油动力源；另外还配备手动泵，供停电或特殊情况下应急使用，其工作原理如图 9-8 所示。

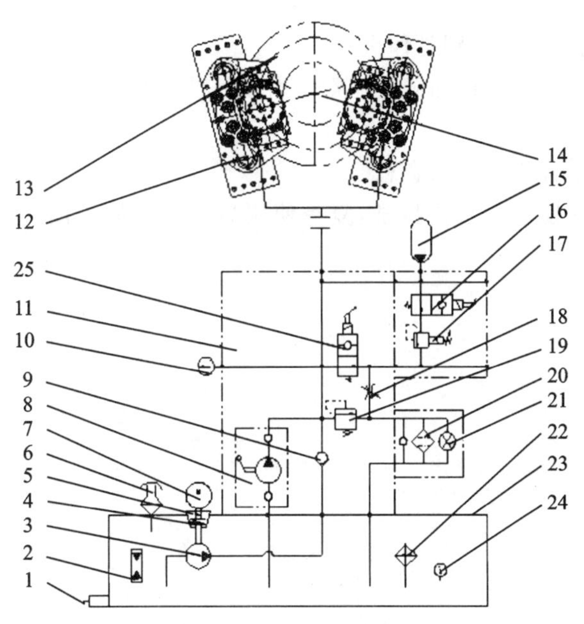

提示：

① 常闭浮动式制动器12的常态为关闭；

② 比例溢流阀17调定柔性制动时的回路背压；

③ 基于压力反馈的蓄能器保压节能回路，保压时间约2小时

1—螺塞；2—液位计；3—液压泵；4—联轴器；5—连接法兰；6—空气滤清器；7—三相异步电动机；8—手动泵；9—单向阀；10—压力表；11—油路集成板；12—常闭浮动式制动器；13—刹车盘；14—编码器；15—蓄能器；16、25—电磁换向阀；17—比例溢流阀；18—节流阀；19—安全阀；20—回油滤清器；21—污染发讯器；22—电加热器；23—油箱；24—电接点温度表

图 9-8 海洋绞车制动系统液压原理图

其工作可通过电动和手动控制两种方式实现:

(1) 手动控制

① 制动器开闸:关闭节流阀 18,操作手动泵 8,高压油进入常闭浮动式制动器 12 的制动油缸,常闭浮动式制动器 12 松开。

② 制动器闭闸:打开节流阀 18,常闭浮动式制动器 12 的制动油缸经节流阀 18 与油箱通,常闭浮动式制动器 12 在弹簧力作用下关闭。

(2) 电动控制

① 制动器开闸:节流阀 18 关闭,电磁换向阀 16 和 25 均得电。液压泵 3 输出的高压油进入常闭浮动式制动器 12 的制动油缸,常闭浮动式制动器 12 松开。当系统压力大于压力表 10 上限值时,由蓄能器 15 保压,三相异步电动机 7 停止运转;当系统压力小于电接点压力表 10 下限值时,三相异步电动机 7 再次运转。

② 制动器紧急闭闸:节流阀 18 关闭,电磁换向阀 25 失电,电磁换向阀 16 得电。常闭浮动式制动器 12 的制动油缸通过电磁换向阀 25 的下位与油箱通,常闭浮动式制动器 12 在弹簧力作用下关闭。

③ 制动器柔性闭闸:节流阀 18 关闭,电磁换向阀 25 得电,电磁换向阀 16 失电。常闭浮动式制动器 12 的制动油缸通过电磁换向阀 16 的左位,比例溢流阀 17 与油箱通,比例溢流阀 17 调定回路背压,常闭浮动式制动器 12 在弹簧力和液压力作用下缓慢关闭。

练习思考题

9-1　液体传动有哪两种形式?它们的主要区别是什么?

9-2　说明液压传动的工作原理,并指出液压传动装置通常是由哪几部分组成的。

9-3　液压传动的主要优缺点是什么?

9-4　液压传动中所用到的压力、流量各表示什么意思?

9-5　在有的机床说明书中规定,冬季使用一种液压油,夏季使用另外一种液压油,这是为什么?

第 10 章　液压元件

液压元件包括动力元件、执行元件、控制元件和辅助元件，认识这四大部件的作用、工作原理、结构特点等是开展和应用液压控制技术的前提。

10.1　液压泵

10.1.1　概　述

1. 液压泵的工作原理和类型

液压泵是液压系统的能源装置，它把输入系统的机械能转化为液体的压力能再输出，为液压系统中的执行元件提供动力。图 10－1 所示为单柱塞液压泵的工作原理图。柱塞 2 安装在缸体 3 内，靠间隙密封，柱塞、缸体和单向阀 4、5 形成密封工作容积 a。柱塞在弹簧的作用下始终压紧在偏心轮 1 上。原动机驱动偏心轮 1 旋转使柱塞 2 做往复运动，则密封容积 a 的大小发生周期性的交替变化。柱塞右移时，如图 10－1(a)所示，密封容积 a 由小变大时形成部分真空，油箱中的油液在大气压作用下，经吸油管顶开单向阀 4 进入 a 腔而实现吸油。此时，单向阀 5 封闭出油口，防止系统压力油回流。当柱塞左移时，如图 10－1(b)所示，密封容积 a 由大变小，已吸入的油液受到挤压，产生一定的压力，便顶开单向阀 5 中的钢球压入系统，实现排油。此时，单向阀 4 中的钢球在弹簧和油压的作用下，封闭吸油口，避免油液流回油箱。若偏心轮不停地转动，泵就不停地吸油和排油。

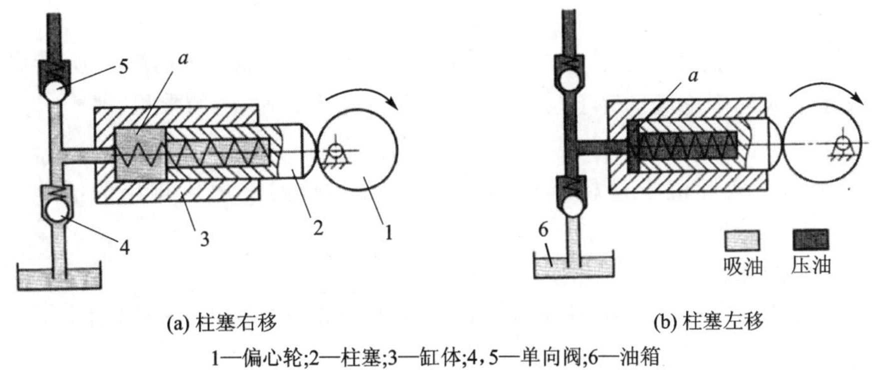

(a) 柱塞右移　　(b) 柱塞左移

1—偏心轮;2—柱塞;3—缸体;4，5—单向阀;6—油箱

图 10－1　单柱塞液压泵的工作原理图

由此可知，液压泵是靠密封容积的变化来实现吸油和排油的，其输出油量的多少取决于柱塞往复运动的次数和密封容积变化的大小，故液压泵又称为容积式泵。

通过以上分析可以得液压泵工作的基本条件，如下：

① 具有形成密封工作容积的结构。

② 密封工作容积能实现周期性的变化,密封工作容积由小变大时与吸油腔相通,由大变小时与排油腔相通。

③ 吸油腔与排油腔必须相互隔开。

容积式液压泵按其结构形式的不同,分为齿轮泵、叶片泵、柱塞泵等;按其工作压力的不同分为低压泵、中压泵、中高压泵和高压泵等;按其输出流量能否变化分为定量泵和变量泵;按其输出液流的方向能否改变分为单向泵和双向泵等。常用液压泵的图形符号如图 10-2 所示。

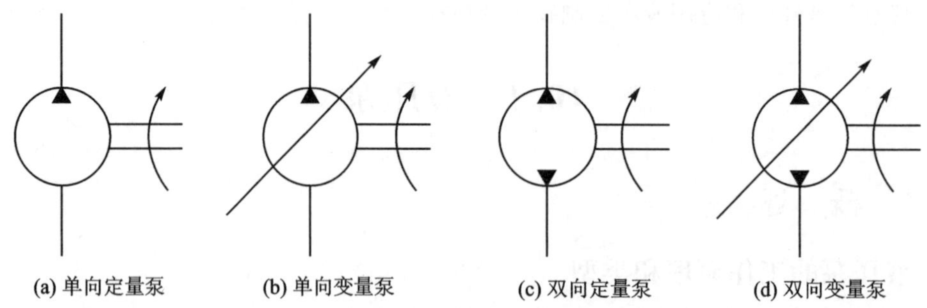

(a) 单向定量泵　(b) 单向变量泵　(c) 双向定量泵　(d) 双向变量泵

图 10-2　液压泵的图形符号

2. 液压泵基本参数

(1) 液压泵的压力

① 工作压力。液压液的工作压力是指泵实际工作时的压力。工作压力由系统负载决定。

② 额定压力。液压泵的额定压力是指根据试验标准规定的允许连续运转的最高压力。超过此值,将使泵过载。额定压力受泵本身的结构强度和泄漏的制约。

(2) 液压泵的排量和流量

① 排量。排量是指在不考虑泄漏的情况下,泵轴每转一周所排出的液体体积,用 V_p 表示,其常用单位是 mL/r。排量的数值由泵的密封容积几何尺寸的变化计算而得,又称几何排量。

② 理论流量。理论流量是指在不考虑泄漏的情况下,泵在单位时间内所排出的液体体积,用 q_{pt} 表示。泵的理论流量等于泵的排量 V_p 与其输入转速 n_p 的乘积,即

$$q_{pt} = V_p n_p \tag{10-1}$$

③ 实际流量。实际流量是指泵实际工作时,在单位时间内所排出的液体体积,用 q_p 表示。

(3) 液压泵的功率

液压泵输入的是转矩和转速,输出的是油液压力和流量。液压泵输出功率 P_{po} 和输入功率 P_{pi} 分别为

$$P_{po} = pq_p \tag{10-2}$$

$$P_{pi} = \omega_p T_{pi} = 2\pi n_p T_{pi} \tag{10-3}$$

式中:p 为泵的工作压力;n_p 为泵的输入转速;T_{pi} 为泵的实际输入转矩。

若忽略泵在能量转换过程中的损失,则输出功率等于输入功率,即理论功率 P_{pt} 为

$$P_{pt} = pq_{pt} = 2\pi n_p T_{pt} \tag{10-4}$$

式中:T_{pt} 为泵的理论输入转矩。

(4) 液压泵的功率效率

液压泵在能量转换过程中存在损失，造成输出功率总小于输入功率。两者之间的差值为功率损失，它分为容积损失和机械损失。

① 容积效率。容积损失是因内泄漏、气穴和高压下油液的压缩而造成的流量上的损失。衡量容积损失的指标是容积效率，它是泵的实际输出流量 q_p 与理论流量 q_{pt} 的比值，用 η_{pV} 表示。

② 机械效率。机械损失是因摩擦而造成的转矩上的损失。衡量机械损失的指标是机械效率，它是泵的理论扭矩 T_{pt} 与实际输入转矩 T_{pi} 的比值，用 η_{pm} 表示。

③ 总效率。衡量功率损失的指标是总效率，它是泵输出功率与输入功率的比值，用 η_p 表示，其值等于容积效率 η_{pV} 与机械效率 η_{pm} 的乘积。

10.1.2 液压泵的结构类型

1. 齿轮泵

齿轮泵是液压系统中广泛采用的一种液压泵，它一般做成定量泵。按其结构不同，齿轮泵分为外啮合齿轮泵和内啮合齿轮泵，而以外啮合齿轮泵应用最广。

(1) 外啮合齿轮泵的结构和工作原理

外啮合齿轮泵的结构如图 10-3 所示，主要由泵体 3、前泵盖 6、后泵盖 1、结构完全相同的一对齿轮 2、主动轴 8 等零件组成。宽度和泵体接近且互相啮合的一对齿轮 2 与前泵盖 6、后泵盖 1、泵体 3 形成一密封腔，并由齿轮的齿顶和啮合线把密封腔划分为两部分，即吸油腔和压油腔。两齿轮分别用键固定在由滚针轴承支承的主动轴和从动轴上，主动轴由电动机带动旋转。泵的前后盖与泵体由两个定位销 5 定位，用四只螺钉 10 固紧。

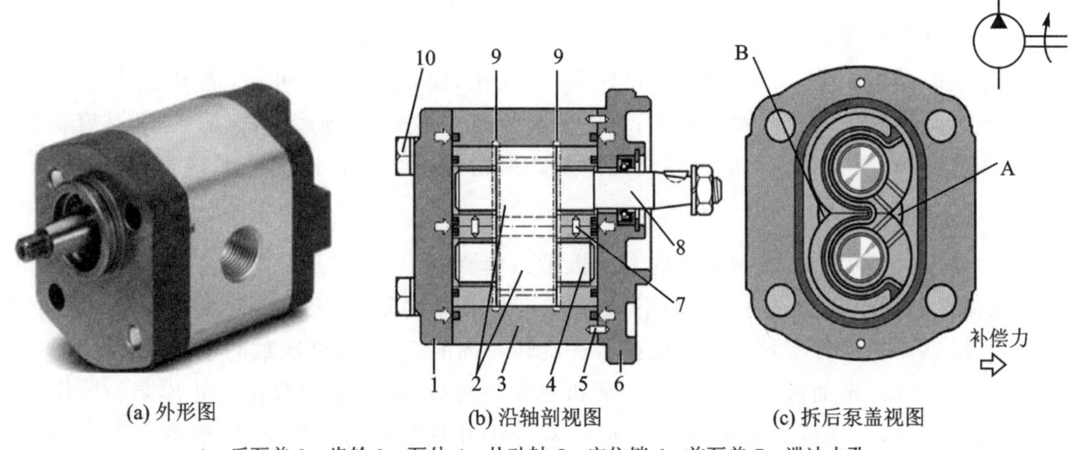

(a) 外形图 (b) 沿轴剖视图 (c) 拆后泵盖视图

1—后泵盖;2—齿轮;3—泵体;4—从动轴;5—定位销;6—前泵盖;7—泄油小孔;8—主动轴;9—轴向密封圈;10—螺钉;A—吸油腔;B—压油腔

图 10-3 外啮合型齿轮泵的结构图

当泵的主动齿轮由电动机带动不断旋转时，轮齿脱开啮合的一侧，由于密封容积变大，局部形成真空，从而不断地从油箱中吸油；轮齿进入啮合的一侧，由于密封容积减小、压力增大则不断向外排油，这就是齿轮泵的工作原理。其工作原理图如图 10-4 所示。

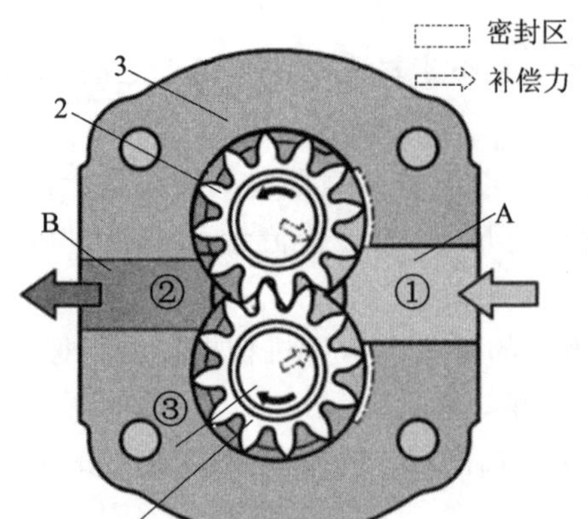
密封区
补偿力
3
2
B
A
②
①
③
1
① 齿轮脱开啮合，齿轮的轮齿退出齿间，密封容积增大，形成局部真空，油箱中的油液在大气压作用下经吸油管路、吸油腔进入齿间
② 轮齿时入啮合，使密封容积逐渐减小，齿轮间部分的液压油被挤出
③ 齿向接触线把吸油腔和压油腔分开，起配油作用

1，2—齿轮;3—泵体;A—吸油口;B—压油口

图 10-4　外啮合齿轮泵工作原理图

(2) 齿轮泵的型号和图形符号

齿轮泵是定量泵，我国自行设计制造的 CB 型齿轮泵的技术规格可参见有关液压手册。齿轮泵型号(原按工程单位制定)一般由元件类型和规格两部分组成，其型号意义如下：

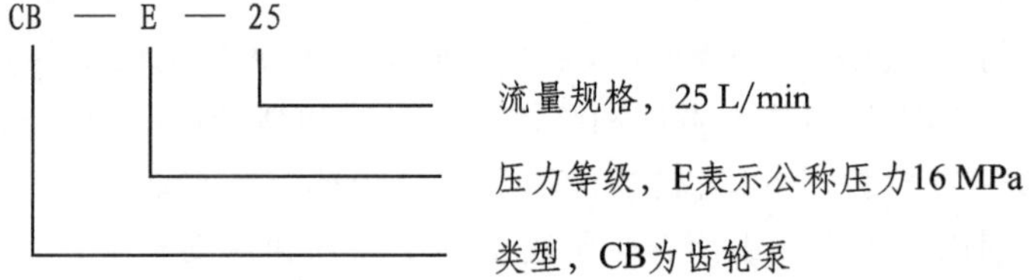
CB — E — 25
流量规格，25 L/min
压力等级，E表示公称压力16 MPa
类型，CB为齿轮泵

CB 型齿轮泵额定流量系列有 16 L/min、20 L/min、25 L/min、31.5 L/min 等几种。齿轮泵的图形符号如图 10-3(c)右上角所示，为单向定量泵符号。

(3) 齿轮泵的特点

齿轮泵的结构简单，易于制造，价格便宜；尺寸小，质量小；工作可靠，维护方便。但是，其流量和压力脉动较大，振动、噪声较大；有不平衡径向力作用，磨损严重，泄漏大，即其容积效率较低。因此，齿轮泵工作压力的提高受到限制。齿轮泵一般用于中、低压系统。

2. 叶片泵

叶片泵广泛应用于机械制造中的专用机床、自动线等中低液压系统中。叶片泵工作压力较高，且流量脉动小，工作平稳，噪声小，寿命长。但其结构复杂，吸油特性不太好，对油液的污染也比较敏感。根据各密封工作容积在转子旋转一周的吸、排油液次数的不同，叶片泵分为两类，即完成一次吸、排油液的单作用叶片泵和完成两次吸、排油液的双作用叶片泵。单作用叶片泵多为变量泵，工作压力最大为 7.0 MPa，双作用叶片泵均为定量泵，一般最大工作压力亦为 7.0 MPa。经结构改进的高压叶片泵最大的工作压力可达 16.0～21.0 MPa。

(1) 单作用叶片泵

单作用叶片泵的结构及工作原理如图 10-5 所示。单作用叶片泵由转子 1、定子 2、叶片 3 和端盖等组成。定子具有圆柱形内表面，定子和转子间有偏心距。单作用叶片泵的叶片数为奇数，以使流量均匀。在吸油腔和压油腔之间有一段封油区，把吸油腔和压油腔隔开。这种叶片泵的转子每转一周，每个工作空间就完成一次吸油和压油，因此称为单作用叶片泵。转子不

停地旋转，泵就不断地吸油和排油。

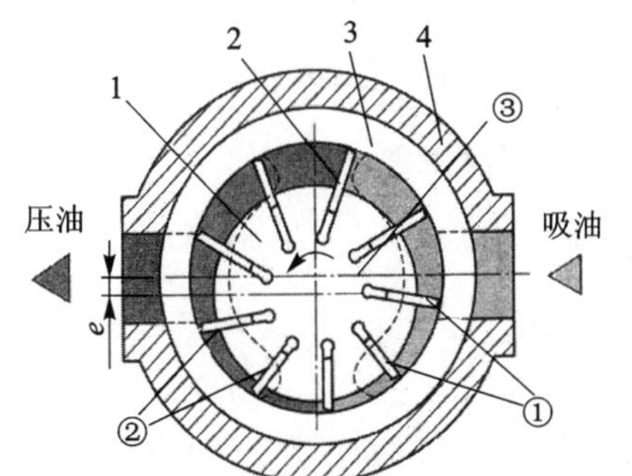

1
2
3
4
③
压油
吸油
e
②
①
① 叶片逐渐伸出，叶片间的工作空间逐渐增大，从吸油口吸油，这是吸油腔
② 叶片定子内壁逐渐压进槽内，工作空间逐渐缩小，将油液从压油口压出，这是压油腔
③ 通过改变偏心距来改变流量

1—转子;2—定子;3—叶片;4—泵体

图 10-5　单作用叶片泵的结构及工作原理

(2) 双作用叶片泵

双作用叶片泵的结构及工作原理如图 10-6 所示。该泵由驱动轴 1、定子 2、转子 3、叶片 4 和配油盘 5 等组成。转子和定子中心重合，定子内表面近似为椭圆形，该椭圆形由两段长半径 R、两段短半径 r 和四段过渡曲线组成。当转子转动时，叶片在离心力的作用下，在转子槽内做径向移动而压向定子内表面，由叶片、定子的内表面、转子的外表面和两侧配油盘间形成若干个密封空间，在叶片由小圆弧上的密封空间经过渡曲线而运动到大圆弧的过程中叶片向外伸出，密封空间的容积增大，吸入油液；在从大圆弧经过渡曲线运动到小圆弧的过程中，叶片被定子内壁逐渐压进槽内，密封空间容积变小，将油液从压油口压出。转子每转一周，每个工作空间就要完成两次吸油和压油的操作，所以称之为双作用叶片泵。这种叶片泵由于有两个吸油腔和两个压油腔，并且各自的中心夹角是对称的，所以作用在转子上的油液压力相互平衡，因此，双作用叶片泵又称为卸荷式叶片泵。为了使径向力完全平衡，密封空间数(叶片数)应当是双数。

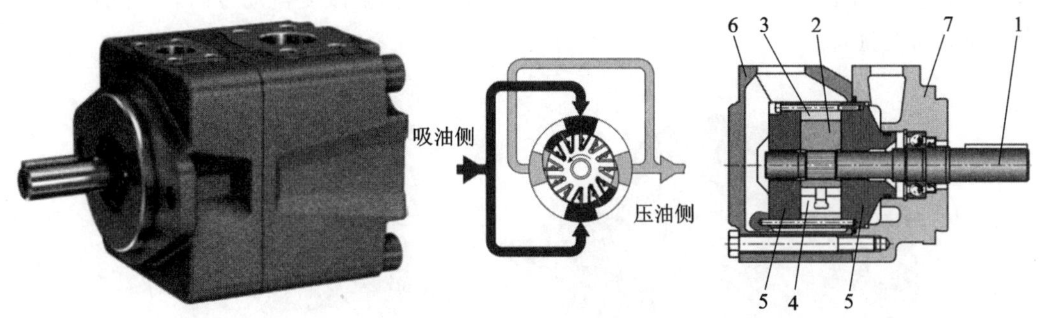

吸油侧
压油侧
6
3
2
7
1
5
4
5

1—驱动轴;2—定子;3—转子;4—叶片;5—配油盘;6—端盖;7—泵体

图 10-6　双作用叶片泵的结构及工作原理

(3) 叶片泵的型号意义和图形符号

常见的单作用叶片泵形式为限压式变量叶片泵，其型号意义如下：

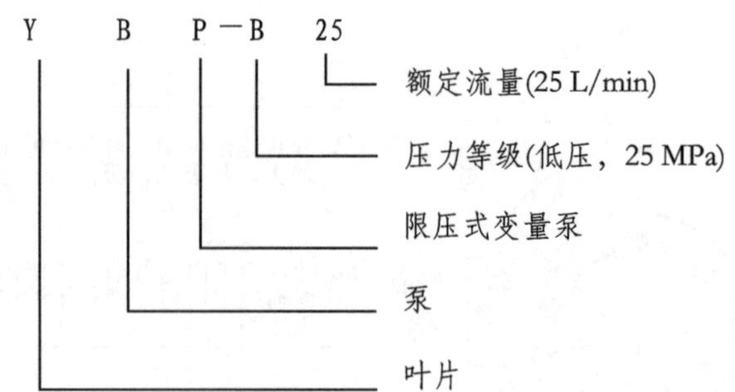

YBP 型叶片泵的额定流量系列有 25 L/min、40 L/min、63 L/min、100 L/min 等几种。当压力等级为中压时,其型号为 YBP—25,其中表示压力等级的符号“C”可省略不标注。

双作用叶片泵的图形符号为单向定量泵符号。

3. 柱塞泵

柱塞泵是靠柱塞在缸体中做往复运动造成密封容积的变化来实现吸油与压油的液压泵。与齿轮泵和叶片泵相比,柱塞泵压力高、结构紧凑、效率高、流量调节方便,用于需要高压、大流量、大功率的系统和流量需要调节的场合。柱塞泵按柱塞的排列和运动方向的不同,可分为径向柱塞泵和轴向柱塞泵两大类。

(1) 径向柱塞泵

径向柱塞泵的工作原理如图 10－7 所示。柱塞 5 径向排列装在缸体 2 中,缸体由原动机带动连同柱塞 5 一起旋转,所以缸体 2 称为转子,柱塞 5 在离心力的作用下抵紧定子 1 的内壁。由于定子和转子之间有偏心距 e,所以当转子顺时针回转,柱塞绕经上半周时向外伸出,柱塞底部的容积逐渐增大,形成部分真空,因此便经过衬套 4 上的油孔从配油孔和吸油口 a 吸油;当柱塞转到下半周时被定子内壁向里推,柱塞底部的容积逐渐减小,向配油轴的压油口 b 压油。每当转子回转一周时,每个柱塞底部的密封容积就完成一次吸压油操作。如果改变偏心量 e 的大小,则可改变泵的输油量。因此,径向柱塞泵是一种变量泵。倘若偏心量 e 可以由正值变为负值,则泵的吸、压油腔互换,就可以使系统中的油液改变流动方向,这样的径向柱塞泵就成为双向变量泵。

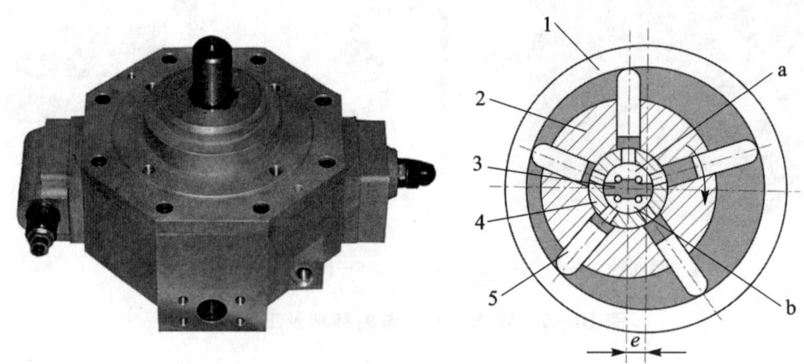

1—定子;2—缸体;3—配油轴;4—衬套;5—柱塞

图 10－7　径向柱塞泵的工作原理

径向柱塞泵漏损较大,柱塞与定子为点接触,易磨损,因而限制了这种泵得到更高的压力,且由于其径向尺寸大、结构复杂、价格昂贵,所以也限制了它的使用。目前,径向柱塞泵已逐渐

被轴向柱塞泵所代替。

(2) 轴向柱塞泵

轴向柱塞泵是将多个柱塞配置在一个共同缸体的圆周上，并使柱塞中心线与缸体中心线平行的一种泵。轴向柱塞泵有两种形式：直轴式(斜盘式)和斜轴式(摆缸式)。图 10-8 所示为直轴式轴向柱塞泵的工作原理。这种泵由缸体 1、配油盘 2、柱塞 3 和斜盘 4 等组成。柱塞沿圆周均匀分布在缸体内。斜盘轴线与缸体轴线倾斜一角度，柱塞靠机械装置或在低压油作用下压紧在斜盘上。配油盘 2 和斜盘 4 固定不转。当原动机通过传动轴使缸体转动时，由于斜盘的作用，迫使柱塞在缸体内做往复运动，并通过配油盘的配油窗口进行吸油和压油。如图 10-8 所示，若逆时针方向回转，则缸体转角在左半圈范围内柱塞向外伸出，柱塞底部缸孔的密封工作容积增大，通过配油盘的吸油窗口吸油；在右半圈范围内柱塞被斜盘推入缸体，使缸孔容积减小，通过配油盘的压油窗口压油。缸体每转一周，每个柱塞各完成吸、压油一次。如改变斜盘倾角，就能改变柱塞行程的长度，即改变液压泵的排量；如改变斜盘倾角方向，就能改变吸油和压油的方向，即成为双向变量泵。

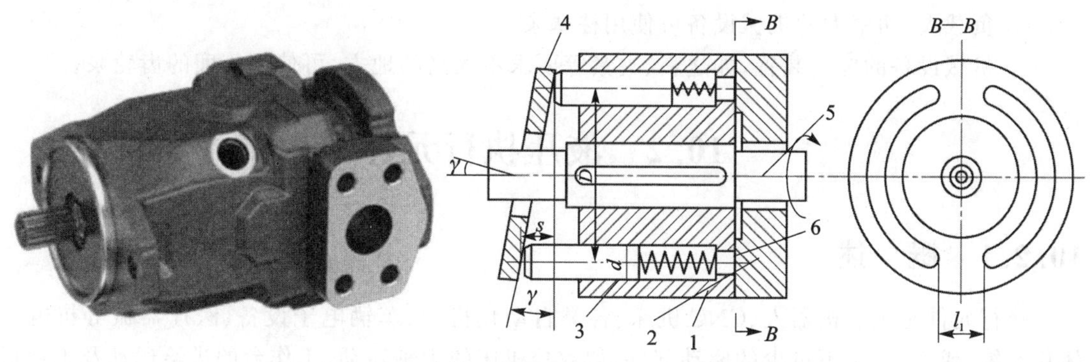

1—缸体;2—配油盘;3—柱塞;4—斜盘;5—传动轴;6—弹簧

图 10-8　直轴式轴向柱塞泵的工作原理

10.1.3　液压泵的选用

1. 液压泵的工作特点

液压泵的工作特点如下：

① 液压泵的工作压力取决于负载情况。若负载为零，则泵的工作压力为零。随着负载的增加，泵的工作压力自动增加。泵的最高工作压力受泵结构强度和使用寿命的限制。为了防止压力过高而使泵损坏，要采取限压措施。

② 液压泵的吸油腔压力过低会产生吸油不足，当吸油腔压力低于油液的空气分离压时，将出现气穴现象，造成泵内部分零件的气蚀，同时产生噪声。因此，在进行泵的结构设计时除应尽可能减小吸油流道的液阻外，为了保证泵的正常运行，还应使泵的安装高度不超过允许值，并且避免吸油滤油器及吸油管形成过大的压降。

③ 变量泵可以通过调节排量改变流量，定量泵只有用改变转速的办法来调节流量，但转速的增高受到泵吸油能力、使用寿命的限制，降低转速虽然对寿命有利，但会使泵的容积效率降低，所以泵的转速应限定在合适的范围内。

④ 液压泵的输出流量具有一定的脉动,其脉动的程度取决于泵的形式及结构设计参数。为了减少脉动对泵工作的影响,除了从选型上考虑外,必要时可在系统中设置蓄能器以吸收脉动。

2. 液压泵类型的确定

设计液压系统时,应根据所要求的工作情况合理地选择液压泵。通常首先根据主机工况、功率大小和系统对其性能的要求来确定泵的形式,然后根据系统计算得出的最大工作压力和最大流量确定其具体规格。同时,还要考虑定量或变量、原动机类型、转通、容积效率、总效率、自吸特性、噪声等因素,这些因素通常在液压产品样本或手册中均有反映,应逐一仔细研究,不明之处应向货源单位或制造厂咨询。根据常用液压泵的性能,不同工况下的液压泵可按下述方式进行:

① 一般在负载小、功率小的机械设备中,可用齿轮泵和双作用叶片泵。

② 精度较高的机械设备(例如磨床)可用螺杆泵和双作用叶片泵。

③ 负载较大并有快速和慢速行程的机械设备(例如组合机床)可用限压式变量叶片泵。

④ 负载大、功率大的机械设备可使用柱塞泵。

⑤ 机械设备的辅助装置,如送料、夹紧等要求不太高的地方,可使用价廉的齿轮泵。

10.2 液压执行元件

10.2.1 概　述

执行元件是工业机器人、CNC 机床、各类自动化机械、车辆电子设备、医疗器械等机电一体化系统(或产品)必不可少的驱动部件,如数控机床的主轴转动、工作台的进给运动及工业机器人手臂的升降、回转和收缩运动等所用驱动部件(执行件)。

液压执行元件是将流体的压力能转变为机械能,用来驱动机械设备或机构,实现直线、旋转或摆动等运动的能量转换装置。液压执行元件功率大、快速性好、运行平稳,广泛用于大功率的控制系统。

10.2.2 液压马达

1. 特点及分类

液压马达按其额定转速分为高速和低速两大类,额定转速高于 500 r/min 的属于高速液压马达,额定转速低于 500 r/min 的属于低速液压马达。常用液压马达按结构可分为齿轮式、叶片式、柱塞式和螺杆式等。图 10 - 9 所示为液压马达的分类。

高速马达的主要特点是转速较高、转动惯量小,便于启动和制动,调速和换向的灵敏度高。通常高速液压马达的输出转矩不大(仅几十 N · m 到几百 N · m),所以又称为高速小转矩液压马达。低速液压马达的特点是排量大、体积大、转速低(有时可达每分钟几转甚至零点几转),因此可直接与工作机构连接,不需要减速装置,使传动机构大为简化。通常低速液压马达的输出转矩较大(可达几千 N · m 到几万 N · m),所以又称为低速大转矩液压马达。

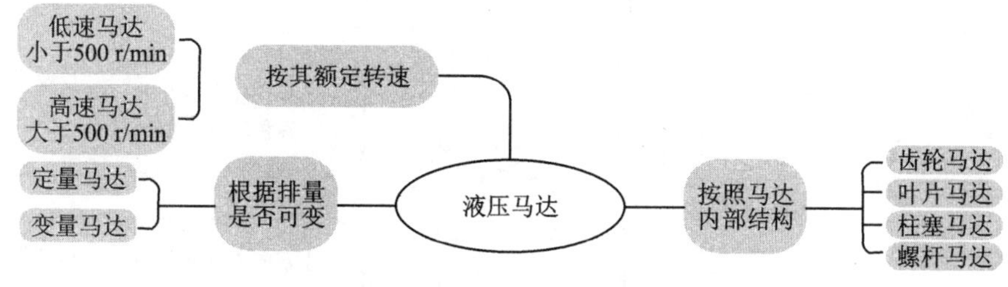
低速马达
小于500 r/min
高速马达
大于500 r/min
按其额定转速
定量马达
变量马达
根据排量
是否可变
液压马达
按照马达
内部结构
齿轮马达
叶片马达
柱塞马达
螺杆马达

图 10－9　液压马达的分类

2. 液压马达的工作原理及特点

(1) 叶片马达

图 10－10 所示为叶片马达的工作原理。当定子的长短径差值越大，转子的直径越大，以及输出的压力越高时，叶片马达输出的转矩也越大。叶片式马达的体积小，转动惯量小，因此动作灵敏，可适应的换向频率较高，但泄漏较大，不能在很低的转速下工作，因此，叶片马达一般用于转速高、转矩小和动作灵敏的场合。

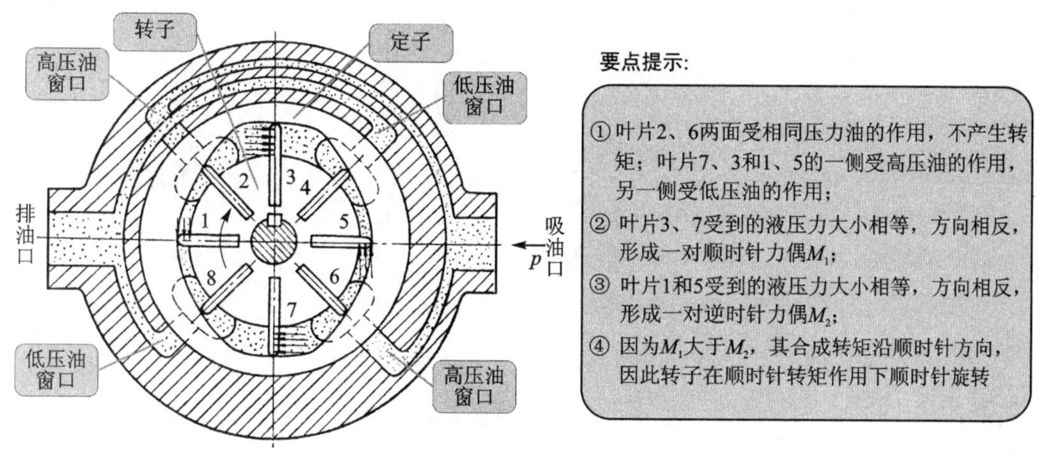
转子
高压油
窗口
定子
低压油
窗口
排
油
口
吸
油
口
p
低压油
窗口
高压油
窗口
要点提示:
①叶片2、6两面受相同压力油的作用，不产生转矩；叶片7、3和1、5的一侧受高压油的作用，另一侧受低压油的作用；
② 叶片3、7受到的液压力大小相等，方向相反，形成一对顺时针力偶M_1；
③ 叶片1和5受到的液压力大小相等，方向相反，形成一对逆时针力偶M_2；
④ 因为M_1大于M_2，其合成转矩沿顺时针方向，因此转子在顺时针转矩作用下顺时针旋转

图 10－10　叶片马达的工作原理

(2) 柱塞马达

按照柱塞的排列方式和运动方式的不同，柱塞马达可分为轴向柱塞马达和径向柱塞马达。

1) 轴向柱塞马达

轴向柱塞马达的基本结构与轴向柱塞泵相同，故其种类与轴向柱塞泵相同，可分为直轴式轴向柱塞马达和斜轴式轴向柱塞马达两类。为适应液压马达的正反转要求，其配流盘的结构以及进出油口的流道大小和形状都完全对称。轴向柱塞马达的工作原理如图 10－11 所示。缸体内柱塞轴向布置，柱塞底部受到的油压作用力为 pA（p 为油压力，A 为柱塞面积），将滑靴压向斜盘，斜盘对滑靴的反作用力为 N。N 分解成两个分力，沿柱塞轴向的分力为 F_x，与柱塞所受液压力平衡；另一分力 F 与柱塞轴线垂直向上，这个分力对旋转中心产生转矩，使缸体带动主轴旋转，并输出转矩。

2) 径向柱塞马达

与轴向柱塞马达相反，低速大转矩马达多采用径向柱塞式结构。径向柱塞马达的主要特点是排量大（柱塞直径大、行程长、数目多）、压力高、密封性好。但其尺寸体积大，不能用于反

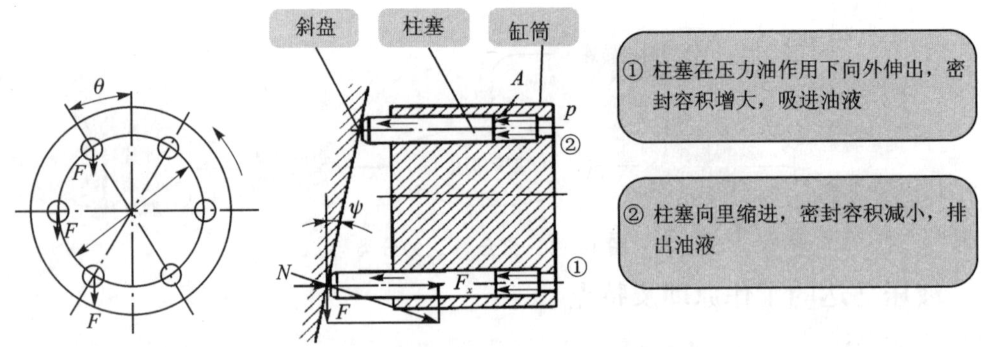

图 10-11 斜盘式轴向柱塞马达的工作原理

应灵敏、频繁换向的系统。在矿山机械、采煤机械、工程机械、建筑机械、起重运输机械及船舶方面,低速大转矩马达得到了广泛应用。

3. 液压马达的职能符号

液压马达的职能符号如图 10-12 所示。

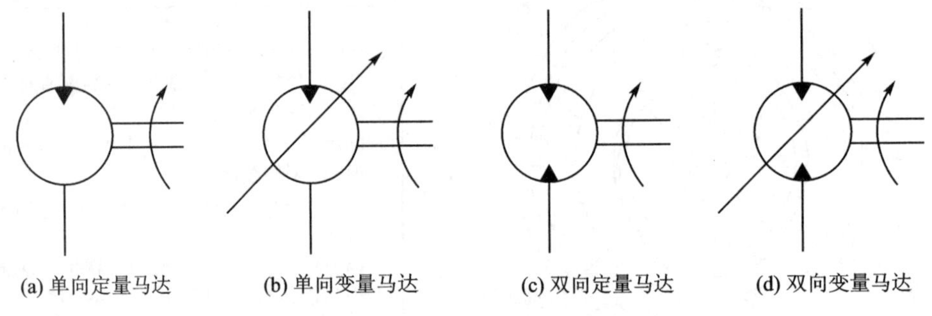

图 10-12 液压马达的职能符号

10.2.3 液压缸

液压缸(亦称油缸)有三种类型,即活塞式液压缸、柱塞式液压缸和摆动式液压缸。活塞缸和柱塞缸实现往复直线运动,输出速度和推力;摆动缸实现往复摆动,输出角速度(转速)和转矩。

1. 活塞式液压缸

活塞式液压缸根据其使用要求不同可分为双杆式和单杆式两种。

(1) 双杆式活塞液压缸

活塞两端都有一根直径相等的活塞杆伸出的液压缸称为双杆式活塞液压缸,它一般由缸体、缸盖、活塞、活塞杆和密封件等零件构成。根据安装方式的不同,其可分为缸筒固定式和活塞杆固定式两种。图 10-13 所示为活塞杆固定双杆式液压缸,其活塞杆固定不动,缸体移动,活塞杆通常做成空心的,以便进油和回油。在外圆磨床中,带动工作台往复运动的液压缸通常就是这种形式。缸筒固定式活塞式液压缸的缸体是固定的,当液压缸的右腔进油、左腔回油时,活塞向左移动;反之,活塞向右移动。

(2) 单杆式活塞液压缸

单杆式活塞液压缸的工作原理如图 10－14 所示，活塞只有一端带活塞杆，所以活塞两端的有效作用面积不等。当左、右两腔相继进入压力油时，即使流量及压力皆相同，活塞往返运动的速度和所受的推力也不相等。当无杆腔进油时，因活塞有效面积大，所以速度小，推力大；当有杆腔进油时，因活塞有效面积小，所以速度大，推力小。单杆式活塞液压缸在实际应用中可以做成缸体固定、活塞移动的结构，也可做成活塞杆固定、缸体移动的结构。

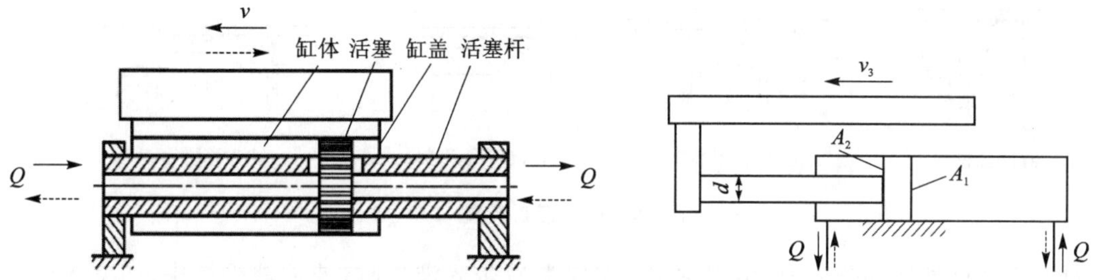

图 10－13　活塞杆固定双杆式液压缸　　图 10－14　活塞杆固定单杆式活塞液压缸的工作原理

2. 柱塞式液压缸

柱塞式液压缸的工作原理如图 10－15 所示。它只能实现一个方向的液压传动，另一个方向的运动往往靠它本身的自重(垂直放置时)或弹簧等其他外力来实现。若需要实现双向运动，则必须成对使用，如图 10－16 所示。

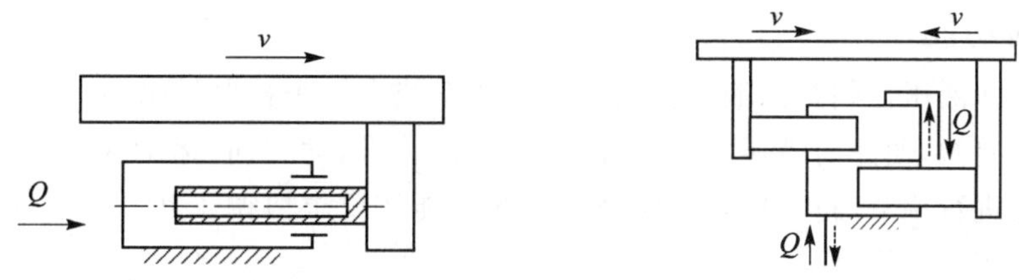

图 10－15　柱塞式液压缸的工作原理　　图 10－16　双向运动柱塞式液压缸的工作原理

当行程较长时，可采用柱塞式液压缸。因活塞缸的缸体较长，所以它的内壁精加工比较困难；而柱塞缸的缸体内壁与柱塞不接触，不需要精加工，因此，结构简单，制造容易。柱塞式液压缸的柱塞通常做成空心的，这样可以减小质量，防止柱塞下垂(水平放置时)，降低密封装置的单面磨损。

3. 液压缸的密封

液压缸以及其他液压元件，凡是容易造成泄漏的地方，都应该采取密封措施。液压缸的密封主要是指活塞与缸体、活塞杆与端盖之间的动密封以及端盖与缸体之间的静密封。

液压缸中常见的密封装置如图 10－17 所示。图 10－17(a)所示为间隙密封，它依靠运动间的微小间隙来防止泄漏。为了提高这种装置的密封能力，常在活塞的表面上制出几条细小的环形槽，以增大油液通过间隙时的阻力。它的结构简单，摩擦阻力小，可耐高温，但泄漏大，加工要求高，磨损后无法恢复原有能力，只能在尺寸较小、压力较低、相对运动速度较高的缸筒和活塞间使用。图 10－17(b)所示为摩擦环密封，它依靠套在活塞上的摩擦环(尼龙或其他高分子材料制成)在O形密封圈弹力作用下贴紧缸壁而防止泄漏。这种材料效果较好,摩擦阻力较小且稳定,可耐高温,磨损后有自动补偿能力,但加工要求高,装拆较不便,适用于缸筒和活塞之间的密封。图10-17(c)和图10-17(d)所示为密封圈(O形圈、V形圈等)密封,它利用橡胶或塑料的弹性使各种截面的环形圈贴紧在静、动配合面之间来防止泄漏,它结构简单,制造方便,磨损后有自动补偿能力,性能可靠,在缸筒和活塞之间、缸盖和活塞杆之间、活塞和活塞杆之间、缸筒和缸盖之间都能使用。

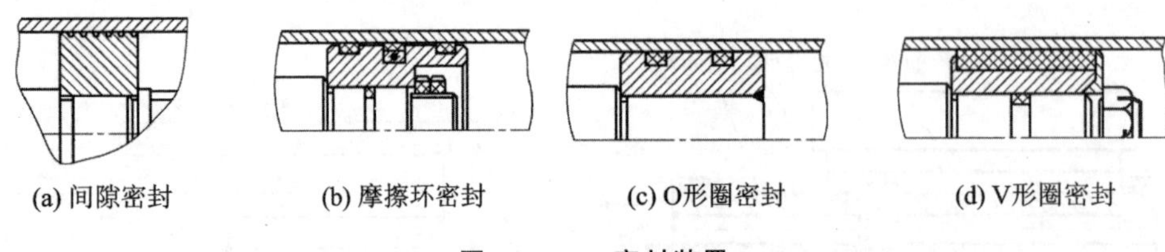

图10-17 密封装置

对于活塞杆外伸部分来说,由于它很容易把脏物带入液压缸,使油液受污染,使密封件磨损,因此常需在活塞杆密封处增添防尘圈,并放在向着活塞杆外伸的一端。

10.3 液压控制元件

10.3.1 概 述

1. 液压阀的功能

液压控制元件即液压控制阀。液压控制阀是液压系统中用来控制液流方向、压力和流量的元件。借助于这些阀,便能对液压执行元件的启动、停止、运动方向、运动速度、动作顺序和克服负载的能力等进行调节与控制,使各类液压机械都能按要求协调工作。液压阀的性能关系到液压系统能否正常工作。

2. 液压阀的基本结构

液压阀的基本结构包括阀芯、阀体和驱动阀芯在阀体内做相对运动的控制装置。阀芯的主要形式有滑阀、锥阀和球阀;阀体上除有与阀芯配合的阀体孔或阀座孔外,还有外接油管的进油口;驱动方式可以是手动、机动、电磁驱动、液动、电液动。

3. 液压阀的性能参数

液压阀的性能参数有:

① 公称通径。公称通径代表阀的通流能力大小,对应阀的额定流量。选型时,阀的进出油口连接的油管规格应与阀的规格一致。阀工作时的实际流量应小于或等于它的额定流量,最大不得大于额定流量的1.1倍。

② 额定压力。额定压力为液压控制阀长期工作所允许的最高压力。对于压力控制阀,实际最高压力有时还与阀的调压范围有关;对于换向阀,实际最高压力还可能受其功率极限的限制。

4. 对液压阀的基本要求

对液压阀的基本要求如下:

① 动作灵敏，使用可靠，工作时冲击和振动小。

② 油液流过时压力损失小。

③ 具有良好的密封性能，内、外泄漏小。

④ 结构简单、紧凑，安装、调整、维护方便，通用性大。

5. 液压阀的分类

液压阀的分类如下：

① 按用途，液压阀可以分为压力控制阀(如溢流阀、减压阀、顺序阀等)、流量控制阀(如节流阀、调速阀等)、方向控制阀(如单向阀、换向阀等)三大类。

② 按控制方式，液压阀可以分为定值或开关控制阀、比例控制阀、伺服控制阀。

③ 按操纵方式，液压阀可以分为手动阀、机动阀、电动阀、液动阀、电液动阀等。

④ 按安装形式，液压阀可以分为管式连接、板式连接和集成连接等。

⑤ 按结构形式，液压阀可以分为滑阀、座阀、锥阀和球阀。

10.3.2　流量控制阀

流量控制阀是液压系统中靠改变阀口的通流面积大小或通流通道长短来控制流量的液压元件，一般串联在需要控制的执行元件运动速度的回路中，通常分为普通节流阀、调速阀和溢流节流阀等。

流量控制阀起节流作用的阀口称为节流口，节流口的大小用通流面积来度量。节流口的形式很多，常用的几种形式如图 10-18 所示。

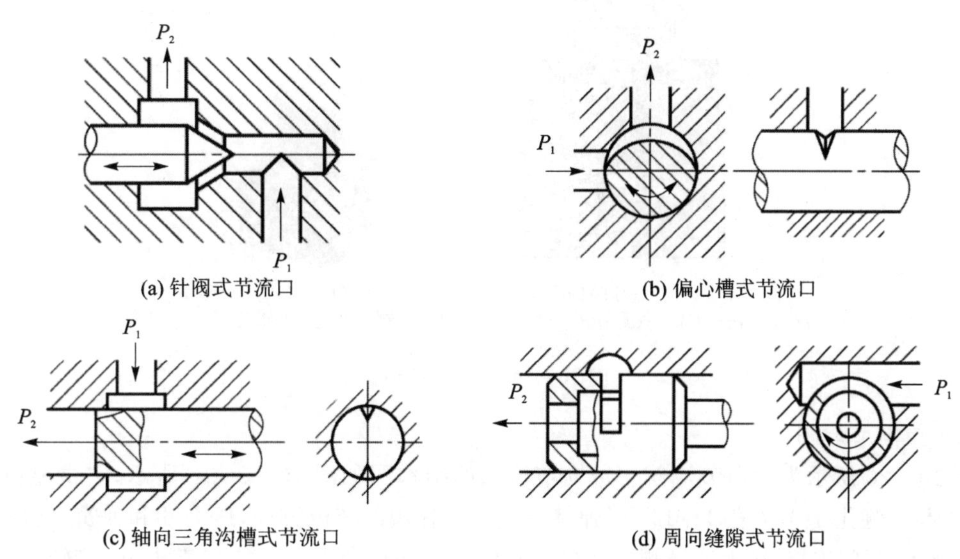

图 10-18　节流口的形式

① 针阀式节流口，如图 10-18(a)所示。针阀式节流口通流面积的大小由调节螺钉调节，拧动调节螺钉使阀芯做轴向移动，可调节环形通道的大小，从而调节流量。

② 偏心槽式节流口，如图 10-18(b)所示。在阀芯上开有一个截面为三角形(或矩形)的偏心槽，转动阀芯时就可调节通道的大小，即调节流量。

以上两种节流口形均具有结构较简单、制造容易等优点,但易堵塞,常用于性能要求不高的液压系统中。

③ 轴向三角沟槽式节流口,如图 10-18(c)所示。在圆柱阀芯端部沿轴线方向开有一个或两个三角斜沟,轴向移动阀芯时,可以改变三角沟通流截面的大小,使流量得到调节。这种节流形式结构简单,制造容易,小流量时稳定性好,不易堵塞,应用广泛。

④ 周向缝隙式节流口,如图 10-18(d)所示。周向缝隙式节流口阀芯为中空圆柱,在阀芯上开有一条狭缝,液压油从进油口进入阀芯内孔,经阀芯上的缝隙由出油口流出。转动阀芯改变缝隙的通流面积,从而调节流量的大小。这种节流形式的油温变化对流量影响很小,不易堵塞,流量小时工作仍可靠,应用广泛。

1. 节流阀

(1) 普通节流阀

图 10-19 所示为普通节流阀。普通节流阀的结构图如图 10-19(a)所示,它主要由阀体 1、调节元件 2 和节流孔 3 组成,用于节流对温度具有低依赖性的流动控制。本阀利用三角槽式筒形阀芯 5 形成薄刃性结构节流口,节流大小受温度影响很少。通过调节调节元件 2 可以调节控制节流口 4 的通流面积,即可以调节通过节流阀的流量。图 10-19(b)所示为普通节流阀的图形符号,图 10-19(c)所示为普通节流阀的外形图。

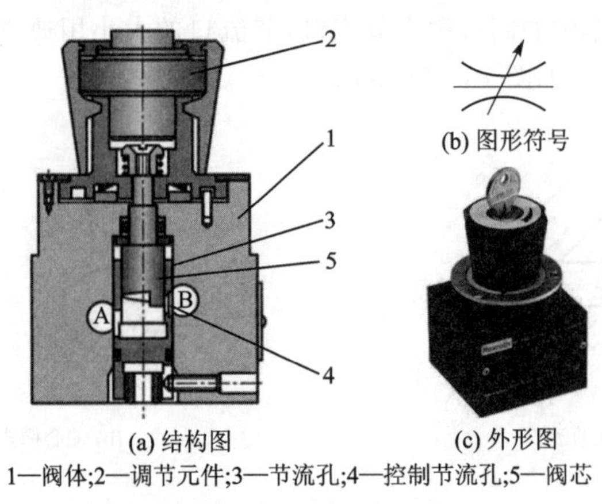

图 10-19 普通节流阀

(2) 单向节流阀

图 10-20 所示为单向节流阀。单向节流阀的结构图如图 10-20(a)所示,它主要由调节套 1、阀体 2、侧孔 3、节流孔 4、阀芯 5、弹簧 6 组成。在阀的节流方向,压力油和弹簧 6 将阀芯 5 压在阀座上,封闭连接,压力油经侧孔 3 进入阀体 2 和调节套 1 构成的节流孔 4。旋转调节套 1 可以无级调节节流孔 4 的过流截面。在相反方向上,压力油作用于阀芯 5 的锥面上,打开阀口,使压力油无节流的通过单向阀。与此同时,部分压力油液通过环形槽进行自我清洁。图 10-20(b)所示为单向节流阀的图形符号,图 10-20(c)所示为单向节流阀的外形图。

2. 调速阀

调速阀是由一减压阀和一节流阀串联而成的组合阀。图 10-21 所示为调速阀。调速阀

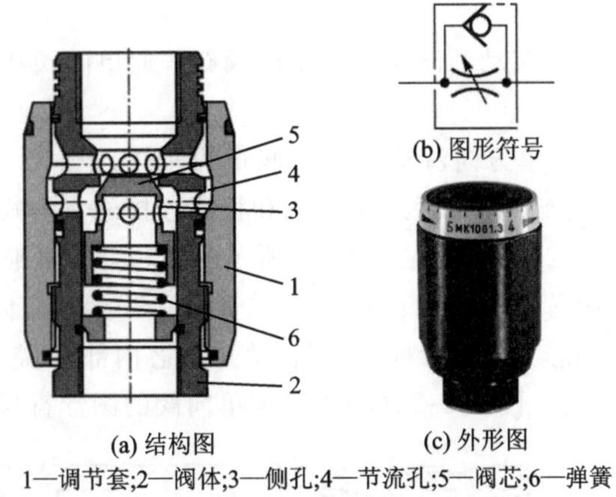

(b) 图形符号

(a) 结构图　　(c) 外形图

1—调节套;2—阀体;3—侧孔;4—节流孔;5—阀芯;6—弹簧

图 10-20　单向节流阀

的工作原理如图 10-21(a)所示,压力为 p_1 的液压油经进油口进入阀体,经减压阀开口 h 后减压为 p_2,经节流阀 2 节流口流出压力为 p_3 的液压油。压力为 p_2 的液压油在阀体内分两路作用在减压阀阀芯上。压力为 p_3 的液压油一部分经调速阀的出口送至执行元件(液压缸),另一部分在阀体内作用在减压阀弹簧腔的阀芯上。当调速阀稳定工作时,减压阀阀芯 1 在弹簧 3 的弹力、弹簧腔内压力为 p_3 的液压油作用在阀芯 1 上的液压力以及阀芯 1 上压力为 p_2 的液压力的共同作用下处于平衡。若负载 F 增加,p_3 增加,弹簧腔压力增加,减压阀阀芯右移,阀口 h 增大,减压能力降低,则 p_2 增大,保持 p_2 与 p_3 的差值基本不变;反之亦然。因此,调速阀工作时,不会因外载荷的变化而改变通过其间的流量,这样执行元件的速度可保持稳定,不受负载变化的影响。图 10-21(b)所示为调速阀详细的图形符号,图 10-21(c)所示为调速阀简化的图形符号,图 10-21(d)所示为调速阀的外形图。

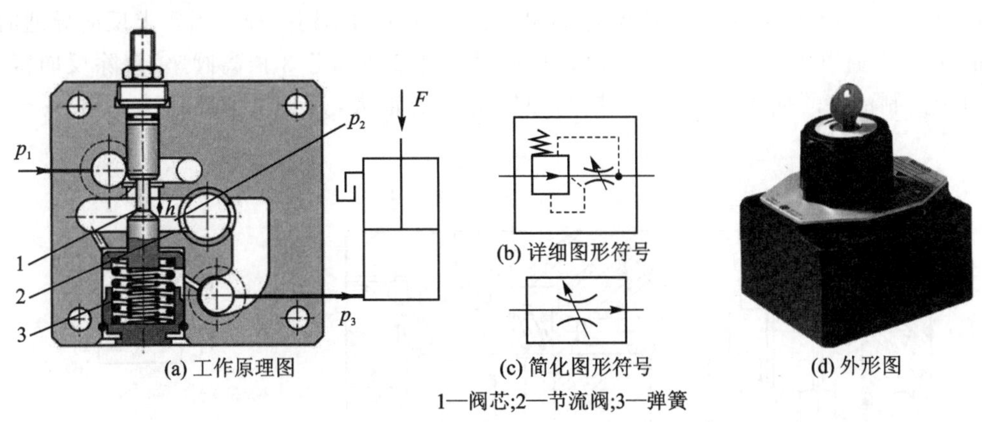

(a) 工作原理图　　(b) 详细图形符号　　(c) 简化图形符号　　(d) 外形图

1—阀芯;2—节流阀;3—弹簧

图 10-21　调速阀

10.3.3　方向控制阀

方向控制阀主要用来控制液压系统中各油路的通、断或改变油液流动方向,它包括单向阀和换向阀。

1. 单向阀

单向阀是允许液流单方向流动的液压阀。单向阀有普通单向阀和液控单向阀两种。

(1) 普通单向阀

普通单向阀是只允许液流单方向流动而反向截止的元件。图 10-22(a)、图 10-22(b)和图 10-22(c)所示分别为管式连接的直通式单向阀和板式连接的直角式单向阀。图 10-22(a)所示的阀芯为钢球，图 10-22(b)和图 10-22(c)所示的阀芯采用带锥面的圆柱滑阀芯。当液流从 P_1 口流入时,作用在阀芯上的压力油液克服弹簧力顶开阀芯流向 P_2,实现正向导通;当液流从 P_2 口流入时,由于阀芯上开有径向孔,液流流进阀芯内部,阀芯在液压力和弹簧力的作用下关闭阀口,实现反向截止。图 10-22(d)所示为单向阀的图形符号。

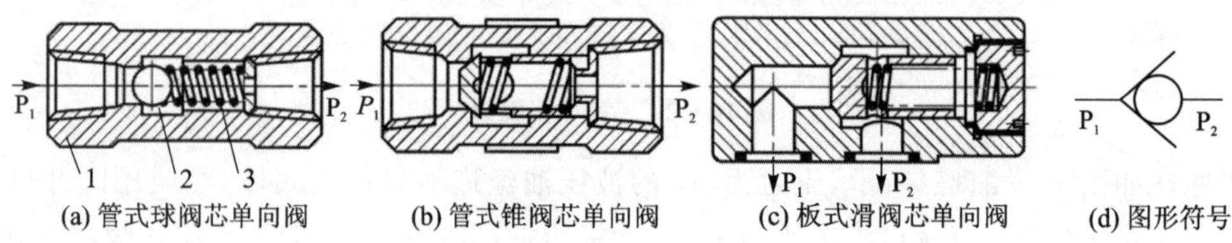

图 10-22 单向阀

从工作原理可知,单向阀的弹簧在保证克服阀芯和阀体的摩擦力及阀芯的惯性力而复位的情况下,弹簧的刚度应该尽可能地小,以免在液流流动时产生较大的能量损失。在液压系统中有时也将普通单向阀作为背压阀使用,这时一般要换上刚度较大的弹簧。

(2) 液控单向阀

它是液压系统经常使用的液压元件。如图 10-23(a)所示,液控单向阀由阀体 5、阀芯 3、弹簧 4、控制活塞 1、推杆 2 等组成。阀芯一般为锥芯,弹簧的刚度较小。当液流从 P_1 口流入时,液压力顶开阀芯,导通 P_1 至 P_2 油路,实现正向导通;当液流从 P_2 口流入时,液压油将阀芯 3 推压在阀座上,封闭油路,实现反向截止,这和普通单向阀的作用一样。当要求反向导通时,需在控制油口 K 通以压力油,推动控制活塞 1,通过推杆 2 将阀芯 3 顶离阀座,解除反向截止作用。由于控制活塞的面积较大,所以控制油压力不必很大,为其主油路压力的 30%~50% 即可。

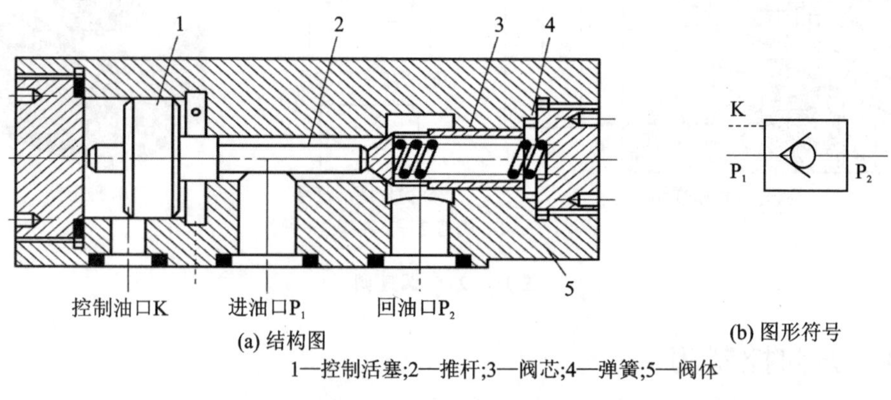

图 10-23 液控单向阀

液控单向阀按控制活塞背压腔的泄油方式可分为内泄式和外泄式,按结构特点可分为简

式和卸载式两类。图 10－23(b)所示为液控单向阀的图形符号。

2. 换向阀

换向阀是借助阀芯与阀体之间的相对运动，控制与阀体相连的各油路来实现通、断或改变液流方向的元件。

(1) 换向阀的工作原理

图 10－24 所示为滑阀式二位四通电磁换向阀的工作原理。换向阀由阀体 6、阀芯 3、电磁铁 4 和弹簧 7 等组成。阀体的内腔开有 5 个环槽，对外开有 4 个接油口(O、A、P、B)。阀芯上的台肩与阀体内孔配合，由电磁阀操控阀芯在阀体内运动。阀芯在阀体内有两个工作位置：①当电磁铁失电时，阀芯 3 在弹簧 7 的恢复力作用下，处于最左位置，如图 10－24(a)示。此时液压油从 P 口流入阀体，经阀芯与阀体间的环形通道由 B 口流入液压缸 9 左腔，推动活塞 8 向右运动。液压缸右腔的油液从 A 口流入阀体，经阀芯与阀体间的环型通道由 O 口流回油箱；②当电磁铁得电时，电磁铁 4 吸引衔铁 5，推动阀芯 3 压缩弹簧 7 右移，使之处于最右位置，如图 10－24(b)示，液压油从 P 口流入阀体，经阀芯与阀体间的环型通道由 A 口流入液压缸 9 右腔，推动活塞 8 向左运动。

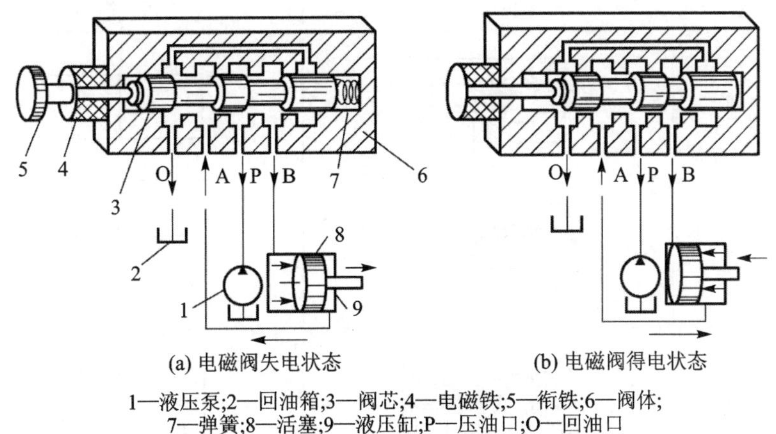

(a) 电磁阀失电状态　　(b) 电磁阀得电状态

1—液压泵;2—回油箱;3—阀芯;4—电磁铁;5—衔铁;6—阀体;
7—弹簧;8—活塞;9—液压缸;P—压油口;O—回油口

图 10－24　滑阀式二位四通电磁换向阀的工作原理

(2) 换向阀的分类

换向阀的应用十分广泛，种类很多，一般可以按表 10－1 分类。

表 10－1　换向阀的分类

分类方法	类　型
按阀的结构形式分	滑阀式、转阀式、球阀式、锥阀式
按阀的操纵方式分	手动、机动、电磁、液动、电液动、气动
按阀的工作位置数和控制通路数分	二位二通、二位三通、二位四通、三位四通等

(3) 图形符号

1) 换向阀的命名

换向阀的命名表明了换向阀的特性，如二位四通电磁换向阀等。换向阀的“位”是指改变阀芯与阀体的相对位置,即所能得到的通油口通、断形式的种类数,有两种就称为二位阀;换向阀的“通”是指阀体上的通油口数目,有四个通油口,就叫四通阀;“电磁”则表明阀的操纵方式为电磁力。

2) 图形符号的规定和含义

① 用方框表示换向阀的工作位置,有几个方框就表示是几位阀;

② 一个方框的上边和下边与外部连接的接口数,有几个就表示几“通”;

③ 方框内的箭头表示换向阀内部的通路情况,箭头一般可表示通路的方向;

④ 方框内符号“丅”或“丄”表示此油路被阀芯封闭;

⑤ 阀与液压泵或供油路相连的油口用字母 P 表示;阀与系统回油路(油箱)相连的回油口用字母 O 表示(有的也用字母 Y 表示);阀与执行元件相连的油口为工作油口,用字母 A、B 表示。

一个完整的图形符号不仅要反映上述特征,还要反映阀芯复位方式或定位方式。

几种常用换向阀的结构原理及图形符号如表 10-2 所列。

表 10-2　换向阀的结构原理及图形符号

名　称	结构原理图	图形符号
二位二通	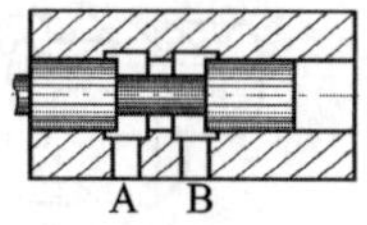 A B	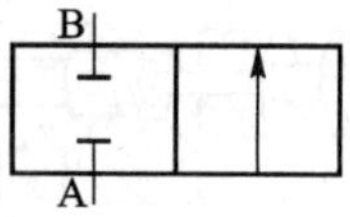 B A
二位三通	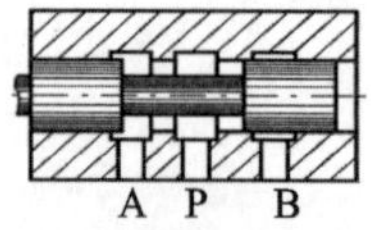 A P B	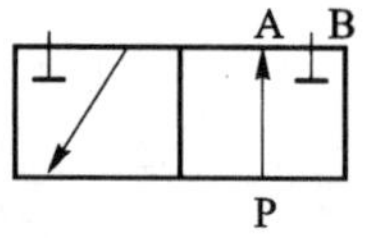 A B P
二位四通	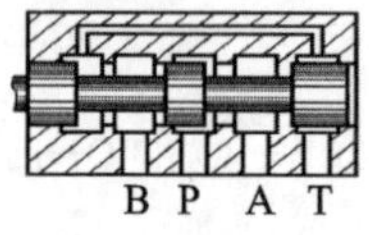 B P A T	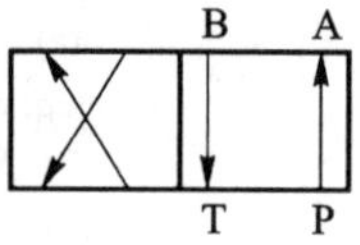 B A T P
三位四通	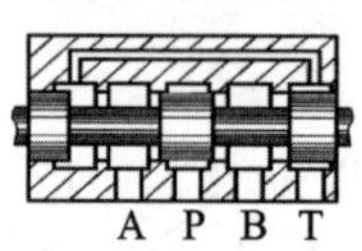 A P B T	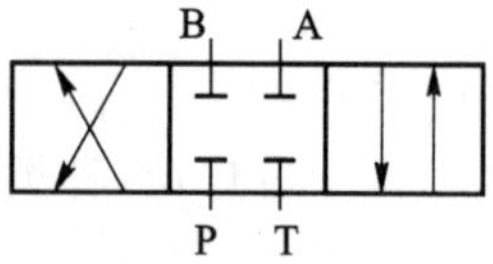 B A P T

3) 换向阀的中位机能

换向阀都有两个或两个以上工作位置,其中未受到外部操纵作用时所处的位置为常态位。对于三位阀,图形符号的中间位置为常态位,通常将阀芯在中位时各油口的连通方式称为中位机能。

表 10-3 列出了常用三位四通换向阀的中位机能图形符号及中位特点。

表 10 - 3　三位四通换向阀的中位机能举例

中位型式	图形符号	中位特点
O	B A / T P	换向位置精度高，但液压冲击大；重新启动时较平稳；在中位时液压泵不能卸荷
H	A B / P T	换向平稳，液压缸冲出量大，换向位置精度低；执行元件浮动；重新启动时有冲击；液压泵在中位时卸荷
Y	A B / P T	P 口封闭，A、B、T 导通。换向平稳，换向位置精度低；执行元件浮动；重新启动时有冲击；液压泵在中位时不卸荷
P	A B / P T	T 口封闭，P、A、B 导通。换向平稳，换向位置精度低；执行元件浮动；重新启动时有冲击；液压泵在中位时不卸荷
M	A B / P T	换向位置精度高，但液压冲击大；重新启动时较平稳；在中位时液压泵卸荷

(4) 几种常用的换向阀

1) 手动换向阀

手动换向阀是用手动杠杆操纵阀芯换位的换向阀。按换向定位方式的不同，分为弹簧复位式(见图 10 - 25(a))和钢球定位式(见图 10 - 25(b))两种。前者在手动操纵结束后，弹簧力的作用使阀芯能够自动恢复到中间位置；后者由于定位弹簧的作用使钢球卡在定位槽中，换向后可以实现位置的保持。

图 10 - 25(a)所示为弹簧复位式三位四通手动换阀的工作原理图。若向左推动手柄 1，则阀芯 2 压缩弹簧 3 向右移动，使 P 与 A、O 与 B 分别连通(图形符号为左位)；若向右拉动手柄 1，则阀芯 2 压缩弹簧 3 向左移动，使 P 与 B、O 与 A 分别连通(图形符号为右位)。松开手柄后，阀芯在弹簧恢复力的作用下自动恢复到中间位置(图形符号的中位)，此时，P、O、A、B 互不相通(O 型机能)。对于钢球定位式三位四通手动换向阀，当操纵手柄外力消除后，阀芯依靠钢球定位保持在换向位置，如图 10 - 25(b)所示。手动换向阀结构简单，动作可靠，一般情况下还可以人为地控制阀开口的大小，从而控制执行元件的速度，在工程机械中应用广泛。

图 10 - 25(c)和图 10 - 25(d)所示分别为弹簧复位式三位四通手动换向图形符号和钢球定位式三位四通手动换向图形符号。

2) 电磁换向阀

电磁动换向阀简称电磁换向阀，是靠通电线圈对衔铁的吸引转化来的推力操纵阀芯换位的换向阀。图 10 - 26 所示为电磁铁断电状态，在弹簧力的作用下，阀芯处在常态位(中位)。当左侧的电磁铁通电吸合时，衔铁通过推杆将阀芯推至右端，P、A 和 B、O 分别导通，换向阀在图形符号的左位工作；当右端电磁铁通电时，换向阀就在右位工作。

电磁阀按其电磁铁的电源类型有交流和直流之分，按电磁铁的衔铁是否浸在油中有干式

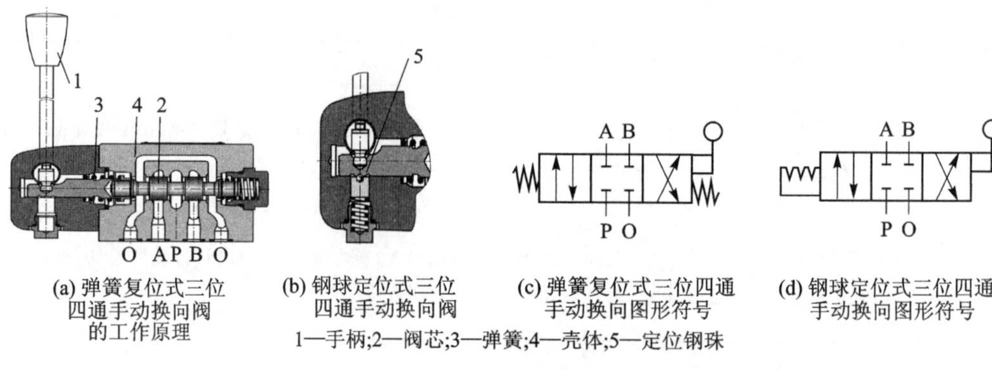

(a) 弹簧复位式三位四通手动换向阀的工作原理　(b) 钢球定位式三位四通手动换向阀　(c) 弹簧复位式三位四通手动换向图形符号　(d) 钢球定位式三位四通手动换向图形符号

1—手柄;2—阀芯;3—弹簧;4—壳体;5—定位钢珠

图 10－25　手动换向阀

和湿式之别。交流电磁铁结构简单、使用方便,启动力大,动作快,但换向冲击大,噪声大,换向频率不能太高,当阀芯被卡住或由于电压低等原因吸合不上时,线圈易烧坏。直流电磁铁需直流电源或整流装置,但换向冲击小,换向频率允许较高,而且有恒电流特性,电磁铁吸合不上时线圈也不会烧坏,故工作可靠性高。干式电磁铁不允许油液进入电磁铁内部,推动阀芯的推杆处要有可靠的密封,摩擦阻力大,运动有冲击,噪声大,使用寿命较短;湿式电磁铁中装有隔磁套,回油可以进入隔磁套内,衔铁在隔磁套内运动,阀体内没有运动密封,阀芯运动阻力小,油液对衔铁的润滑和阻尼作用使阀芯的运动平稳,噪声小,使用寿命长,但其价格较贵。

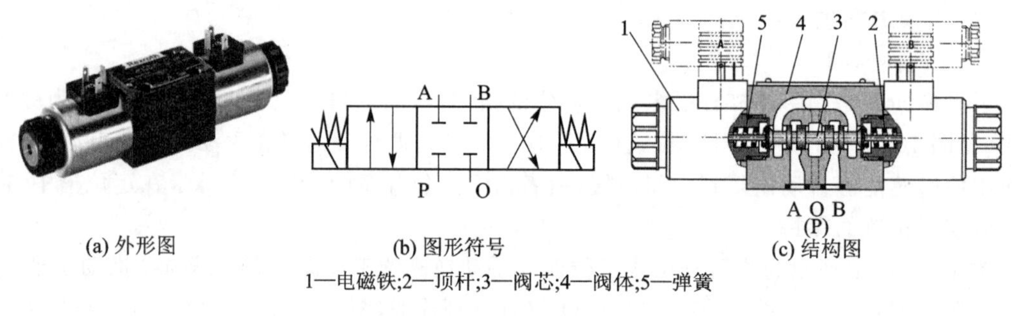

(a) 外形图　(b) 图形符号　(c) 结构图

1—电磁铁;2—顶杆;3—阀芯;4—阀体;5—弹簧

图 10－26　三位四通电磁换向阀

3) 液动换向阀

电磁换向阀动作灵敏,易于实现自动控制,但电磁铁吸力有限。当液压阀规格较大,通过的流量大时,产生的液动力就很大,这时电磁力很难满足换向要求。实际上,当换向阀的通径大于 10 mm 时,常采用液压力来操纵阀芯换位。采用液压力操纵阀芯换位的液压阀称为液动阀,如图 10－27(a)所示,其为三位四通液动换向阀的结构原理图。图 10－27(b)所示为其图形符号,K_1、K_2 为液控口。当 K_1 接通控制油,液控口 K_2 回油时,阀芯右移,P 与 A 连通、O 与 B 连通;当 K_2 接通控制油,液控口 K_1 回油时,阀芯左移,P 与 B 连通、O 与 A 连通;若 K_1、K_2 都不通压力油,则阀芯在两端作用下处于中间位置(图 10－27(a)所示位置)。液动换向阀适用于压力高、流量大、阀芯移动距离长等场合。

4) 电液动换向阀

驱动液动换向阀的液压油可以采用机动阀、手动阀或电磁换向阀来进行控制。采用电磁换向阀控制液动换向阀的组合称为电液动换向阀,简称电液换向阀。它集中了电磁换向阀和

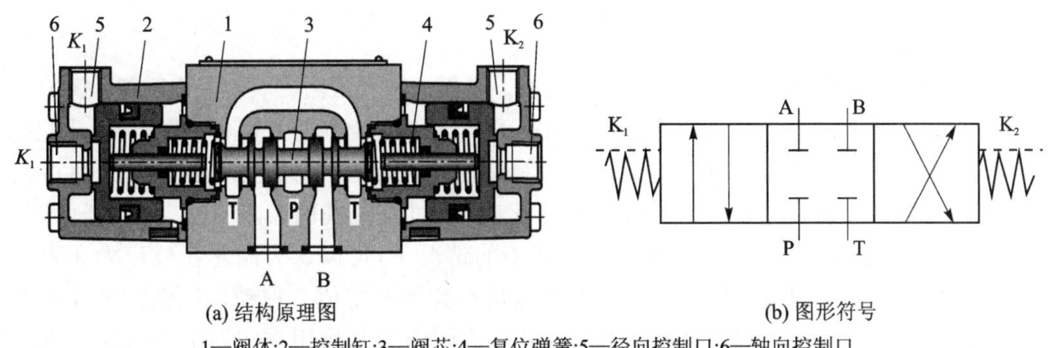

(a) 结构原理图　　(b) 图形符号

1—阀体;2—控制缸;3—阀芯;4—复位弹簧;5—径向控制口;6—轴向控制口

图 10-27　三位四通液动换向阀

液动换向阀的优点。这里,电磁换向阀起先导控制作用,称为先导阀,液动换向阀为主阀,控制主油路换向。电液动换向结构如图 10-28(a)所示。当先导电磁阀的电磁铁 1YA、2YA 均不通电时,先导电磁阀阀芯处于中位,液动换向阀的左、右控制腔经 K_1、K_2 节流阀、先导电磁阀中位连通油箱,因此,液动换向阀在两端弹簧作用下平衡于中位。当 1YA 通电,2YA 不通电时,电磁换向阀处于左位,液控油经 K_1 中单向阀进入液动换向阀左端,推动阀芯右移,阀芯右端液控油经 K_2 中节流阀、先导电磁阀回油箱。同理,当 2YA 通电,1YA 不通电时,若先导电磁阀于右位,则液动换向阀也随之处于右位。图 10-28(b)所示为电液动换向阀的图形符号。电液动换向阀的外形如图 10-28(c)所示。

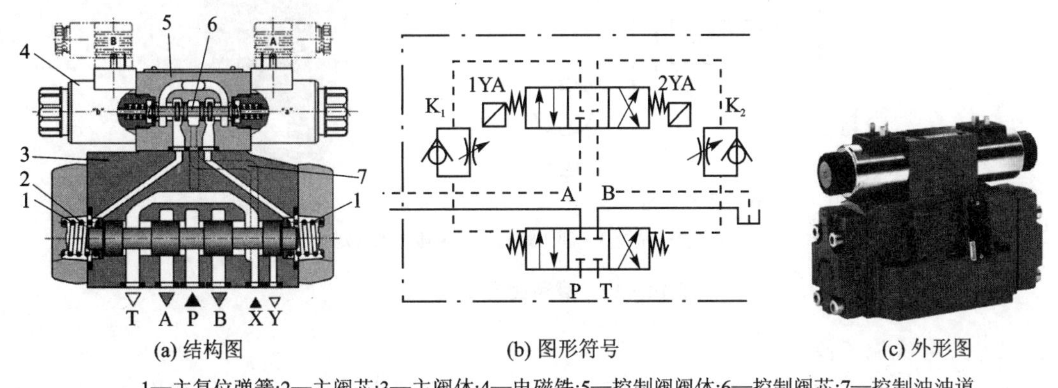

(a) 结构图　　(b) 图形符号　　(c) 外形图

1—主复位弹簧;2—主阀芯;3—主阀体;4—电磁铁;5—控制阀阀体;6—控制阀芯;7—控制油油道

图 10-28　电液动换向阀

10.3.4　压力控制阀

在液压系统中控制系统油液压力的阀通称为压力控制阀。压力控制阀是利用作用在阀芯上的油液压力与弹簧力相平衡的原理,实现压力控制的。常见的压力控制阀按功用分为溢流阀、减压阀、顺序阀、压力继电器等。

1. 溢流阀

溢流阀通常安装在液压泵的出口处,并联在系统油路中,利用系统油压开启阀口,让多余的油液溢流回油箱,使被控制系统或回路的压力保持恒定。溢流阀按其结构原理可分为直动式和先导式两种。

(1) 直动式溢流阀

直动式溢流阀又称普通溢流阀或低压溢流阀。滑阀式直动式溢流阀的工作原理如图 10-29 所示。进口的压力油通过阀体内的通道引入阀芯下端,直接与上端的弹簧相互作用,弹簧腔的泄漏油与出油口相连。当进口油压升高到能克服弹簧阻力时,便推动阀芯运动,油液就由进油口 P 流入,从回油口 O 流回油箱。当系统压力变化时,通过溢流阀的流量变化,阀口开度变化,弹簧压缩量也随之改变。在弹簧压缩量变化甚小的情况下,可以认为阀芯在液压力和弹簧力作用下保持平衡,溢流阀进口处的压力 p 基本保持在弹簧调定值。拧动调压螺钉 3 改变弹簧的预压缩量,便可调整溢流阀的溢流压力。这种溢流阀因为其作用在阀芯上的液压力直接和调压弹簧力抗衡,所以称为直动式溢流阀。由于液压力直接作用于弹簧的结构,所以需要的弹簧刚度很大,当溢流量较大时,阀口开度增大,弹簧的压缩量增大,控制的油液压力波动大,故手轮调节所需力量也大。所以,普通直动型溢流阀适用于低压小流量系统。

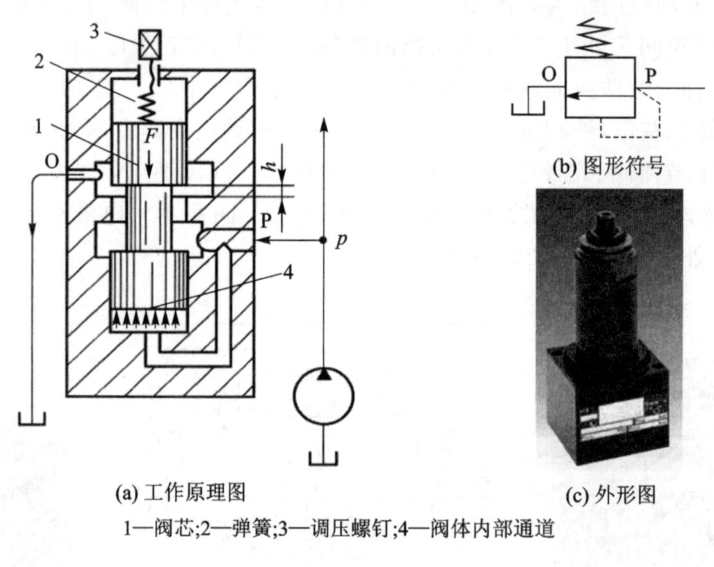

(a) 工作原理图　(b) 图形符号　(c) 外形图

1—阀芯;2—弹簧;3—调压螺钉;4—阀体内部通道

图 10-29　滑润式直动式溢流阀

(2) 先导式溢流阀

先导式溢流阀如图 10-30 所示。图 10-30(a)所示为先导式溢流阀的结构图,由主阀和先导阀两部分组成,其中,主阀由主阀体、主阀芯 9 和小弹簧 7 等组成;先导阀是普通直动式锥阀芯溢流阀。

当先导式溢流阀的进油口 P 通入压力油时,压力油一部分通过先导阀体上的油孔 10、阻尼孔 8 进入阀芯上部油腔 11,经先导阀油孔 6、先导式溢流阀 5 作用在锥形阀芯 4 上。当溢流阀进油口 P 处的压力较小不能顶开先导阀芯时,主阀芯上的阻尼孔只起通油作用,这时主阀芯左、右两腔的液压力相等,而左腔又有一个小弹簧力的作用,必使主阀芯处在右端极限位置,封闭 P 到 O 的溢流通道;当压力增大到先导锥阀芯的开启压力时,先导锥阀芯打开,油液可以经过主阀芯上的泄油孔 12 流回主阀的回油腔 O,实行内泄。由于阻尼孔 8 的液阻很大,靠流动阻力的作用产生压力降,使主阀芯所受的液压力不平衡,当入口处的液压力达到溢流阀的调定压力时,溢流阀阀芯右侧作用的液压力大于左侧的液压力与小弹簧的作用力之和,主阀芯开

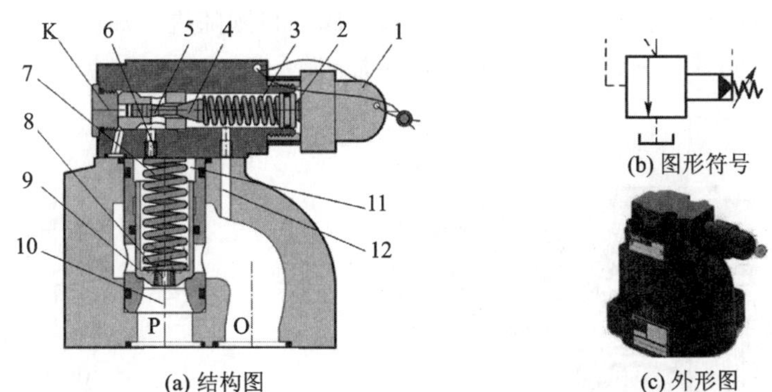

(a) 结构图　　(b) 图形符号　　(c) 外形图

1—调压手轮;2—调节元件;3—弹簧;4—锥形阀芯;5—先导式溢流阀;6—先导阀油孔;
7—小弹簧;8—阻尼孔;9—主阀芯;10—油孔;11—上部油腔;12—泄油孔

图 10－30　先导式溢流阀

始向左运动，打开 P 到 O 的通道而产生溢流，实现溢流稳压的目的。调节先导阀的调压手轮 1，便能调整溢流压力；更换不同刚度的调压弹簧，便能得到不同的调压范围。

先导式溢流阀上开有一个液控口 K，图 10－30(a)所示为控制口封闭状态。当要实行远程控制时，在此口连接一个调压阀，相当于给溢流阀的调压部分并联一个先导调压阀，溢流阀工作压力就由溢流阀本身的先导调压阀和远程控制口上连接的调压阀中较小的调压值决定。液控口 K 上连接的调压阀(调节压力小于溢流阀本身先导阀的调定值)可以实现溢流阀的远程控制或使溢流阀卸荷。若不使用其功能，则按图 10－30(a)所示堵上远程控制口即可。

在先导式溢流阀中，先导阀的作用是控制和调节溢流压力，其阀口直径较小，即使在较高压力的情况下，作用在锥阀芯上的液压力也不大，因此调压弹簧的刚度不必很大，压力调整也比较轻便；主阀芯的两端均受油压作用，主阀弹簧也只需很小的刚度，这样，当溢流量变化引起弹簧压缩量变化时，进油口的压力变化不大。故先导式溢流阀的稳压性能优于普通直动式溢流阀。但先导式溢流阀是二级阀，其灵敏度低于直动式溢流阀。

先导式溢流阀的图形符号如图 10－30(b)所示，其外形如图 10－30(c)所示。

2. 减压阀

减压阀是使出口压力低于进口压力的一种压力控制阀。利用减压阀可降低系统提供的压力，使同一系统具有两个或两个以上的压力回路。减压阀一般串联在油路中。减压阀根据功用的不同可以分为定值减压阀、定差减压阀和定比减压阀。

减压阀如图 10－31 所示。在静态位置时，阀常开，油液可自由地从油口 B 经主阀芯插件 3 进入油口 A。油口 A 的压力作用于主阀芯的底侧，同时作用于先导阀 2 中的球阀 6 上，经节流孔 4 作用于主阀芯插件 3 的弹簧加载侧，并且流经油口 5。同样，压力经阻尼孔 7、控制油路 8、单向阀 9 和内部节流孔 10 作用于球阀 6 上。根据先导弹簧 11 的设定，在球阀 6 前部、油口 5 中和主阀弹簧腔 12 内建压，保持控制活塞 13 处于开启位置。油液可自由地从油口 B 经主阀芯插件 3 流入油口 A，直至油口 A 的压力超过先导弹簧 11 的设定值，并打开球阀 6、控制活塞 13 移动至关闭位置。当油口 A 的压力与弹簧设定压力之间达到平衡时，就会获得期望的减压压力。控制油经泄油油路 15 由外部从先导阀弹簧腔 14 泄回油箱。

减压阀与先导式溢流阀的区别：

① 主阀芯的动作减压阀由出口压力控制，溢流阀由进口压力控制；

② 减压阀开口随出口油压的升高而减小,溢流阀开口则随进口油压的升高而增大;

③ 常态下减压阀开口为常开,溢流阀开口为常闭。

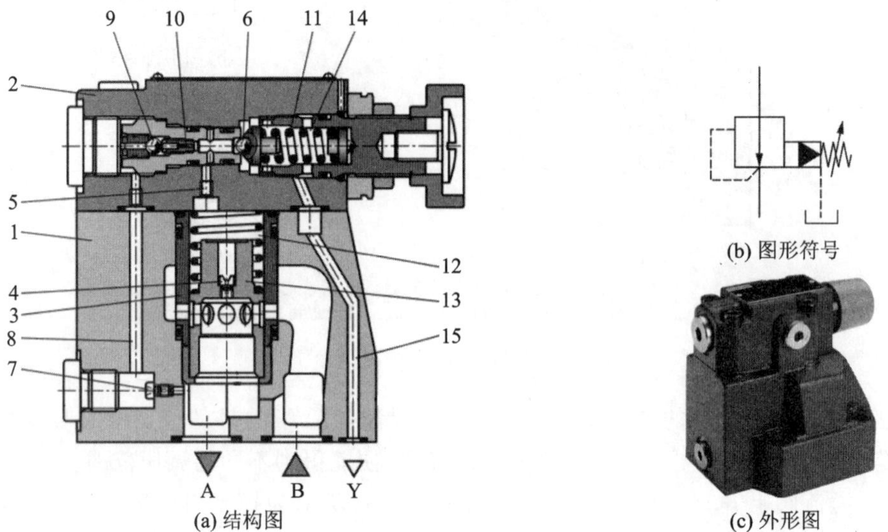

(a) 结构图　(b) 图形符号　(c) 外形图

1—阀体;2—先导阀;3—主阀芯插件;4—节流孔;5—油口;6—球阀;7—阻尼孔;8—控制油路;9—单向阀;10—内部节流孔;11—先导弹簧;12—主阀弹簧腔;13—控制活塞; 14—先导阀弹簧腔;15—泄油油路

图 10-31　减压阀

3. 顺序阀

顺序阀是利用油路中压力的变化来控制阀口启闭,以实现各工作部件依次顺序动作的液压元件。常用于控制多个执行元件的顺序动作,故名顺序阀。顺序阀按结构的不同分为直动式和先导式两种,当顺序阀利用外来液压力进行控制时,称液控顺序阀。不论是直动式还是先导式顺序阀都和对应的溢流阀原理相类似,主要不同在于溢流阀调压弹簧腔的泄漏油和出油口相连,而顺序阀单独接回油箱。

(1) 直动式顺序阀

图 10-32 所示为直动式顺序阀。直动式顺序阀的结构图如图 10-32(a)所示,它用于次级回路与压力相关的顺序切换。顺序压力通过调整元件 1 进行设置。压缩弹簧 2 将控制阀芯 3 保持在它的初始位置,即保持阀是关闭的。通过先导油路 4,通道 A 中的压力施加在与压缩弹簧 2 相对的控制阀芯 3 的表面上。当通道 A 中的压力达到压缩弹簧 2 的设置值时,会向右移动控制阀芯 3,油口 A 到 B 的连接被打开。通道 A 中不存在压降,与通道 B 相连的系统就会进行排序。控制信号通过通道 A 的先导油路 4 提供,或者,在外部通过油口 X 提供控制信号。根据阀的用途,泄漏油可经 Y 口外部回油,或经 B 口内部回油。图 10-32(b)所示为直动式顺序阀的图形符号,图 10-32(c)所示为直动式顺序阀的外形图。

(2) 先导式顺序阀

图 10-33 所示为先导式顺序阀。先导式顺序阀的结构图如图 10-33(a)所示,它用于与压力相关的次级回路切换。施加于通道 A 的压力通过控制油路 4 作用于先导控制阀 2 中的先导阀芯 5。通过阀芯节流孔 6,通道 A 中的压力同时作用于主阀芯 7 的弹簧负载侧。如果压力超过在先导弹簧 8 处设置的值,则先导阀芯 5 将顶着先导弹簧 8 移动。此时,主阀芯 7 的

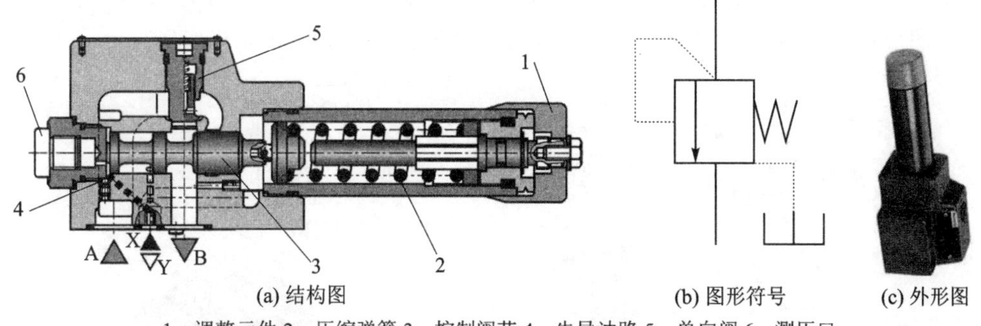

(a) 结构图　(b) 图形符号　(c) 外形图

1—调整元件;2—压缩弹簧;3—控制阀芯;4—先导油路;5—单向阀;6—测压口

图 10－32　直动式顺序阀

弹簧负载侧的液压油通过先导节流孔 9、控制边 10 以及先导控制油路 11 和主阀控制油路 12 流入通道 B,这将在主阀芯 7 处产生压降,主阀芯 7 向上移动并打开从通道 A 到通道 B 的连接,将通过在先导弹簧 8 处设置的值使通道 A 中的压力超过通道 B 中的压力。在先导阀芯 5 处发生的泄漏将通过先导控制阀的弹簧腔 15 和泄油控制油路 13 导入到通道 B 中,如果次级油路(通道 B)中的压力比通道 A 中的压力高,则可以安装可选的单向阀 3 用于自由回流。图 10－33(b)所示为先导式顺序阀的图形符号,图图 10－33(c)所示为先导式顺序阀的外形图。

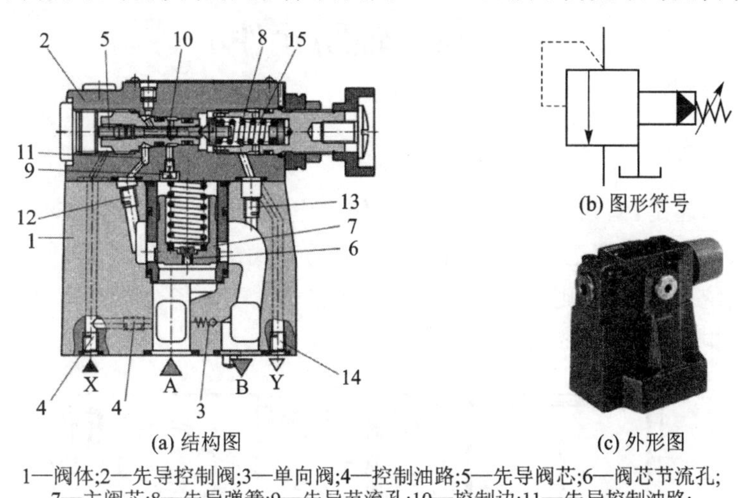

(a) 结构图　(b) 图形符号　(c) 外形图

1—阀体;2—先导控制阀;3—单向阀;4—控制油路;5—先导阀芯;6—阀芯节流孔;7—主阀芯;8—先导弹簧;9—先导节流孔;10—控制边;11—先导控制油路;12—主阀控制油路;13—泄油控制油路;14—泄油孔;15—弹簧腔

图 10－33　先导式顺序阀

4. 压力继电器

压力继电器是将液压信号转变为电信号的一种信号转换元件,它根据液压系统的压力变化自动接通和断开相关电路,借以实现程序控制和安全保护作用。

图 10－34 所示为柱塞式压力继电器。柱塞式压力继电器结构图如图 10－34(a)所示,它主要由壳体 1、微动开关 2、调整螺钉 3、推杆 4、柱塞 5 和弹簧 6 等组成。被监控的压力作用在柱塞 5 上,柱塞 5 克服无级可调弹簧 6 的弹簧力,使推杆 4 将柱塞 5 的运动传给微动开关 2。其本质上是将被监控压力转化为柱塞 5 的位移,通过微动开关 2 监测位移实现电路的接通和断开。机械止动 7 在高压时起保护作用。为调整切换压力,须先拆下铭牌 8 并松开螺钉 9,通过

旋动调整螺钉 3 来设定切换压力。最后,用螺钉 9 锁定调整螺钉 3,并装回铭牌 8。柱塞式压力继电器的图形符号如图 10-34(b)所示,柱塞式压力继电器的外形图如图 10-34(c)所示。

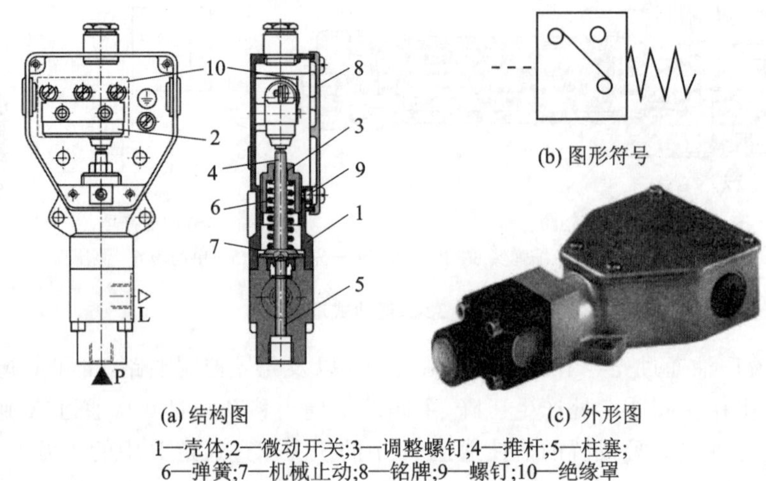

1—壳体;2—微动开关;3—调整螺钉;4—推杆;5—柱塞;6—弹簧;7—机械止动;8—铭牌;9—螺钉;10—绝缘罩

图 10-34 柱塞式压力继电器

10.4 辅助元件

10.4.1 油 箱

油箱的基本功能是:储存工作介质;散发系统工作中产生的热量;分离油液中混入的空气;沉淀污染物及杂质。按油面是否与大气相通,可分为开式油箱与闭式油箱。开式油箱广泛用于一般的液压系统,闭式油箱则用于水下和高空无稳定气压的场合。

开式油箱结构如图 10-35 所示。

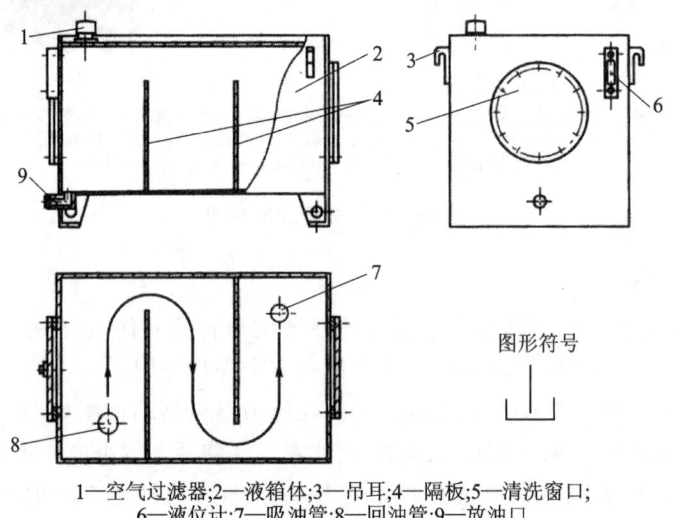

1—空气过滤器;2—液箱体;3—吊耳;4—隔板;5—清洗窗口;6—液位计;7—吸油管;8—回油管;9—放油口

图 10-35 油箱结构示意图

油箱的设计要点如下：

① 泵的吸油管与系统回油管之间的距离应尽可能远些；管口都应插于最低液面以下，且离油箱底要大于管径的 2～3 倍，以免吸空和飞溅起泡；吸油管端部所安装的滤油器离箱壁要有 3 倍管径的距离，以便四面进油；回油管口应截成 45°斜角，以增大回流截面，并使斜面对着箱壁，以利散热和沉淀杂质。

② 在油箱中设置隔板，以便将吸、回油隔开，迫使油液循环流动，利于散热和沉淀。

③ 设置空气滤清器与液位计。

④ 设置放油口与清洗窗口。

⑤ 最高油面只允许达到油箱高度的 80%，油箱底脚高度应在 150 mm 以上，以便散热、搬移和放油，油箱四周要有吊耳，以便起吊装运。

⑥ 油箱正常工作温度应在 15～66 ℃，必要时应安装温度控制系统，或设置加热器和冷却器。

10.4.2　过滤器

液压油中往往含有颗粒状杂质，会造成液压元件相对运动表面的磨损、滑阀卡滞、节流孔口堵塞，使系统工作可靠性大为降低。在系统中安装一定精度的过滤器，是保证液压系统正常工作的必要手段。按滤芯的材料和结构形式，过滤器可分为网式、线隙式，纸质滤芯式、烧结式过滤器及磁性过滤器等。按过滤器安放的位置不同，还可以分为吸滤器、压滤器和回油过滤器，考虑到泵的自吸性能，吸油过滤器多为粗滤器。

① 网式过滤器。图 10－36 所示为网式过滤器，其滤芯以铜网为过滤材料，在周围开有很多孔的塑料或金属筒形骨架上，包着一层或两层铜丝网，其过滤精度取决于铜网层数和网孔的大小。这种过滤器结构简单，通流能力大，清洗方便，但过滤精度低，一般用于液压泵的吸油口。

② 线隙式过滤器。线隙式过滤器如图 10－37 所示，用钢线或铝线密绕在筒形骨架的外部来组成滤芯，依靠铜丝间的微小间隙滤除混入液体中的杂质。其结构简单，通流能力大，过滤精度比网式过滤器高，但不易清洗，多为回油过滤器。

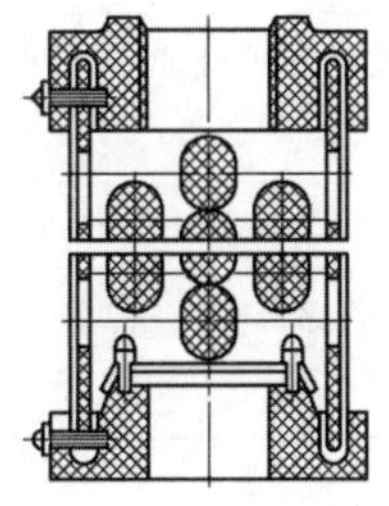

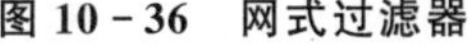

图 10－36　网式过滤器

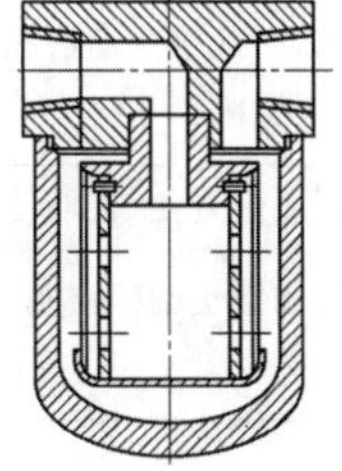

图 10－37　线隙式过滤器

③ 纸质滤芯式过滤器。纸质滤芯式过滤器如图 10－38 所示，其滤芯为平纹或波纹的酚醛树脂或木浆微孔滤纸制成的纸芯，将纸芯围绕在带孔的镀锡铁做成的骨架上，以增大强度。为增加过滤面积，纸芯一般做成折叠形。其过滤精度较高，一般用于油液的精过滤，但堵塞后无法清洗，须经常更换滤芯。

④ 烧结式过滤器。烧结式过滤器如图 10－39 所示，其滤芯用金属粉末烧结而成，利用颗

粒间的微孔来挡住油液中的杂质通过。其滤芯能承受高压,抗腐蚀性好,过滤精度高,适用于要求精滤的高压、高温液压系统。

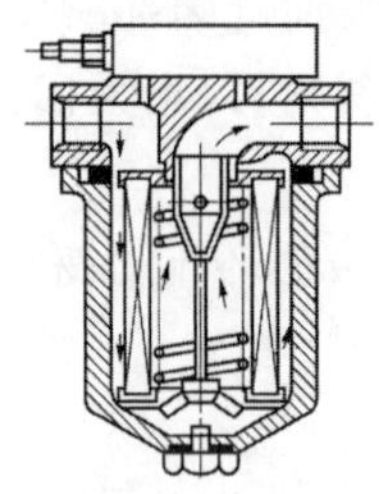

图 10-38 纸质滤芯式过滤器

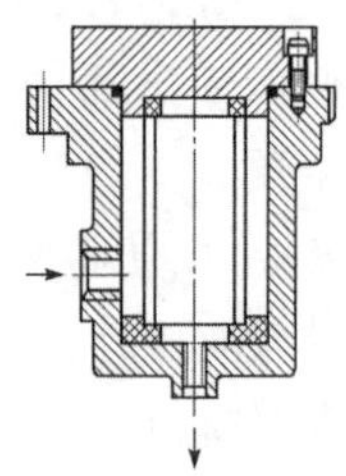

图 10-39 烧结式过滤器

10.4.3 管 件

管件包括管道、管接头和法兰等,其作用是:保证油路的连通,并便于拆卸、安装;根据工作压力、安装位置确定管件的连接结构。与泵、阀等连接的管件应由其接口尺寸决定管径。

1. 管 道

管道的特点、种类和适用场合见表 10-4。管道应尽量短,最好横平竖直,拐弯少。为避免管道皱折,减少压力损失,管道装配的弯曲半径要足够大,管道悬伸较长时要适当设置管夹。管道应尽量避免交叉,平行管距要大于 100 mm,以防接触振动,并便于安装管接头。软管直线安装时要有 30%左右的余量,以适应油温变化、受拉和振动的需要。弯曲半径要大于 9 倍软管外径,弯曲处到管接头的距离至少等于 6 倍外径。

表 10-4 管道的种类、特点和适用场合

种 类	特点和适用范围
钢管	价廉、耐油、抗腐、刚性好,但装配不易弯曲成形,常在拆装方便处用作压力管道,中压以上用无缝钢管,低压用焊接钢管
紫铜管	价格高,抗振能力差,易使油液氧化,但易弯曲成形,用于仪表和装配不便处
尼龙管	半透明材料,可观察流动情况,加热后可任意弯曲成形和扩口,冷却后即定形,承压能力较低,一般在 2.8～8 MPa
塑料管	耐油、价廉、装配方便,长期使用会老化,只用于压力低于 0.5 MPa 的回油或泄油管路
橡胶管	用耐油橡胶和钢丝编织层制成,价格高,多用于高压管路;还有一种用耐油橡胶和帆布制成,用于回油管路

2. 管接头

管接头是管道和管道、管道和其他元件(如泵、阀、集成块等)的可拆卸连接件。管接头与其他元件之间可采用普通细牙螺纹连接或锥螺纹连接,如图 10-40 所示。

(1) 硬管接头

按管接头和管道的连接方式分,硬管接头有扩口式管接头、卡套式管接头和焊接式管接头三种。扩口式管接头适用于紫铜管、薄钢管、尼龙管和塑料管等低压管道的连接,拧紧接头螺母,通过管套使管子压紧密封。卡套式管接头拧紧接头螺母后,卡套发生弹性变形便将管子夹

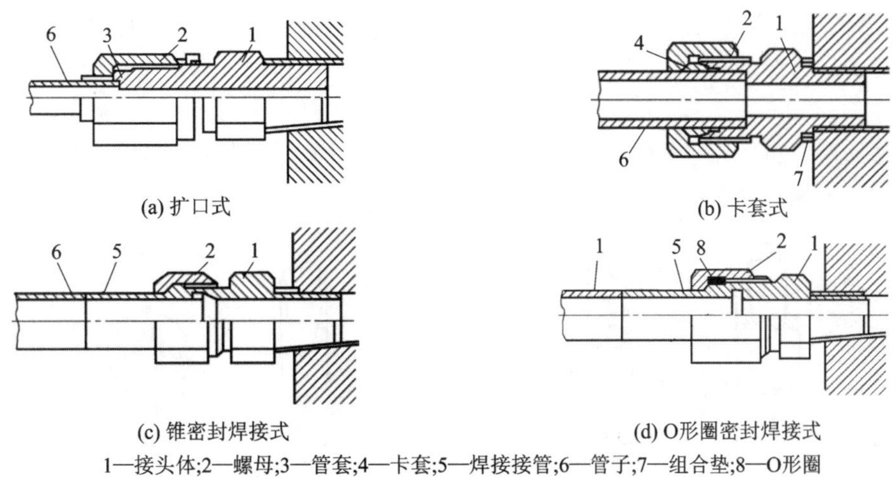

图 10-40 硬管接头的连接形式

紧,它对轴向尺寸要求不严,装拆方便,但对连接用管道的尺寸精度要求较高。焊接式管接头接管与接头体之间的密封方式有球面、锥面接触密封和平面加 O 形圈密封两种。前者有自位性,安装要求低,耐高温,但密封可靠性稍差,适用于工作压力不高的液压系统;后者密封性好,可用于高压系统。此外,尚有二通、三通、四通、铰接等数种形式的管接头,供不同情况下选用,具体可查阅有关手册。

(2) 胶管接头

胶管接头有扩口式和扣压式两种,随管径和所用胶管钢丝层数的不同,工作压力在 6～40 MPa。图 10-41 所示为扣压式胶管接头,扩口式胶管接头与其类似,可参见《液压工程手册》。

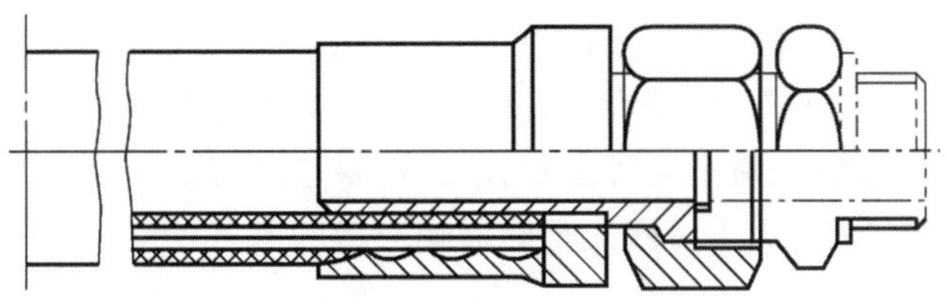

图 10-41 扣压式胶管接头

10.4.4 蓄能器

蓄能器的作用是将液压系统中的压力油储存起来,在需要时又重新放出。其主要作用有:

① 作辅助动力源。在间歇工作或实现周期性动作循环的液压系统中,蓄能器可以把液压泵输出的多余压力油储存起来。当系统需要时,由蓄能器释放出来。这样可以减少液压泵的额定流量,从而减少电机功率消耗,降低液压系统温升。

② 系统保压或作紧急动力源。对于执行元件长时间不动作,又要保持恒定压力的系统,可用蓄能器来补偿泄漏,从而使压力恒定。对某些系统要求当泵发生故障或停电时,执行元件应继续完成必要动作的情况,需要有适当容量的蓄能器作紧急动力源。

③ 吸收系统脉动,缓和液压冲击。蓄能器能吸收系统压力突变时的冲击,如液压泵突然启动或停止,液压阀突然关闭或开启,液压缸突然运动或停止;也能吸收液压泵工作时的流量脉动所引起的压力脉动,相当于油路中的平滑滤波(在泵的出口处并联一个反应灵敏而惯性小的蓄能器)。

蓄能器通常有重力式、弹簧式和充气式等几种,如图 10-42 所示。目前常用的是利用气体压缩和膨胀来储存、释放液压能的充气式蓄能器。

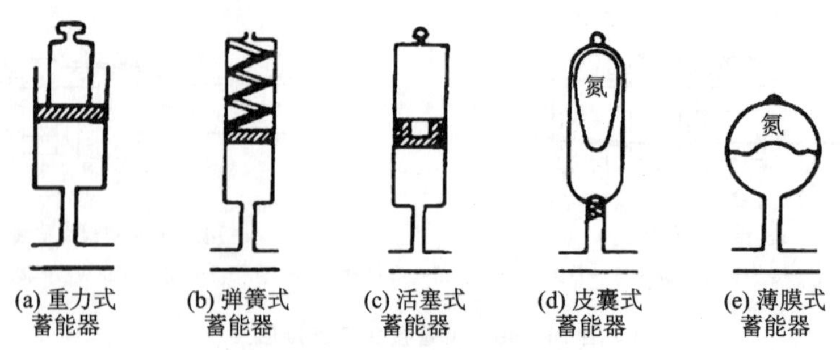

图 10-42 蓄能器的结构形式

图 10-42(a)所示为重力式蓄能器,主要用于冶金等大型液压系统的恒压供油,其缺点是反应慢,结构庞大,现在已很少使用。

图 10-42(b)所示为弹簧式蓄能器,利用弹簧的压缩和伸长来储存、释放压力能。它的结构简单,反应灵敏,但容量小,可用于小容量、低压回路,起缓冲作用,不适用于高压或高频的工作场合。

活塞式蓄能器中的气体和油液由活塞隔开,其结构如图 10-42(c)所示。这种蓄能器结构简单、寿命长,主要用于大体积和大流量的情况。但因活塞有一定的惯性和 O 形密封圈存在较大的摩擦力,所以反应不够灵敏。

皮囊式蓄能器中气体和油液用皮囊隔开,其结构如图 10-42(d)所示。皮囊用耐油橡胶制成,固定在耐高压的壳体上部,皮囊内充入惰性气体,壳体下端的提升阀由弹簧加菌形阀构成,压力油由此通入,并能在油液全部排出时,防止皮囊膨胀挤出油口。这种结构使气、液密封可靠,并且因皮囊惯性小而克服了活塞式蓄能器响应慢的弱点,因此,它的应用范围非常广泛,其缺点是工艺性较差。

薄膜式蓄能器如图 10-42(e)所示,它是利用薄膜的弹性来储存、释放压力能的,主要用于体积和流量较小的情况,如用作减震器、缓冲器等。

10.5 工程应用案例——25 t 液压振动台

液压振动台通过电液伺服阀这一能量转换、放大装置,将高压液体的能量转换为执行机构(作动器)的往复运动。伺服阀、作动器与工作台面连在一起,构成液压振动台。液压振动台应用范围广泛,多用于航空航天、兵器、船舶、车辆及家用电器工业的振动试验,也适用于科研院所、大专院校进行结构力学分析或模态试验。

1. 工作原理及结构

液压振动台工作原理如图 10-43 所示。伺服放大器将来自信号源的输入信号和来自伺

服阀及作动筒的反馈传感器信号进行综合，产生一个偏差信号，并将其放大。当这个信号输入给伺服阀的力马达时，产生一个与此信号大小成比例的力。该力作用在一级滑阀上并使滑阀产生与力成比例的位移，与一级滑阀输出位移成比例的液流作用在二级滑阀的两端，使二级滑阀的运动速度与力马达的输入电流成比例。液压源是向伺服阀提供一定压力和流量的动力源，伺服阀按照输入信号变换流入作动筒的高压液流方向，使油缸活塞和台面上装载的夹具和试品，在其上、下两端压差的作用下做往复运动，振动的频率和位移由控制系统参数来决定。其外形图如 10－44 所示。

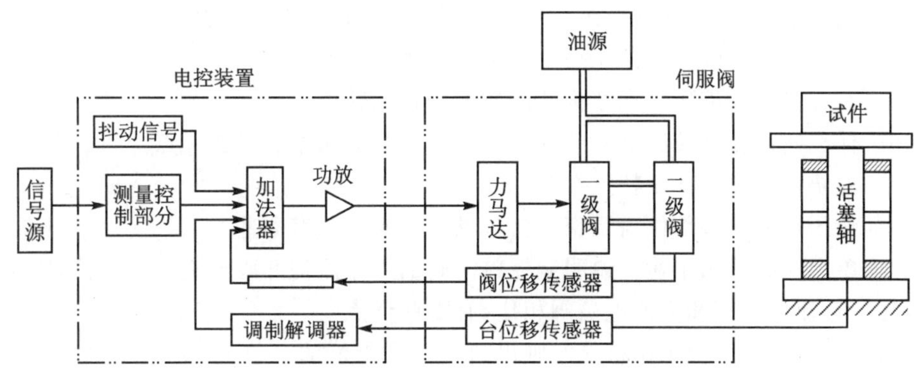

图 10－43　液压振动台工作原理

2. 设计参数

设计参数如下：

① 频率范围：0.1～50 Hz。

② 最大推力：250 kN。

③ 最大行程：±100 mm。

④ 最大速度：2 m/s。

⑤ 振动方向：垂直。

⑥ 振动波形：正弦。

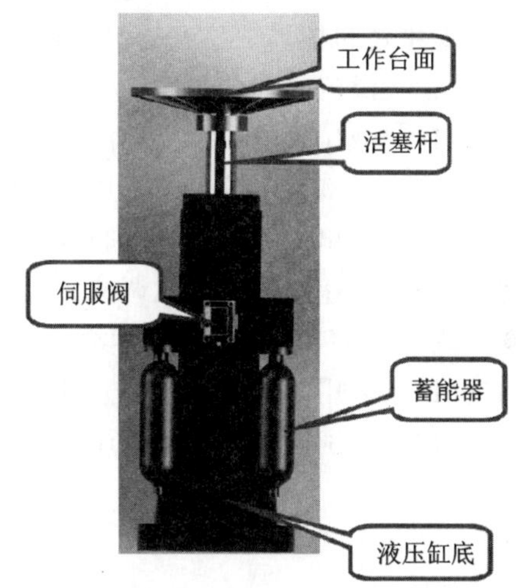

图 10－44　振动台外形图

3. 液压缸参数的确定

(1) 负　载

根据设计要求，满载时推力大于 250 kN。

(2) 求液压缸的作用面积

活塞杆直径按照拉压强度计算：

$$d=\sqrt{\frac{4F_{推}}{\pi[\sigma]}}=8.4\ \text{cm}$$

液压缸活塞杆直径必须大于 8.4 cm。此外，由于设备所需推力比较大，为了减小流量，系统油源的供油压力为 $p_s=28$ MPa，则活塞杆的有效面积不得小于：

$$D=\sqrt{\frac{6F_{推}}{\sqrt{2}\pi p_s}}=15.3\ \text{cm}$$

查手册，将内径 D 和活塞杆外径 d 按照 GB/T 2348—2001《液压气动系统及元件缸内径及活塞杆外径》选择,并使内径 D 和活塞杆外径 d 尽可能接近,降低系统流量。确定液压缸内径 $D=16.5\ \mathrm{cm}$,活塞杆外径 $d=12\ \mathrm{cm}$,此时,$A=100\ \mathrm{cm}^2$。

练习思考题

10-1 从能量转换的角度说明液压泵、液压马达和液压缸的作用。

10-2 液压泵的基本工作原理是什么?常用的液压泵有哪几种?

10-3 齿轮泵、叶片泵和柱塞泵一般各适用于什么样的工作压力?

10-4 简要地说明叶片式液压马达的工作原理。

10-5 双杆活塞式液压缸在结构性能方面有什么特点?

10-6 什么叫作差动液压缸?差动液压缸在实际应用中有什么优点?

10-7 柱塞液压缸有什么特点?

10-8 液压缸的哪些部位需要密封?常见的密封方法有哪些?

10-9 单向阀有什么用途?说明液控单向阀的工作原理并画出它的图形符号。

10-10 直流电磁阀和交流电磁阀相比,有哪些优点?

10-11 什么叫作滑阀中位机能?画出两种不同机能的三位五通换向滑阀符号,并说明其处于中间位置时的性能特点。

10-12 画出下列换向阀的符号:二位二通电磁阀(常闭);二位三通行程阀;三位四通电磁阀(K 型中位机能);三位五通电液动阀(M 型中位机能)。

10-13 溢流阀有什么用途?它的工作原理怎样?溢流阀在油路中通常是怎样连接的?

10-14 减压阀具有什么性能?其工作原理如何?减压阀与溢流阀相比有哪些不同?

10-15 举例说明顺序阀和压力继电器在液压系统中的应用。

10-16 画出溢流阀、减压阀和顺序阀的符号,并比较它们的不同之处。

10-17 调速阀为何既能调速又能稳速?在液压缸的回油路上装一调速阀,当负载变化时,它实现稳速的具体过程是怎样的?

10-18 常用的滤油器有哪几种?各有什么特点?

10-19 分别说明蓄能器、压力表开关及油箱的作用。

第 11 章　液压基本回路

由于液压技术在工程中的广泛应用，使得液压系统依照不同的使用场合，有着不同的组成形式。但是，无论实际的液压系统多么复杂，它总不外乎是由一些基本回路组成的。

所谓基本回路，就是由液压元件组成，用来完成特定功能的油路结构。它从一般的实际液压系统中归纳、综合、提炼出来，具有一定的代表性。熟悉并掌握这些基本回路的结构原理和性能，对于分析液压系统是非常必要的。

基本回路按其在液压系统中的功能，可分为速度控制回路、压力控制回路、方向控制回路和多缸配合动作回路。

11.1　速度控制回路

速度控制回路是控制和调节液压执行元件运动速度的基本回路。常用的速度控制回路有调速回路、快速运动回路和速度换接回路等。

11.1.1　调速回路

调速回路主要有节流调速、容积调速和容积节流调速三种方式。

1. 节流调速回路

节流调速回路由定量泵、溢流阀、节流阀、液压缸(执行元件)等组成。定量泵供油，通过调节流量阀的通流截面积大小来改变进入执行机构的流量，从而实现执行元件运动速度的调节。节流调速回路按溢流阀在其中的位置不同，分为进油节流调速回路、回油节流调速回路和旁路节流调速回路。

(1) 进油节流调速回路

进油节流调速回路将节流阀装在液压缸(执行元件)的进油路上，即节流阀串联在定量泵和液压缸之间，溢流阀与其并联成溢流支路，其调速原理如图 11 - 1 所示。若调节节流阀的阀口大小，改变了并联两支路的流量分配，也就改变了进入液压缸的液体的流量，从而调节执行元件的运动速度。因为定量泵多余的油液须通过溢流阀流回油箱，因此这种调速回路节流阀和溢流阀必须结合在一起才起调速作用。因为溢流阀有溢流，所以泵的出口压力即溢流阀的调整压力，并基本保持定值。

(2) 回油节流调速回路

回油节流调速回路将节流阀安装在液压缸的回油路上，用节流阀控制液压缸的排油量，从而实现速度调节，其调速原理如图 11 - 2 所示。由于进入液压缸的流量 Q_1 受到回油路上排油量的限制，因此用节流阀来调节液压缸排油量，也就调节了进油量。定量泵多余的油液经溢流阀流回油箱。节流阀在回油路上可以产生背压。相对进油节流调速回路而言，回油节流调速回路运动比较平稳，常用于负载变化较大，要求运动平稳的液压系统中。

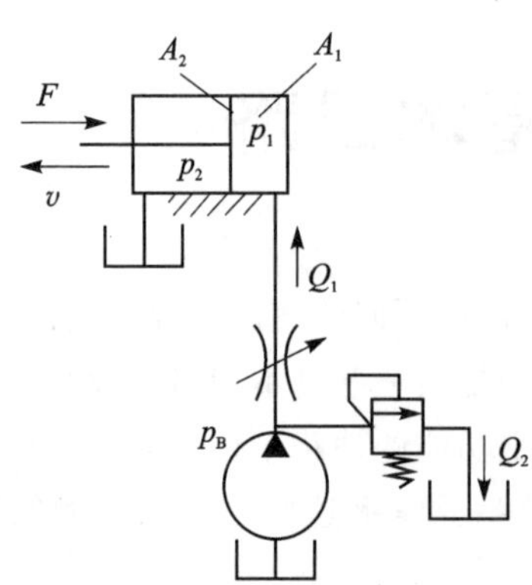

图 11-1　进油节流调速回路

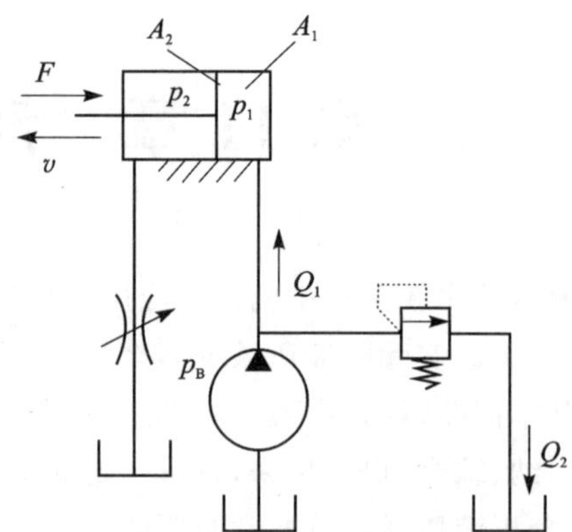

图 11-2　回油节流调速回路

(3) 旁路节流调速回路

这种回路与进、出口节流调速回路的组成相同,主要区别是将节流阀安装在与液压缸并联的进油支路上,此时回路中的溢流阀做安全阀用,正常工作时处于常闭状态。溢流阀的调定压力应大于最大的工作压力,它仅在回路过载时才打开,起安全保护作用。旁路节流调速回路的速度稳定性比前两种调速回路差。

上述三种调速回路都存在着速度稳定性问题,若将调速阀代替上述回路的节流阀,则可提高回路的速度刚度,改善速度的稳定性。

2. 容积调速回路

容积调速回路是通过改变回路中液压泵或液压马达的排量来实现调速的。其主要优点是功率损失小(没有溢流损失和节流损失),且其工作压力随负载变化,所以效率高,油温低,适用于高速、大功率系统。

按油路循环方式的不同,容积调速回路有开式回路和闭式回路两种。开式回路中泵从油箱吸油,执行机构的回油直接回油箱。油箱容积大,油液能得到较充分地冷却,但空气和脏物易进入回路。闭式回路中,液压泵将油输出进入执行机构的进油腔,又从执行机构的回油腔吸油。闭式回路结构紧凑,只需很小的补油箱,但冷却条件差。

容积调速回路通常有三种基本形式:变量泵和定量液动机的容积调速回路;定量泵和变量马达的容积调速回路;变量泵和变量马达的容积调速回路。

(1) 变量泵和定量液动机的容积调速回路

这种调速回路可由变量泵与液压缸或变量泵与定量液压马达组成。容积调速回路的工作原理如图 11-3 (a)所示,图中油缸 5 的活塞运动速度 v 由变量泵 1 调节,2 为安全阀,4 为换向阀,6 为背压阀。图 11-3(b)所示为采用变量泵 3 来调节液压马达 5 的转速,2 为单向阀。安全阀 4 用以防止过载,低压辅助泵 1 用以补油,其补油压力由低压溢流阀 6 来调节。

变量泵和定量液动机所组成的容积调速回路的调速范围主要取决于变量泵的变量范围,其次受回路的泄漏和负载的影响。这种回路为恒转矩输出,可正反向实现无级调速,调速范围较大。这种调速回路适用于调速范围较大,要求恒扭矩输出的场合,如大型机床的主运动或进给系统。

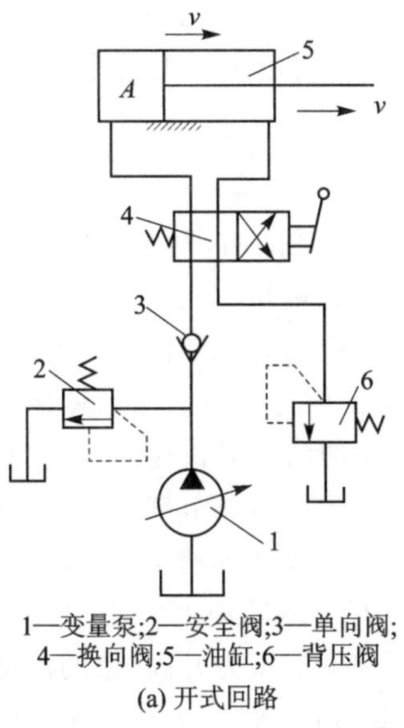

1—变量泵;2—安全阀;3—单向阀;
4—换向阀;5—油缸;6—背压阀

(a) 开式回路

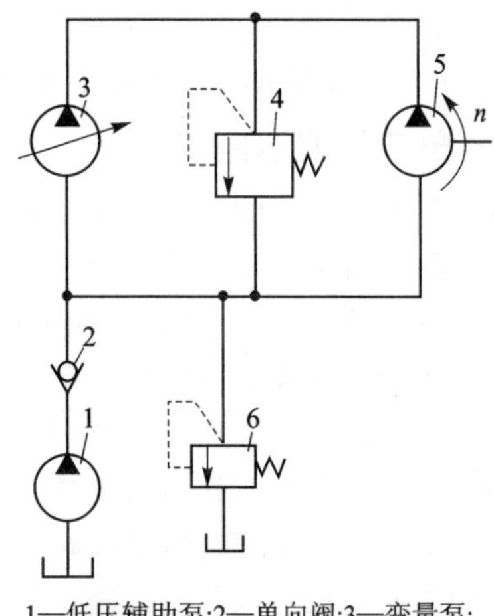

1—低压辅助泵;2—单向阀;3—变量泵;
4—安全阀;5—液压马达;6—低压溢流阀

(b) 闭式回路

图 11-3　变量泵定量液动机容积调速回路

(2) 定量泵和变量马达的容积调速回路

该容积调速回路如图 11-4 所示。此回路是由调节变量马达的排量来实现调速的。图 11-4(a)所示为开式回路,图 11-4(b)为闭式回路。

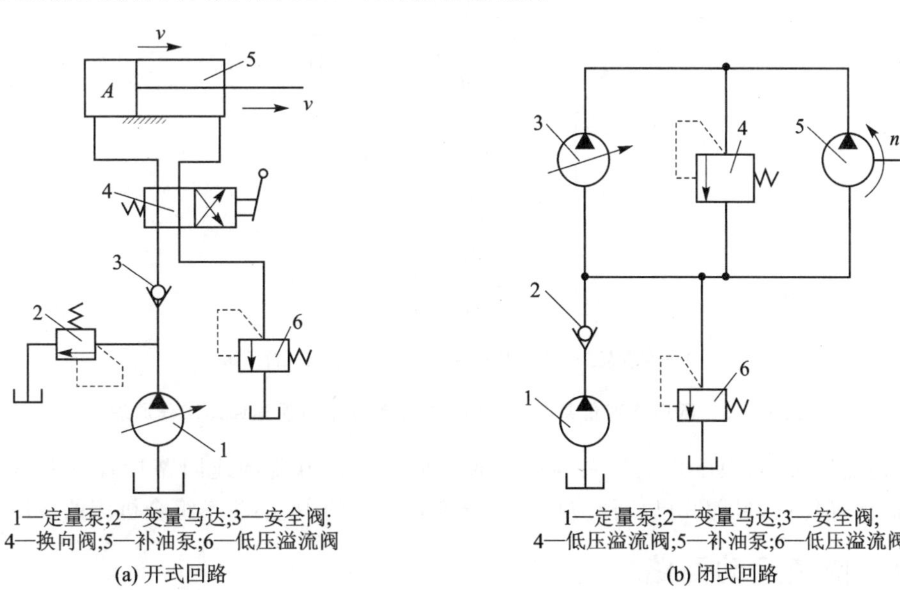

1—定量泵;2—变量马达;3—安全阀;
4—换向阀;5—补油泵;6—低压溢流阀

(a) 开式回路

1—定量泵;2—变量马达;3—安全阀;
4—低压溢流阀;5—补油泵;6—低压溢流阀

(b) 闭式回路

图 11-4　定量泵变量马达容积调速回路

此种用调节变量马达排量的调速回路,如果用变量马达来换向,则由于变量马达难以实现平稳换向,所以调速范围比较小,因而较少单独应用。

(3) 变量泵和变量马达的容积调速回路

这种调速回路是上述两种调速回路的组合,其调速特性也具有两者的特点。为合理地利用变量泵和变量马达调速中各自的优点,克服其缺点,在实际应用时,一般采用分段调速的方

法。这样,就可使马达的换向平稳。这种容积调速回路的调速范围是变量泵调节范围和变量马达调节范围的乘积,所以其调速范围大,并且有较高的效率。它适用于大功率的场合,如矿山机械、起重机械以及大型机床的主运动液压系统。

3. 容积节流调速回路

容积节流调速回路的基本工作原理是采用压力补偿式变量泵供油,调速阀(或节流阀)调节进入液压缸的流量,并使泵的输出流量自动地与液压缸所需流量相适应。

常用的容积节流调速回路有:限压式变量泵与调速阀等组成的容积节流调速回路;变压式变量泵与节流阀等组成的容积节流调速回路。图 11-5 所示为限压式变量泵与调速阀组成的容积节流调速回路工作原理。在图 11-5 所示位置,若油缸 4 的活塞需快速向右运动,则变量泵 1 按快速运动要求调节其输出流量,同时调节限压式变量泵的压力调节螺钉,使泵的限定压力大于快速运动所需压力。当换向阀 3 通电时,泵输出的压力油经调速阀 2 进入缸油 4,其回油经背压阀 5 回油箱。调节调速阀 2 的流量 q_1 就可调节活塞的运动速度 v,由于 $q_1<q_B$,所以压力油迫使泵的出口与调速阀进口之间的油压憋高,即泵的供油压力升高,泵的流量便自动减小到 $q_B\approx q_1$ 为止。这种调速回路的运动稳定性、速度负载特性、承载能力和调速范围均与采用调速阀的节流调速回路相同。此回路只有节流损失而无溢流损失。

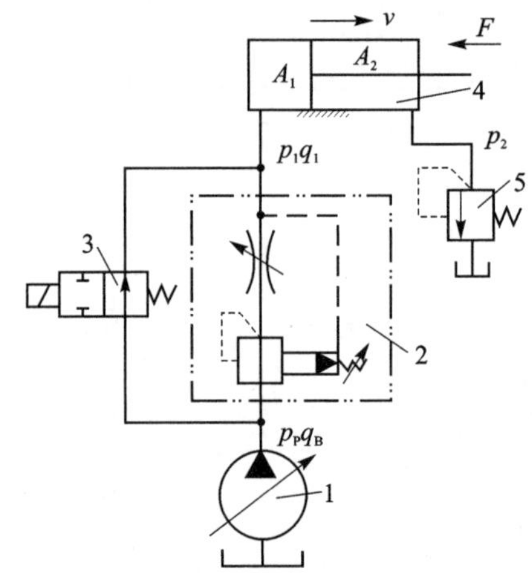

1—变量泵;2—调速阀;3—换向阀;4—油缸;5—背压阀

图 11-5 限压式变量泵与调速阀组成的容积节流调速回路工作原理

由上述内容可知,限压式变量泵与调速阀组成的容积节流调速回路具有效率高、调速稳定、结构简单等优点,目前其已广泛应用于负载变化不大的中、小功率组合机床的液压系统中。

11.1.2 快速运动回路

为了提高生产效率,机床工作部件常常要求实现空行程(或空载)的快速运动,这时需要液压系统流量大而压力低。这与工作运动时一般需要的流量较小和压力较高的情况正好相反。机床上常用的快速运动回路有差动连接增速回路、双泵供油的快速运动回路两种。

1. 差动连接增速回路

这是在不增加液压泵输出流量的情况下,提高工作部件运动速度的一种快速回路。

图 11-6 所示是差动连接增速回路,其工作过程为当两位三通电磁阀通电(如图示位置)

时，活塞快速运动。差动连接时，油缸右侧的回油经两位三通电磁阀左位后，与液压泵的供油一起进入液压缸左腔，使活塞快速向右运动。采用差动连接的快速回路方法简单，较经济，但快慢速度的换接不够平稳。差动油路的换向阀和油管通道应按差动时的流量选择，不然流动液阻过大，会使液压泵的部分油从溢流阀流回油箱，速度减慢，甚至不起差动作用。

2. 双泵供油的快速运动回路

这种回路利用低压大流量泵和高压小流量泵并联为系统供油，回路见图 11-7。液压泵 1 为高压小流量泵，用以实现工作进给运动。液压泵 2 为低压大流量泵，用以实现快速运动。溢流阀 5 控制液压泵 1 的供油压力，其是根据系统所需最大工作压力来调节的，而卸荷阀 3 使液压泵 2 在快速运动时供油，在工作进给时则卸荷，因此它的调整压力应比快速运动时系统所需的压力高，但比溢流阀 5 的调整压力低。

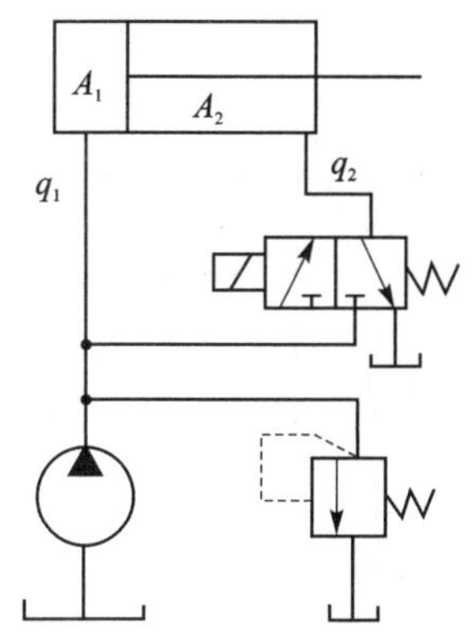

图 11-6　差动连接增速回路

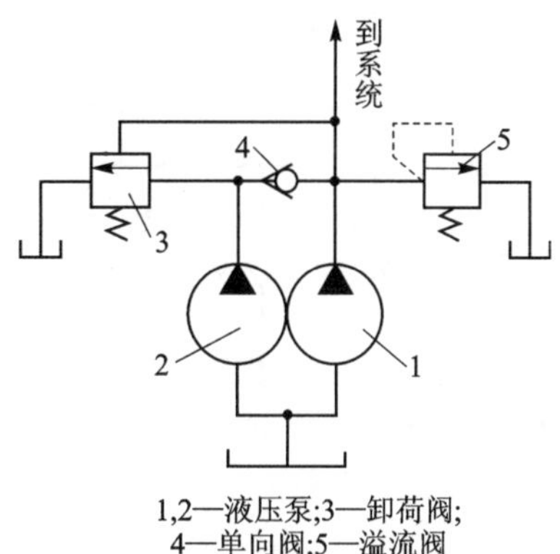

图 11-7　双泵供油回路

双泵供油回路功率利用合理、效率高，并且速度换接较平稳，在快慢速度相差较大的机床中应用很广泛；缺点是要用一个双联泵，油路系统也稍复杂。单向阀 4 用来实现低压工作快速运动的合流，并防止系统油液流入液压泵 2。

11.1.3　速度换接回路

速度换接回路用来实现运动速度的变换，即在原来设计或调节好的几种运动速度中，从一种速度换成另一种速度。对这种回路的要求是速度换接要平稳，即不允许在速度变换的过程中有前冲（速度突然增加）现象。下面介绍几种回路的换接方法及特点。

1. 利用行程节流阀的速度换接回路

图 11-8 所示是用单向行程节流阀换接快速运动（简称快进）和工作进给运动（简称工进）的速度换接回路，在图示位置，液压缸 3 右腔的回油可经行程阀 4 和换向阀 2 流回油箱，使活塞快速向右运动。定量泵 1 为系统动力源，换向阀 2 控制液压缸 3 活塞的前进和后退。当快速运动到达所需位置时，活塞上挡块压下行程阀 4，将其通路关闭，这时液压缸 3 右腔的回油就必须经过节流阀 6 流回油箱，活塞的运动转换为工作进给运动（简称工进）。当操纵换向阀 2 使换向阀换向后，压力油可经换向阀 2 和单向阀 5 进入液压缸 3 右腔，使活塞快速向左退回。

在这种速度换接回路中，因为行程阀的通油路是由液压缸活塞的行程控制阀芯移动而逐渐关闭的，所以换接时的位置精度高，冲出量小，运动速度的变换也比较平稳。这种回路在机床液压系统中应用较多,它的缺点是行程阀的安装位置受一定限制(要由挡铁压下),所以有时管路连接稍复杂。行程阀也可以用电磁换向阀来代替,这时电磁阀的安装位置不受限制(挡铁只需要压下行程开关),但其换接精度及速度变换的平稳性较差。

2. 利用液压缸自身结构的速度换接回路

图 11 - 9 所示是利用液压缸本身的管路连接实现的速度换接回路,在图示位置,活塞快速向右移动,液压缸右腔的回油经油路和换向阀流回油箱。当活塞运动到将油路封闭时,液压缸右腔的回油须经节流阀 3 流回油箱,活塞则由快速运动变换为工作进给运动。定量泵 1 为系统动力源,单向阀 2 用来实现活塞向左的快速运动。

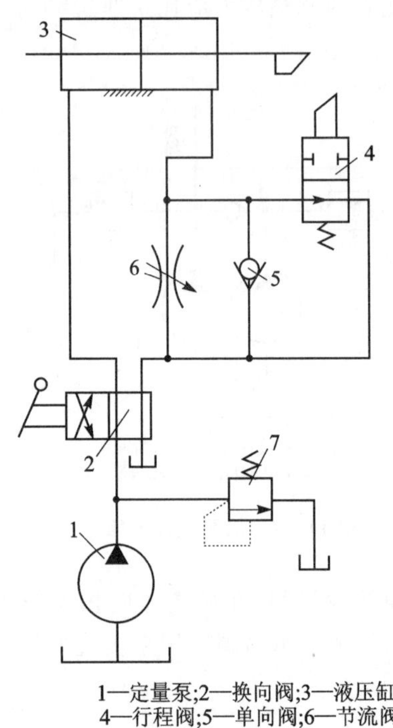

1—定量泵;2—换向阀;3—液压缸;
4—行程阀;5—单向阀;6—节流阀

图 11 - 8　利用行程节流阀的速度换接回路

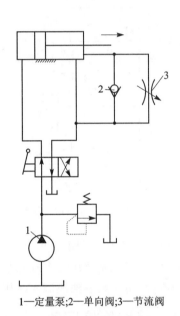

1—定量泵;2—单向阀;3—节流阀

图 11 - 9　利用液压缸自身结构的速度换接回路

这种速度换接回路方法简单,换接较可靠,但速度换接的位置不能调整,所以仅适用于工作情况固定的场合。这种回路也常用作活塞运动到达端部时的缓冲制动回路。

3. 两种工作进给速度的换接回路

对于某些自动机床、注塑机等,需要在自动工作循环中变换两种或两种以上的工作进给速度,这时需要采用两种(或多种)工作进给速度的换接回路。

图 11 - 10 所示是利用调速阀实现两种工作进给速度换接的回路。在图 11 - 10(a)中,两个调速阀并联连接,由电磁阀 3 实现速度换接。当电磁阀 5 和电磁阀 3 左位工作时,进入液压缸 4 流量由调速阀 1 调节;当电磁阀 5 左位工作且电磁阀 3 右位工作时,进入液压缸 4 的流量由调速阀 2 调节。图 11 - 10(b)所示是两个调速阀串联的速度换接回路,当图中所示状态电磁阀 5 处于左位工作时,液压泵输出的压力油经电磁阀 3 和调速阀 1 进入液压缸 4,这时的流量由调速阀 1 控制。当需要第二种工作进给速度时,电磁阀 3 通电,其右位接入回路,则液压

泵输出的压力油先经调速阀 1，再经调速阀 2 进入液压缸 4，这时的流量应由调速阀 2 控制，这种两个调速阀串联式回路中调速阀 2 的节流口应调得比调速阀 1 小，否则调速阀 2 的速度换接回路将不起作用。这种回路在工作时调速阀 1 一直工作，限制着进入液压缸或调速阀 2 的流量，因此在速度换接时不会使液压缸产生前冲现象，换接平稳性较好。在调速阀 2 工作时，油液需经两个调速阀，故能量损失较大，系统发热也较大。

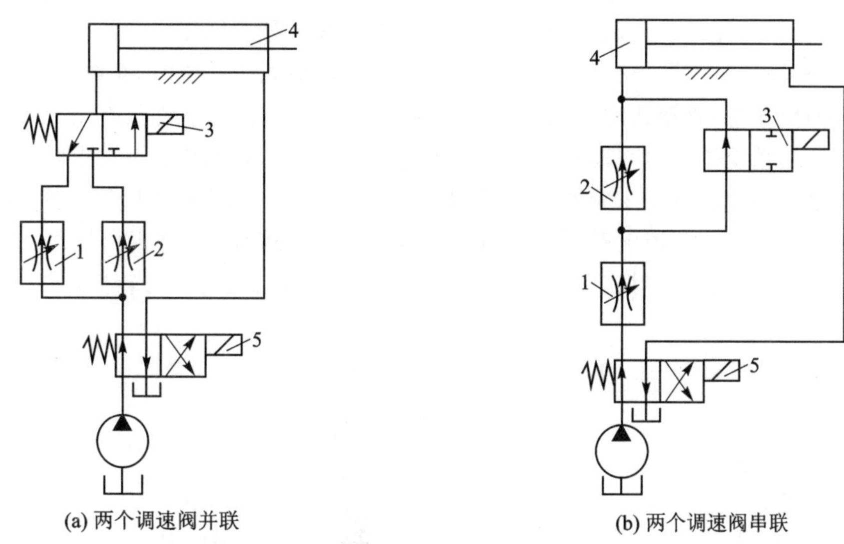

1、2—调速阀；3、5—电磁阀；4—液压缸

图 11－10　用两个调速阀实现速度换接的回路

11.2　压力控制回路

压力控制回路的作用是保持系统压力与负载相适应以及限制系统（或局部）压力的最大值，保护系统安全工作。利用压力控制回路可实现对系统进行调压（稳压）、减压、增压、卸荷、保压与平衡等各种控制。

11.2.1　调压及限压回路

当液压系统工作时，液压泵应向系统提供所需压力的液压油，同时，又要节省能源，减少油液发热，提高执行元件运动的平稳性。所以，应设置调压或限压回路。当液压泵一直工作在系统的调定压力时，就要通过溢流阀调节并稳定液压泵的工作压力。在变量泵系统中或旁路节流调速系统中用溢流阀（当安全阀用）限制系统的最高安全压力。当系统在不同的工作时间内需要有不同的工作压力时，可采用二级或多级调压回路。

1. 单级调压回路

如图 11－11(a)所示，液压泵 1 和溢流阀 2 并联，即可组成单级调压回路。调节溢流阀的压力，可以改变泵的输出压力。当溢流阀的调定压力确定后，液压泵就在溢流阀的调定压力下工作，从而实现了对液压系统进行调压和稳压控制。如果将液压泵 1 改换为变量泵，这时溢流阀将作为安全阀使用。当液压泵的工作压力低于溢流阀的调定压力时，溢流阀不工作。当系统出现故障,液压泵的工作压力上升时,一旦压力达到溢流阀的调定压力,溢流阀将开启,并将液压泵的工作压力限制在溢流阀的调定压力下,使液压系统不至因压力过载而受到破坏,从而保护了液压系统。

2. 二级调压回路

图 11-11(b)所示为二级调压回路,该回路可实现两种不同的系统压力控制。由先导型溢流阀 2 和直动式溢流阀 4 各调一级,当二位二通电磁阀 3 处于图 11-11(b)所示位置时,系统压力由先导型溢流阀 2 调定;当二位二通电磁阀 3 得电后处于下位时,系统压力由直动式溢流阀 4 调定,但要注意:直动式溢流阀 4 的调定压力一定要小于先导型溢流阀 2 的调定压力,否则不能实现;当系统压力由直动式溢流阀 4 调定时,先导型溢流阀 2 的先导阀口关闭,但主阀开启,液压泵的溢流流量经主阀回油箱,这时直动式溢流阀 4 也处于工作状态,并有油液通过。应当指出:若将二位二通电磁阀 3 与直动式溢流阀 4 对换位置,则仍可进行二级调压,并且会在二级压力转换点上获得比图 11-11(b)所示回路更为稳定的压力转换。

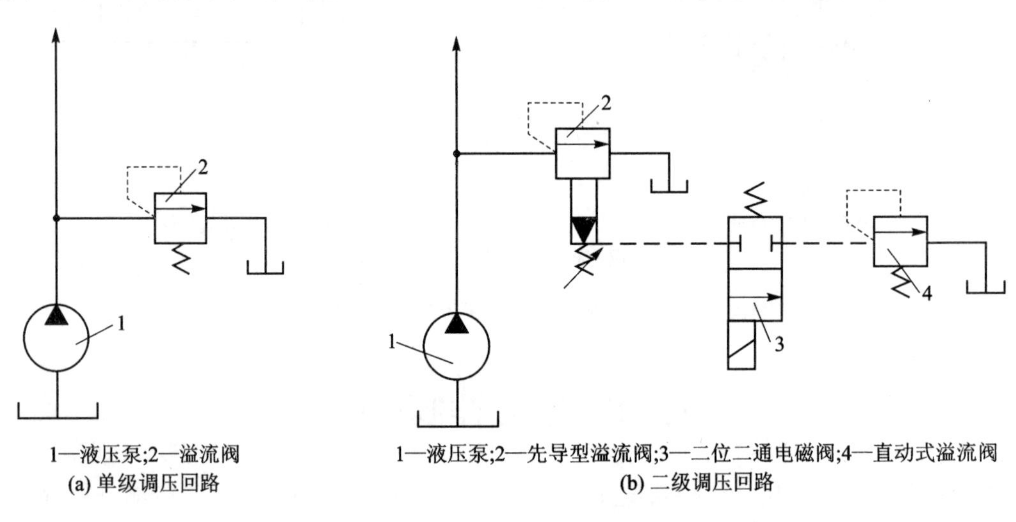

1—液压泵;2—溢流阀
(a) 单级调压回路

1—液压泵;2—先导型溢流阀;3—二位二通电磁阀;4—直动式溢流阀
(b) 二级调压回路

图 11-11 调压回路

11.2.2 减压回路

当泵的输出压力是高压而局部回路或支路要求低压时,可以采用减压回路。例如,机床液压系统中的定位、夹紧以及液压元件的控制油路等,它们往往要求比主油路要低的压力。减压回路较为简单,一般是在所需低压的支路上串接减压阀。采用减压回路虽能方便地获得某支路稳定的低压,但压力油经减压阀口时会产生压力损失。

最常见的减压回路为通过定值减压阀与主油路相连,如图 11-12(a)所示。回路中的单向阀为主油路压力降低(低于减压阀调整压力)时防止油液倒流,起短时保压作用。减压回路中也可以采用类似两级或多级调压的方法获得两级或多级减压。图 11-12(b)所示为利用先导型减压阀 1 的远控口接远控溢流阀 2,可由先导型减压阀 1、远控溢流阀 2 各调得一种低压。但要注意,远控溢流阀 2 的调定压力值一定要低于先导型减压阀 1 的调定减压值。

为了使减压回路工作可靠,减压阀的最低调整压力不应小于 0.5 MPa,最高调整压力至少应比系统压力小 0.5 MPa。当减压回路中的执行元件需要调速时,调速元件应放在减压阀的

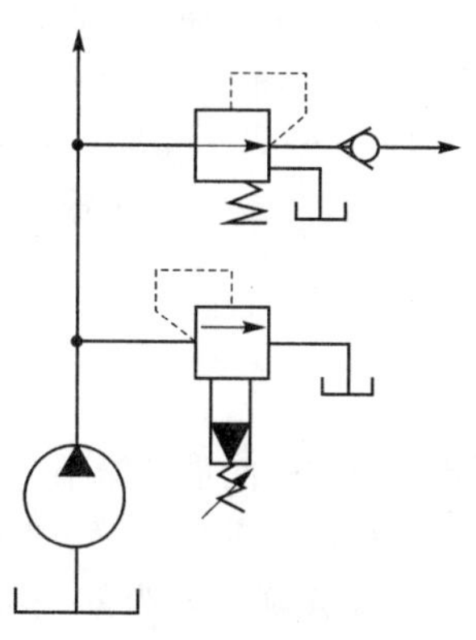

(a) 定值减压阀减压

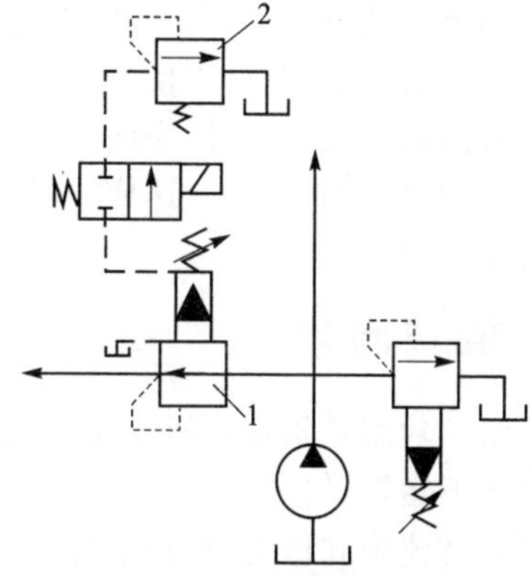

1—先导型减压阀;2—远控溢流阀

(b) 先导减压阀减压

图 11－12　减压回路

后面,以免减压阀泄漏(指由减压阀泄油口流回油箱的油液)对执行元件的速度产生影响。

11.2.3　增压回路

当系统或系统的某一支油路需要压力较高但流量又不大的压力油,采用高压泵又不经济,或者根本就没有必要增设高压力的液压泵时,就常采用增压回路,这样不仅易于选择液压泵,而且系统工作较可靠,噪声小。增压回路中提高压力的主要元件是增压缸或增压器。

1. 单作用增压缸的增压回路

图 11－13(a)所示为利用增压缸的单作用增压回路,当系统在图示位置工作时,系统的供油压力 p_1 进入增压缸 1 的大活塞腔,此时在小活塞腔即可得到所需的较高压力 p_2;当二位四通电磁换向阀 2 右位接入系统时,增压缸返回,辅助油箱 3 中的油液经单向阀补入小活塞。因此,该回路只能间歇增压,所以称之为单作用增压回路。

2. 双作用增压缸的增压回路

图 11－13(b)所示为采用增压缸的双作用增压回路,能连续输出高压油。在图 11－13(b)

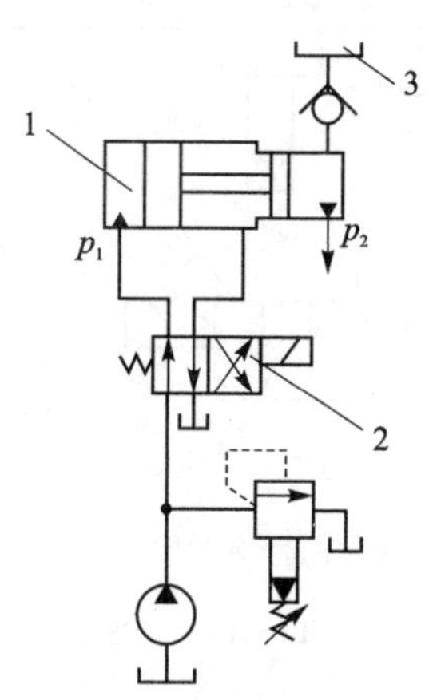

1—增压缸;2—二位四通电磁换向阀;3—辅助油箱

(a) 单作用增压缸的增压回路

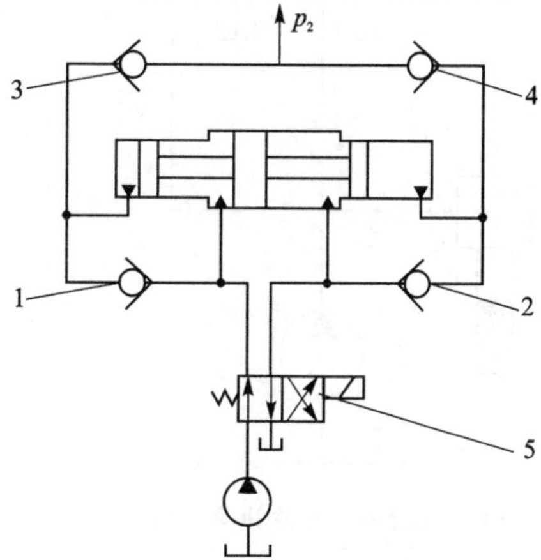

1,2,3,4—单向阀;5—换向阀

(b) 双作用增压缸的增压回路

图 11－13　增压回路

所示的位置,液压泵输出的压力油经换向阀5和单向阀1进入增压缸左端大、小活塞腔,右端大活塞腔的回油通油箱,右端小活塞腔增压后的高压油经单向阀4输出,此时单向阀2、3关闭。当增压缸活塞移到右端时,换向阀得电换向,增压缸活塞向左移动。同理,左端小活塞腔输出的高压油经单向阀3输出,这样,增压缸的活塞不断往复运动,两端便交替输出高压油,从而实现了连续增压。

11.2.4 卸荷回路

卸荷回路的功用是指在液压泵驱动电动机不频繁启闭的情况下,使液压泵在功率输出接近于零的情况下运转,以减少功率损耗,降低系统发热,延长泵和电动机的寿命。因为液压泵的输出功率为其流量和压力的乘积,即两者任一近似为零,功率损耗则近似为零。液压泵的卸荷有流量卸荷和压力卸荷两种。其中,流量卸荷的方法主要是用于变量泵,使变量泵仅为补偿泄漏且以最小流量运转,此法较简单,但变量泵仍处在高压状态下运行,磨损较严重;而压力卸荷的方法是使变量泵在接近零压下运转。

常见的压力卸荷回路有:

1) 用三位阀滑阀机能的卸荷回路

在换向阀卸荷回路中,当M、H和K型中位机能的三位换向阀处于中位时,液压泵输出的压力油经阀中位直接回油箱,即卸荷液压泵。图11-14所示为采用M型中位机能的电液换向阀的卸荷回路。这种回路切换时压力冲击小,但回路中须设置单向阀(背压阀),使系统能保持0.3 MPa左右的压力,供操纵控制油路用。

2) 用先导型溢流阀的远程控制口卸荷

如图11-15所示,使先导型溢流阀2的远程控制口直接与二位二通电磁阀3相连,便构成一种用先导型溢流阀的卸荷回路,这种卸荷回路卸荷压力小,切换时冲击也小,但二位二通换向阀3必须与液压泵1的额定流量相适应。

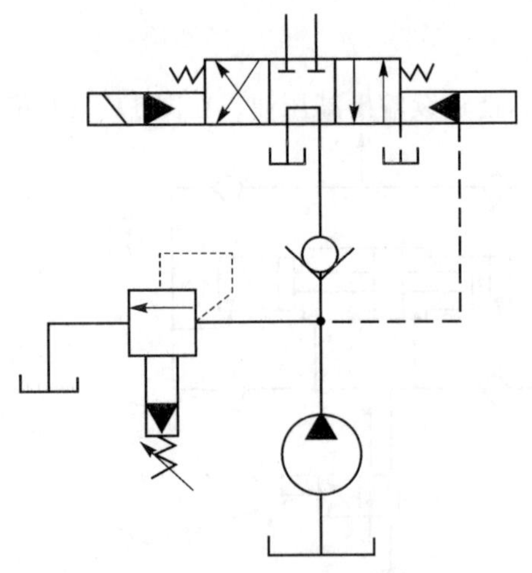

图11-14 M型中位机能卸荷回路

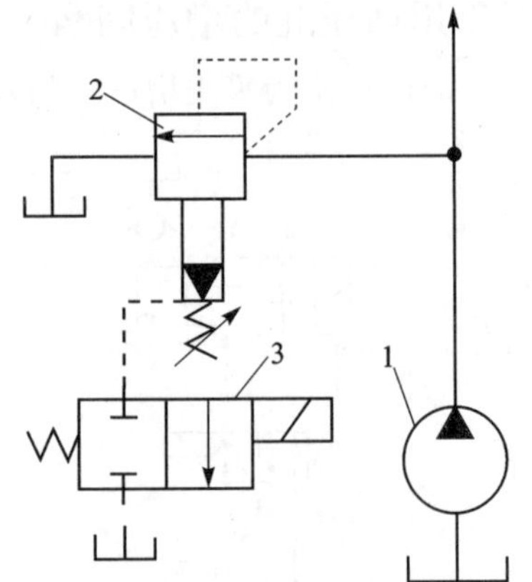

1—液压泵;2—先导型溢流阀;3—二位二通换向阀

图11-15 溢流阀远控口卸荷

11.2.5 保压回路

在液压系统中,常要求液压执行机构在一定的行程位置上停止运动或在有微小的位移下

稳定地维持住一定的压力，这就要采用保压回路。最简单的保压回路是密封性能较好的液控单向阀的回路，但阀类元件的泄漏使得这种回路的保压时间不能维持太久。在定量泵系统中，设置溢流阀，使油路保持一定的压力，是一种常用的保压方法，但其效率较低，一般用于液压泵流量不大的情况。

图 11－16(a)所示回路为利用蓄能器的保压回路，当主换向阀 1 在左位工作时，液压缸 2 向前运动且压紧工件，进油路压力升高至调定值，压力继电器 3 动作使二通阀 4 通电，液压泵 5 即卸荷，单向阀 6 自动关闭，液压缸 2 则由蓄能器 7 保压。当缸压不足时，压力继电器复位使泵重新工作。保压时间的长短取决于蓄能器容量，调节压力继电器的工作区间即可调节缸中压力的最大值和最小值。

图 11－16(b)所示为多缸系统中的保压回路。这种回路当主油路压力降低时，单向阀 3 关闭，支路由蓄能器保压补偿泄漏。压力继电器 5 的作用是当支路压力达到预定值时发出信号，使主油路开始动作，液压泵 1 供油，系统压力由溢流阀 2 调定。

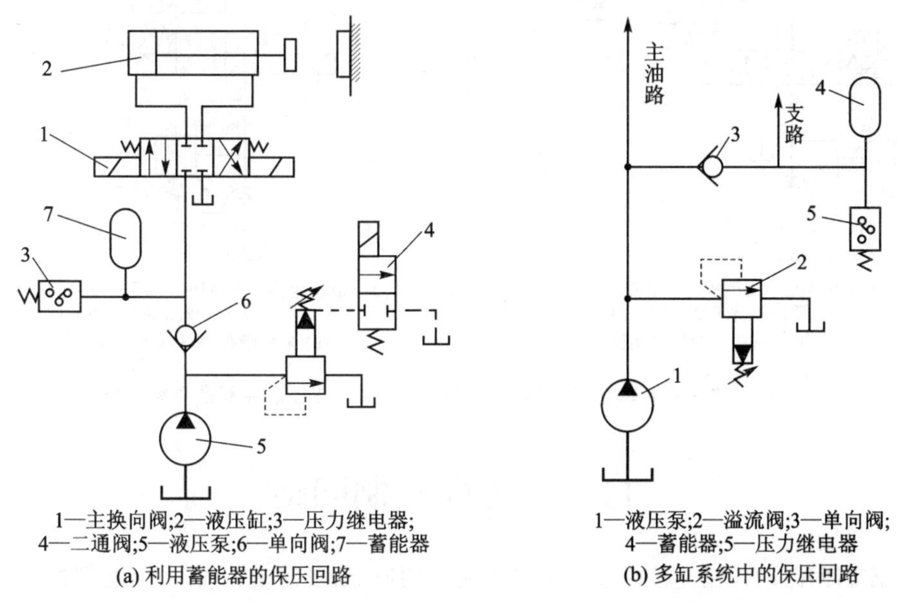

1—主换向阀;2—液压缸;3—压力继电器;4—二通阀;5—液压泵;6—单向阀;7—蓄能器

(a) 利用蓄能器的保压回路

1—液压泵;2—溢流阀;3—单向阀;4—蓄能器;5—压力继电器

(b) 多缸系统中的保压回路

图 11－16　保压回路

11.2.6　平衡回路

平衡回路的功用在于防止垂直或倾斜放置的液压缸和与之相连的工作部件因自重而自行下落。图 11－17(a)所示为采用单向顺序阀的平衡回路。系统由定量泵 1 提供动力源，压力由溢流阀 2 调定。当 1YA 得电时，电磁换向阀 3 处于左位，液压缸 5 的活塞下行，此时，单向顺序阀 4 使回油路上存在着一定的背压；只要将这个背压调得能支承住活塞和与之相连的工作部件自重，活塞就可以平稳地下落。当电磁换向阀 3 处于中位时，活塞就停止运动，不再继续下移。这种回路当活塞向下快速运动时功率损失大，锁住时活塞和与之相连的工作部件会因单向顺序阀 4 和电磁换向阀 3 的泄漏而缓慢下落，因此它只适用于工作部件质量不大、活塞锁住时定位要求不高的场合。

图 11－17(b)所示为采用液控顺序阀的平衡回路。当电磁换向阀 2 右位工作时,液压泵 1 输出的油液经单向阀 6 进入液压缸 5 的下腔;当电磁换向阀 2 左位工作时,压力油进入液压缸 5 的上腔,只有当上腔压力超过液控顺序阀 3 的调节压力时,控制油路使液控顺序阀 3 打开,液压缸 5 的活塞才能向下运动;当电磁换向阀 2 处于中位时,液压缸 5 上腔油液迅速卸压,液控顺序阀 3 关闭,液压缸 5 的活塞停止运动。液控顺序阀 3 的启闭取决于控制口油压的高低,与负载无关。节流阀 4 可以稳定液控顺序阀 3 的动作状态。这种平衡回路的优点是,只有上腔进油时活塞才下行,比较安全可靠;缺点为活塞下行时平稳性较差。这种回路适用于运动部件质量不很大、停留时间较短的液压系统中。

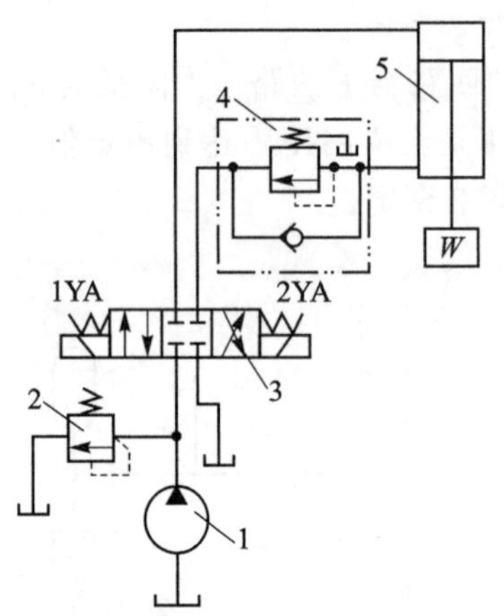

1—定量泵;2—溢流阀;3—电磁换向阀;4—单向顺序阀;5—液压缸

(a) 采用单向顺序阀的平衡回路

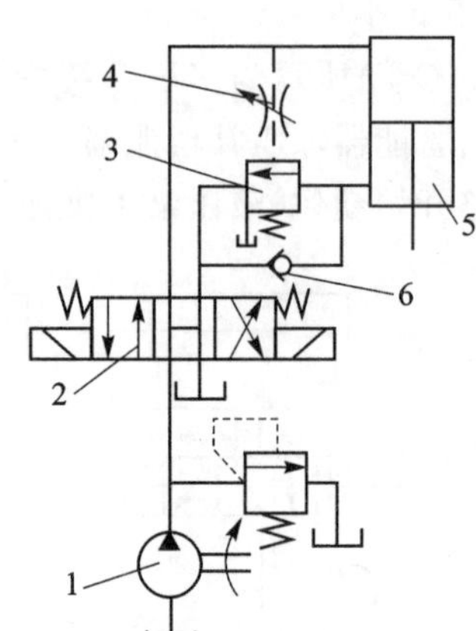

1—液压泵;3—电磁换向阀;3—液控顺序阀;4—节流阀;5—液压缸;6—单向阀

(b) 采用液控顺序阀的平衡回路

图 11－17　采用单向顺序阀的平衡回路和采用液控顺序阀的平衡回路

11.3　方向控制回路

方向控制回路的作用是控制液压系统中液流的通、断及流动方向,进而达到控制执行元件运动、停止及改变运动方向的目的。

11.3.1　换向回路

采用二位四通、二位五通、三位四通或三位五通换向阀都可以使执行元件换向。二位阀可以使执行元件正反两个方向运动,但不能在任意位置停止。三位阀有中位,可以使执行元件在任意位置停止,利用中位不同的滑阀机能又可使系统获得不同的性能(如 M 型中位滑阀机能可使执行元件停止和液压泵卸荷)。五通阀有两个回油口,当执行元件正反向运动时,两回油路设置不同的背压,可获得不同的速度。换向阀的操作方式可根据工作的需要来选择,如手动、机动、电磁或电液动等。如果执行元件是单作用液压缸或差动缸,则可用二位三通换向阀来换向,如图 11－18 所示。

在闭式系统中可用双向变量泵控制油流的方向来实现液压马达或液压缸的换向。若执行元件是双作用单活塞液压缸,则回路中应考虑流量平衡问题,如图 11－19 所示。主回路是闭

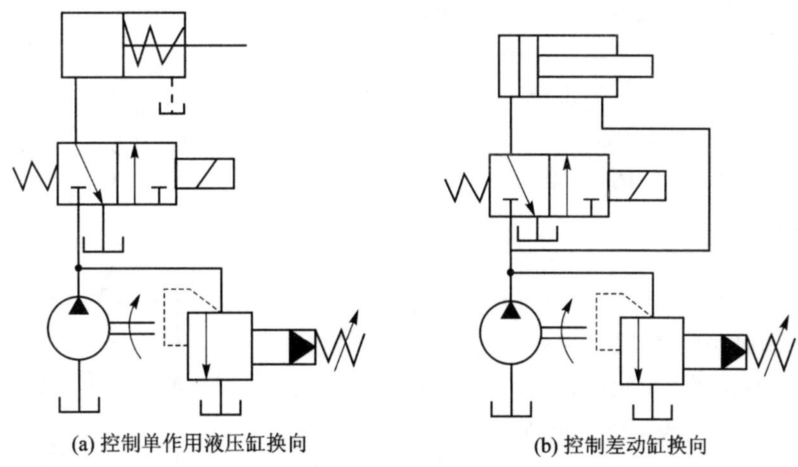

图 11-18　用二位三通换向阀的换向回路

式回路，用辅助泵 6 来补充吸油侧流量的不足，低压溢流阀 7 用来维持变量泵吸油侧的压力，防止变量泵 1 吸空。当活塞向左运动时，液压缸 3 回油量大于其进油量，变量泵吸油侧多余的油液经二位二通液动换向阀 4 的右位和低压溢流阀 5 排回油箱。回路中用一个溢流阀 2 和四个单向阀组成的液压桥路来限定正反运动时的最高压力。

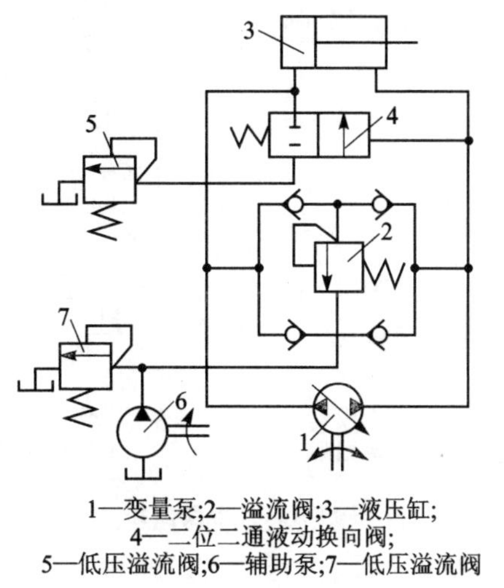

1—变量泵；2—溢流阀；3—液压缸；
4—二位二通液动换向阀；
5—低压溢流阀；6—辅助泵；7—低压溢流阀

图 11-19　用双向变量泵的换向回路

11.3.2　锁紧回路

为了使液压缸活塞能在任意位置上停止运动，并防止在外力作用下发生窜动，需要采用锁紧回路。锁紧回路的原理就是将执行元件的进、回油路封闭。利用三位四通换向阀中位机能（O 型或 M 型）可以使活塞在行程范围内的任意位置上停止运动，但由于换向阀（滑阀结构）的泄漏，锁紧效果差。

要获得很好的锁紧效果，应采用液控单向阀（因液控单向阀为锥面密封，泄漏极小）。图 11-20 所示为双向锁紧回路，在液压缸两侧油路上串接有液控单向阀（亦称液压锁），当换向阀处于中位时,液控单向阀关闭液压缸两侧油路,活塞被双向锁紧,左右都不能窜动。在用液控单向阀的锁紧回路中,换向阀中位应采用Y 形或 H 形滑阀机能,这样,当换向阀处于中位时,液控单向阀的控制油路可立即失压,保证单向阀迅速关闭,锁紧油路。

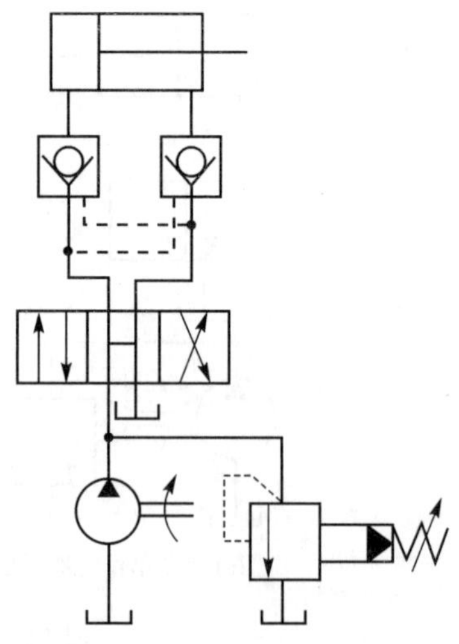

图 11-20　双向锁紧回路

11.3.3　浮动回路

浮动回路与锁紧回路相反,它是将执行元件的进、回油路连通或同时接回油箱,使之处于无约束的浮动状态。这样,在外力的作用下执行元件仍可运动。

利用三位四通换向阀中位机能(Y 型或 H 型)就可以实现执行元件的浮动,如图 11-21(a)所示。如果是液压马达(或双活塞杆液压缸),也可用二位二通换向阀将进、回油路直接连通实现浮动,如图 11-21(b)所示。

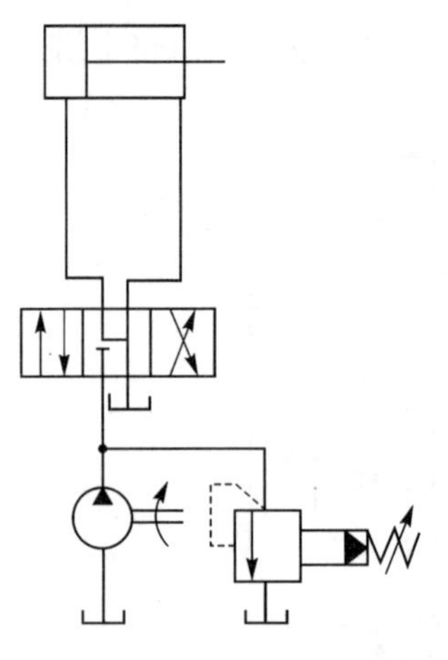

(a) 用Y型中位机能的浮动回路

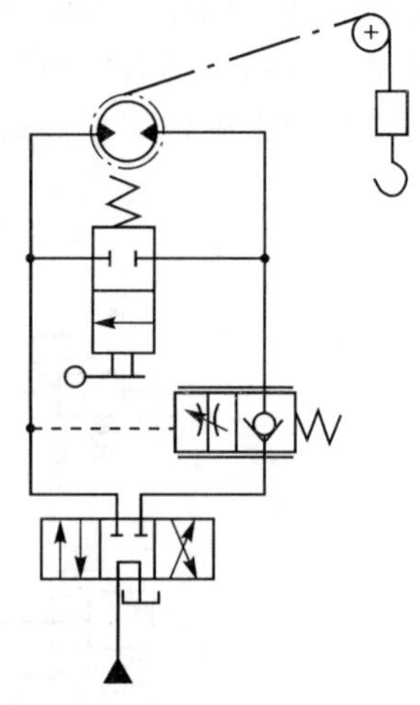

(b) 用换向阀短接的浮动回路

图 11-21　浮动回路

11.4　多缸配合动作回路

在多缸液压系统中,按各液压缸之间动作要求的不同分为顺序动作和同步动作两种。因此,多缸配合动作回路可分为顺序动作回路和同步动作回路。

11.4.1　顺序动作回路

在多缸液压系统中,往往需要按照一定的要求顺序动作。例如,自动车床中刀架的纵横向运动,夹紧机构的定位和夹紧等。顺序动作回路按其控制方式不同,分为压力控制、行程控制和时间控制三类,其中前两类用得较多。

1. 压力控制的顺序动作回路

压力控制是利用油路本身的压力变化来控制阀门,从而控制液压缸的先后动作顺序的,其功能主要由压力继电器和顺序阀来实现。

(1) 用压力继电器控制的顺序回路

图 11-22 所示是机床的夹紧、进给系统。该系统要求的动作顺序是:先将工件夹紧,然后动力滑台进行切削加工。当动作循环开始时,二位四通电磁阀处于图 11-22 所示的位置,液压泵输出的压力油进入夹紧缸的右腔,左腔回油,活塞向左移动,将工件夹紧。夹紧后,液压缸右腔的压力升高,当油压超过压力继电器的调定值时,压力继电器发出信号,指令电磁阀的电磁铁 2DT、4DT 通电,进给液压缸动作(其动作原理详见"11.1.3　速度换接回路")。可见,油路中要求先夹紧后进给,工件没有夹紧则不能进给,这一严格的顺序是由压力继电器保证的。压力继电器的调整压力应比减压阀的调整压力低 $3\times10^5\sim5\times10^5$ Pa。

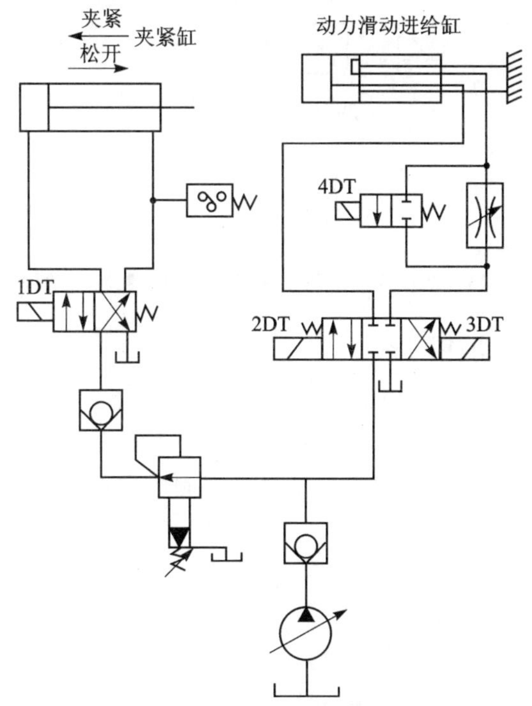

图 11-22　机床的夹紧、进给系统

(2) 用顺序阀控制的顺序动作回路

图 11-23 所示是采用两个单向顺序阀的压力控制顺序动作回路。其工作过程如下:电磁换向阀左位工作时,由于顺序阀 C 的调定压力大于夹紧液压缸 A 的最大前进工作压力,压力油进入夹紧液压缸 A 的左腔,实现动作①;当动作①完成后,系统压力上升至顺序阀 C 的调定压力,液压油打开顺序阀 C 进入加工液压缸 B 的左腔,实现动作②;当电磁换向阀处于右位,顺序阀 D 的调定压力大于加工液压缸 B 的最大返回工作压力时,压力油进入加工液压缸 B 的右腔,实现动作③;当动作③完成后,系统压力上升至顺序阀 D 的调定压力,液压油打开顺序阀 D 进入加工液压缸 A 的右腔,实现动作④;这种顺序动作回路的可靠性在很大程度上取决于顺序阀的性能及其压力调整值。顺序阀的调整压力应比先动作的液压缸的工作压力高 8×

$10^5 \sim 10 \times 10^5$ Pa,以免在系统压力波动时,发生误动作。

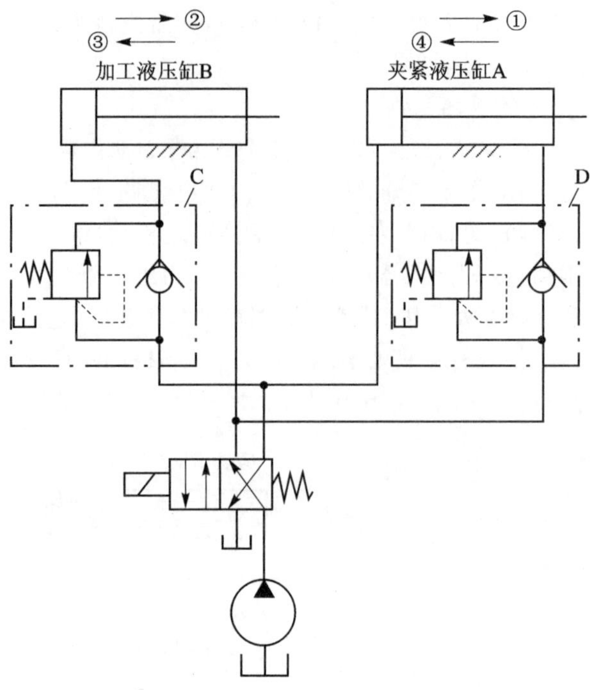

图 11-23　采用两个单向顺序阀的压力控制顺序动作回路

2. 行程控制的顺序动作回路

行程控制的顺序动作回路是利用工作部件到达一定位置时,发出信号来控制液压缸的先后动作顺序的。它可以利用行程开关、行程阀或顺序缸来实现。

图 11-24 所示是利用电气行程开关发信号来控制电磁阀先后换向的顺序动作回路。其动作顺序是:按启动按钮,电磁铁 1DT 通电,左电磁阀左位工作,左侧液压缸活塞右行,实现动

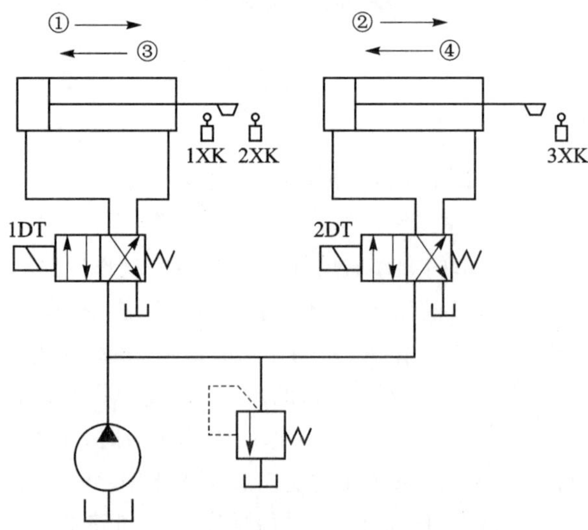

图 11-24　行程控制的顺序动作回路

作①；当挡铁触动行程开关2XK时，使2DT通电，右电磁阀左位工作，右侧液压缸活塞右行，实现动作②；右侧液压缸活塞右行至行程终点，触动3XK，使1DT断电，左侧液压缸活塞左行，实现动作③；而后触动1XK，使2DT断电，右侧液压缸活塞左行实现动作④。至此，完成一个动作循环。采用电气行程开关控制的顺序回路，调整行程大小和改变动作顺序均方便，且可利用电气互锁使动作顺序可靠。

11.4.2 同步动作回路

使两个或两个以上的液压缸，在运动中保持相同位移或相同速度的回路称为同步回路。在一泵多缸的系统中，尽管液压缸的有效工作面积相等，但是由于运动中所受负载不均衡、摩擦阻力也不相等、泄漏量的不同以及制造上的误差等，从而影响液压缸动作同步。同步动作回路的作用就是为了克服和减小这些影响，补偿它们在流量上所造成的变化。

1. 串联液压缸的同步动作回路

图11－25所示为串联液压缸的同步回路，图中液压缸1回油腔排出的油液，被送入液压缸2的进油腔。如果串联油缸活塞的有效面积相等，便可实现同步运动。这种回路两缸能承受不同的负载，但泵的供油会由于泄漏和制造误差而影响串联液压缸的同步精度，当活塞往复多次后，会产生严重的失调现象，为此要采取补偿措施。

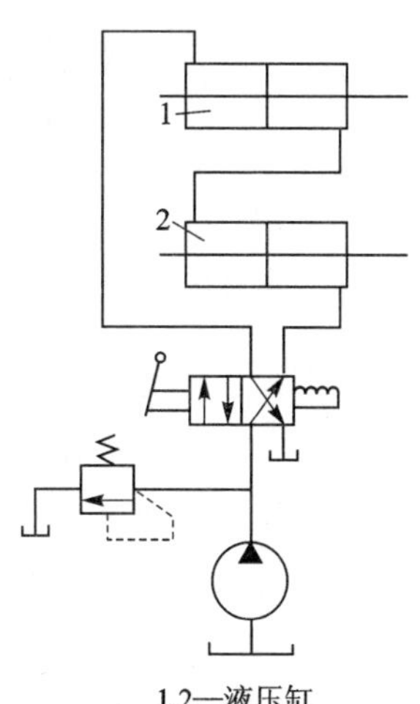

1,2—液压缸

图11－25 串联液压缸的同步动作回路

图11－26所示是两个单作用缸串联，并带有补偿装置的同步动作回路。为了达到同步运动，液压缸1有杆腔A的有效面积应与液压缸2无杆腔B的有效面积相等。在活塞下行时，从A腔排出的油液即进入B腔，使两活塞同步下行。在活塞下行的过程中，如果液压缸1的活塞先运动到底，触动行程开关1XK，使电磁铁1DT通电，二位三通电磁阀3处于右位，压力油便经过二位三通电磁阀3、液控单向阀5，向液压缸2的B腔补油，使液压缸2的活塞继续运动到底；如果液压缸2的活塞先运动到底，触动行程开关2XK，使电磁铁2DT通电，二位三通电磁阀3处于左位，此时压力油便经二位三通电磁阀4进入液控单向阀5的控制油口，液控单向阀5反向导通，使液压缸1能通过液控单向阀5和二位三通电磁阀3回油，液压缸1的活塞继续运动到底，对每一次下行运动中的失调现象进行补偿，避免误差累计。这种，串联同步动作回路只适用于负载较小的液压系统。

2. 流量控制式同步动作回路

(1) 调速阀控制的同步动作回路

图11－27所示为两个并联的液压缸分别用调速阀控制的同步动作回路。两个调速阀分别调节两缸活塞的运动速度，当两缸有效面积相等时，流量也调整的相同；若两缸面积不等时，则改变调速阀的流量也能达到同步的运动。

用调速阀控制的同步动作回路结构简单，且可调速，但是，由于受到油温变化以及调速阀性能差异等的影响，同步精度较低，一般在5%～7%。

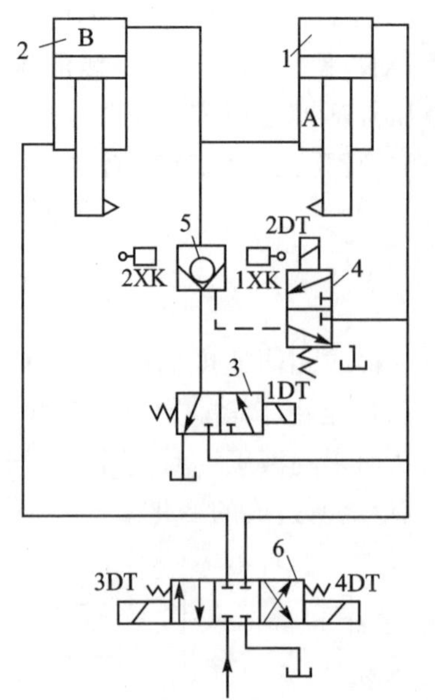

1,2—液压缸;3,4—二位三通电磁阀;5—液控单向阀

图 11-26 采用补偿措施的串联液压缸同步动作回路

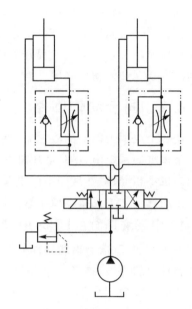

图 11-27 调速阀控制的同步动作回路

(2) 电液比例调速阀控制的同步动作回路

图 11-28 所示为用电液比例调整阀实现同步动作的回路。回路中使用了一个普通调速阀 1 和一个比例调速阀 2,它们装在由多个单向阀组成的桥式回路中,并分别控制着液压缸 3 和 4 的运动。当两个活塞出现位置误差时,检测装置就会发出信号,调节比例调速阀的开度,使液压缸 4 的活塞跟上液压缸 3 活塞的运动而实现同步。这种回路的同步精度较高,位置精度可达 0.5 mm,已能满足大多数工作部件所要求的同步精度。比例阀性能虽然比不上伺服阀,但费用低,系统对环境适应性强,因此,用它来实现同步控制被认为是一个新的发展方向。

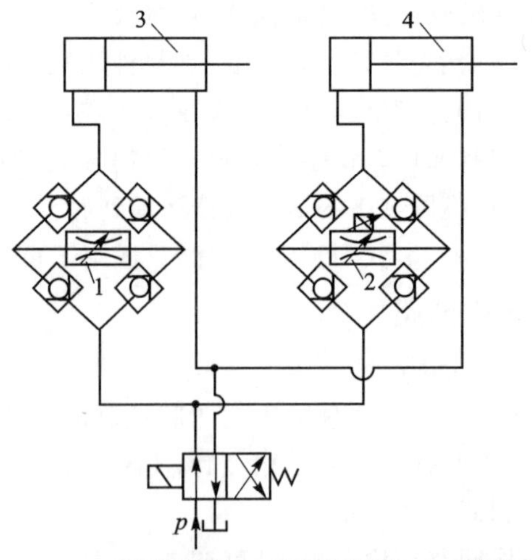

1—普通调速阀;2—比例调速阀;3,4—液压缸

图 11-28 电液比例调整阀控制式同步动作回路

11.5　工程应用案例——气液驱动打桩锤

1. 液压打桩锤的介绍

液压打桩锤是将液压能或重力势能转化为桩锤的动能，通过桩锤桩的预制冲击桩实现预制桩沉桩的冲击机械设备。与柴油锤、空气锤、机械振动锤、静力压桩机等产品相比，液压打桩锤具有低污染、高能量利用率、工作过程可控、机动性能好等特点。随着国家基本建设投入的持续增长，大量公路、桥梁、铁路、水利、城市建设等工程需要的增加，预制桩在基础工程中的应用得到了进一步拓展，海上矿产资源的开发也给预制桩开辟了巨大的市场，使液压锤获得了广泛的应用空间。

液压打桩锤结构图及外形图如图 11-29 所示。桩锤驱动系统由桩锤驱动装置和桩锤驱动控制系统两部分组成。其中，桩锤驱动装置由冲击油缸 2、回油蓄能器 3、控制蓄能器 5 和阀组 4 等部分组成；桩锤驱动控制系统主要由液压油泵、各类控制阀和管路等组成。锤击系统由锤头总成 6、缓冲装置 7 和桩帽总成 8 等构成。缓冲装置安装在桩锤和桩帽之间，避免桩锤和桩帽的直接撞击，大大降低了噪声，使桩头免受破坏。同时，为有效地降低对环境产生的噪声污染，采用铁罩将桩锤封闭，与外界隔离。

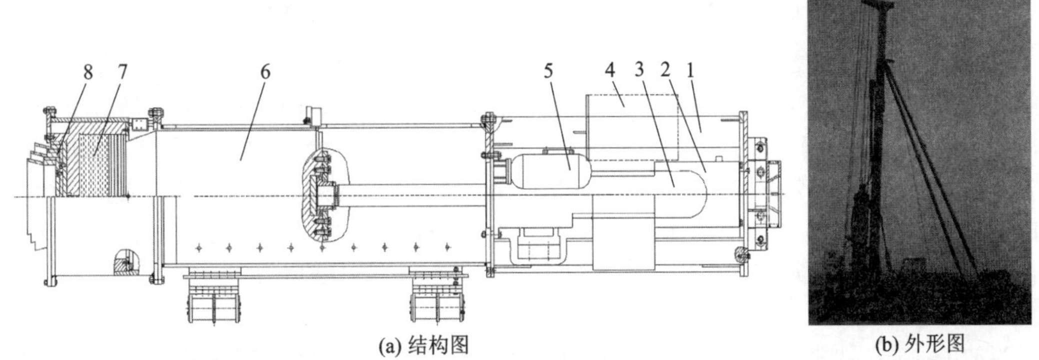

(a) 结构图　　(b) 外形图

1—上机架；2—冲击油缸；3—回油蓄能器；4—阀组；5—控制蓄能器；6—锤头总成；7—缓冲装置；8—桩帽总成

图 11-29　液压打桩锤结构图及外形图

2. 气液驱动打桩锤的工作原理

气液驱动打桩锤利用气压和重力的作用完成打桩过程，气体还给主控阀提供压力反馈信号，使主控阀根据气体压力的变化控制上升插装阀和下落插装阀柔性换向，实现桩锤运动状态的改变和自动打桩。其控制原理图如图 11-30 所示。

当操作手动换向阀 15 时，液压打桩锤进入工作状态，具体工作过程如下：

(1) 桩锤上升

当控制油泵 20 开启时，输出控制泵压力调节阀 25 调定的压力。此时，桩锤处于下极限位置，行程阀 B 3 处于右位，工作油泵 18 输出的系统压力和控制油泵 20 输出的控制压力共同作用在主控阀 14 阀芯的左端，使主控阀阀芯向右运动处于左位工作；上升先导控制阀 8 和下落先导控制阀 11 在控制泵输出压力的作用下分别处于右位和左位，上升插装阀 7 和下落插装

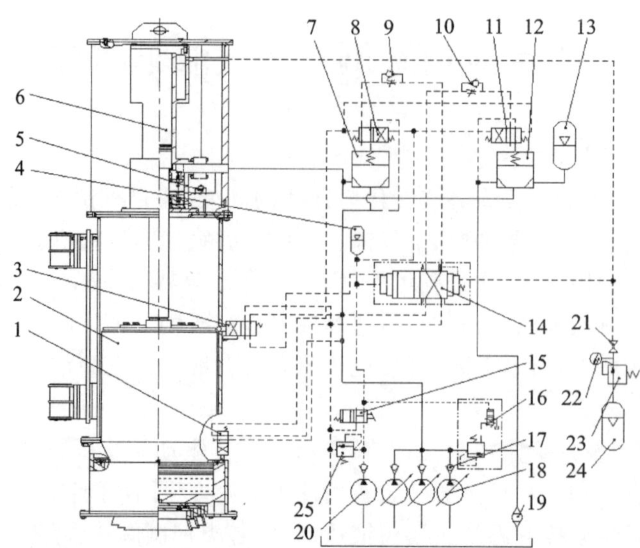

1—行程阀A;2—锤体;3—行程阀B;4—控制蓄能器;5—单向溢流阀;6—冲击油缸;
7—上升插装阀;8—上升先导控制阀;9—上升反应时间调节阀;10—下落反应时间调节阀;
11—下落先导控制阀;12—下落插装阀;13,19—回油蓄能器;14—主控阀;15—手动换向阀;
16—系统压力调节阀;17—单向阀;18—工作油泵;20—控制油泵;21—截止阀;
22—气压表;23—气动减压阀;24—储气罐;25—控制泵压力调节阀

图 11-30　无级调频调能气液驱动打桩锤控制总体方案原理图

阀 12 的控制口分别与主控阀 14 的 B 口和 A 口相通,下落插装阀 12 的控制口通过下落反应时间调节阀 10、主控阀 14 的 A 口先与工作油泵相通,而上升插装阀 7 的控制口通过上升反应时间调节阀 9 和主控阀 14 的 B 口随后与油箱相通,下落插装阀 12 在控制腔接高压油的情况下先关闭,上升插装阀 7 在控制腔接回油的情况随后打开,打桩锤工作状态的改变在柔性冲击换向中完成。冲击油缸 6 的下腔接高压油,桩锤上升,同时,冲击油缸 6 上腔(氮气室)中的氮气被压缩,行程阀 B 3 换向处于左位,切断主控阀阀芯左端的系统压力。

(2) 桩锤下落

当冲击油缸 6 上腔氮气室的压力升高到一定值时,作用在主控阀 14 右端的合力大于作用在主控阀左端的合力,主控阀 14 的阀芯开始向左运动,运动一定的位移后,系统压力也作用在主控阀 14 阀芯的右端,主控阀 14 在氮气油压和系统油压的作用下迅速向左运动,主控阀处于右位工作。上升插装阀 7 的控制口通过上升反应时间调节阀 9 和主控阀 14 的 B 口先与工作油泵相通,而下落插装阀 12 的控制口通过下落反应时间调节阀 10、主控阀 14 的 A 口随后与油箱相通,上升插装阀 7 在控制腔接高压油的情况先关闭,下落插装阀 12 在控制腔接回油的情况下随后打开,冲击油缸 6 下腔与回油相通,桩锤在重力和氮气腔气体压力的共同作用下快速下落。桩锤在柔性冲击换向过程中完成上升到下落状态的转变。

(3) 保压阶段

当打桩锤下落触动行程阀 A1 时,主控阀 14 在左端环形控制腔增加了系统压力的作用,主控阀换向至左位,下落插装阀 12 的控制腔通过下落反应时间调节阀 10,主控阀 14 的 A 口与工作油泵接高压油,下落插装阀 12 迅速关闭。此时,桩锤的重力和氮气室气体的压力作用在桩上,防止桩的反弹,增加桩锤对桩的作用时间。而上升插装阀 7 控制腔的油液通过上升反应时间调节阀 9 的可变节流口缓慢流出,控制腔压力降低。当控制腔压力降到一定值时,上升

插装阀 7 打开，冲击油缸下腔接高压油，保压过程结束，桩锤开始下一个工作周期。

(4) 脱桩保护过程

打桩过程中，当发生断桩或脱桩时，行程阀 A1 处于上位，上升先导控制阀 8 左端的控制口和下落先导控制阀 11 右端的控制口接高压油，上升先导控制阀 8 和下落先导控制阀 11 在液压力和弹簧力的作用下分别处于左位和右位工作。此时上升插装阀 7 的控制腔与高压油相通，上升插装阀 7 关闭，而下落插装阀 12 与回油相通，下落插装阀 12 打开，液压打桩锤下落并保持在下极限位置，桩锤的能量由脱桩保护缓冲装置吸收。

气液驱动打桩锤打击能和频率的调节可以通过以下三种方式实现：①无级调节控制泵压力调节阀 25 可以改变控制油泵 20 的输出压力，从而无级改变作用在主控阀 14 左端圆形面上的控制压力的大小，控制打桩锤下落时氮气室的最大压力，对打桩锤打击能和频率进行无级调节；②调节气动减压阀 23 对氮气室充气，无级改变氮气室的初始充气压力，对打桩锤打击能和频率进行无级调节；③启动不同数量的工作油泵 18，改变系统的供油量，对打桩锤打击频率进行调节。

3. 气液驱动打桩锤的工作特点

相比其他液压打桩锤，气液联合驱动液压打桩锤具有以下特点：

① 使用全液压设备，油路简单可靠，安全性能高，操作方便，能在恶劣的环境中工作；

② 采用主控阀控制上升和下落插装阀的柔性配流技术，实现冲击油缸下腔所接油路的柔性切换，避免了换向过程的刚性冲击，换向冲击更小，元件寿命更长；

③ 采用压力反馈技术实现液压打桩锤运动的控制以及液压打桩锤打击能和频率的无级调节；

④ 利用气体压力和桩锤重力使桩锤加速下打，获得的打击能量更高，打桩贯入度更大；

⑤ 锤体采用细长型结构，内填充金属颗粒，大大延长了打击力作用时间，提高了能量的传递效率；

⑥ 采用降低打击能和吸收打击能相结合的脱桩保护技术，延长液压打桩锤的使用寿命。

练习思考题

11－1　进油路节流调速和回油路节流调速在性能方面有什么异同？

11－2　实现液压缸快速运动的方法有哪些？画出这些快速运动的回路图。

11－3　在液压系统中，当工作部件停止运动时，使泵卸荷有什么好处？常用的卸荷方法有哪些？

11－4　用行程阀的顺序动作回路和用电磁阀的顺序动作回路各有什么优点？

11－5　题图 11－1 所示为一顺序动作回路，设阀 A、B、C、D 的调整压力分别为 p_A、p_B、p_C、p_D，定位动作负载为 0，若不计油管及换向阀、单向阀的压力损失，试分析确定：

(1) A、B、C、D 四元件间的压力调整关系。

(2) 当 1DT 瞬时通电后，定位液压缸做定位动作时，1、2、3、4 点的压力是多少？

(3) 定位液压缸到位后，夹紧液压缸动作时，1、2、3、4 点处的压力是多少？

(4) 夹紧液压缸到位后，1、2、3、4 点处的压力又如何？

11－6　题图 11－2 所示液压系统能否实现缸 A 运动到终点后，缸 B 才动作的功能？若

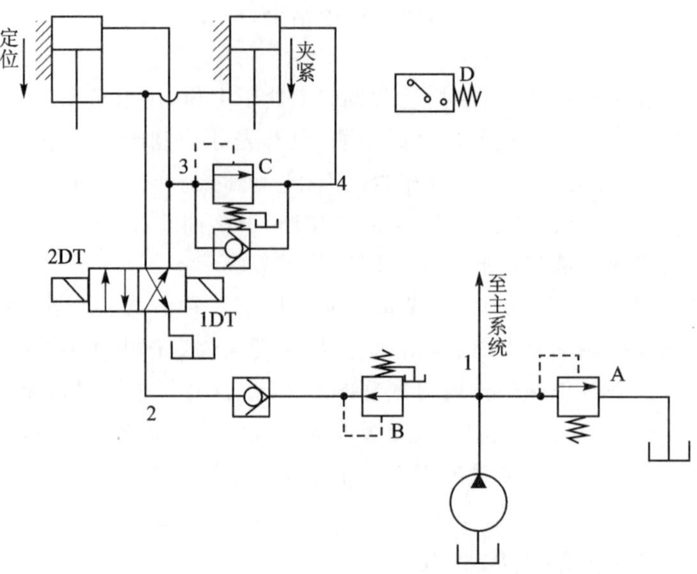

题图 11-1　习题 11-5 用图

不能实现,请问在不增加液压元件的条件下如何改进?

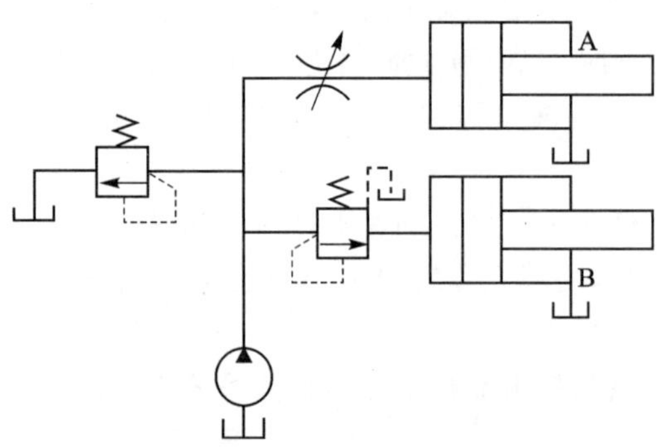

题图 11-2　习题 11-6 用图

11-7　题图 11-3 所示为一种采用增速缸的液压机液压系统回路。柱塞与缸体一起固定在机座上,大活塞与活动横梁相连可以上下移动。已知:$D=400$ mm,$D_1=120$ mm,$D_2=160$ mm,$D_3=360$ mm,液压机的最大下压力 $F=3\ 000$ kN,移动部件自重为 $G=20$ kN,摩擦阻力忽略不计,液压泵的流量 $q_P=65$ L/min。问:

(1) 液控单向阀 C 和顺序阀 B 的作用是什么?

(2) 顺序阀 B 和溢流阀的调定压力为多少?

(3) 通过液控单向阀 C 的流量为多少?

11-8　如题图 11-4 所示,已知 $q_P=10$ L/min,$p_y=5$ MPa,两节流阀均为薄壁小孔型节流阀,其流量系数均为 $C_q=0.62$,节流阀 1 的节流面积 $A_{T1}=0.02\ cm^2$,节流阀 2 的节流面积 $A_{T2}=0.01\ cm^2$,油液密度 $\rho=900\ kg/m^3$,当活塞克服负载向右运动时,求:

(1) 液压缸左腔的最大工作压力;

(2) 溢流阀的最大溢流量。

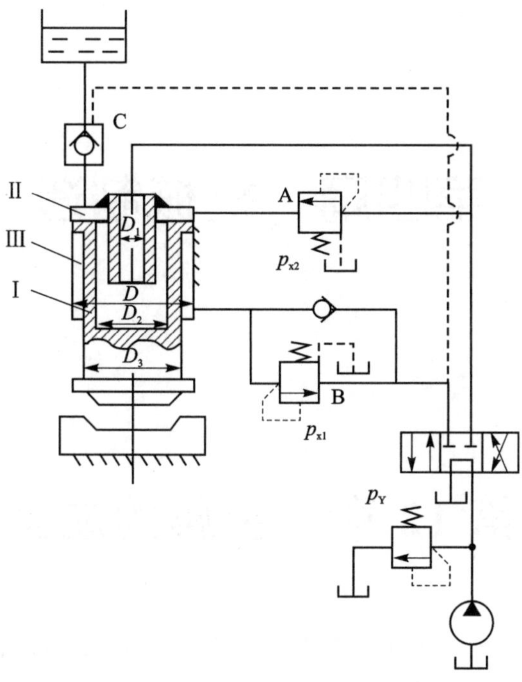

题图 11-3　习题 11-7 用图

11-9　在题图 11-5 所示的定量泵-变量马达回路中，定量泵 1 的排量 $V_P=80\times10^{-6}\ m^3/r$，转速 $n_P=1\ 500\ r/min$，机械效率 $\eta_{pm}=0.84$，容积效率 $\eta_{Pv}=0.9$，变量液压马达的最大排量 $V_{Mmax}=65\times10^{-6}\ m^3/r$，容积效率 $\eta_{Mv}=0.9$，机械效率 $\eta_{Mm}=0.84$，管路高压侧压力损失 $\Delta p=1.3\ MPa$，不计管路泄漏，回路的最高工作压力 $p_{max}=13.5\ MPa$，溢流阀 4 的调整压力 $p_Y=0.5\ MPa$，变量液压马达驱动扭矩 $T_M=34\ N\cdot m$ 为恒扭矩负载。求：

(1) 变量液压马达的最低转速及其在该转速下的压力降；

(2) 变量液压马达的最高转速；

(3) 回路的最大输出功率。

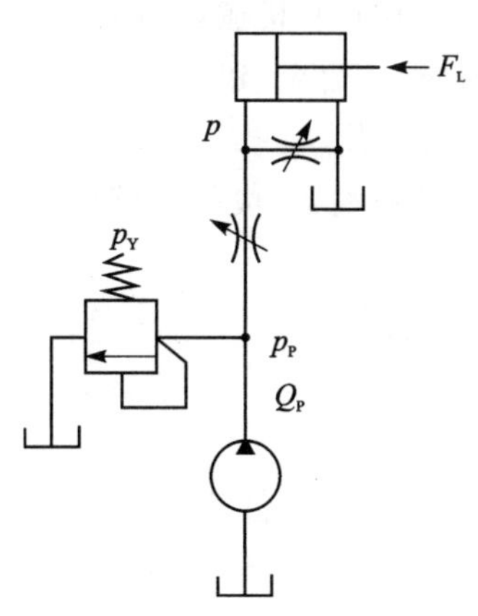

题图 11-4　习题 11-8 用图

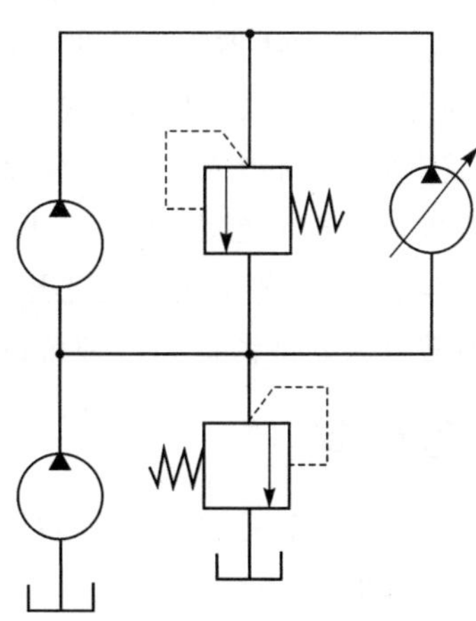

题图 11-5　习题 11-9 用图

第四篇　机械制造

第12章　金属的成型

铸造、锻造和焊接是三种金属材料热加工的不同方法。它们除了提供少量的机械零件成品外，主要提供机械零件毛坯，供切削机床进行切削加工。铸造、锻造和焊接是机械制造过程中主要的加工方法，在机械制造中占有很重要的地位。

12.1　铸造成型

将熔融金属浇入到与零件形状与尺寸相适应的铸型型腔中，冷却凝固后，获得一定性能的毛坯或零件的方法称为铸造。铸造所得到的毛坯或零件称为铸件，通常毛坯经机械加工制成零件。

铸造生产有以下特点：

① 可以生产形状复杂，特别是内腔复杂的铸件。

② 适应范围较广，铸件的质量和尺寸基本不受限制。

③ 铸件的形状与尺寸和零件很接近，可以节约金属材料和机械切削加工工时。

④ 可用各种合金来生产铸件，如铸铁、铸钢、合金钢、铜合金、铝合金等。

⑤ 铸件的成本低，原材料来源广，价格低廉，可重复利用。

但铸造生产也有些不足之处，如生产工序多、质量不够稳定、废品率较高、生产条件差。随着铸造技术的迅速发展，这些不足之处正逐步得到改善。

铸造方法通常分为砂型铸造和特种铸造，下面将分别介绍。

12.1.1　砂型铸造

用型芯砂和型砂制造铸型的方法称砂型铸造。砂型铸造是目前应用最广泛的铸造方法，砂型铸造的工艺过程如图12-1所示。

1. 砂型的制造

用砂与黏土等制成的铸型称为砂型。

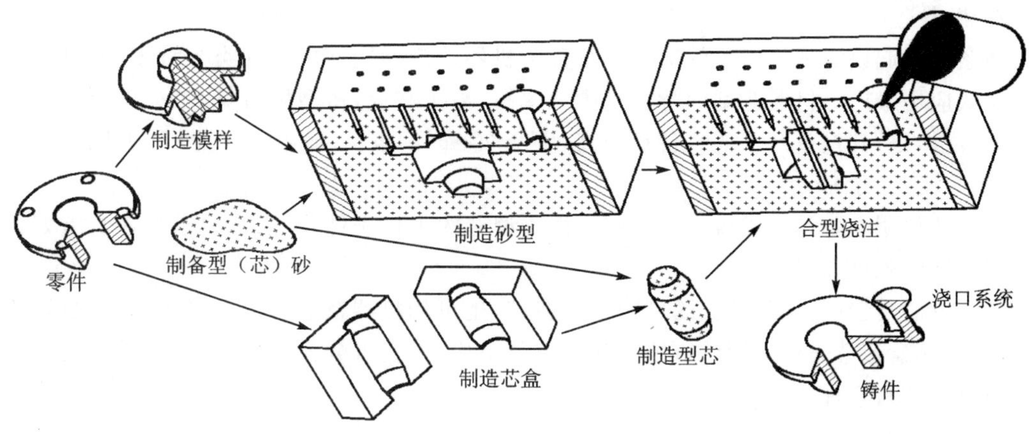

图 12-1　砂型铸造的工艺过程示意图

(1) 造型材料

制作砂型用的造型材料包括型砂、芯砂和涂料等。它们用砂、水、黏结剂和附加物配制而成。型(芯)砂性能的好坏直接影响铸件的质量,所以型(芯)砂必须有足够的强度,使铸型在制造、搬运、浇注过程中不变形、不损坏;有一定的透气性,可以避免铸件产生气孔;有良好的耐火性,型砂不易被烧焦、熔融;有良好的可塑性,可以满足各种型腔的制造;有一定的退让性,可以避免铸件冷却收缩受阻而产生裂纹。

在型(芯)组成物质中,原砂最好呈圆形,越均匀越好,砂中 SiO_2 含量越好,则耐火性越好;黏结剂的作用是将砂粒黏结起来,使型砂具有一定的强度和可塑性;为了改善和提高型砂的性能,有时还需加入附加材料,如加入煤粉可防止铸件表面粘砂,加入木屑等可改善透气性、退让性。

(2) 造　型

造型是砂型铸造的主要工艺过程之一,通常可分为手工造型和机器造型两大类。

1) 手工造型

紧砂和起模用手工完成的称为手工造型。手工造型适用于单件小批量,其特点是操作灵活、适用性强、模样成本低,但铸件质量差、生产率低、劳动强度大。

手工造型的方法较多,生产中根据铸件的形状、大小和生产批量的不同进行选择。常用手工造型方法的特点和适用范围见表 12-1。

表 12-1　手工造型方法的特点和适用范围

造型方法	特　点	适用范围
整模造型	模型为一整体,分型面为平面,放在下箱内。不会错箱,造型简单	适用于形状较简单、最大截面靠一端且为平面的铸件
分模造型	模型沿最大截面处一分为二,型腔在上、下两个半型内。造型简单,省工省时,应用最广	适用于最大截面在中部或回转体的铸件
三箱造型	模型由上、中、下三个砂箱构成,中箱高度须与铸件两个分型面的间距相适用,操作费时	适用于批量较小、具有两个分型面的铸件
挖砂造型	模型为整体,分型面为曲面,造型时用手工挖去阻碍起模的型砂。造型费时,生产率低	适用于批量较小、曲面分型的铸件

2) 机器造型

将紧砂和起模实现机械化的造型方法称为机器造型。造型机的种类多种多样,其中以震动压实式应用最广。机器造型的特点是生产率高,易于掌握,铸型质量好,工人的劳动条件得到了改善;但是,其设备及工艺装备费用高,生产准备时间较长,适用于成批、大量生产。

(3) 造芯的方法

型芯的作用主要是形成铸件的内腔。由于型芯的工作条件差,因此要求型芯具有好的耐火度、透气性、强度和退让性。

造芯方法与造型方法相同,既可用手工造芯,也可用机器造芯。造芯可用芯盒,也可用刮板,其中用芯盒造芯是最常用的方法。芯盒按其结构不同,可分为整体式芯盒、垂直对分式芯盒和可拆式芯盒三种。

(4) 浇注系统

引导液态金属流入铸型型腔的通道称为浇注系统。典型的浇注系统由外浇道、直浇道、横浇道和内浇道四部分组成,如图12-2所示。

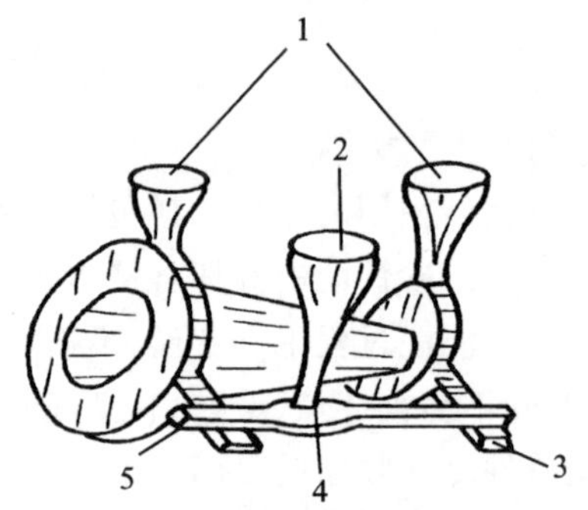

1—冒口;2—外浇口;3—内浇道;
4—直浇道;5—横浇道

图12-2 带有浇注系统和冒口的铸造件

1) 外浇口

金属液体注入处,它的作用是减轻金属液体对砂型的直接冲击,阻止熔渣流入浇道。

2) 直浇道

外浇口下面一段圆锥形的垂直通道,它的作用是使金属液体导入横浇道,并产生一定的静压力,改善充形能力。

3) 横浇道

将金属液体引入内浇道的水平通道,它的作用是阻挡熔渣流入型腔,并分配金属液体到内浇道。

4) 内浇道

将金属液体导入型腔的通道,它的作用是改变内浇道大小、数量、位置,可控制金属液体流入铸型型腔的速度和方向。

2. 铸件的缺陷

常见铸件的缺陷有气孔、砂眼、粘砂、缩孔、浇不足、冷隔等。

由于铸造生产过程工序繁多,所以产生铸造缺陷的原因相当复杂。常见的铸件缺陷特征及产生的主要原因如表12-2所列。

表12-2 常见的铸件缺陷特征及产生的主要原因

缺陷名称	特　征	产生的主要原因
气孔	在铸件内部或表面有大小不等的光滑孔洞	型砂含水过多,透气性差;起模和修型时刷水过多;型芯烘干不良或型芯通气孔堵塞;浇注温度过低或浇注速度太快等
缩孔	缩孔多分布在铸件厚断面处,形状不规则,孔内粗糙	铸件结构不合理,如壁厚相差过大,造成局部金属集聚;浇注系统和窗口的位置不对,或冒口过小;浇注温度太高,或金属化学成分不合格,收缩过大

续表 12－2

缺陷名称	特　征	产生的主要原因
砂眼	铸件内部或表面带有砂粒的孔洞	型砂和芯砂的强度不够;砂型和型芯的紧实度不够;合型时局部损坏,浇注系统不合理,冲坏了砂型
粘砂	铸件表面粗糙,粘有砂粒	型砂和芯砂的耐火度不够;浇注温度太高;未刷涂料或涂料太薄
错位	铸件沿分型面有相对位置错移	模样的上半模和下半模未对好,合型时,上、下砂型未对准
冷隔	铸件上有未完全融合的缝隙或洼坑,其交接处是圆滑的	浇注温度太低;浇注速度太慢或浇注有过中断,浇注系统位置开设不当,内浇道横截面积太小
浇不足	铸件不完整	浇注时金属量不够,浇注时液态金属从分型面流出;铸件太薄;浇注温度太低,浇注速度太慢
开裂	铸件开裂,开裂处金属表面有轻微氧化色	铸件结构不合理,壁厚相差太大;砂型和型芯的退让性差;落砂过早

12.1.2　特种铸造

特种铸造是指有别于普通砂型铸造的其他铸造方法。常用的特种铸造有如下几种：

1. 压力铸造

将熔融金属在高压下快速充填金属型腔,并在压力下凝固而获得铸件的方法称为压力铸造。压力铸造需要使用专用的设备压铸机。

(1) 压力铸造工艺过程

压力铸造所使用的铸型称为压型。压型由定型、动型、抽芯机构、顶出机构组成。压铸的工作过程如图 12－3 所示。

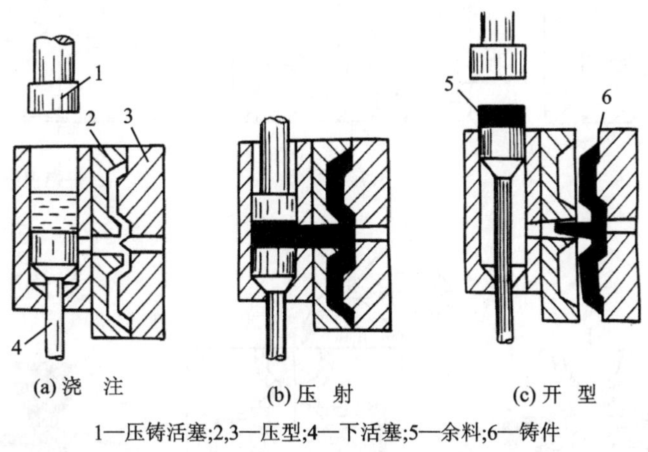

图 12－3　压力铸造工艺过程示意图

压型采用优质耐热合金钢制成,一般加工精度、粗糙度要求较高,并需热处理。

(2) 压力铸造的特点及应用

压力铸造的特点及应用如下：

① 生产率高。每小时可铸几百个铸件,而且易于实现自动化和半自动化生产。

② 产品质量好。铸件的精度和表面质量较高,可铸出形状复杂的薄壁铸件,并可直接铸出小孔、螺纹、花纹等,铸件强度比砂型提高 25%~40%。

③ 铸件加工成本低。压力铸件通常切削加工较少或不进行切削加工就能装配使用,因此省料、省工、省设备,生产成本降低。

④ 压力铸造设备投资大,压铸型结构复杂,制造周期长,成本高,仅适用于大批量生产。

⑤ 不适于钢、铸铁等高熔点合金的铸造。

⑥ 压铸件虽然表面质量好,但内部易产生气孔和缩孔,不宜机械加工,更不宜进行热处理或在高温下工作。

目前压力铸造主要用于铝、镁、锌、铜等有色合金铸件的大批量生产。在汽车、拖拉机、摩托车、仪器、仪表、医疗器械、航空等生产中都得到了广泛应用。

2. 熔模铸造

用易熔材料制成模样和浇注系统,在模样和浇注系统上包覆若干层耐火涂料,制成型壳,熔去模样后经高温焙烧浇注的铸造方法称为熔模铸造。

(1) 熔模铸造的工艺过程

熔模铸造的工艺过程如图 12-4 所示。首先用易熔合金或铝合金制成与铸件形状相同的蜡模及相应的浇注系统的特殊压铸型;然后用石蜡和硬脂酸各 50%的易熔材料浇注入压型,形成蜡模,将蜡模与浇注系统焊成蜡模组;在蜡模组上涂挂涂料和硅砂,放入硬化剂(如 NH_4Cl 水溶液等)中硬化;反复几次涂挂涂料和硅砂并硬化后,形成 5~10 mm 厚的型壳,将型壳浸泡在 85~95 ℃的热水中,熔去蜡模便获得无分型面的型壳;型壳再经烘干并高温焙烧,四周填砂后便可浇注获得铸件。

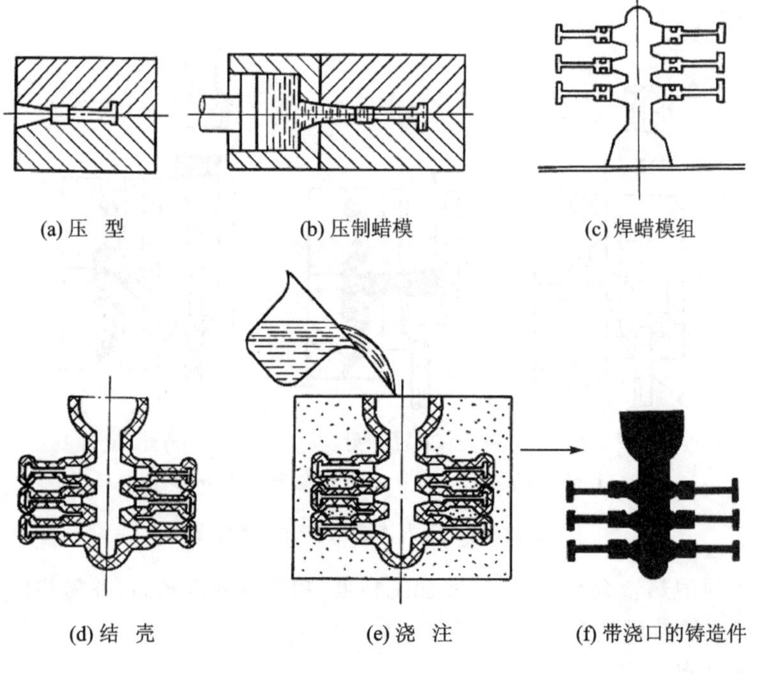

图 12-4 熔模铸造工艺过程

(2) 熔模铸造的特点及应用

熔模铸造的特点及应用如下：

① 熔模铸造是一种精密铸造方法，生产的铸件尺寸精度和表面质量均较高，机械加工余量小，可实现少、无切削加工。

② 可铸出形状复杂的薄壁铸件，最小壁厚可达 0.3 mm，最小铸出孔的直径可达 0.5 mm。

③ 能够铸造各种合金铸件，特别适于生产高熔点合金及难以切削加工的合金铸件。

④ 生产批量不受限制，从单件、成批到大量生产均可。

⑤ 熔模铸造铸件不能太大、太长，质量一般限于 25 kg 以下，且工序繁多，生产周期长，原材料的价格贵，铸件成本比砂型铸造高。

如上所述，熔模铸造主要用来生产形状复杂、精度要求高或难以切削加工的小型零件，如汽轮机、燃气轮机、水轮发动机等的叶片，切削刀具，以及汽车、拖拉机、风动工具和机床上的小型零件。

3. 金属型铸造

将熔融液体金属依靠重力浇入金属铸型而获得铸件的方法称为金属型铸造。金属铸型不同于砂型铸型，它可“一型多铸”，一般可浇注几百次到几万次，故亦称为“永久型铸造”。

(1) 金属铸型的构造

金属铸型根据分型面位置的不同可分为垂直分型式、水平分型式和复合分型式。图 12 - 5 所示为垂直分型式与水平分型式。其中，垂直分型式具有开设浇注系统、取出铸件方便的特点，故应用较广。

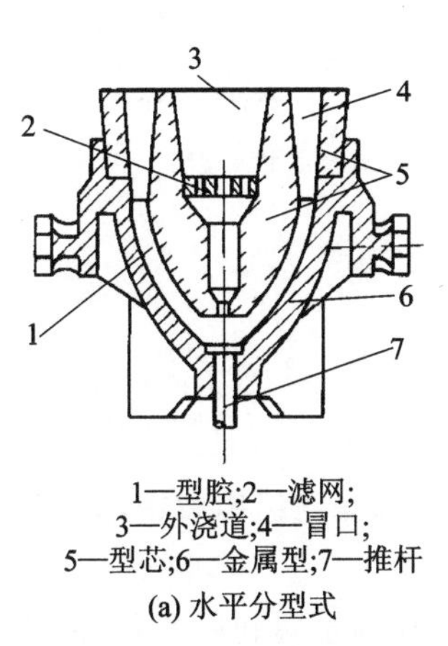

1—型腔；2—滤网；
3—外浇道；4—冒口；
5—型芯；6—金属型；7—推杆
(a) 水平分型式

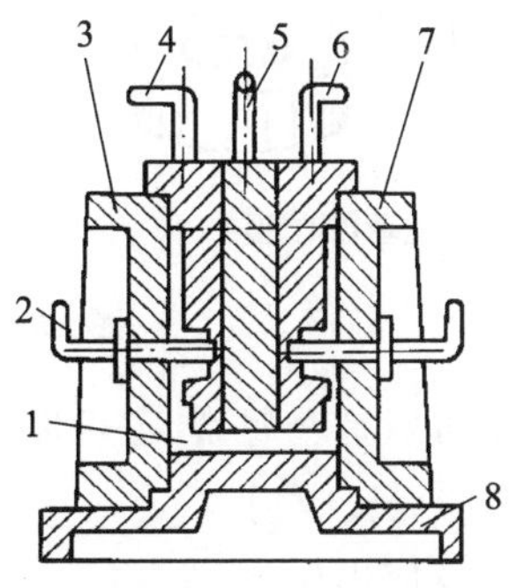

1—型腔；2—销孔型芯；3—左半型；
4—左侧型芯；5—中间型芯；
6—右侧型芯；7—右半型；8—底板
(b) 垂直分型式

图 12 - 5　常用的金属型结构示意图

金属铸型大多用铸铁或铸钢制成。为便于排气，在分型面上开一些通气槽，大多数开有出气孔，而且设有铸件顶出机构。

铸件内腔一般用金属型芯或砂芯制成。

(2) 金属型铸造的特点及应用

金属型铸造的特点及应用如下：

① 与砂型铸造相比，金属型铸造实现了“一型多铸”，具有较高的生产率，降低了成本，便于机械化和自动化。

② 铸件精度较高,表面质量较好,铸件的机械加工余量少。

③ 由于铸件冷却速度快、晶粒细,所以力学性能好。

④ 金属铸型制造成本高、周期长,只适用于大批量生产;铸件冷却快,不适用于浇注薄壁铸件,铸件形状不宜太复杂。

目前,金属型铸造主要用于中、小型有色合金铸件的大批量生产,如铝活塞、汽缸体、缸盖、油泵壳体、轴瓦、衬套等,有时也用来生产一些铸铁件和铸钢件。

4. 离心铸造

将液态金属浇入旋转着的铸型中,并在离心力的作用下凝固成形获得铸件的方法称为离心铸造。

(1) 离心铸造的基本方式

离心铸造一般在离心机上进行,按铸型旋转轴的位置分为立式和卧式离心铸造两类。其中,对于立式离心铸造,铸件内表面呈抛物面,因而铸造中空铸件时,其高度不能太高,否则铸件壁厚上下相差较大;对于卧式离心铸造,当铸型绕水平轴旋转时,可制得壁厚均匀的中空铸件。离心铸造如图 12 - 6 所示。

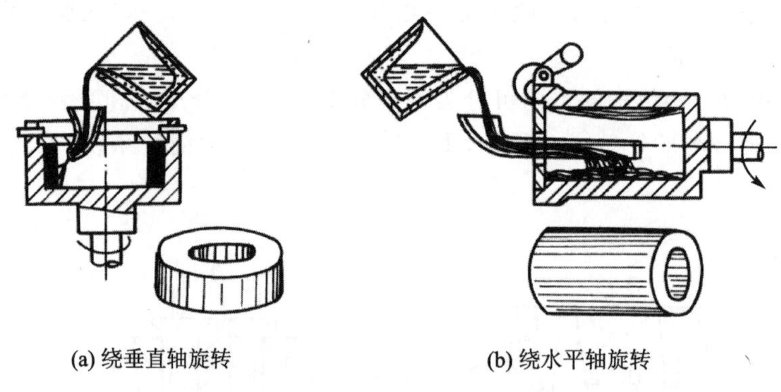

(a) 绕垂直轴旋转　　(b) 绕水平轴旋转

图 12 - 6　离心铸造

离心铸造的铸型可以是金属型,也可以是砂型。

(2) 离心铸造的特点及应用

离心铸造的特点及应用如下:

① 离心铸造的铸件是在离心力的作用下结晶,内部晶粒组织致密,无缩孔、气孔及夹渣等缺陷,力学性能较好。

② 当铸造管形铸件时,可省去型芯和浇注系统,提高金属利用率和简化铸造工艺。

③ 可铸造“双金属”铸件,如钢套内镶铜轴瓦等。

④ 铸件内表面质量较粗糙,内孔尺寸不准确,加工余量较大。

目前,离心铸造广泛用于制造铸铁水管、汽缸套、铜轴套,也用于铸造成型铸件。

12.2　锻压成型

锻造和板料冲压合称为锻压,包括自由锻、胎膜锻、模锻、扎制、拉拔、挤压和板料冲压等方法。

锻造是指在外力作用下，使金属坯料产生塑性变形，获得所需尺寸、形状及性能的毛坯或零件的加工方法。因为锻造利用金属材料的塑性变形得到了所需尺寸、形状的零件，且提高了金属的力学性能，所以，承受大载荷、受力复杂的重要机器零件，如机床主轴、齿轮、内燃机中的曲轴、连杆及刀具、模具等大多采用锻造方法获得。

冲压是指使板料分离或成型获得制件的加工方法，是一种高效的生产方法，主要用于获得薄板结构零件，被广泛用于汽车、拖拉机、电器、航空等行业。

锻造按成型方式分为自由锻造和模型锻造两类。

锻造与铸造生产方式相比，区别在于：

① 锻造所用的金属材料应具有良好的塑性，以便在外力的作用下，能产生塑性变形而不破裂。常用的金属材料中，铸铁的塑性很差，属脆性材料，不能用于锻压，钢和非铁金属中的铜、铝及其合金等塑性好，可用于锻造。

② 通过锻造加工能消除锭料的气孔、缩松等铸造组织缺陷，压合了微裂纹，并能获得较致密的结晶组织，可改善金属的力学性能。

③ 锻压加工是在固态成型的，对制造形状复杂的零件，特别是具有复杂内腔的零件较困难。

金属材料经锻造后，内部组织更加致密、均匀，可用于加工承受载荷大、转速高的重要零件。

12.2.1　金属的锻造性能

金属的锻造性能是指金属材料经受锻压加工时获得优质制件的难易程度。若金属的塑性好、变形抗力小，则锻造性好，反之则差。

金属的锻造性取决于金属的本质和变形条件。

1. 金属的本质

(1) 化学成分

一般纯金属的锻造性比合金好。合金中合金元素含量越高，杂质越多，其锻造性越差。碳钢的锻造性随其含碳量的增加而降低，合金钢的锻造性低于相同含碳量的碳钢。合金中如果含有可形成碳化物的元素(如铬、钨、钼、钒、钛等)，则其锻造性会显著下降。

(2) 内部组织

纯金属和固溶体的锻造性能一般较好，铸态组织和粗晶组织由于其塑性较差而不如锻轧组织和细晶组织的锻造性能。

2. 变形条件

(1) 变形温度

在一定的温度范围内，随着温度的升高，金属原子的活动能力增强，材料的塑性提高而变形抗力减小，这改善了金属的锻造性能。

(2) 应力状态

如图 12 - 7 所示，挤压时材料承受三向压应力，拉拔时材料承受两向压应力，一向拉应力。压应力阻碍晶间变形的产生，提高金属的塑性；拉应力有助于晶间变形的产生，降低金属的塑性。

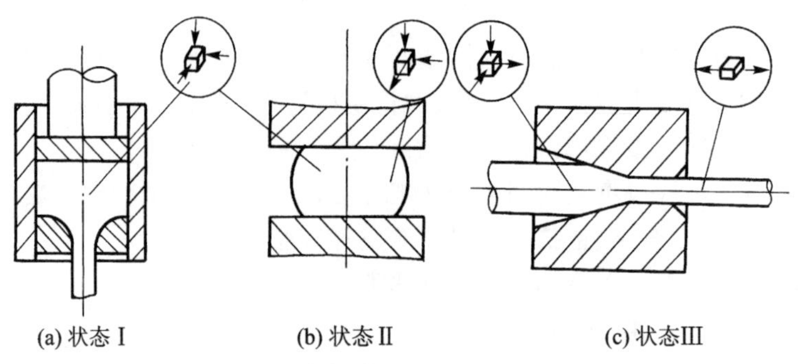

图 12-7　挤压与拉拔时金属的应力状态

(3) 应变速率

应变速率是指变形金属在单位时间内的变形量。应变速率在不同的范围内对金属的锻造性能会产生相反的影响,如图 12-8 所示。在应变速率低于临界速率 C 的条件下,随着应变速率的提高,金属的塑性下降,变形抗力增加,从而使锻造性能恶化;但是,当应变速率超过临界速率以后,由于变形产生的热效应越来越强烈,使金属的温度明显提高,从而又改善了锻造性能。

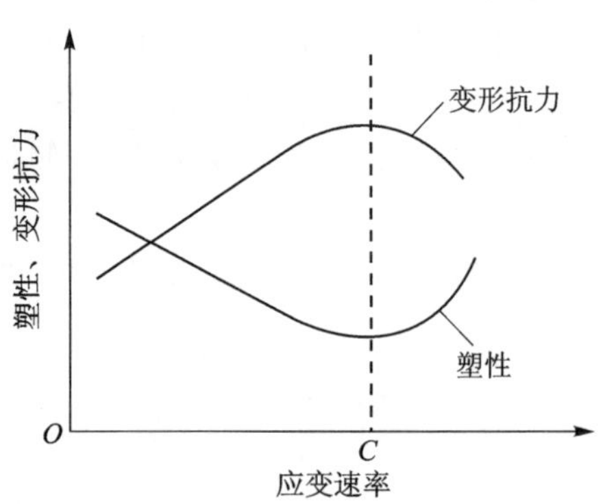

图 12-8　应变速率对金属锻造性能的影响

综上所述,金属的锻造性能既取决于金属的本质,又取决于变形条件。

12.2.2　自由锻造

自由锻造是利用锻造设备的冲击力或压力,使加热的金属坯料在上、下砧块之间产生塑性变形,以获得锻件的加工方法。其主要用于单件、小批量生产,是特大型锻件唯一的生产方法。

自由锻造可锻几克至数百吨的锻件,且工艺灵活、工具简单、成本低,因此应用较广。与模型锻造相比,其生产效率较低,锻件质量取决于锻工的操作水平。

自由锻造一般采用空气锤、蒸汽-空气锤和水压机。空气锤由电机直接驱动,操作方便,适用于小型或中型锻造车间。蒸汽-空气锤采用 6～9 个大气压的蒸汽或压缩空气为动力,适用于中型或大型锻造车间。水压机施加的是静压力,工作压力一般为 6 000～150 000 kN,工作时振动较小,易将锻件锻透,适用于大型锻件锻造。

自由锻造的基本工序为:镦粗、拔长、冲孔、弯曲、扭转、错移、切断等,其中以前三种工序应用最多。

12.2.3　模锻和胎模锻

1. 模　锻

模锻是将加热后的坯料放入具有一定形状和尺寸的锻模模腔内,施加冲击力或压力,使其在有限制的空间内产生塑性变形,从而获得与锻模形状相同的锻件的加工方法。

模锻与自由锻相比，具有生产率高，锻件的形状与尺寸比较精确，加工余量小，材料利用率高，可使锻件的金属纤维组织分布更为合理，进一步提高零件的使用寿命等优点。但模锻设备投资大，锻模成本高，生产准备周期长，且受设备吨位的限制，因而模锻仅适用于锻件质量在 150 kg 以下的大批量生产中、小型的锻件。

模锻按使用设备的不同，可分为锤上模锻和压力机模锻两种。其中，在模锻锤上进行模锻生产锻件的方法称为锤上模锻。锤上模锻因其工艺适应性较强，且模锻锤的价格低于其他模锻设备，故其是目前应用最广泛的模锻工艺。

锤上模锻使用的主要设备是蒸汽-空气模锻锤。模锻锤的工作原理与蒸汽-空气自由锻锤基本相同，主要区别是模锻锤的锤身直接与砧座连接，锤头导轨间的间隙较小，保证了锤头上下运动准确，还保证了工件的质量。

锻模由带燕尾的上下模组成，通过紧固楔铁分别固定在锤头和模垫上，上下模之间为模膛，如图 12 - 9 所示。

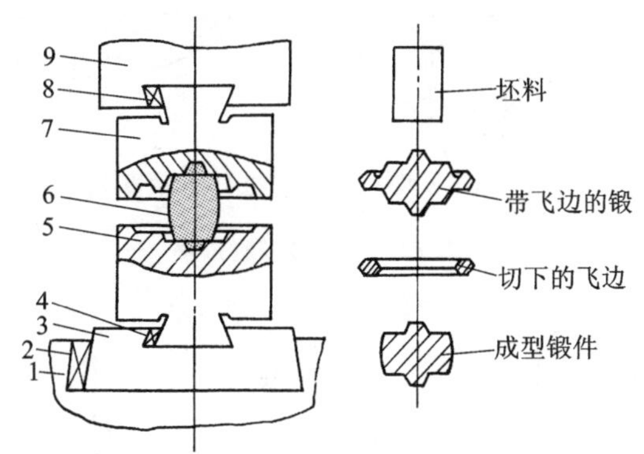

1—砧座;2,8—楔铁;3—模座;4—楔块;5—下模;6—坯料;7—上模;9—锤头

图 12 - 9　单模膛锻模及锻件成型过程

当锻制形状简单的锻件时，锻模上只开一个模膛，称之为终锻模膛。终锻模膛四周设有飞边槽，容纳金属充满模膛时多余的金属。飞边可用切边压力机切去。

带孔的锻件不可能将孔直接锻出，而是留有一定厚度的冲孔连皮，锻后再将连皮冲掉。

复杂锻件需要在开设有多个模膛的锻模中完成。多个模腔分制坯模膛、预锻模膛和终锻模膛。图 12 - 10 所示为延伸、滚压、弯曲、预锻和终锻模膛。

2. 胎模锻

胎模锻是一种在自由锻造设备上用胎膜生产锻造的方法。胎模锻与模锻的不同在于胎膜不与垂头和下模座连在一起而单独存在。胎模锻造时，一般先采用自由锻造方法将坯料预锻成近似锻件的形状，然后放入胎模模膛中，用锻锤打至上下模紧密接触时，坯料便会在模膛内压成与模膛形状一致的锻件。图 12 - 11 所示为锄头锻件的胎模锻造过程，图 12 - 12 所示为锄头的胎模结构图。

胎模锻造生产的锻件，其精度和形状的复杂程度较自由锻件高、加工余量小、生产率较高，而且胎模结构简单、制造方便、无需昂贵的模锻设备，是一种既经济又简便的锻造方法，广泛用于小型锻件的中小批量生产。

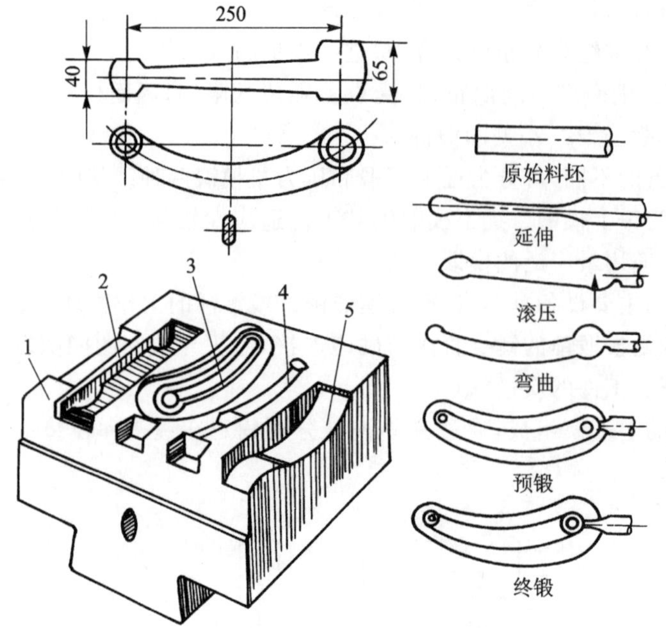

1—延伸模膛;2—滚压模膛;3—终锻模膛;4—预锻模膛;5—弯曲模膛

图 12-10 多模膛锻模

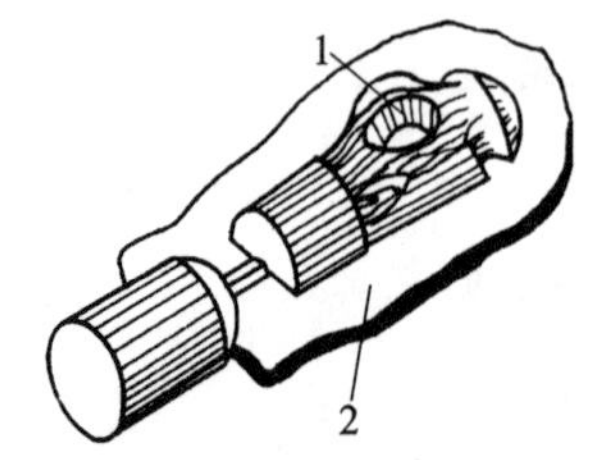

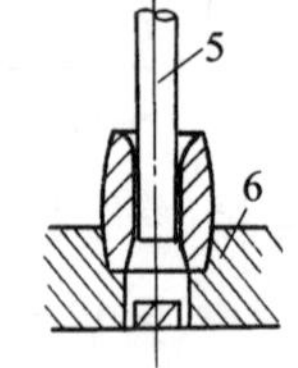

(a) 用胎模锻出的锻件有毛边和连皮　(b) 用切边模切边　(c) 用冲子冲掉连皮　(d) 锻件图

1—连皮;2—毛边;3—冲头;4—凹模;5—冲子;6—工件

图 12-11 铆头锻件的胎模锻造过程

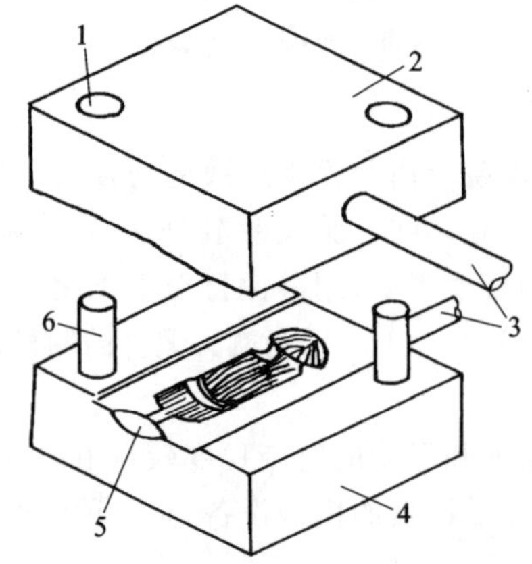

1—销孔;2—上模板;3—手板;4—下模板;5—模膛;6—导柱

图 12-12 铆头的胎模结构图

12.2.4　轧、挤和拉工艺

1. 轧　制

轧制是坯料在旋转轧辊的压力作用下，产生连续塑性变形，获得要求的截面形状并改变其性能的方法。

轧制生产所用坯料主要是金属锭。在轧制过程中，坯料靠摩擦力得以连续通过轧辊缝隙，在压力作用下变形，使坯料的截面减小，长度增加。

按轧辊轴线与坯料轴线间的相对空间位置和轧辊的转向不同可分为纵轧、斜轧和横轧三种。轧制如图 12－13 所示，辊锻如图 12－14 所示，斜轧如图 12－15 所示，横轧(热轧齿轮)如图 12－16 所示。

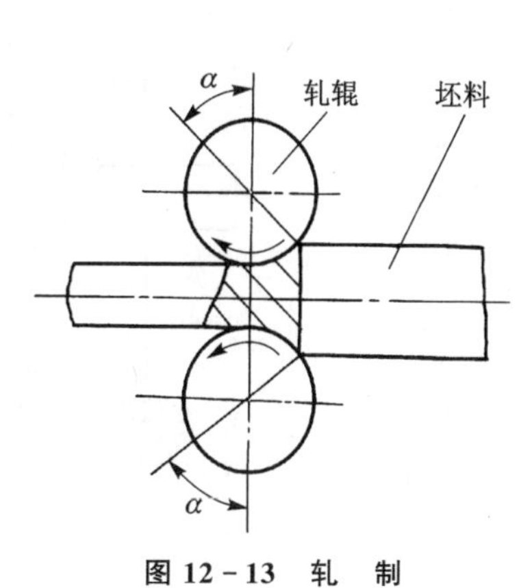

图 12－13　轧　制

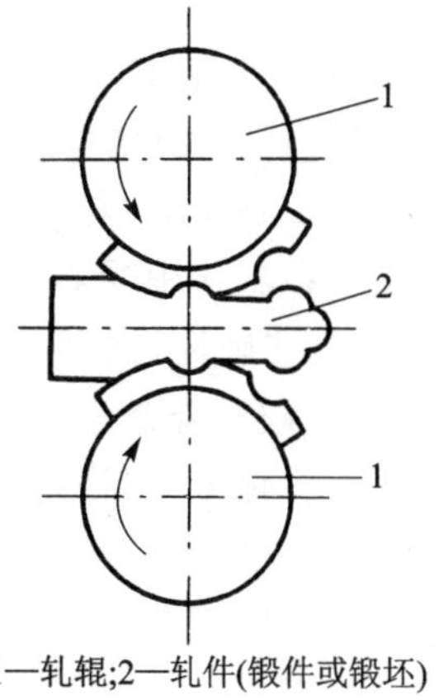

1—轧辊;2—轧件(锻件或锻坯)

图 12－14　辊　锻

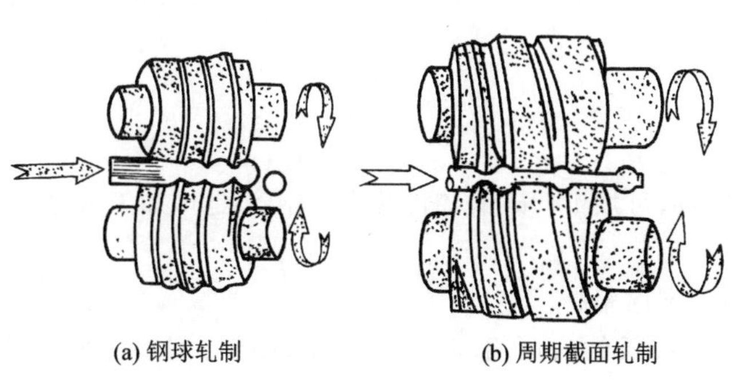

图 12－15　斜　轧

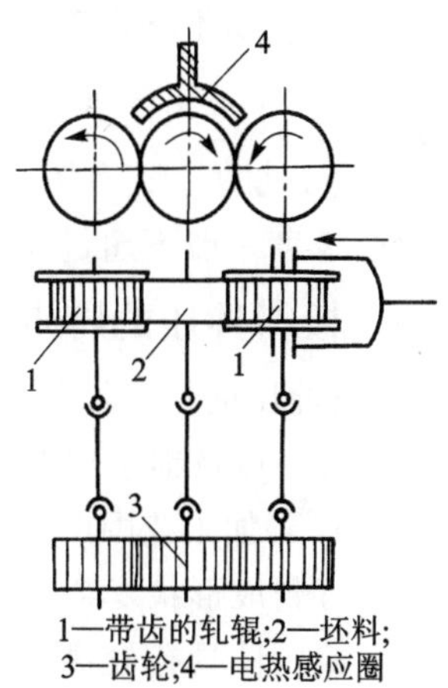

1—带齿的轧辊;2—坯料;
3—齿轮;4—电热感应圈

图 12－16　横轧(热轧齿轮)

2. 挤　压

挤压是坯料在挤压模内受压变形而获得所需制件的压力加工方法。

按坯料流动方向和凸模运动方向的不同，挤压方式可分为正挤压、反挤压、复合挤压、径向挤压四种，如图 12－17 所示。

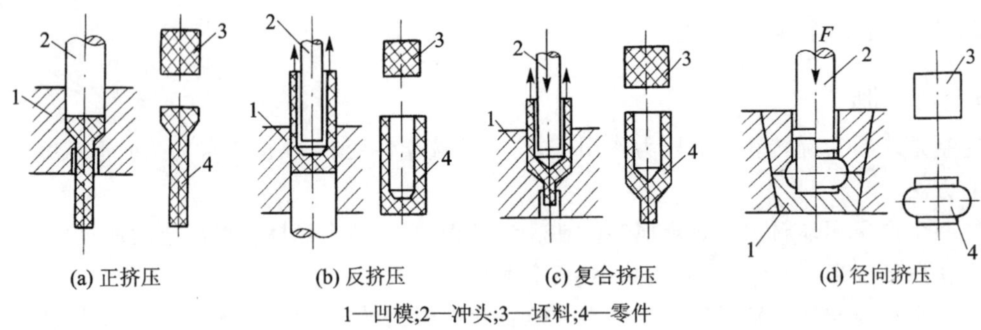

1—凹模;2—冲头;3—坯料;4—零件

图 12-17 挤压方式

3. 拉 拔

拉拔是使坯料在牵引力的作用下通过模孔而变形,获得所需制件的压力加工方法(见图 12-18)。

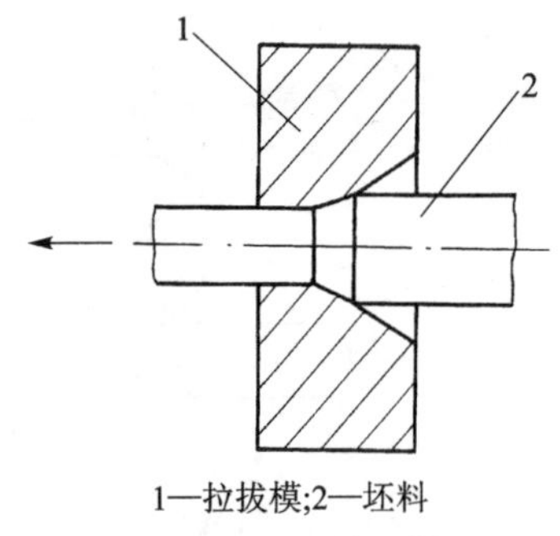
1—拉拔模;2—坯料

图 12-18 拉 拔

拉拔时所用模具模孔的截面形状及使用性能对制件影响极大。模孔在工作中受着强烈的摩擦作用,为了保持其几何形状的准确性,提高模具使用寿命,应选用耐磨性好的材料(如硬质合金等)来制造。

拉拔主要用于各种细线材、薄壁管及各种特殊截面形状型材的生产。拉拔常在冷态下进行,产品精度较高,表面粗糙度较小,因而常用来对轧制件进行再加工,以进一步提高产品质量。拉拔成形适用于低碳钢、大多数有色金属及其合金。

12.2.5 板料冲压

板料冲压是利用模具,借助冲床的冲击力使板料产生分离或变形,获得所需形状和尺寸的制件的加工方法。这种方法通常是在冷态下进行的,所以又称为冷冲压。所用板料具有较高的塑性,厚度一般不超过 6 mm。

1. 板料冲压的特点

板料冲压的特点如下:

① 可冲压从细小到大型的所有零件,可加工低碳钢、铜、铝及其合金,也可加工云母、石棉板和皮革等,加工范围广。

② 可制成形状复杂的零件,材料的利用率高。

③ 冲压件具有较高的尺寸精确和较低的表面粗糙度,一般不进行切削加工便可装配使用。

④ 能获得质量小,刚度、强度较高的零件。

⑤ 操作简单,生产率很高,容易实现机械化、自动化生产。

2. 冲压设备和模具

(1) 冲压设备

曲柄压力机是常用冲压设备,按床身结构形式分为单柱式和双柱式两种。其中,单柱式压

力机可由前、左、右送料，结构简单，操作方便，但床身刚度较低，公称压力多为 100 t 以下；双柱式压力机的床身强度、刚度较大，多为中、大类型。

(2) 冲压模具

冲压模具一般有简单冲模、连续冲模和复合冲模三类，具体如下：

① 简单冲模。在冲床滑块一次行程中只完成一道工序的冲模称为简单冲模。例如，落料模、冲孔模、切边模、弯曲模、拉深模等。

② 连续冲模。在滑块一次行程中，能够同时在模具的不同部位上完成数道冲压工序的冲模称为连续冲模。这种冲模生产效率高，但模具制造较复杂、成本高，适用于中、小批量生产，精度要求不高的冲压件。

③ 复合冲模。在滑块一次行程中，可在模具的同一部位同时完成若干冲压工序的冲模称为复合冲模。复合冲模的结构紧凑、冲制的零件精度高、生产率高，但复合冲模的结构复杂、成本高，只适用于大批量生产、精度要求高的冲压件。

3. 板料冲压的基本工序

板料冲压的基本工序分为分离、变形两大类，具体如下：

(1) 分离工序

分离工序是使坯料按制件要求的尺寸轮廓线分离，有剪切、冲裁、切口、修边等。

① 剪切：使板料沿不封闭轮廓分离的冲压工序。通常是在剪板机上将大板料或带料切断成适合生产的小板料、条料。

② 冲裁：使板料沿封闭轮廓分离的冲压工序。冲裁包括落料和冲孔，如图 12－19 所示。落料时，被分离的部分是成品，周边是废料。冲孔则是为了获得孔，周边是成品，被分离的部分是废料。

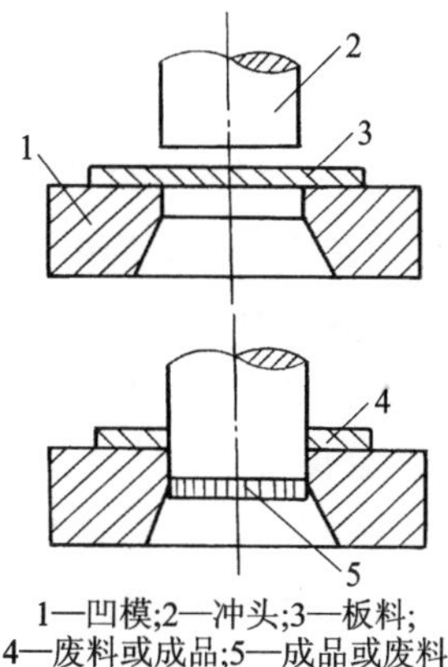

1—凹模;2—冲头;3—板料;
4—废料或成品;5—成品或废料

图 12－19　冲　裁

(2) 变形工序

变形是使冲压坯料在不被破坏的情况下产生塑性变形，有弯曲、拉深、成型三类工序。

1) 弯　曲

弯曲是将板料弯成具有一定曲率和角度的冲压变形工序，如图 12－20 所示。弯曲时，板料被弯曲部分内侧被压缩，外侧被拉伸，弯曲半径越小，拉伸和压缩变形就越大，故过小的弯曲半径有可能造成外层材料被拉裂，因此对弯曲半径有所规定(弯曲的最小半径为 $r_{min}=0.25\sim1$ 板厚)。另外，弯曲模冲头的端部与凹模的边缘必须加工出一定的圆角，以防止工件弯裂。

由于塑性变形过程中伴随着弹性变形，因此弯曲后冲头回程时，弯曲件有回弹现象，回弹角度的大小与板料的材质、厚度及弯曲角等因素有关(一般回弹角度为 0°～10°)，故弯曲件的角度比弯曲模的角度略有增大。

2) 拉　深

拉深是将平直板料加工成空心件的冲压成型工序，如图 12－21 所示。平直板料在冲头的作用下被拉成杯形或盒形工件。为避免零件拉裂，冲头和凹模的工作部分应加工成圆角。冲头和凹模间要留有 1.1～1.2 板厚的间隙，以减少拉深时的摩擦阻力。为防止板料起皱，必须用压板将板料压紧。每次拉深时，板料的变形程度都有一定的限制，通常是拉深后圆筒的直径不应小于板料直径的一半左右(0.5～0.8),对于要求拉深变形量较大的零件,必须采用多次拉深。

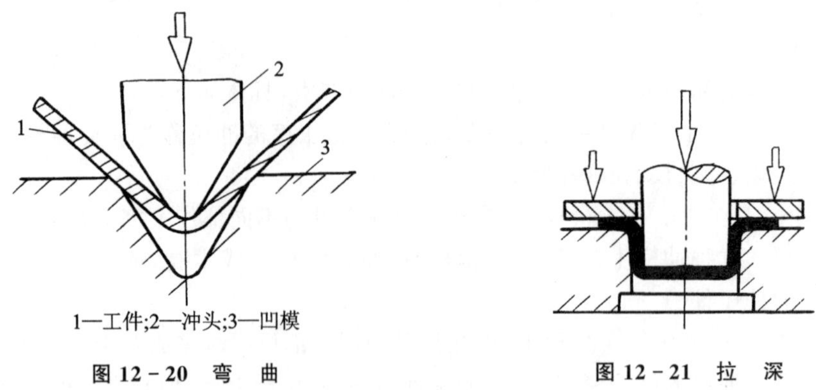

图 12-20 弯 曲

图 12-21 拉 深

12.3 焊接成型

焊接是一种永久性连接金属材料的方法。焊接过程是用加热或加压等手段,借助金属原子结合与扩散作用,使两分离金属材料连接在一起。

焊接在现代工业生产中具有十分重要的作用,广泛应用于机械制造中的毛坯生产和各种金属结构件的制造,如高炉炉壳、建筑构架、锅炉与承压容器、汽车车身、桥梁、矿山机械、大型转子轴、缸体等。

与铆接相比,焊接具有节省材料,减轻质量;连接质量好,接头的密封性好,可承受高压;简化加工与装配工序,缩短生产周期,易于实现机械化和自动化生产等优点;但它不可拆卸,还会产生变形、裂纹等缺陷。

在工业生产中,常用的焊接方法如图 12-22 所示。

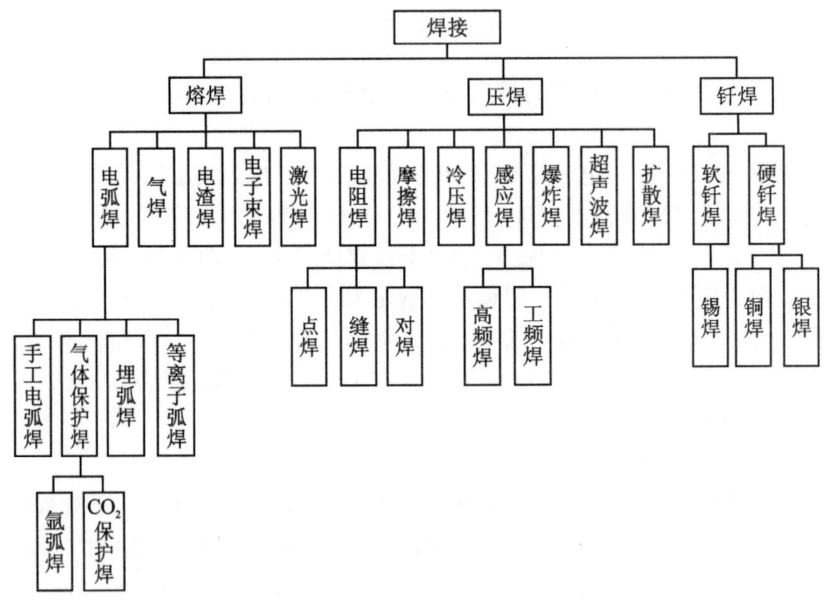

图 12-22 常用焊接方法

12.3.1　手工电弧焊

利用电弧作为焊接热源的熔焊方法称为电弧焊，用手工操纵焊条进行焊接的电弧焊方法称为手工电弧焊，简称手弧焊。其焊接过程如图 12-23 所示。

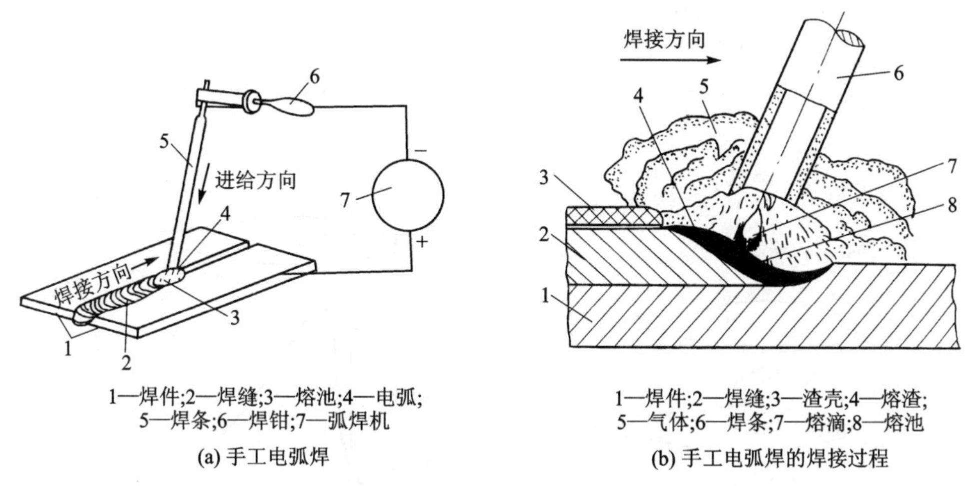

1—焊件;2—焊缝;3—熔池;4—电弧;
5—焊条;6—焊钳;7—弧焊机

(a) 手工电弧焊

1—焊件;2—焊缝;3—渣壳;4—熔渣;
5—气体;6—焊条;7—熔滴;8—熔池

(b) 手工电弧焊的焊接过程

图 12-23　手工电弧焊及其焊接过程

焊接前将电焊机的两个输出端分别用电缆线与焊钳和焊件连接，用焊钳夹牢焊条后，使焊条和焊件瞬时接触(短路)，随即提起一定的高度(2～4 mm)，即可引燃电弧。利用电弧高达 6 000 K 的高温使母材(焊件)和焊条同时熔化，形成金属熔池。随着母材和焊条的熔化，焊条应向下和向焊接方向同时前移，保证电弧的连续燃烧并同时形成焊缝。焊条上的药皮形成熔渣覆盖熔池表面，对熔池和焊缝起保护作用。

手弧焊设备简单便宜，操作灵活方便，适应性强，但生产效率低，焊接质量不够稳定，对焊工操作技术要求较高，劳动条件较差。手弧焊多用于单件小批生产和修复，一般适用于 2 mm 以上各种常用金属的各种焊接位置的、短的、不规则的焊缝。

12.3.2　气焊和气割

1. 气　焊

气焊是利用可燃气体乙炔和氧气混合燃烧时产生的高温火焰使焊件和焊丝局部熔化及填充金属的一种焊接方法。

与电弧焊相比，气焊热源的温度较低，热量分散，加热缓慢，生产率低，工件变形严重，接头质量较低，但气焊火焰容易控制，操作简便，灵活性好，不需要电源，可在野外作业。气焊适于焊接厚度在 3 mm 以下的低碳钢薄板、高碳钢、铸铁以及铜、铝等非铁金属及其合金，也可用作焊前预热、焊后缓冷及小型零件热处理的热源。

(1) 气焊设备

气焊设备包括乙炔气瓶、氧气瓶、减压器、焊炬等。

(2) 焊丝和焊剂

① 焊丝。焊丝一般是光金属丝，作填充金属，并与熔化的焊件金属一起形成焊缝。

② 焊剂。焊剂的作用是去除熔池中形成的氧化物等杂质,保护熔池金属,并增加液态金属的流动性。焊接低碳钢时一般不用焊剂;焊补铸铁或焊接铜、铝及其合金时,应使用相应的焊剂。

(3) 气焊火焰

通过调整混合气体中乙炔与氧气的比例,可获得三种不同性质的气焊火焰,如图 12 - 24 所示。它们的应用亦有明显的区别,如下:

① 中性焰。其又称正常焰,其氧气和乙炔混合的体积比为 1.0～1.2。中性焰的温度分布如图 12 - 25 所示,适用于焊接低碳钢、中碳钢、合金钢、纯铜和铝合金等材料。

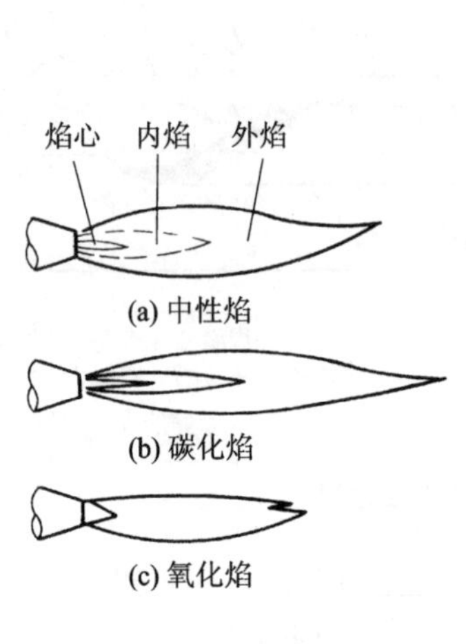

图 12 - 24　气焊火焰

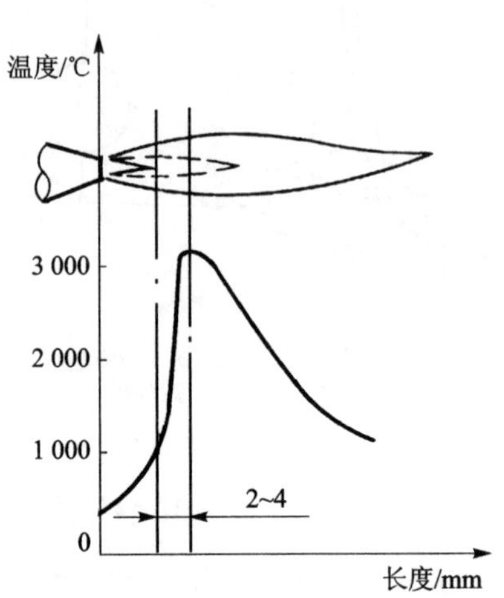

图 12 - 25　中性焰的温度分布

② 碳化焰。其氧气和乙炔混合的体积比小于 1.0。由于氧气较少,所以燃烧不完全。其适用于焊接高碳钢、硬质合金,焊补铸铁等。

③ 氧化焰。其氧气与乙炔混合的体积比大于 1.2,适用于焊接黄铜。

2. 气　割

气割是利用气体火焰将金属预热到燃点温度后,开放切割氧,将纯氧金属剧烈氧化成熔渣,从切口中吹走,达到分离金属的目的。

气割时用割炬代替焊炬,其余设备与气焊相同。

金属材料必须满足下列条件才能采用氧气切割:

① 金属材料的燃点必须低于其熔点,才能保证金属气割过程是燃烧过程,而不是熔化过程;否则,切割时金属先熔化而变为熔割过程,使割口过宽,而且不整齐。

② 燃烧生成的金属氧化物的熔点应低于金属本身的熔点,而且流动性要好,使之呈熔融状被吹走时,割口处金属仍未熔化;否则,就会在割口表面形成固态氧化物,阻碍氧气流与下层金属接触,使切割过程难以进行。

③ 金属燃烧时能放出大量的热,而且其本身的导热性要低。这样才能保证下层金属预热到足够高的温度 (燃点),使切割过程继续进行。

满足上述金属氧气切割条件的金属材料有纯铁、低碳钢、中碳钢和普通低合金钢,高碳钢、铸铁、高合金钢及铜、铝等非铁金属及其合金则难以进行氧气切割。

12.3.3　其他熔焊

1. 埋弧焊

埋弧焊是使电弧在较厚的焊剂层下燃烧,利用埋弧焊机自动控制引弧、焊丝送进、电弧移动和焊缝收尾的一种电弧焊方法。埋弧焊使用的焊接材料是焊丝和焊剂,其作用分别相当于焊条芯与药皮。

埋弧焊时焊缝的形成过程如图 12-26 所示。焊丝末端与焊件之间产生电弧后,电弧的热量使焊丝、焊件及电弧周围的焊剂熔化。熔化的金属形成熔池,焊剂及金属的蒸气将电弧周围已熔化的焊剂(熔渣)排开,形成一个封闭空间,使熔池和电弧与外界空气隔绝。随着电弧前移,不断熔化前方的焊件、焊丝和焊剂,熔池后方边缘的液态金属则不断冷却凝固形成焊缝。熔渣则浮在熔池表面,凝固后形成渣壳覆盖在焊缝表面。焊接后,未被熔化的焊剂可以回收。

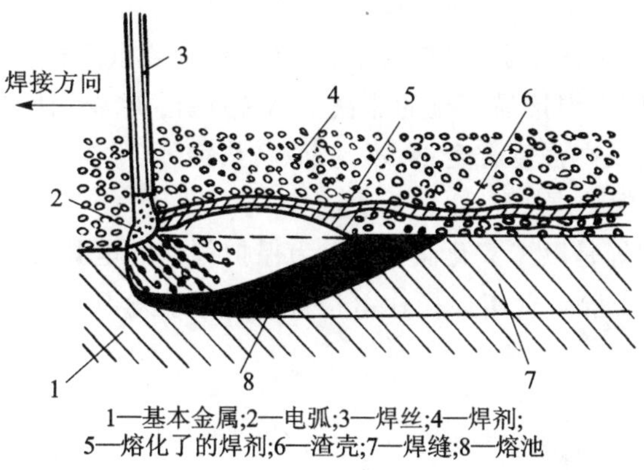

1—基本金属;2—电弧;3—焊丝;4—焊剂;
5—熔化了的焊剂;6—渣壳;7—焊缝;8—熔池

图 12-26　埋弧焊时焊缝的形成过程

埋弧焊的工作情况如图 12-27 所示。

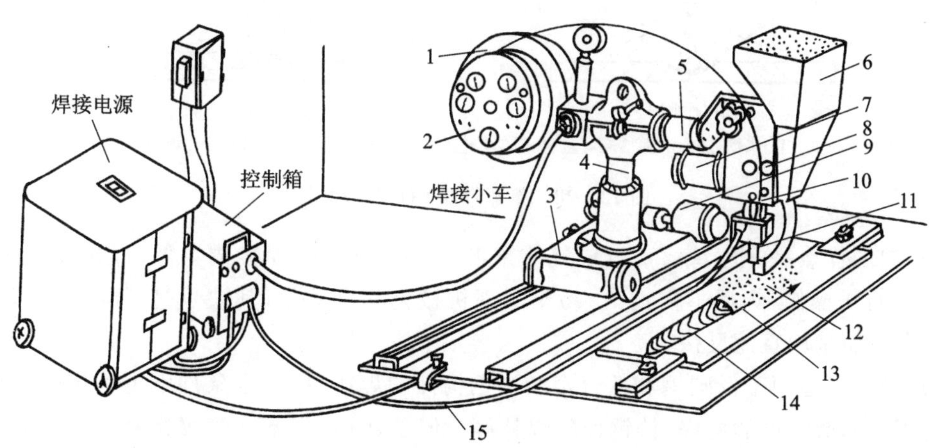

1—焊丝盘;2—操纵盘;3—车架;4—立柱;5—横梁;6—焊剂漏斗;7—焊丝送进电动机;8—焊丝送进滚轮;
9—小车电动机;10—机头;11—导电嘴;12—焊剂;13—渣壳;14—焊缝;15—焊接电缆

图 12-27　埋弧焊示意图

与手弧焊比较,埋孤焊的焊接质量好,生产率高,节省金属材料,劳动条件好,适用于中、厚板焊件的长直焊缝和具有较大直径的环状焊缝的平焊,尤其适用于成批生产。

2. 气体保护电弧焊

气体保护电弧焊简称气体保护焊,是利用外加气体作为电弧介质并保护电弧与焊接区的电弧焊方法。常用的保护气体有氩气和二氧化碳等。

(1) 氩弧焊

氩弧焊是以氩气为保护气体的一种电弧焊方法。按照电极的不同,氩弧焊可分为熔化极氩弧焊和非熔化极氩弧焊两种,如图 12-28(a)所示。熔化极氩弧焊也称直接电弧法,其焊丝直接作为电极,并在焊接过程中熔化为填充金属;非熔化极氩弧焊也称间接电弧法,其电极为不熔化的钨极,填充金属由另外的焊丝提供,故又称钨极氩弧焊。

从喷嘴喷出的氩气在电弧及熔池的周围形成连续封闭的气流,由于氩气是惰性气体,既不与熔化金属发生任何化学反应,又不溶解于金属,因而能非常有效地保护熔池,获得高质量的焊缝。此外,氩弧焊是一种明弧焊,便于观察,操作灵活,适用于全位置焊接。但是,氩弧焊也有其明显的缺点,如氩气价格昂贵,焊接成本高,焊前清理要求严格,而且设备复杂,维修不便。

目前,氩弧焊主要用于焊接易氧化的非铁金属(如铝、镁、铜、钛及其合金)和稀有金属(如锆、钽、钼及其合金),以及高强度合金钢、不锈钢、耐热钢等。

(2) 二氧化碳气体保护焊

二氧化碳气体保护焊是以二氧化碳(CO_2)为保护气体的电弧焊方法,简称 CO_2 焊。其焊接过程如图 12-28(b)所示。它用焊丝作电极并兼作填充金属,可以半自动或自动方式进行焊接。

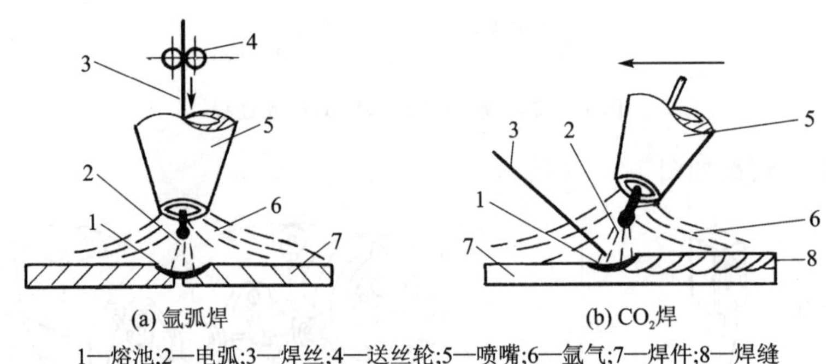

(a) 氩弧焊　　(b) CO_2焊

1—熔池;2—电弧;3—焊丝;4—送丝轮;5—喷嘴;6—氩气;7—焊件;8—焊缝

图 12-28　氩弧焊和 CO_2 焊示意图

CO_2 焊的优点是:生产率高,CO_2 气体来源广、价格便宜,焊接成本低,焊接质量好,可全位置焊接,明弧操作,焊后不需清渣,易于实现机械化和自动化;其缺点是:焊缝成形差,飞溅大,焊接电源需采用直流反接。

CO_2 焊主要适用于低碳钢和低合金结构钢构件的焊接,在一定条件下也可用于焊接不锈钢,还可用于耐磨零件的堆焊、铸钢件的焊补等。但是,CO_2 焊不适于焊接易氧化的非铁金属及其合金。

3. 电阻焊

电阻焊是利用电流通过焊件的接触面时产生的电阻热对焊件局部迅速加热,使之达到塑性状态或局部熔化状态,并通过加压实现连接的一种压焊方法。

按照接头形式的不同，电阻焊可分为点焊、缝焊和对焊等，如图 12－29 所示。

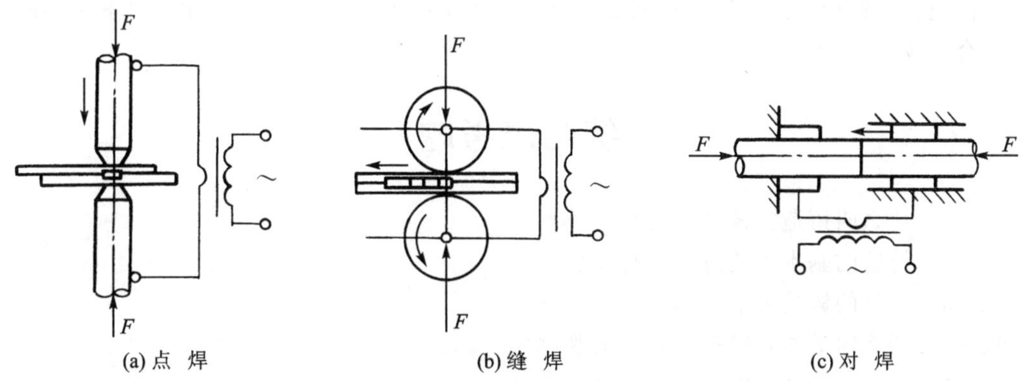

图 12－29　电阻焊的主要方法

(1) 点　焊

点焊时，待焊的薄板被压紧在两柱状电极之间，通电后使接触处温度迅速升高，将两焊件接触处的金属熔化而形成熔核，熔核周围的金属则处于塑性状态；然后切断电流，保持或增大电极压力，使熔核金属在压力下冷却结晶，形成组织致密的焊点。整个焊缝由若干个焊点组成，每两个焊点之间应有足够的距离，以减少分流的影响。

点焊主要用于 4 mm 以下的薄板与薄板的焊接，也可用于圆棒与圆棒（如钢筋网）、圆棒与薄板（如螺母与薄板）的焊接。焊件材料可以是低碳钢、不锈钢、铜合金、铝合金、镁合金等。

(2) 缝　焊

缝焊的焊接过程与点焊相似，只是用转动的圆盘状电极取代点焊时所用的柱状电极。焊接时，圆盘状电极压紧焊件并转动，依靠摩擦力带动焊件向前移动，配合断续通电（或连续通电），形成许多连续并彼此重叠的焊点，称为缝焊。

缝焊主要用于有密封要求的薄壁容器（如水箱）和管道的焊接，焊件厚度一般在 2 mm 以下，低碳钢可达 3 mm，焊件材料可以是低碳钢、合金钢、铝及其合金等。

(3) 对　焊

对焊是利用电阻热使对接接头的焊件在整个接触面上形成焊接头的电阻焊方法，可分为电阻对焊和闪光对焊两种。

电阻对焊是将焊件置于电极夹钳中夹紧后，加预压力使焊件端面互相压紧，再通电加热，待两焊件接触面及其附近加热至高温塑性状态时，断电并加压顶锻，接触处产生一定塑性变形而形成接头。它适用于形状简单、小断面的金属型材（如直径在 ϕ20 mm 以下的钢棒和钢管）的对接。

闪光对焊时，焊件装好后不接触，先通电，再移动焊件使之接触。强电流通过时使接触点金属迅速熔化、蒸发、爆破，高温金属颗粒向外飞射而形成火花（闪光）。经多次闪光加热后，焊件端面达到所要求的高温，立即断电并加压顶锻。

4. 钎　焊

钎焊是采用熔点比母材低的金属材料作钎料，将焊件和钎料加热至高于钎料熔点、低于焊件熔点的温度，利用钎料润湿母材，填充接头间间隙并与母材相互扩散而实现连接的一种焊接方法。根据钎料熔点的不同，钎焊分为硬钎焊与软钎焊两种。

钎焊时一般要用钎剂。钎剂和钎料配合使用，是保证钎焊过程顺利进行和获得致密接头的重要措施。软钎焊常用的钎剂有松香、焊锡膏、氯化锌溶液等；硬钎焊常用的钎剂由硼砂、硼酸等混合组成。

练习思考题

12-1 什么叫铸造？铸造的特点有哪些？

12-2 铸造的基本工艺过程是什么？

12-3 常见的铸造缺陷有哪些？

12-4 什么叫锻造？锻造的特点有哪些？

12-5 金属的锻造性能由金属的什么决定？

12-6 板料冲压的基本工序有哪些？

12-7 什么叫焊接？

12-8 手工电弧焊的特点有哪些？

12-9 气焊的火焰有哪几种？

第13章　金属切削加工

13.1　切削加工

利用切削工具从坯料或工件上切除多余材料，获得所需要的几何形状、尺寸精度和表面质量的零件的加工方法称为金属切削加工。它是机械制造业中使用最广的加工方法。

金属切削加工方法较多，一般分为车、铣、刨、拉、磨、钻、镗削和齿轮加工等。

13.1.1　切削加工的基本概念

1. 切削运动

切削加工是靠刀具和工件之间做相对运动来完成的，它包括主运动和进给运动。

(1) 主运动

主运动是由机床或人力提供的主要运动；它促使刀具和工件之间产生相对运动，从而使刀具前面接近工件；在切削过程中它的速度最高，消耗功率最大。主运动的运动方式有旋转运动、往复直线运动两类。

(2) 进给运动

进给运动也是由机床或人力提供的运动。它使刀具与工件之间产生附加的相对运动，加上主运动，即可不断地或连续地进行切削，并得到具有所需几何特性的已加工表面。其运动可以是间歇的，也可以是连续的；可以是直线送进，也可以是圆周送进。

切削加工中，主运动只有一个，而进给运动可以有一个或数个。通过它们的适当配合，就可以加工出各种表面。

在切削加工过程中，工件上将形成三个不同的变化着的表面，如下：

① 已加工表面。工件上经刀具切削后产生的表面称为已加工表面。

② 待加工表面。工件上有待切除的表面称为待加工表面。

③ 过渡表面。工件上由切削刃形成的那部分表面，它在下一切削行程，刀具或工件的下一转里被切除或者由下一切削刃切除的表面称为过渡表面。

2. 切削用量

切削加工中与切削运动直接相关的三个主要参数是切削速度、吃刀量和进给量，通常把这三个参数总称为切削用量三要素。

(1) 切削速度 v_c

切削速度是切削刃选定点相对于工件的主运动的瞬时速度，计量单位为 m/s。它是主运动的参数。当主运动为旋转运动时（如车削、铣削等），如图13-1所示。

切削速度的表达式如下：

$$v_c=\frac{\pi dn}{1\ 000\times 60} \tag{13-1}$$

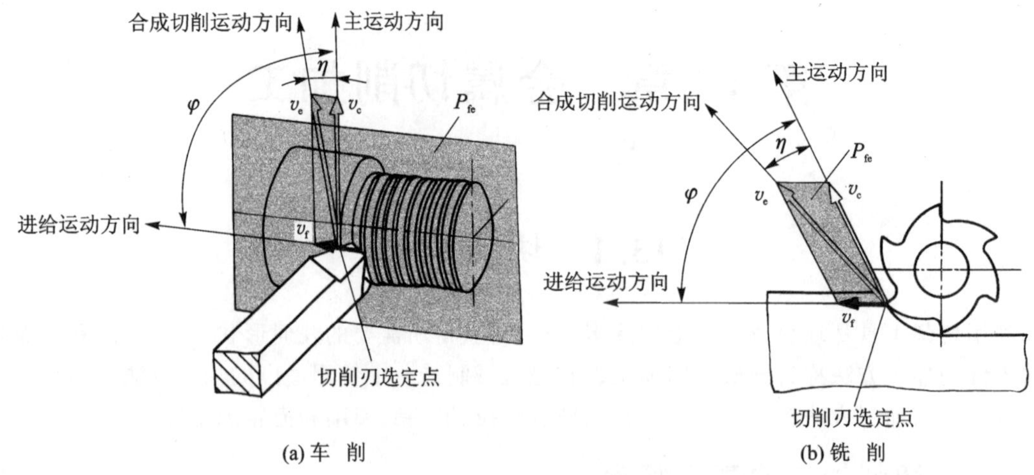

图 13-1　刀具和工件的运动

式中:d 为切削刃选定点的回转直径,单位为 mm;n 为工件或刀具的转速,单位为 r/min。

当主运动为往复直线运动时(如牛头刨床刨削时),常以其平均速度作为切削速度,即

$$v_c = \frac{2Ln_r}{1\ 000 \times 60} \tag{13-2}$$

式中:L 为往复运动行程的长度,单位为 mm。n_r 为主运动每分钟的往复次数,单位为 r/min。

(2) 吃刀量 a

吃刀量 a 是两平面间的距离,该两平面都垂直于所选定的测量方向,并分别通过作用于切削刃上两个使上述两平面间的距离为最大的点,计量单位为 mm。

吃刀量 a 又分为背吃刀量 a_p、侧吃刀量 a_e 和进给吃刀量 a_f。

(3) 进给量 f

进给量 f 是刀具在进给运动方向上相对工件的位移量,可用刀具或工件每转或每行程的位移量来表述和度量。

当主运动为旋转运动(如车削、钻孔、铣削等)时,进给量 f 的单位是 mm/r(称为每转进给量),即工件(或刀具)每转一周,刀具(或工件)沿进给运动方向移动的距离。

当主运动为往复直线运动时(如牛头刨床刨削、插削),进给量 f 的单位是 mm/str(毫米/行程),即工件(或刀具)每运动一个行程,刀具(或工件)沿进给运动方向移动的距离。

对于铰刀、铣刀等多齿刀具,进给量是指每齿进给量 f_z,其含义为多齿刀具每转或每行程中每齿相对于工件在进给运动方向上的位移量,即

$$f_z = \frac{f}{z} \tag{13-3}$$

其单位为 mm/z。

进给速度(单位为 mm/s)与进给量的关系可表示为

$$v_f = fn \tag{13-4}$$

式中:n 为当主运动为旋转运动时,主运动的转速,单位为 r/min。

13.1.2　切削刀具

任何刀具都是由夹持部分和切削部分组成的。刀具夹持部分的主要作用是保证刀具切削

部分有一个正确的工作位置。为此，刀具夹持部分的材料要求有足够的强度和刚度。刀具切削部分是用来直接对工件进行切削加工的，是在很大的切削力和很高的温度下工作的，并且与切屑和工件都产生摩擦，工作条件极为恶劣。为使刀具具有良好的切削能力，刀具切削部分必须选用合适的材料和合理的几何参数。

1. 刀具材料的性能

在切削加工过程中，由刀具直接完成切削工件，其能否胜任，取决于刀具切削部分材料的性能。刀具切削部分的材料必须满足下列要求：

① 刀具的硬度：刀具材料的硬度必须大于工件材料的硬度。

② 刀具的耐磨性：在刀具切削加工过程中，由于刀具承受剧烈的摩擦，其磨失要小。

③ 刀具的耐热性：刀具材料在高温下仍能保持其切削性能的能力。

④ 足够的强度和韧性：刀具材料能够承受一定的冲击和振动而不产生断裂或崩刃。

⑤ 良好的工艺性：便于加工制造和刃磨。

常用的刀具材料有碳素工具钢、合金工具钢、高速钢和硬质合金，此外还有新型刀具材料，如陶瓷、人造聚晶金刚石等。

机械加工中应用最广泛的刀具材料主要是高速钢和硬质合金。碳素工具钢与合金工具钢的耐热性较差，故仅用于手动和低速刀具；陶瓷、立方氮化硼和人造聚晶金刚石等刀具的硬度和耐磨性都很好，但成本较高、性脆、抗弯强度低，目前主要用于难加工材料的精加工。

2. 刀具切削部分的几何参数

刀具的种类繁多，形状各异，其中车刀是最基本的，其他刀具都可以认为是外圆车刀的演变与组合。例如，钻头可看成由两把车刀组成，铣刀的每个刀齿也可看成是一把车刀。所以，研究刀具的几何参数以车刀为基础。

(1) 刀具切削部分的组成

外圆车刀切削部分由三面、二刃、一刀尖组成，如图 13－2 所示。

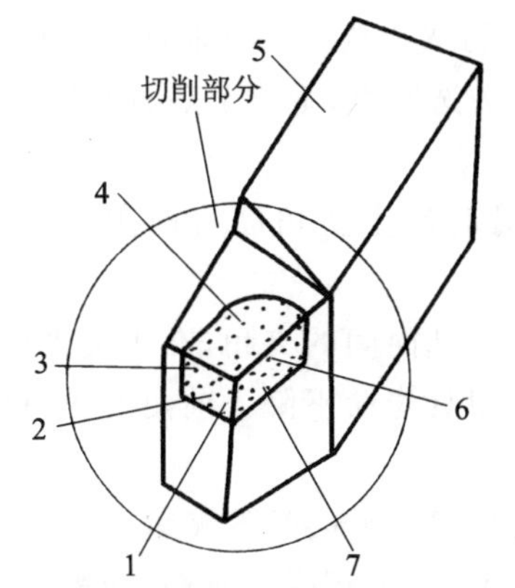

1—刀尖；2—副后刀面A'_γ；3—副切削刃S'；4—前刀面A_γ；
5—刀柄；6—主切削刃S；7—主后刀面A_a

图 13－2　外圆车刀切削部分的要素

① 前刀面 (A_γ)是刀具上切屑流过的表面。

② 主后刀面 (A_a) 是与工件上过渡表面相对的表面。

③ 副后刀面(A'_{γ}) 是与工件上已加工表面相对的表面。

④ 主切削刃(S) 是前刀面与主后刀的交线。

⑤ 副切削刃 (S') 是前面与副后面的交线。

⑥ 刀尖是指主切削刃与副切削刃的交点,通常为圆弧或直线过渡刃。

(2) 确定刀具角度的静止参考系

为了确定上述刀面及切削刃的空间位置和刀具几何角度的大小,必须建立适当的参考系(坐标平面),通常用静止参考系。刀具静止参考系是指在不考虑进给运动,规定车刀刀尖的安装得与工件轴线等高,刀杆的中心线垂直于进给方向等简化条件下的参考系。

刀具静止参考系的主要坐标平面有基面、主切削平面和正交平面,如图 13 - 3 所示。

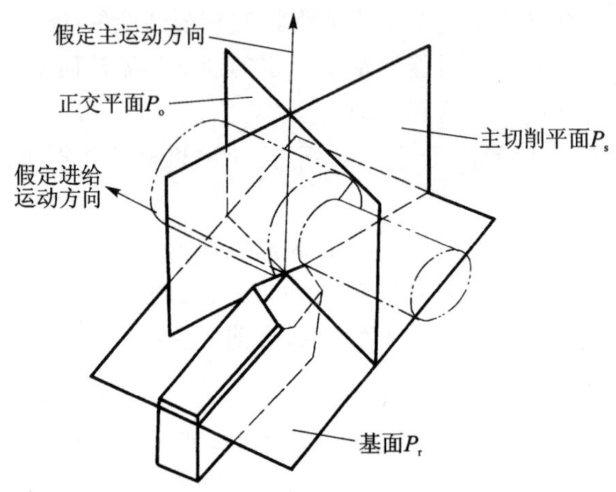

图 13 - 3 外圆车刀静止参考系

① 基面(P_r): 过切削刃选定点,垂直于该点假定主运动方向的平面。

② 主切削平面(P_s):过主切削刃选定点,与主切削刃相切,并垂直于基面的平面。

③ 正交平面(P_o):过主切削刃选定点并同时垂直于基面和主切削平面的平面。

④ 假定工作平面:过主切削刃选定点,垂直于基面但与进给运动方向平行的平面。

(3) 刀具的标注角度

刀具设计、制造、刃磨和测量时的主要角度有前角、后角、主偏角、副偏角和刃倾角,如图 13 - 4 所示。

① 前角(γ_o):是刀具前刀面与基面间的夹角,在正交平面中测量。前角大,刀具锋利,但前角过大会使切削刃强度减弱,刀具寿命下降。前角有正负之分,当前面在基面下方时为正值,反之为负值。如图 13 - 5 所示。

② 后角(α_o):是刀具主后面与切削平面间的夹角,在正交平面中测量。后角的大小决定了刀刃的强度和锋利程度。后角越小,刀刃强度越高,切削刃越不锋利,刀具后面与工件过渡表面之间的摩擦越剧烈。

③ 主偏角(κ_r):是主切削平面与假定工作平面间的夹角,在基面中测量。主偏角的大小将影响刀刃的工作长度、切削层公称厚度、切削层公称宽度以及刀尖强度和散热条件等。

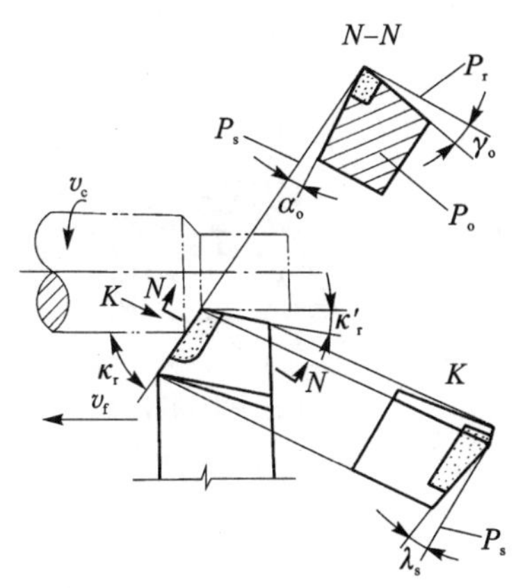

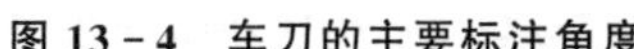

图 13-4　车刀的主要标注角度

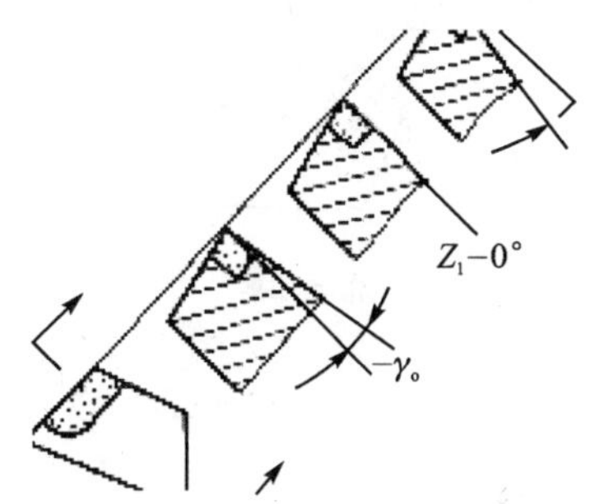

图 13-5　前角正、负的规定

④ 副偏角(κ'_r)：是副切削平面与假定工作平面间的夹角，在基面中测量。其大小影响工件表面粗糙度 Ra 值。粗加工时取较大值，精加工时取较小值。

⑤ 刃倾角(λ_s)：是主切削刃与基面间的夹角，在主切削平面中测量。刃倾角的大小影响刀尖的强度并控制切屑的流向，其有正负之分。刃倾角的正负及作用如图 13-6 所示。

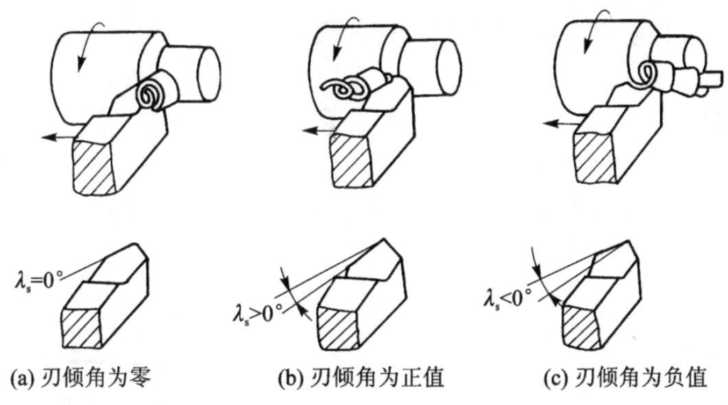

(a) 刃倾角为零　(b) 刃倾角为正值　(c) 刃倾角为负值

图 13-6　刃倾角的正负及作用

13.1.3　切屑的形成及其种类

材料切削过程实际上就是切屑形成的过程，它与材料的挤压过程很相似。其实质是工件表层材料受到刀具挤压后，材料层产生弹性变形、塑性变形、挤裂、切离几个变形阶段而形成切屑。由于被加工材料的性质和切削条件的不同，切屑的形成过程和切屑的形态也不同。常见的切屑有三种，如图 13-7 所示。

1. 带状切屑

这是最常见的一种切屑，这类切屑呈连续不断的带状，底面光滑，背面呈毛茸状(见图 13-7(a))。当用较大前角的刀具、较高的切削速度和较小的进给量加工塑性材料（如钢）时，容易得到带状切屑。这类切屑的变形小、切削力平稳、加工表面光洁，是较为理想的切削状态。但是切屑连绵不断，容易缠绕在工件或刀具上，影响操作并损伤工件表面，甚至伤人。生产上常用在车

刀上磨出断屑槽等方法使切屑折断成较理想的形状。

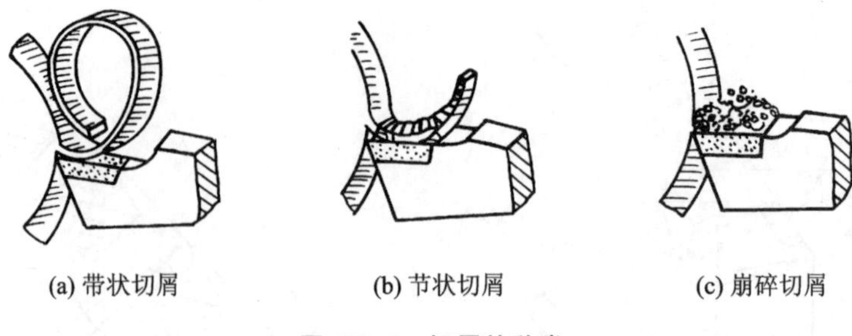

(a) 带状切屑　(b) 节状切屑　(c) 崩碎切屑

图 13-7　切屑的种类

2. 节状切屑

节状切屑的底面有裂纹,背面有明显的挤裂纹,呈锯齿状,故其又称为挤裂切屑(见图 13-7(b))。当用较小前角的刀具、较低的切削速度和较大的进给量加工中等硬度的钢材(如中碳钢)时,常得到节状切屑。形成这类切屑时,切削力波动较大,工件表面也较粗糙。

3. 崩碎切屑

切削铸铁、青铜等脆性材料时,被切材料受挤压产生弹性变形后,突然崩碎而形成不规则的屑片,即为崩碎切屑(见图 13-7(c))。在这类切削过程中,切削力集中在切削刃附近,且波动较大,从而降低了刀具使用寿命,增大了工件的表面粗糙度。

13.1.4　积屑瘤

在一定范围的切速下切削塑性金属时,常发现在刀具前面靠近切削刃的部位粘附着一小块很硬的金属,这就是切削过程所产生的积屑瘤,或称刀瘤,如图 13-8 所示。

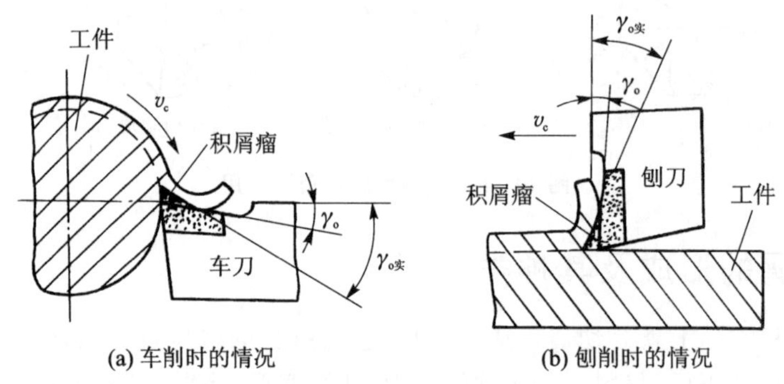

(a) 车削时的情况　(b) 刨削时的情况

图 13-8　积屑瘤

积屑瘤在形成的过程中,金属材料因塑性变形而被强化。因此,积屑瘤的硬度比工件材料的硬度高,能代替切削刃进行切削,起到保护切削刃的作用。同时,积屑瘤使刀具的实际前角增大,使切削力减小,切削变得轻快。所以,粗加工时产生积屑瘤有一定的好处。

但是,积屑瘤的顶端伸出切削刃之外,而且在不断地产生和脱落,使实际切深和切削厚度不断变化,影响工件的尺寸精度,并且在工件表面上刻划出不均匀的沟痕,影响表面粗糙度;积屑瘤破碎后,其中一部分被切屑带走,另一部分粘附在工件表面上,从而在已加工表面上留下

许多硬点，使表面质量下降。因此，精加工时，应尽量避免产生积屑瘤。由于在中等切削速度下易产生积屑瘤，故精加工多在高速或低速下进行。

13.1.5　切削力

在切削过程中，刀具上所有参与切削的各切削部分所产生的总切削力的合力称作刀具总切削力；刀具切削部分切削工件时所产生的全部切削力称作一个切削部分的总切削力 F。

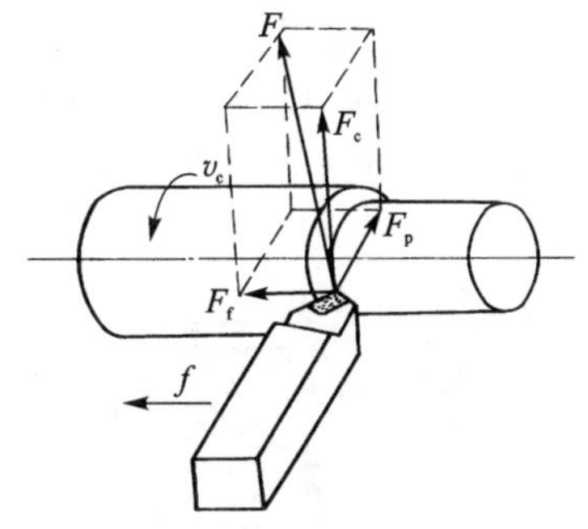

图 13－9　切削力的分解

车削外圆时，总切削力 F 指向刀具的左上方（见图 13－9）。为了便于设计和工艺分析，通常将总切削力分解成三个互相垂直的分力，如下：

① 切削力 F_c：总切削力在主运动方向上的正投影，其大小占总切削力的 80%～90%。

② 进给力 F_f：总切削力在进给运动方向上的正投影，是设计和验算机床进给机构强度必需的数据。

③ 背向力 F_p：总切削力在垂直于工作平面方向上的分力。所谓工作平面，就是通过切削刃选定点并同时包含主运动方向和进给运动方向的平面。

显然，三个切削分力与总切削力存在如下关系：

$$F=\sqrt{F_c^2+F_f^2+F_p^2} \tag{13-5}$$

影响切削力的因素有很多，如工件材料、切削用量、刀具几何参数、刀具材料和切削液等。

13.1.6　切削热和冷却润滑液

在切削过程中，切削层金属的变形及刀具的前面与切屑、后面与工件之间的摩擦所消耗的功，绝大部分转变为切削热。切削热虽大部分被切屑带走，但有相当一部分传给刀具、工件。传给工件的热量使工件受热变形，影响加工精度；传给刀具的热量使刀具局部温度升高，磨损加剧，影响刀具的使用寿命。

为延长刀具的使用寿命，提高工件的加工质量和生产效率，一般在切削加工过程中使用冷却润滑液。冷却润滑液一般分为水溶液、乳化液和以润滑为主的润滑油三类，如下：

① 水溶液：主要成分是水，并加入一定的防锈剂、活性物质或油类。其冷却性能好，润滑性能较差。水溶液一般用于粗加工和磨削加工中。

② 乳化液：由乳化油加水稀释而成。乳化油由矿物油、乳化剂及其他添加剂配制而成，具有良好的流动性和冷却性，也具有一定的润滑作用，是应用最广的切削液。

③ 润滑油：主要是矿物油（如机油和煤油），少数采用动植物油（如豆油、棉籽油、蓖麻油等）。其润滑性能好，但流动性差，冷却作用小，多用于精加工，以提高加工表面质量。

13.2　车削加工

在车床上利用工件的回转运动和刀具的移动进行切削加工的方法称为车削加工。

13.2.1 车削加工的范围及特点

1. 车削加工的范围

车削加工主要用来加工回转类零件,如轴、盘、套、锥、滚花等。车削加工的基本内容主要有车外圆、车端面、切断、切槽、车螺纹、钻孔、铰孔等,如图 13-10 所示。车削加工是金属切削加工中最基本的方法,在机械制造业中应用非常广泛。

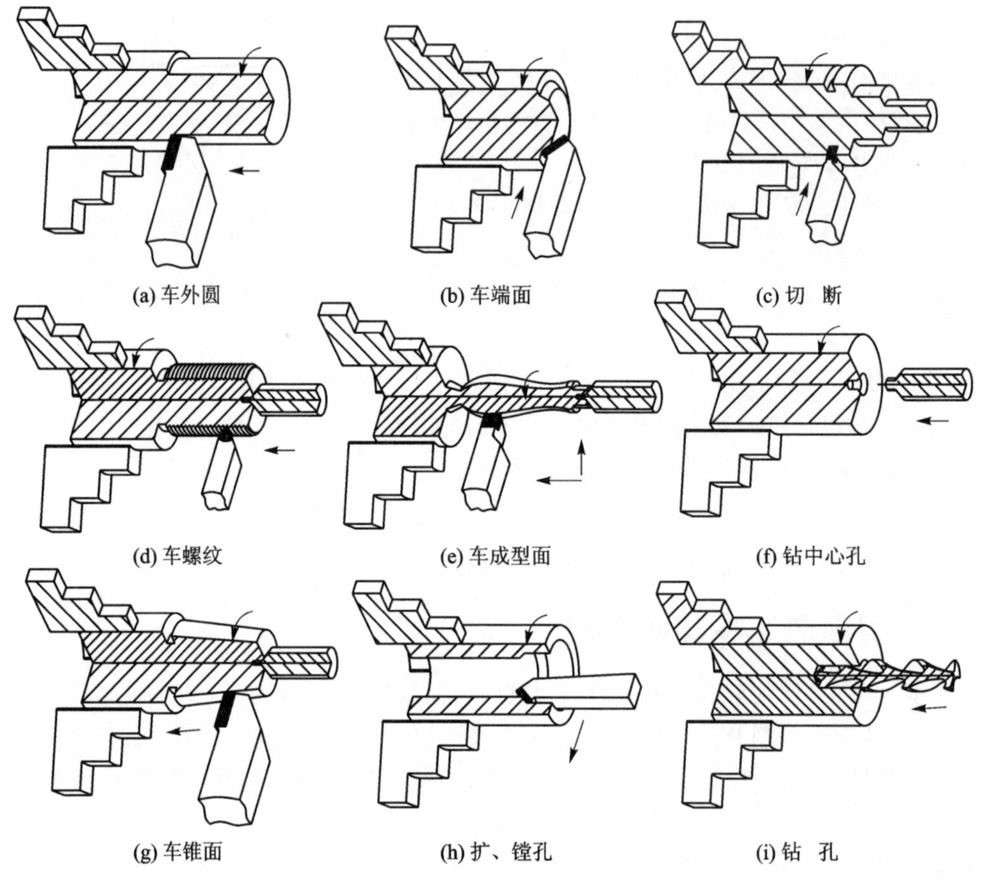

图 13-10 车削加工的基本内容

车削常用于对工件进行粗、半精加工。车削加工精度范围一般为 IT15~IT7,表面粗糙度 *Ra* 可达 12.5~1.6 μm。

2. 车削加工的特点

车削加工的特点如下:

① 车削加工时,可以采用较高的切削速度。车刀刀杆伸出的长度可以很短,刀杆尺寸可以做得较大,可选较大的切削用量,因此生产率高。

② 车刀结构简单,刃磨和安装都很方便,另外,许多车床夹具已经作为车床附件进行生产,可以满足一般零件的装夹需要,且生产准备时间短,因此车削加工与其他加工相比成本较低。

③ 除了车削断续表面之外，一般情况下车削过程是连续进行的，车削时切削力基本上不发生变化，因此车削过程比铣削和刨削平稳。

④ 适用于有色金属零件的精加工。当有色金属零件表面粗糙度要求较高时，不宜采用磨削加工，而要用车削或铣削等。

13.2.2　车　刀

在车削加工过程中主要使用的刀具是车刀，还可用钻头、铰刀、丝锥、滚花刀等。车刀是金属切割加工中应用最为广泛的刀具之一，通常由刀体和切削部分组成。车刀种类很多，按用途不同可分为外圆车刀（左、右车刀）、镗孔车刀、切断刀、螺纹车刀、成形车刀。对于外圆车刀，一般按主偏角大小又可分为 90°、75°、45°外圆车刀。常见车刀的种类及形状如图 13－10 所示。

13.2.3　车　床

主要用车刀在工件上加工回转表面的机床称为车床。车床的种类很多，常用的有卧式车床、六角车床、立式车床、多刀自动和半自动车床、仪表车床、数控车床等。

下面以常用的 C6132 型卧式车床为例进行介绍。

1. C6132 型卧式车床的型号

为了便于使用和管理，根据 GB/T 15375—94《金属切削机床型号编制方法》，对机床的类型和规格进行编号，这种编号称为型号。

按 JB 1838—85 规定，C6132 型号的含义如下：

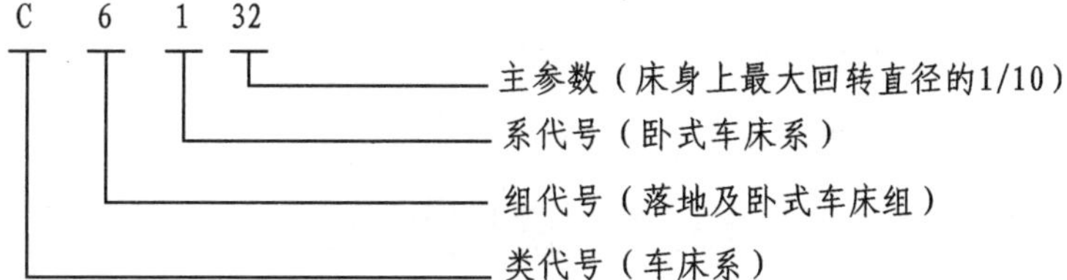

2. C6132 型卧式车床的组成

图 13－11 所示为 C6132 型卧式车床的外形图，其主要构成部分如下：

(1) 床　身

床身是用于支承和连接车床上各部件，并带有精确导轨的基础零件。溜板箱和尾座可沿导轨左右移动。床身由床脚支承，并用地脚螺栓固定在地基上，或用可调垫铁定位在平整的水泥或水磨石地面上。

(2) 主轴箱

主轴箱是装有主轴和变速机构的箱形部件。其速度变换是通过调整变速手柄位置，改变变速机构的齿轮啮合关系实现的。主轴为空心件，可装入棒料；其前端有锥孔，可插入顶尖；还有供安装卡盘或花盘用的相应结构和装置。

(3) 进给箱

进给箱是装有进给变换机构的箱形部件。其内有变速机构，主轴通过变换齿轮箱把运动传递给它。改变箱内变速机构的齿轮啮合关系，可使光杠、丝杠获得不同的旋转速度。

(4) 溜板箱

溜板箱是装有操纵车床进给运动机构的箱形部件。它将光杠的旋转运动传给刀架，使刀架做纵向或横向进给的直线运动;操纵开合螺母可由旋转的丝杠直接带动溜板,完成螺纹加工工作。

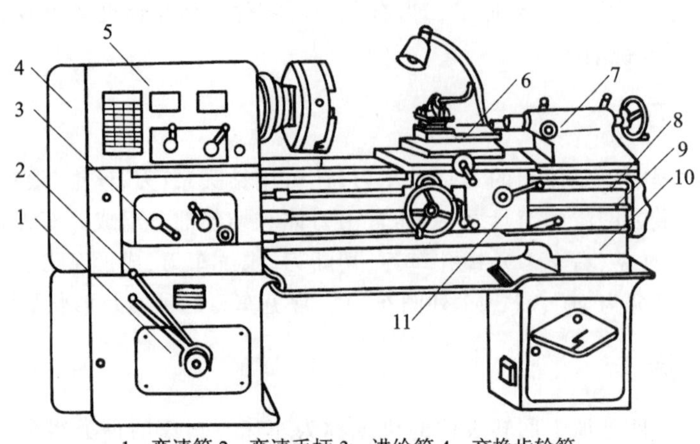

1—变速箱;2—变速手柄;3—进给箱;4—交换齿轮箱;
5—主轴箱;6—刀架;7—尾座;8—丝杠;9—光杠;10—床身;11—溜板箱

图 13-11　C6132 型卧式车床的外形图

(5) 刀架部件

刀架是多层结构,分为中滑板、小滑板、转盘、方刀架等部分,可使刀具做纵向、横向和斜向运动。其中,方刀架用以夹持刀具。

(6) 尾　座

尾座主要用于配合主轴箱支承工件或安装加工工具。当安装钻头、铰刀等刀具时,可进行孔加工。

13.3　铣削加工

在铣床上用铣刀对工件进行切削加工的过程称为铣削加工,它是切削加工的常用方法之一。

13.3.1　铣削加工的范围及特点

1. 铣削加工的范围

铣削加工范围非常广,而铣刀种类、形状多种多样,使用不同类型的铣刀,可进行不同的加工,如平面、曲面、螺旋面、台阶面、切断、沟槽、键槽、成型表面等,如图 13-12 所示。此外,在铣床安装钻头、铰刀、镗刀可进行孔加工,若再加上分度头、回转工作台及立铣头等附件,则会使铣削的加工范围更加广泛。

铣削可对工件进行粗、半精、精加工。铣削加工精度范围常为 IT13～IT7,表面粗糙度 Ra 可达 12.5～1.6 μm。铣削既适用于单件小批量生产,也适用于大批量生产。

2. 铣削加工的特点

铣削加工是铣床使用旋转多刃刀具对工件进行切削加工的方法。铣削加工的特点主要表现在以下几方面。

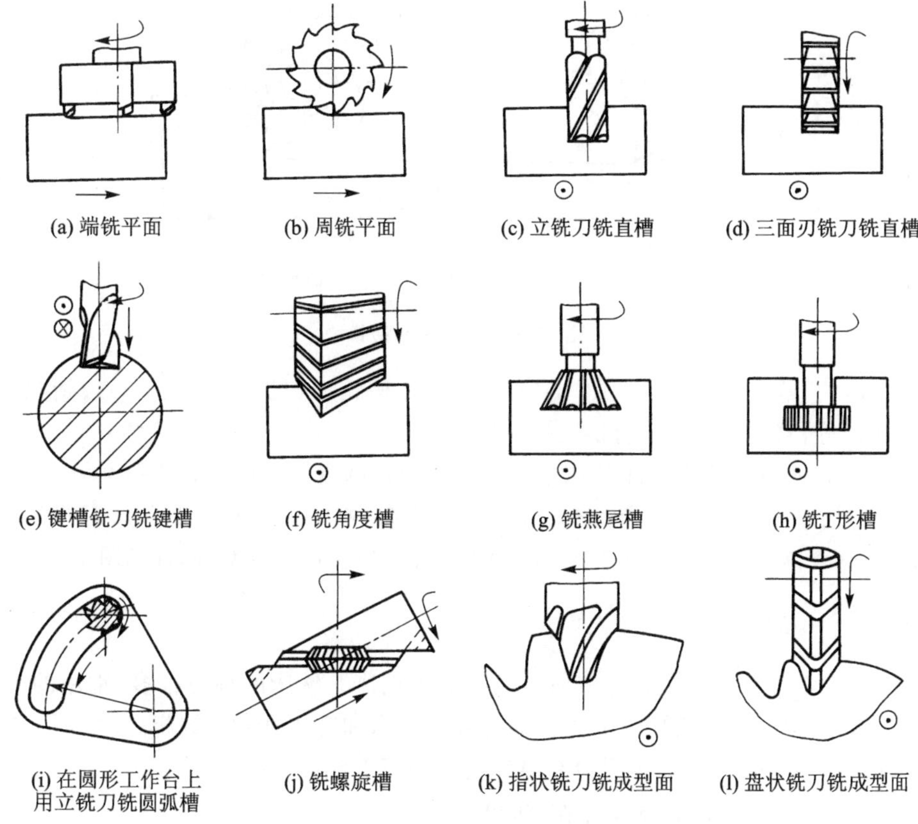

图 13－12　铣削的应用

① 铣削加工主要用于对各种平面、沟槽的加工。

② 在铣削加工过程中，铣刀的旋转是主运动，铣刀或工件沿坐标方向的直线运动或回转运动是进给运动。

③ 由于多个刀齿同时参与切削，所以切削刃的作用总长度长，金属切除力大；由于每个刀齿的切削过程不连续，刀体体积又较大，因此铣削生产率高。

④ 铣削时，每个刀齿依次切入和切出工件，形成断续切削，而且每个刀齿的切削厚度是变化的，使切削力变化较大，铣刀磨损加剧，降低了其耐用度。

⑤ 由于铣刀是多刃刀具，相邻两刀齿之间的空间有限，所以要求每个刀齿切下的切屑必须有足够的空间容纳并能够顺利排出，否则会造成刀具损坏。

⑥ 每种被加工表面的铣削有时可用不同的铣刀、不同的铣削方式进行加工。如铣平面，可以用平面铣刀、立铣刀、端铣刀或两面刃铣刀等，可以采用逆铣或顺铣方式，如图 13－13 所示。这样可以适应不同的工件材料和其他切削条件的要求，以提高切削效率和刀具耐用度。

13.3.2　铣　刀

铣刀是一种多齿多刃回转刀具，种类繁多。按安装方法分，铣刀可分为带柄铣刀和带孔铣刀两大类，其中，前者多用于立铣，后者多用于卧铣。

① 带柄铣刀分为直柄和锥柄两类。常用的有立铣刀（见图 13－12(c)）、键槽铣刀（见

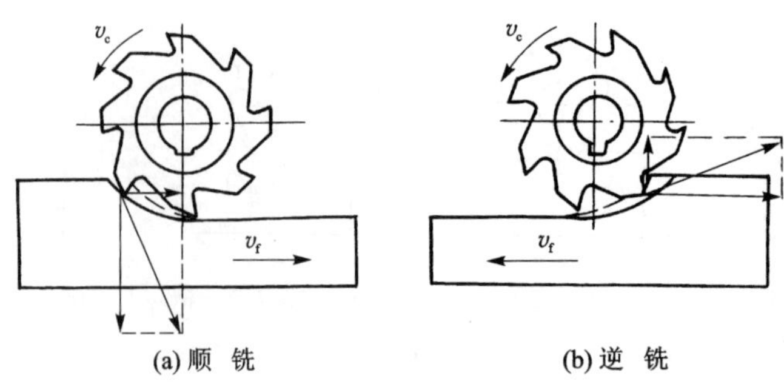

图 13－13　顺铣和逆铣

图 13－12(e))、T 形槽铣刀(见图 13－12(h))、圆弧槽铣刀(见图 13－12(i))、指状铣刀(见图 13－12(k))等，其共同点是都有供夹持用的刀柄。

② 常用带孔铣刀包括圆柱铣刀(见图 13－12(a))、圆盘铣刀(见图 13－12(b))(含三面刃铣刀、锯片铣刀、齿轮铣刀等(见图 13－12(d)))、角度铣刀(图 13－12(f))、套式端铣刀(见图 13－12(j))(含镶齿硬质合金端铣刀和高速钢端铣刀)及各种成型铣刀(见图 13－12(l))等。

13.3.3　铣　床

主要用铣刀在工件上加工各种表面的机床称为铣床。铣床的种类很多，常用的有卧式铣床和立式铣床。其中，卧式铣床又分为万能升降台铣床和卧式升降台铣床。

下面以常用的 X6132 型万能升降台铣床为例进行介绍。

1. X6132 型万能升降台铣床的型号

按 GB/T 15375—94 规定，X6132 型号的含义如下：

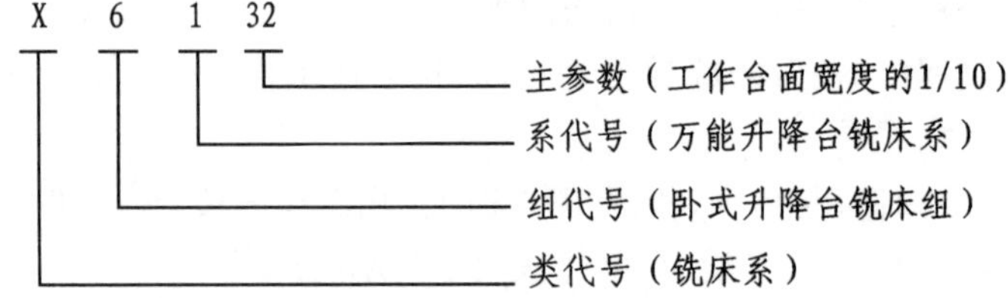

2. X6132 型万能升降台铣床的组成

图 13－14 所示为 X6132 型万能升降台铣床的外形图，其主要组成部分如下：

① 床身：用于固定、支承其他部件。其顶面有水平导轨供横梁移动；前面有垂直导轨供升降台升降；内部装有主轴、变速机构、润滑油泵、电气设备；后部装有电动机。

② 横梁：用于安装吊架，以便支承刀杆外伸端。

③ 主轴：用于安装刀杆并带动铣刀旋转。

④ 纵向工作台：用于安装夹具和工件并带动它们做纵向进给。侧面有挡块，可使纵向工作台实现自动停止进给；下面回转台可使纵向工作台在水平面内偏转±45°。

⑤ 横向工作台：用于带动纵向工作台一起做横向进给。

⑥ 升降台：用于带动纵、横向工作台上下移动，以调整纵向工作台面与铣刀的距离以及实现垂直进给。其内部装有机动进给变速机构和进给电动机。

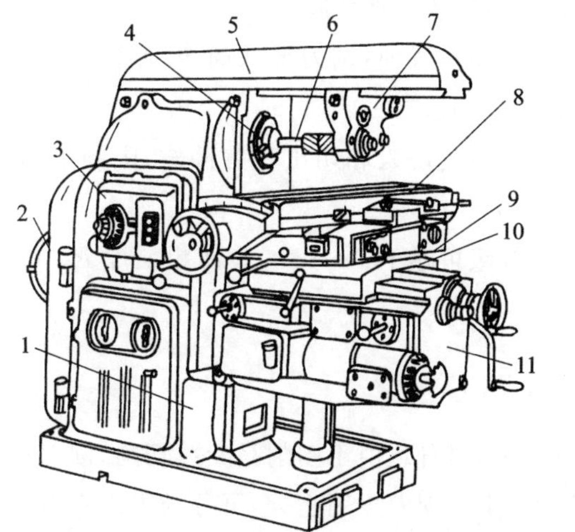

1—床身;2—电动机;3—主轴变速机构;4—主轴;5—横梁;6—刀杆;
7—吊架;8—纵向工作台;9—转台;10—横向工作台;11—升降台

图 13－14　X6132 型万能升降台铣床的外形图

13.4　刨削加工

在刨床上用刨刀对工件进行切削加工的过程称为刨削加工。

13.4.1　刨削加工的范围及特点

1. 刨削加工的范围

刨削主要用于加工各种平面、沟槽、斜面、成型面等。图 13－15 所示是在牛头刨床上所能完成的部分工作。

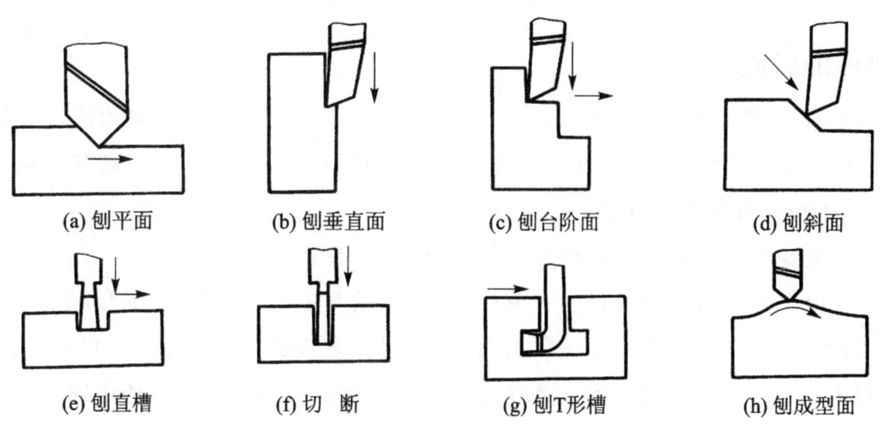

(a) 刨平面　(b) 刨垂直面　(c) 刨台阶面　(d) 刨斜面
(e) 刨直槽　(f) 切　断　(g) 刨T形槽　(h) 刨成型面

图 13－15　刨削的应用

2. 刨削加工的特点

刨削加工的特点如下：

① 刨削加工过程中,通过刀具和工件之间产生相对的直线往复运动来刨削工件表面。

② 刨床的结构简单,调整、操作方便;刨刀形状简单,制造、刃磨和安装比较方便;能加工多种平面、斜面、沟槽等表面,适应性较好。

③ 刨削加工,回程不切削;刀具切入和切出时有冲击,限制了切削用量的提高,生产率一般较低。

④ 一般刨削的尺寸公差等级可达 IT9~IT8,表面粗糙度 Ra 可达 3.2~1.6 μm,加工精度中等。

13.4.2 刨　刀

刨刀的形状、几何参数与车刀相似,由于刨削是断续切削,刨刀切入工件有一定的冲击力,因此刨刀刀杆较为粗大且为弯头。刨刀按用途分,可分为平面刨刀、内孔刨刀、切断刨刀、成形刨刀等。常见刨刀种类及形状参见图 13-15。

13.4.3 刨　床

用刨刀加工工件表面的机床称为刨床。其种类较多,常用的是牛头刨床和龙门刨床。下面以 B6065 牛头刨床为例进行介绍。

1. 刨床的型号

按 GB/T 15375—94 的规定,B6065 型牛头刨床的型号含义如下:

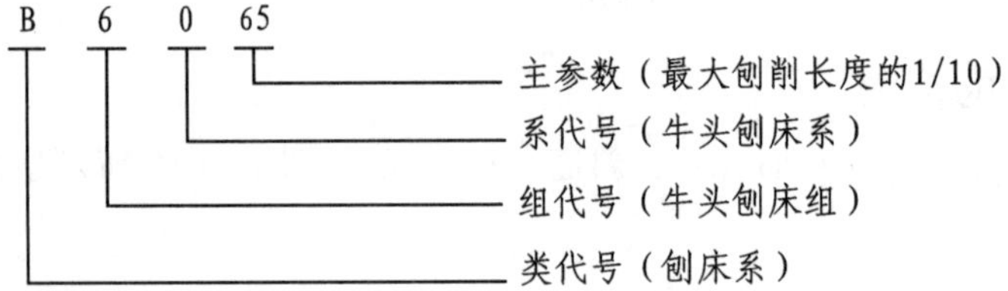

2. 刨床的组成

这里以 B6065 型牛头刨床为例,其外形图如图 13-16(a)所示,其主要组成部分如下:

① 床身:用于支承和连接各部件。其内部有传动机构,顶面有供滑枕做往复运动用的导轨,侧面有供工作台升降用的导轨。

② 滑枕:主要用来带动刨刀做直线往复运动,其前端装有刀架。

③ 刀架:用来夹持刨刀(见图 13-16(b))。当摇动其上的手柄时,滑板便可沿转盘上的导轨带动刀具做上下移动。若把转盘上的螺母松开,将转盘扳转一定角度,则可实现刀架斜向进给。在滑板上还装有可偏转的刀座,抬刀板可以绕刀座的 A 轴抬起,以减小回程时刀具与工件间的摩擦。

④ 工作台:用来安装工件。它不仅可随横梁做上下调整,还可沿横梁做水平方向移动或进给运动。

⑤ 传动机构:B6065 型牛头刨床采用的是机械传动。

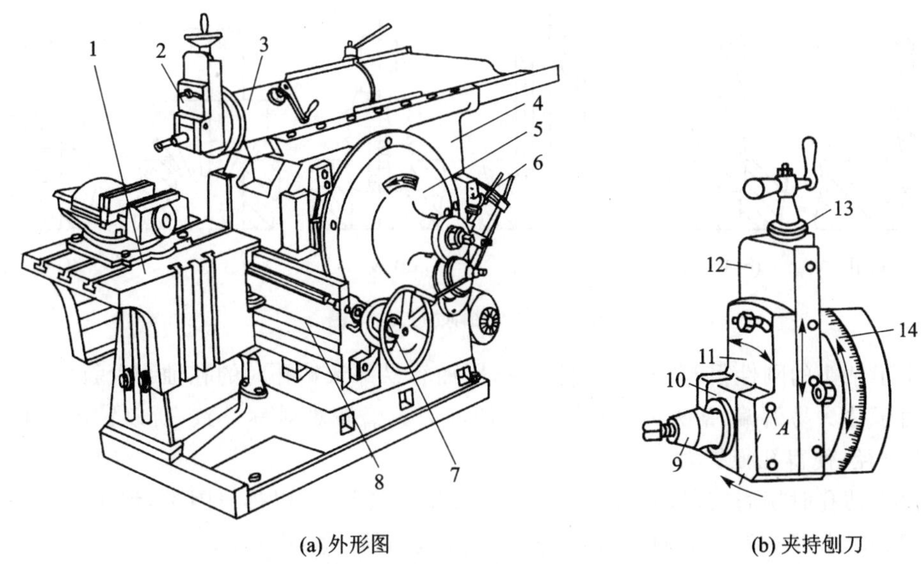

(a) 外形图　　　　(b) 夹持刨刀

1—工作台;2—刀架;3—滑枕;4—床身;5—摆杆机构;6—变速机构;7—进刀机构;
8—横梁;9—刀夹;10—抬刀板;11—刀座;12—滑板;13—刻度盘;14—转盘

图 13－16　B6065 型牛头刨床

13.5　钻削加工

在钻床上用钻头对工件进行切削加工的过程称为钻削加工。它所用的设备主要是钻床，所用的刀具是麻花钻头、扩孔钻、铰刀等。

在钻床上进行钻削加工时，刀具除做旋转的主运动外，还沿着自身的轴线做直线的进给运动，而工件是固定不动的。

13.5.1　钻削加工的范围及特点

1. 钻削加工的范围

钻床的加工范围较广，采用不同的刀具可完成钻孔、钻中心孔、扩孔、铰孔、攻丝、锪孔及锪平面等操作，如图 13－17 所示。

机械零件上经常需要钻孔，钻孔是一种粗加工方法，主要加工对精度要求不高的孔；也可以作为终加工方法，如螺栓孔、润滑油通道孔的加工等。对于精度要求较高的孔，先进行预加工钻孔再进行扩孔、铰孔或镗孔。此外，由于钻孔是在实体材料上打孔的唯一机械加工方法，且操作简单，适应性广，既可用于单件小批量生产，又可用于大批量生产，因此钻孔应用十分广泛。

2. 钻削加工的特点

钻削加工的特点如下：

① 钻削主要用于孔的加工。

② 钻削时主运动是钻床主轴的旋转运动，进给运动是主轴的轴向移动。

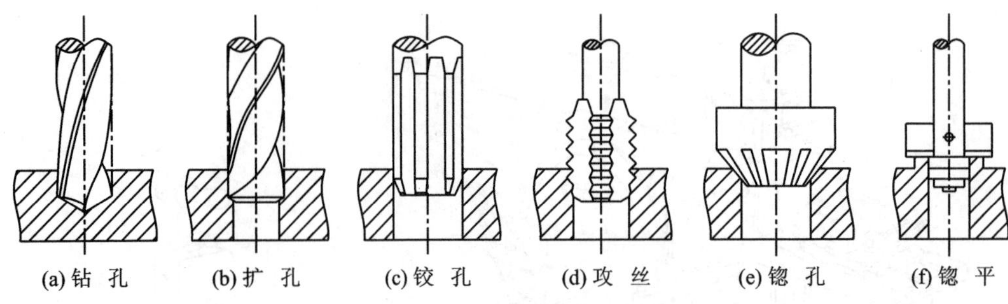

图 13-17 钻削加工的范围

③ 由于钻头的刚性很差,定心精度很差,因而容易导致钻孔时的孔轴线歪斜。

④ 由于钻头易引偏、钻头刃磨时两个主切削刃刃磨较难对称一致,所以钻出的孔径就会大于钻头直径,使得孔径扩大。

⑤ 由于钻孔时切屑较宽,同时容屑槽尺寸又受到限制,所以排屑困难,致使切削与孔壁发生较大的摩擦、挤压,拉毛和刮伤已加工表面,降低表面质量。

⑥ 由于钻削时大量高温切屑不能及时排出,同时切削液又难以注入到切削区,因此切削温度较高,钻头磨损加快。

13.5.2 钻削加工的刀具

钻削加工的刀具种类较多,有中心钻、麻花钻、扩孔钻、深孔钻等,其中常用的是麻花钻。钻削加工刀具常用的种类及形状如图 13-17 所示。

标准的麻花钻由钻柄、颈部、工作部分组成,如图 13-18 所示。

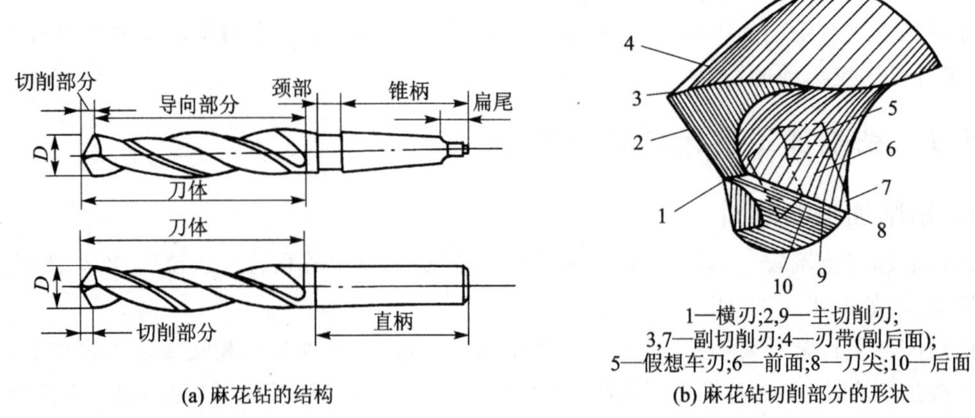

(a) 麻花钻的结构　　(b) 麻花钻切削部分的形状

图 13-18 麻花钻的构造

钻柄是钻头的夹持部分,有直柄和锥柄两种,其中,锥柄可传递较大的转矩,而直柄传递的转矩较小。

颈部位于工作部分与钻柄之间,钻头的标记(如钻孔直径和商标等)就打印在此处。

工作部分包括切削部分和导向部分,其中,切削部分主要完成对工件钻削,导向部分完成引导和修光孔壁的工作。

13.5.3 钻　床

主要用麻花钻头在工件上加工内圆表面的机床称为钻床，它是钻削加工的主要设备。其种类很多，常用的有台式钻床、立式钻床、摇臂钻床等。

1. 钻床的型号

这里以 Z4012 型台式钻床为例。根据 GB/T 15375—94 规定，Z4012 型号的含义如下：

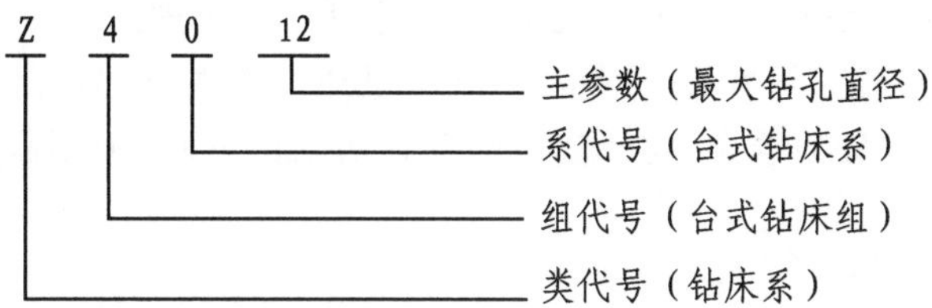

2. 钻床的组成

不同类型的钻床结构也有所差别，这里以 Z4012 型台式钻床为例进行介绍。图 13-19 所示为 Z4012 型台式钻床的外形图。台式钻床主轴的变速通过改变 V 带在塔形带轮上的位置来实现；进给运动是手动的，由进给手柄操纵。

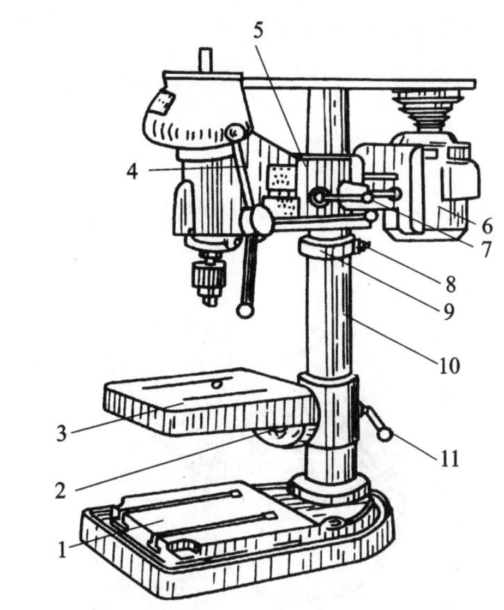

1—机座;2,8—锁紧螺钉;3—工作台;4—钻头进给手柄;
5—主轴架;6—电动机;7,11—锁紧手柄;9—定位环;10—立柱

图 13-19　Z4012 型台式钻床的外形图

台钻结构简单，使用方便，主要用于加工小型工件上的各种小孔(孔径一般小于 13 mm)。

13.6　磨削加工

在机床上用砂轮或其他磨具作为刀具对工件表面进行加工的过程称为磨削加工。磨削加工是零件精加工的主要方法之一。

磨削加工可获得的尺寸公差等级为 IT6～IT5,表面粗糙度 Ra 为 0.8～0.2 μm。若采用精密磨削、超精磨削及镜面磨削,则所获得的表面粗糙度 Ra 可达 0.1～0.006 μm。

13.6.1 磨削加工的范围及特点

1. 磨削加工的范围

磨削加工过去一般用于半精加工和精加工,利用不同类型的磨床可分别磨削外圆、内孔、平面、沟槽、成型面(齿形、螺纹)。此外,磨削加工还可用于各种刀具的刃磨。

可以进行磨削加工的工件材料范围很广,既可以加工铸铁、碳钢、合金钢等一般材料,也能够加工高硬度的淬硬钢、硬质合金、陶瓷和玻璃等难切削的材料,但不宜磨削塑性较大的有色合金工件。

2. 磨削加工的特点

磨削加工的特点如下:

① 磨削切削深度小,加工精度高、表面粗糙度小。

② 磨削过程中,砂轮经磨损变钝后,磨粒就会破碎,产生新的较锋利的棱角,继续对工件进行切削加工。砂轮的这种自锐作用是其他切削刀具所没有的。

③ 可加工硬度很高的材料,特别适用于淬硬钢、高硬度特殊材料的加工。

④ 在磨削过程中,磨削速度很高,磨削区的温度可高达 800～1 000 ℃。因此在磨削时,必须以一定压力将切削液喷射到砂轮与工件接触部位,以降低磨削温度,并冲刷掉磨屑。

13.6.2 砂 轮

砂轮是磨削的主要工具,它是由砂粒(磨料)用结合剂粘结在一起,经焙烧而成的疏松多孔体,如图 13-20 所示。

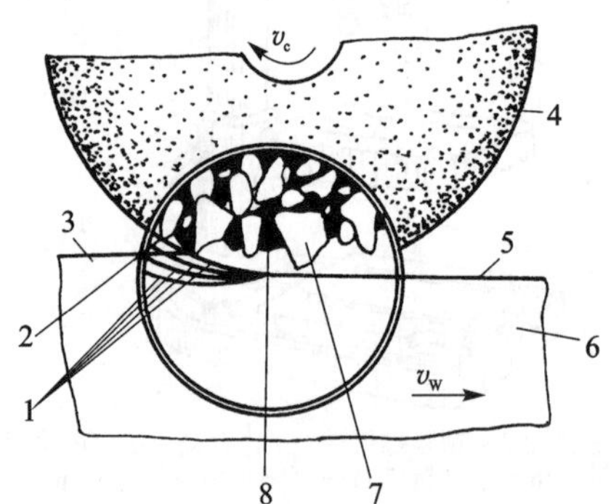

1—加工表面;2—空隙;3—待加工表面;4—砂轮;
5—已加工表面;6—工件;7—磨粒;8—结合剂

图 13-20 砂轮的组成

磨料直接担负切削工作,必须锋利和坚韧。常用的磨料有两类:刚玉类(Al_2O_3)和碳化硅类(SiC)。其中,刚玉类适用于磨削钢料及一般刀具,碳化硅类适用于磨削铸铁、青铜等脆性材料及硬质合金刀具。

磨料用结合剂可以粘结成各种形状和尺寸的砂轮,如图 13-21 所示,以适用于不同表面

形状和尺寸的加工。工厂中常用的结合剂为陶瓷。

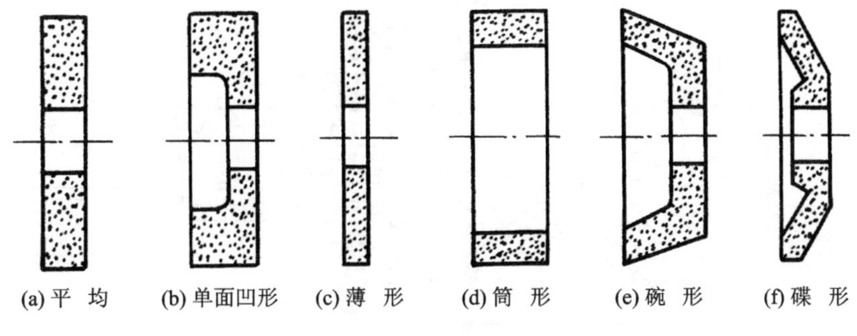

图 13－21　砂轮的形状

13.6.3　磨　床

以砂轮作磨具的机床称为磨床。磨床的种类很多，常用的有万能外圆磨床、普通外圆磨床、内圆磨床、平面磨床等几种。下面以常用的 M1432A 型万能外圆磨床为例进行介绍。

1. M1432A 型万能外圆磨床型号

按 GB/T 15375—94 规定，M1432A 型号的含义如下：

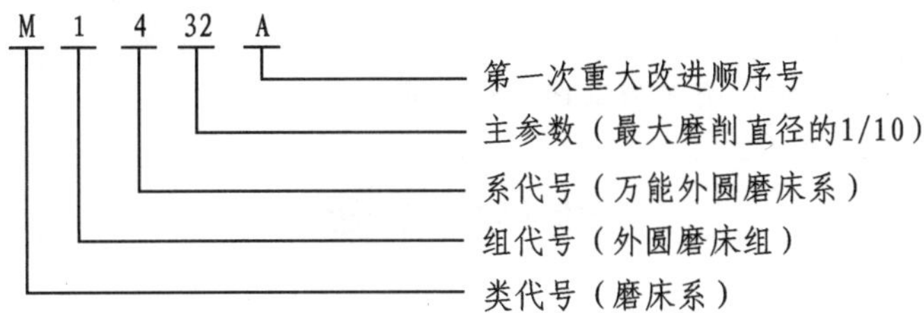

2. M1432A 型万能外圆磨床的组成

图 13－22 所示为 M1432A 型万能外圆磨床的外形图，它的主要组成部分的名称和作用如下：

① 床身：用于支承和连接各部件。其上部装有工作台和砂轮架，内部装有液压传动系统。床身上的纵向导轨供工作台移动用，横向导轨供砂轮架移动用。

② 工作台：由液压驱动，沿床身的纵向导轨的直线往复运动，使工件实现纵向进给。在工作台前侧面的 T 形槽内，装有两个换向挡块，用以控制工作台自动换向；工作台也可手动。工作台分上下两层，上层可在水平面内偏转一个较小的角度（$\pm 8^\circ$），以便磨削圆锥面。

③ 头架：头架上有主轴，主轴端部可以安装顶尖、拨盘或卡盘，以便装夹工件。主轴由单独的电动机通过皮带变速机构带动，可使工件获得不同的转动速度。头架可在水平面内偏转一定的角度。

④ 砂轮架：用来安装砂轮，并由单独的电动机通过皮带带动砂轮高速旋转。砂轮架可在床身后部的导轨上做横向移动。移动方式有自动间歇进给、手动进给、快速趋近工件和退出。砂轮架可绕垂直轴旋转某一角度。

⑤ 内圆磨头：用于磨削内圆表面。在它的主轴上可安装内圆磨削砂轮，由另一个电动机

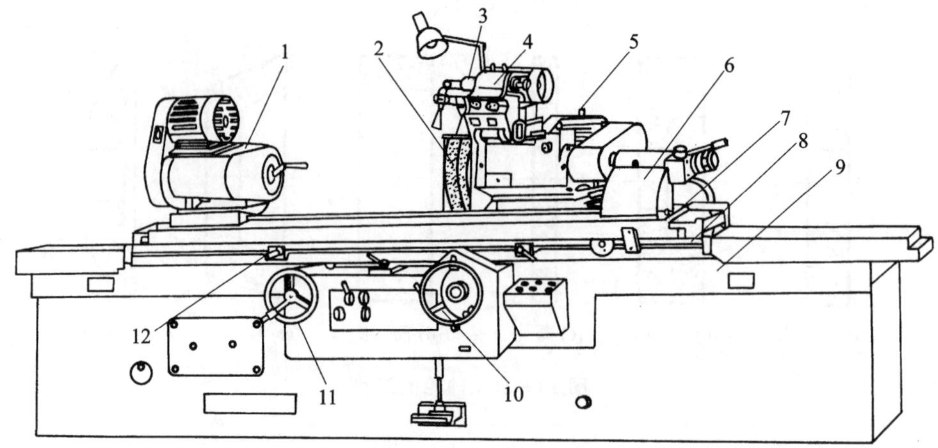

1—头架;2—砂轮;3—内圆磨头;4—磨架;5—砂轮架;6—尾座;7—上工作台;
8—下工作台;9—床身;10—横向进给手轮;11—纵向进给手轮;12—换向挡块

图13-22 M1432A型万能外圆磨床的外形图

带动。内圆磨头绕支架旋转,使用时翻下,不用时翻向砂轮架上方。

⑥ 尾座:尾座的套筒内有顶尖,用来支承工件的另一端。尾座在工作台上的位置可根据工件长度的不同进行调整。尾座可在工作台上纵向移动。扳动尾座上的杠杆,顶尖套筒可伸出或缩进,以便装卸工件。

磨床工作台的往复运动采用无级变速液压传动。

练习思考题

13-1　切削加工过程中切削用量三要素是什么?

13-2　刀具切削部分由哪几部分组成?

13-3　车削加工的基本特点有哪些?

13-4　铣削加工的基本特点有哪些?

13-5　常用的铣削加工有哪几种?

13-6　一般情况下,刨削加工的生产率为什么比铣床要低?

第 14 章　先进制造技术

14.1　高速切削加工技术

1. 概　述

高速加工技术是指采用超硬材料刀具和磨具，利用高速、高精度、高自动化和高柔性的制造设备，以提高切削速度来达到提高材料切除率和加工质量目的的先进加工技术。高速加工的定义方式较多，举例如下：

① 1978 年，国际生产工程协会（CIRP）提出以线速度为 500～7 000 m/min 的切削为高速切削。

② 对于铣削加工，依据刀具夹持装置达到平衡要求时的转速定义高速切削。如 ISO 1940 标准规定，主轴转速高于 8 000 r/min 时为高速切削。

③ 从主轴设计的角度来看，高速切削以主轴轴承孔直径 D 与主轴最大转速 N 的乘积，即 DN 值来定义，当 DN 值达(5～2 000)$\times 10^5$ mm·r/min 时称为高速切削。

④ 德国 Darmstadt 工业大学生产工程与机床研究所提出以高于 5～10 倍普通切削速度的切削为高速切削。

高速加工是金属切削领域的一种渐进式创新。随着刀具材料性能的不断提高，当刀具材料的性能价格比达到工业实用值时，新的刀具材料就会得到广泛应用，而相应的机床、加工工艺及检测技术等也必然随之同步发展。新一轮高性能刀具材料的问世再度催生了新型的切削技术，因此，高速加工是一个相对的概念，不能简单地用某一具体的切削速度值来定义。对于不同的工件材料、不同的加工方式，高速/超高速切削有着不同的速度范围。目前，不同加工方法和不同工件材料的高速超高速切削速度范围如表 14-1 所列。

表 14-1　不同加工工艺、不同工件材料的高速/超高速切削速度范围

加工方法	切削速度范围/($m \cdot min^{-1}$)	工件材料	切削速度范围/($m \cdot min^{-1}$)
车	700～7 000	铝合金	2 000～7 500
铣	300～6 000	铜合金	900～5 000
钻	200～1 100	钢	600～3 000
拉	30～75	铸铁	800～3 000
铰	20～500	耐热合金	500 以上
锯	50～500	钛合金	150～1 000
磨	5 000～10 000	纤维增强塑料	2 000～9 000

2. 超高速加工机理

(1) 萨洛蒙曲线

1931 年，德国切削物理学家萨洛蒙（Carl Salomon）博士曾根据一些实验曲线，即人们常说

的“萨洛蒙曲线”(见图 14－1),提出了超高速切削的理论。

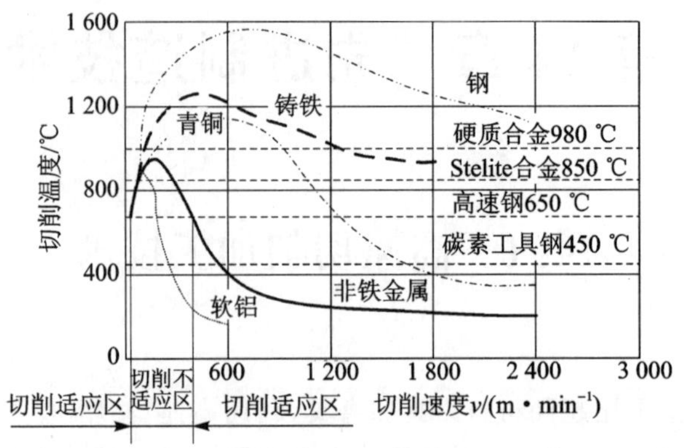

图 14－1　切削速度与切削温度的关系曲线

(2) 超高速切削的概念

超高速切削的概念如图 14－2 所示。萨洛蒙认为,在常规切削速度范围(见图 14－2 中的 A 区)内,切削温度随切削速度的增大而急剧升高,但当切削速度增大到某一数值时,切削温度反而会随切削速度的增大而降低。速度的这一临界值与工件材料的种类有关。每一种材料都存在一个速度范围,在这一范围内,由于切削温度高于任何刀具的熔点,所以切削加工不能进行,而这个速度范围(见图 14－2 中的 B 区)在美国被称为“死谷”(dead valley)。如果切削速度超过这个“死谷”,在超高速区域内进行切削,则有可能用现有的刀具进行高速切削,从而大大减少切削工时,成倍提高机床的生产率。

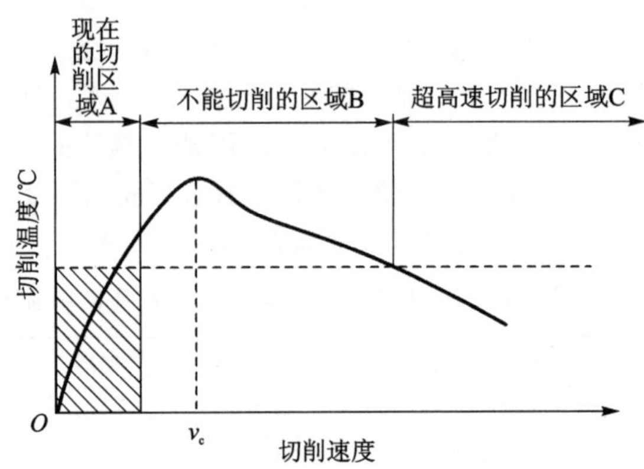

图 14－2　超高速切削概念示意图

14.2　超精密加工技术

1. 概　述

精密、超精密加工技术是指加工精度达到某一数量级的加工技术的总称。零部件和整机的加工和装配精度对产品的重要性不言而喻,精度越高,产品的质量越高,使用寿命越长,能耗越小,对环境越友好。超精密加工技术旨在提高零件的几何精度,以保证机器部件配合的可靠

性、运动副运动的精确性、长寿命和低运行费用等。

超精密加工技术是高科技尖端产品开发中不可或缺的关键技术，是一个国家制造业发展水平的重要标志，也是实现装备现代化目标不可缺少的关键技术之一。它的发展综合地利用了机床、工具、计量、环境技术、光电子技术、计算机技术、数控技术和材料科学等方面的研究成果。超精密加工是先进制造技术的重要支柱之一。

精密加工和超精密加工代表了加工精度发展的不同阶段。通常，加工精度按其高低可划分为如表 14-2 所列的几种级别。由于生产技术的不断发展，划分的界限将逐渐向前推移，过去的精密加工对今天来说已是普通加工，因此，界限是相对的。

表 14-2　加工精度的划分

级　别	普通加工	精密加工	高精密加工	超精密加工	极超精密加工
加工误差/μm	100～10	10～3	3～0.1	0.1～0.005	≤0.005

根据加工方法的机理和特点，超精密加工分为超精密切削、超精密磨削、超精密特种加工和复合加工，如图 14-3 所示。

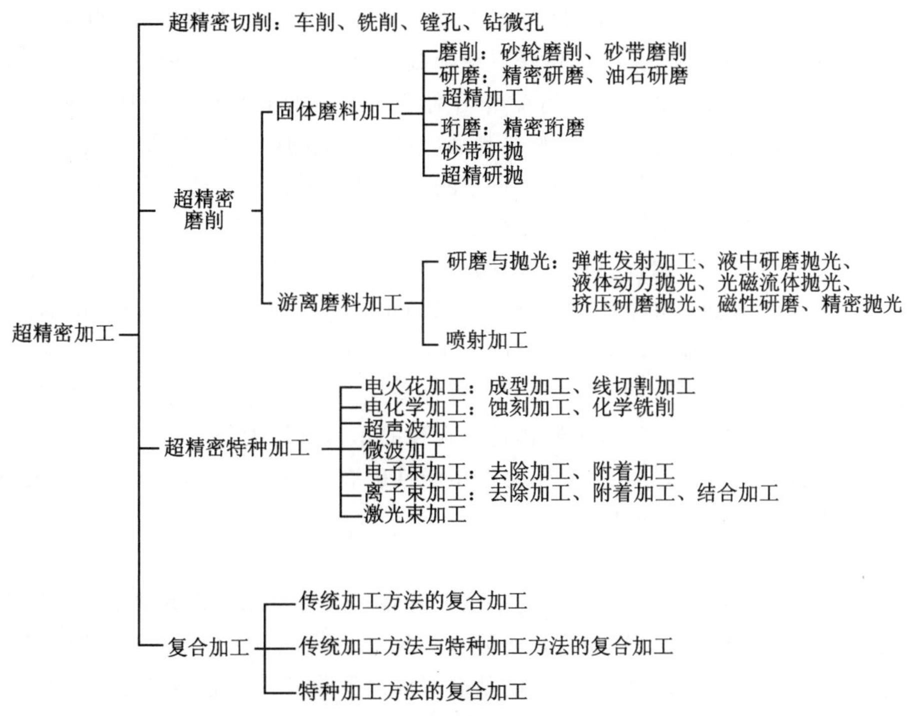

图 14-3　超精密加工方法

超精密切削的特点是借助锋利的金刚石刀具对工件进行车削和铣削。金刚石刀具与有色金属亲和力小，其硬度、耐磨性及导热性都非常优越，且能刃磨得非常锋利，刃口圆弧半径可小于 0.01 μm，可加工出表面粗糙度 Ra 小于 0.01 μm 的表面。

超精密磨削是在一般精密磨削基础上发展起来的，其不仅要提供镜面级的表面粗糙度，还要保证获得精确的几何形状和尺寸。

目前，超精密磨削的加工对象主要是玻璃、陶瓷等硬脆材料，磨削加工的目标是加工出

3～5 nm 的光滑表面。要实现纳米级磨削加工,要求机床具有高精度及高刚度,脆性材料可进行可延性磨削(ductile grinding)。此外,砂轮的修整技术也至关重要。

超精密特种加工是指直接利用机械、热、声、光、电、磁、原子、化学等能源的采用物理的、化学的非传统加工方法的超精密加工。超精密特种加工包括的范围很广,如电子束加工、离子束加工、激光束加工等能量束加工方法。

复合加工是指同时采用几种不同的能量形式、几种不同工艺方法的加工技术,例如电解研磨、超声电解加工、超声电解研磨、超声电火花、超声切削加工等。复合加工比单一加工方法更有效,适用范围更广。

2. 关键技术

(1) 超精密切削

超精密切削加工是适应现代技术发展的一种机械加工新工艺,在国防和尖端技术的发展中起着重要的作用。超精密切削是借助锋利的金刚石刀具对工件进行车削或铣削,主要用于加工低表面粗糙度值和高形状精度的有色金属零件和非金属零件。超精密切削可以代替研磨等费工的手工精加工工序,不仅节省工时,而且还能提高加工精度和加工表面质量。

超精密切削以 SPDT 技术开始,该技术以空气轴承主轴、气动滑板、高刚度和高精度工具、反馈控制及环境温度控制为支撑,可获得纳米级表面粗糙度值。所用刀具为大块金刚石单晶,刀具刃口半径极小,约为 20 nm。超精密切削最先用于铜的平面和非球面光学元件的加工,随后,其加工材料拓展至有机玻璃、塑料制品(如照相机的塑料镜片、隐形眼镜镜片等)、陶瓷及复合材料等。超精密切削技术也由单点金刚石切削拓展至多点金刚石铣削。

由于金刚石刀具在切削钢材时会产生严重的磨损现象,因此有些研究尝试使用单晶 CBN 刀具、超细晶粒硬金属刀具、陶瓷刀具来改善此问题。未来的发展趋势是利用镀膜技术来改善金刚石刀具在加工硬化钢材时的磨耗。此外,微机电系统(Micro-Electro-Mechanical System, MEMS)组件等微小零件的加工需要微小刀具,目前微小刀具的直径可达 50～100 μm,但如果加工几何特征大小为亚微米甚至纳米级,则刀具直径必须再小一些。超精密切削用刀具的发展趋势是利用纳米材料,如纳米碳管,来制作超小直径的车刀或铣刀的。

超精密切削脆性材料时,加工表面不会产生脆性破裂痕迹而得到镜面,这涉及极薄切削时脆性材料塑性切削的脆塑转换问题。

(2) 超精密磨削

超精密磨削技术是在一般精密磨削的基础上发展起来的。超精密磨削不仅要提供镜面级的表面质量,而且还要保证获得精确的几何形状和尺寸。为此,除了要考虑各种工艺因素外,还必须配备高精度、高刚度及高阻尼特征的基准部件以消除各种动态误差的影响,并采取高精度检测手段和补偿手段。随着超硬磨料砂轮及砂轮修整技术的发展,超精密磨削技术逐渐成形并迅速发展。

(3) 超精密研磨与抛光

精密研磨和抛光技术是指使用超细粒度的自由磨料,在研具的作用和带动下加工工件表面,产生压痕和微裂纹,依次去除表面的微细突出处,加工出表面粗糙度值 Ra 为 0.02～0.01 μm 的镜面。

当磨削后的工件表面反射光的能力达到一定程度时,该磨削过程称为镜面磨削。镜面磨削的工件材料不局限于脆性材料,它还包括金属材料,如钢、铝和钼等。

超精密研磨包括机械研磨、化学机械研磨、浮动研磨、弹性发射加工（Elastic Emission Machine，EEM）及磁力研磨等加工方法。超精密研磨加工的表面粗糙度值 Ra 可达 0.003 μm。利用弹性发射加工可加工出无变质层的镜面，表面粗糙度值 Ra 可达 0.5 nm。超精密研磨的关键条件是几乎无振动的研磨运动、精密的温度控制、洁净的环境及细小而均匀的研磨剂。此外，高精度检测方法也必不可少。超精密研磨主要用于加工高表面质量与高平面度的集成电路芯片光学平面及蓝宝石窗口等。

近年来，出现了许多新的研磨和抛光方法，如磁性研磨、电解研磨、软质粒子抛光、磁流体抛光、离子束抛光、超精研抛等。到目前为止，应用最为广泛、技术最为成熟的是化学机械抛光（Chemical Mechanical Polishing，CMP）方法。

超精密加工的精度不仅随时代变化，即使在同一时期，随着工件的尺寸、形状、材质、用途和加工难度的不同，超精密加工的精度也不同。对上述几种典型的超精密加工方法可进行定性比较，见表 14－3。

表 14－3　几种典型超精密加工方法的对比

加工方法	材料去除率	表面粗精度值	对设备要求	同一批可加工工件
SPDT 方法	较高	高	高	单
ELID 磨削	高	高	高	多
平面研磨	中	较高	中	较多
CMP 方法	低	较高	低	较多
离子束抛光	低	较高	专用	单

3. 发展趋势

目前，超精密加工技术的发展趋势可总结为如下几点：

① 超精密加工将从亚微米级向纳米级发展。超精密加工技术是以高精度为目标的技术，它在单项技术的极限、常规技术的突破、新技术的综合这三方面具有永无止境追求的特点。预计到 2030 年，超精密加工的加工精度界限将从现在的亚微米级过渡到亚纳米级。

② 超精密加工装备向智能化发展，未来工厂的精密、超精密加工装备将在智能控制理论的指导下，通过在线、在位测量过程建模和优化，达到资源节约、性能优化的结果。预计在 2030 年前，我国机床制造业的发展重点是用精密机床取代使用量大面广的普通机床，进一步淘汰加工误差为 10 μm 以上的通用机床；大力开发精密级和超精密级的加工中心和专用机床，基本替代进口；逐步建立我国纳米级超精密机床和专用设备的研发和产业化基地，形成产业化能力和商业化系列。

③ 研发基于新原理的新一代智能刀具，实现绿色环保、低碳制造。超常制造、智能制造、绿色制造是未来制造业发展的主要方向。在超精密加工环境下，微观尺度效应会导致有别于传统切削的特殊现象。基于新原理的新一代智能刀具，将突破现有的刀具设计理念，通过绿色环保、低碳制造的全新设计和制造技术，实现刀具从被动性加工向主动性和智能化方向发展。

④ 超精密测量装置趋于模块化、智能化、可重组，与制造系统高度集成，实现加工检测一体化。预计在 2030 年前，我国将研发用于超精密加工在线、在位测量的新型测量装置；研发新一代智能刀具传感器、系统运行参数检测与表征测量仪器和测量方法，使超精密测量系统的能

力和水平达到国际先进水平。

⑤ 加强工艺技术的基础研究和创新工艺研发。特种加工方法和复合加工方法在超精密加工中越来越多,迫切需要进行机理研究;同时,尖端技术和产品的需求日益增长,迫切要求开拓新的加工机理,实现纳米级和亚纳米级加工精度。

14.3 微纳米加工技术

微细加工是指加工尺度属于微米级范围的加工方式。微细加工起源于半导体制造工艺,加工方式十分丰富,包含了微细机械加工、各种现代特种加工、高能束加工等方式。

纳米技术(Nano Technology,NT)是在纳米尺度范围(0.1～ 100 nm)内对原子、分子等进行操纵和加工的技术。它是一门由多种学科交叉形成的学科,是在现代物理学、化学和先进工程技术相结合的基础上诞生的,是一门与高新技术紧密结合的新型科学技术。纳米级加工包括机械加工、化学腐蚀、能量束加工、扫描隧道加工等多种方法。

微细加工与一般尺度加工有许多不同,主要体现在以下几方面:

(1) 精度表示方法不同

在一般尺度加工中,加工精度是用其加工误差与加工尺寸的比值(相对精度)来表示的。而在微细加工时,由于加工尺寸很小,精度就必须用尺寸的绝对值来表示,即用去除(或添加)的一块材料(如切屑)的大小来表示,从而引入加工单位的概念,即一次能够去除(或添加)的块材料的大小。当微细加工 0.01 mm 尺寸的零件时,必须以微米加工单位来进行加工;当微细加工微米尺寸的零件时,必须以亚微米加工单位来进行加工;现今的超微细加工已采用纳米加工单位。

(2) 加工机理存在很大差异

由于在微细加工中加工单位急剧减小,所以必须考虑晶粒在加工中的作用。例如,欲把软钢材料毛坯切削成一根直径为 0.1 mm、精度为 0.01 mm 的轴类零件。根据给定的要求,在实际加工中,车刀至多只允许产生 0.01 mm 切屑的吃刀深度,而且在对上述零件进行最后精车时,吃刀深度要更小。由于软钢是由很多晶粒组成的,晶粒的大小一般为十几微米,这样,直径为 0.1 mm 就意味着在整个直径上所排列的晶粒只有 10 个左右。如果吃刀深度小于晶粒直径,那么,切削就不得不在晶粒内进行,这时就要把晶粒作为一个个不连续体来进行切削。相比之下,如果是加工较大尺度的零件,则由于吃刀深度可以大于晶粒尺寸,切削不必在晶粒中进行,所以可以把被加工体看成是连续体。这就导致了加工尺度在亚毫米、加工单位在数微米的加工方法与常规加工方法的微观机理的不同。

(3) 加工特征明显不同

一般加工以尺寸、形状、位置精度为特征,而微细加工则由于其加工对象的微小型化,目前多以分离或结合原子、分子为特征。例如,超导隧道结的绝缘层只有 10Å($1Å=10^{-10}$ m)左右的厚度。要制备这种超薄的材料,只有用分子束外延等方法在基底(或衬底、基片等)上以原子或分子线度(Å 级)为加工单位,一个原子层一个原子层(或分子层)地逐渐积淀方可。再如,利用离子束溅射刻蚀的微细加工方法,可以把材料一个原子层一个原子层(或分子层)地剥离下来,实现去除加工。这里,加工单位也是原子或分子线度,也可以进行纳米尺度的加工。因

此，要进行 1 nm 的精度和微细度的加工，就需要用比它小一个数量级的尺寸作为加工单位，即要用加工单位为 0.1 nm 的加工方法进行加工。因此，必须把原子、分子作为加工单位。扫描隧道显微镜和原子力显微镜的出现，实现了以单个原子作为加工单位的加工。

14.4　快速原型制造技术

1. 概　述

企业的核心竞争力取决于产品创新的速度和制造技术的柔性。在使用传统方法制作产品原型时，通常须使用多种机床设备和工模具，成本高、周期长，而在许多情况下，人们又需要（或希望）快速制造出产品的物理原型（样机、样件），以便征求包括客户在内的各方面意见，然后通过反复修改，在短期内形成能投放市场的定型产品，从而加快市场的响应能力，缩短产品的上市周期。

1892 年，Blanther 主张用分层方法制作三维地图模型。分层制造三维物体的思想雏形可追溯到 4000 年前，中国出土的鲁漆器，用粘结剂把丝、麻粘接起来铺敷在底胎上，待漆干后挖去底胎成形。考古学家也发现古埃及人在公元前就已将木材切成板后重新铺叠制成叠合材料，类似现代的胶合板。

1979 年，东京大学的川威雄教授利用分层技术制造了金属冲裁模、成型模和注射模。20 世纪 70 年代末到 80 年代初，美国 3M 公司的 Alan J. Hebert（1978 年）、日本的小玉秀一（1980 年）、美国的 Charles W. Hull（1982 年）和日本的丸谷洋二（1983 年）各自独立提出了快速原型（Rapid Prototyping，RP）的概念，即利用连续层的选区固化制作实体的新思想。美国的 Charles W. Hull 完成了第一个 RP 系统——Stereo Lithography Apparatus，并于 1984 年获得专利，这是 RP 发展的一个里程碑，随后许多快速成型的概念、技术及相应的成型机才得以相继出现。

快速原型（Rapid Prototyping，RP）技术综合了机械、电子、光学、材料等学科，涉及 CAD/CAM 技术、数据处理技术、CNC 技术、测试传感技术、激光技术等多种机械电子技术、材料技术和计算机软件技术，是各种高技术的综合应用，已成为先进制造技术群的重要组成部分，它必将对制造企业的模型、原型及成型件的制造方式产生更为深远的影响。

2. RP 零件图形处理过程

快速原型制造的计算机系统只有接受三维 CAD 模型后，才能进行切片处理。三维 CAD 模型的获取方式有：在 PC 或图形工作站上用三维软件 Pro/E、UG、CATIA 等设计，或将已有产品的二维三视图转换成三维 CAD 模型，或用扫描机对已有的零件实样进行扫描。其具体处理过程如下：

（1）三维模型的近似处理

产品零件上往往有一些不规则的自由曲面，在制作快速原型前必须对其进行近似处理，才有可能获取确切的截面轮廓。在目前的快速原型系统中，最常见的近似处理方法是用 STL 文件格式进行数据转换，将三维实体表面用一系列相连的小三角形逼近自由曲面，得到 STL 格式的三维近似模型文件。典型的 STL 文件如图 14－4 所示。

用 Pro/E 软件转换 STL 文件的流程：File（文件）→Export（输出）→Model（模型）；或者

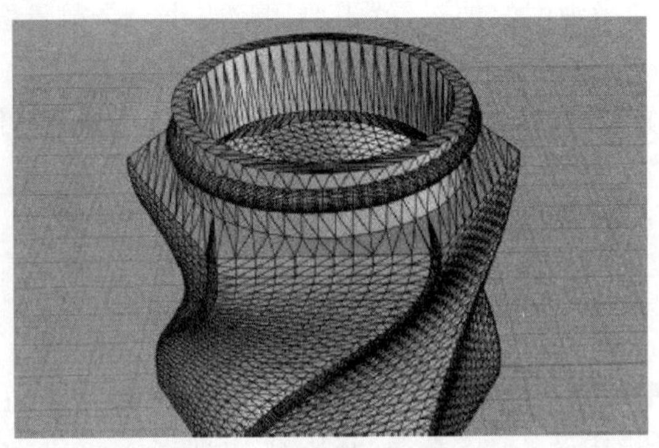

图 14-4　典型的 STL 文件

选择 File (文件)→Save a Copy (另存一个副件)→选择“. STL”;设定弦高为 0,然后该值会被系统自动设定为可接受的最小值;设定 Angle Control (角度控制)为 1。

用 AutoCAD 软件转换 STL 文件的流程:输出模型必须为三维实体,且 XYZ 坐标都为正值;在命令行输入命令“Faceters”→设定 FACETERS 为 1~10 的一个值(1 为低精度,10 为高精度)→在命令行中输入命令“STLOUT”→选择实体→选择“Y”,输出二进制文件→选择文件名。

(2) 三维模型的切片处理

STL 文件切片处理如图 14-5 所示。

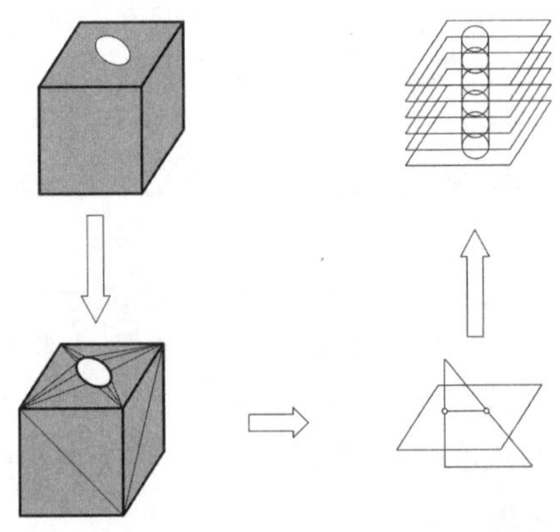

图 14-5　STL 文件切片处理

由于快速原型制造是按一层层截面轮廓来进行加工的,因此加工前必须从三维模型上,沿成型的高度方向每隔一定的间隔进行切片处理,以获取截面的轮廓。间隔的大小根据待成型零件的精度和生产率要求选定。间隔越小,精度越高,但成型时间越长。间隔选取的范围为 0.05~0.50 mm,常用的是 0.10 mm 左右。

无论零件形状多么复杂,对每一层来说都是简单的平面矢量扫描组,轮廓线代表片层的边界。

根据具体工艺要求,将其按一定厚度分层,即将其离散为一系列二维层面,将这些离散信息与加工参数相结合,驱动成型机顺序加工各单元层面。原型制作流程如图 14-6 所示。

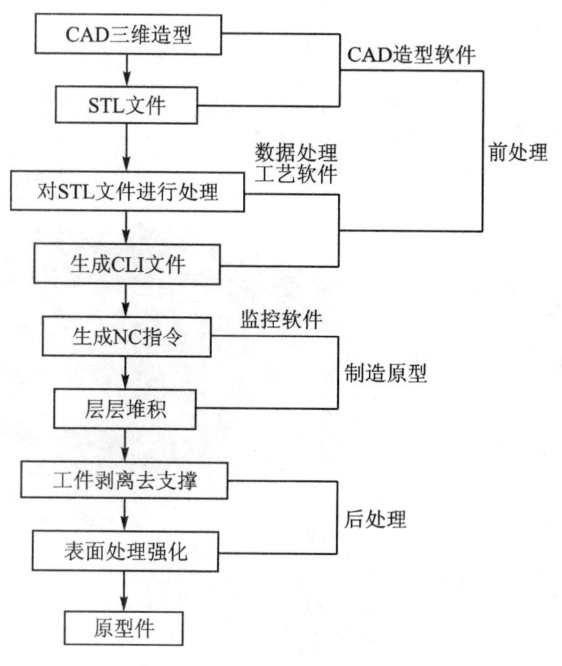

图 14-6　原型制作流程

(3) 快速成型工艺

快速成型技术经过 20 年左右的发展，其工艺已经逐步完善，并发展了许多成熟的加工工艺及成型系统。RP 系统可分为两大类：基于激光或其他光源的成型技术，如立体光造型、叠层实体制造、选择性激光烧结、形状沉积制造(Shape Deposition Manufacturing，SDM)等；基于喷射的成型技术，如熔融沉积制造和三维印刷等。

1) 立体光造型工艺

立体光造型(Stereo Lithography Apparatus，SLA)工艺又称为立体平版印刷技术，是基于液态光敏树脂的光聚合原理工作的。这种液态材料在一定波长和强度紫外光(如 $\lambda=325$ nm)的照射下能迅速发生光聚合反应，相对分子质量急剧增大，材料也就从液态转变成固态。SLA 技术的成形原理如图 14-7 所示。

液槽中盛满液态光固化树脂，具有一定波长和强度的紫外激光光束在偏转镜作用下，能在液态表面上扫描，扫描的轨迹及光线的有无均由计算机控制，光点打到的地方，液体树脂就固化。

成型开始时，工作平台在液面下一个确定的深度，聚焦后的光斑在液面上按计算机控制下的加工零件各分层截面的形状对液态光敏树脂进行逐点扫描，被光照射到的薄层树脂发生聚合反应，从而形成一个固化的层面。当一层扫描完成后，未被照射的地方仍是液态树脂；然后升降台带动平台再下降一层高度，已成形的层面上又布满一层树脂，刮平器将粘度较大的树脂液面刮平，然后再进行第二层的扫描，新固化的一层树脂牢固地粘在前一层上，如此重复，直到整个零件制造完毕，得到一个三维实体模型。其截层厚度为 0.04～0.07 mm，可控精度为 0.10 mm。

SLA 技术成型速度快，自动化程度高，可成型任意复杂形状，尺寸精度高，表面质量好，主要应用于复杂、高精度的精细工件快速成型，市场份额大。但对于悬臂结构，PV 须同步成型

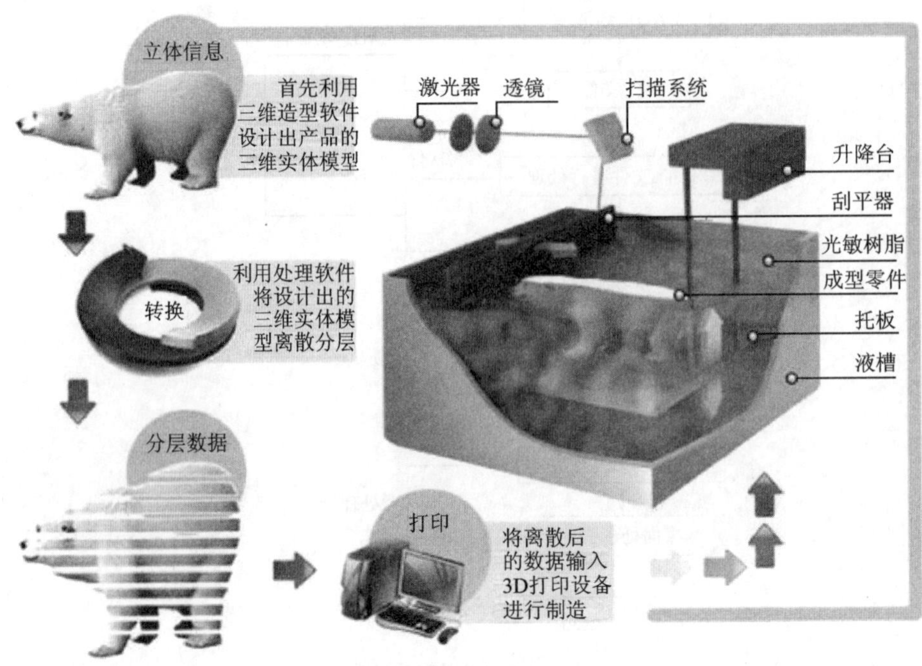

图 14-7 SLA 技术的成形原理

支撑,否则零件容易断裂或变形,支撑材料与零件材料相同需要切除,另外材料有污染。

2) 叠层实体制造工艺

叠层实体制造(Laminated Object Manufacturing,LOM)工艺采用薄片材料,如纸、塑料薄膜等,片材表面事先涂覆上一层热熔胶。LOM 的成型原理如图 14-8 所示。

加工时,热压辊热压片材,使之与下面已成型的工件粘接;用 CO_2 激光器在刚粘接的新层上切制出零件截面轮廓和工件外框,并在截面轮廓与外展之间多余的区域内切割出上下对齐的网格;激光切割完成后,工作台带动已成型的工件下降,与带状片材(料带)分离。

供料机构转动收料轴和供料轴,带动料带移动,使新层移到加工区域,工作台上升到加工平面,热压辊热压,工件的层数增加一层,高度增加一个料厚,再在新层上切制截面轮廓。如此反复,直至零件的所有截面粘接、切制完,得到分层制造的实体零件。其截层厚度为 0.07~0.15 mm,精度与切制材质有关。

叠层实体制造工艺成型速度快,精度不高,浪费材料,废料清理困难,适合大中型制件。

3) 选择性激光烧结工艺

选择性激光烧结(Selective Laser Sintering,SLS)工艺是利用粉末状材料成型的。将材料粉末铺撒在已成型零件的上表面并刮平;用高强度的 CO_2 激光器或电子束在刚铺的新层上扫描出零件截面;材料粉末在高强度的激光照射下被烧结在一起,得到零件的截面,并与下面已成型的部分连接;当一层截面烧结完后,铺上新的一层材料粉末,选择性地烧结下层截面。其截层厚度为 0.1~0.2 mm。SLS 的工作原理如图 14-9 所示。

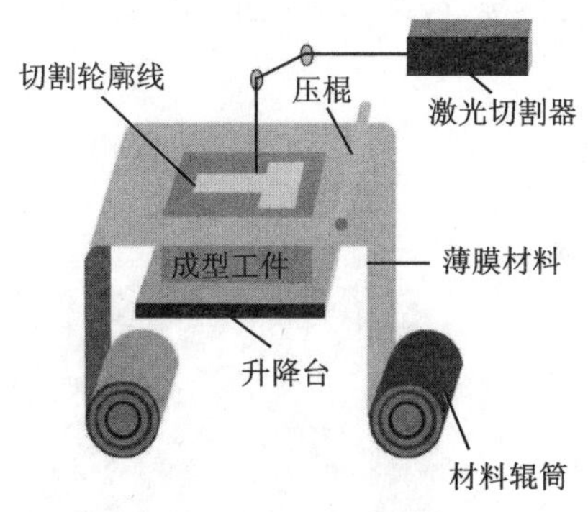

图 14-8　LOM 的成型原理图

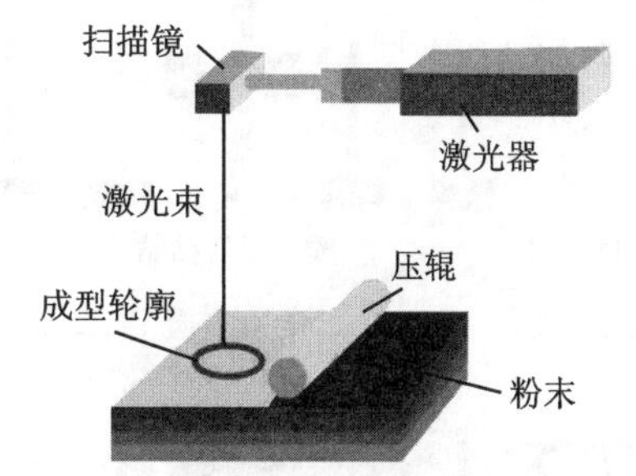

图 14-9　SLS 的工作原理

选择性激光烧结工艺简单，材料选择范围广，成本较低，成型速度快，后处理复杂，适合中小型制件，主要应用于铸造业直接制作快速模具、聚合物非金属零件和高性能复杂结构金属零件，在航空航天、国防和其他高端工程领域获得了广泛应用。

4）熔融沉积制造工艺

熔融沉积制造（Fused Deposition Modeling，FDM）工艺的材料一般是热塑性材料，如蜡、ABS、尼龙等，以丝状供料。材料在喷头内被加热熔融，喷头沿零件截面轮廓和填充轨迹运动，同时将熔融的材料挤出；材料迅速凝固，并与周围的材料凝结。FDM 的工作原理如图 14-10 所示，其截层厚度为 0.025～0.760 mm，成型精度低。

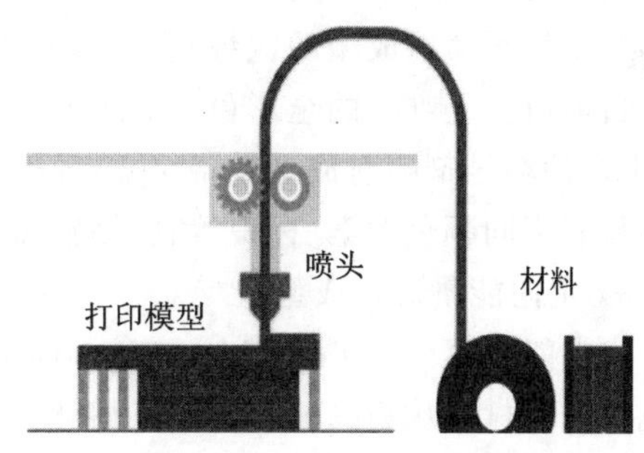

图 14-10　FDM 的工作原理

熔融沉积制造工艺成型速度慢，费用低，变形小，适合小型塑料件。

5）三维印刷工艺

三维印刷（Three Dimension Printing，TDP）工艺与 SLS 工艺类似，采用粉末材料成型，如陶瓷粉末和金属粉末。所不同的是：材料粉末不是通过烧结连接起来的，而是通过喷头用粘结剂（如硅胶）将零件的截面“印刷”在材料粉末上面（见图 14-11）。用粘结剂粘接的零件强度较低，还须后处理，即先烧掉粘结剂，然后在高温下渗入金属，使零件致密化，提高强度。

6）喷射成型工艺

喷射成型类似于喷墨打印机，通过喷嘴将液态成型材料选择性地喷出，然后逐层堆积形成三维结构。液态材料一般是光敏聚合物或蜡状材料，分别用于制作零件或消失模。在特定波长光的作用下，光敏聚合物可快速固化。大多数情况下，这种光是可见光或紫外光。

通常，材料喷射成型采用多排打印头来打印不同的材料。对于含有悬臂或中空特征的几何结构，需要打印两种材料：一种是成型材料，用于制造零件；另一种是支撑材料，用于同步制造支撑结构。支撑材料通常是水溶性的，将零件浸泡于水中即可快速去除支撑结构，如图 14-12 所示。

7）粘结剂喷射成型

粘结剂喷射成型的基本原理是先铺一薄层粉末材料，然后利用喷嘴选择性地在粉层表面喷射粘结剂,将粉末材料粘接在一起形成实体层,逐层粘接,最终形成三维零件。

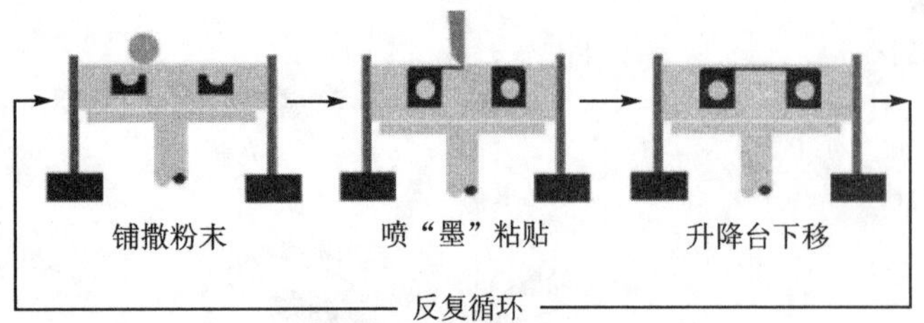

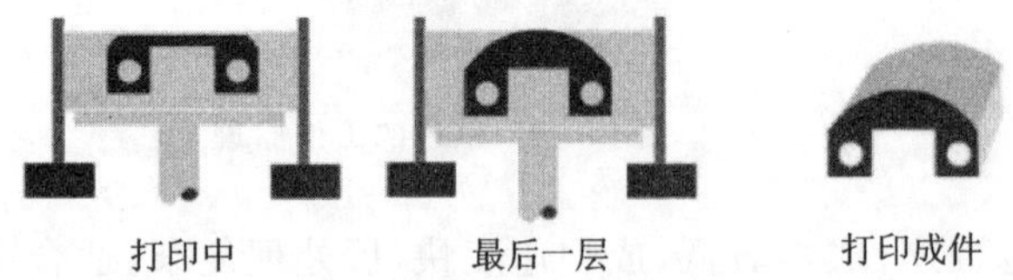

图 14-11 TDP 的工作原理

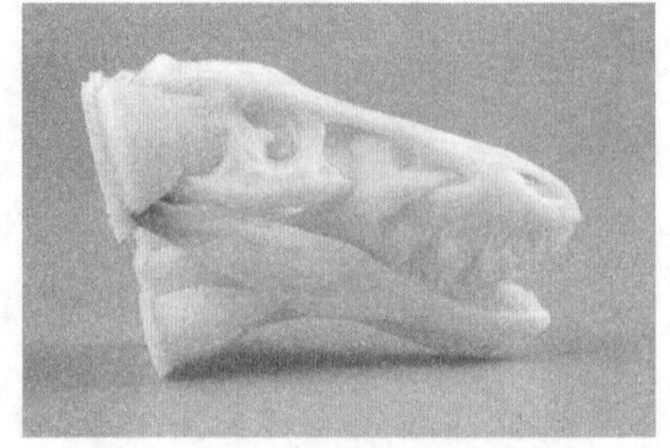

图 14-12 水溶性支撑材料

它与材料喷射成型的不同之处在于:需要先铺一层粉末,喷的是粘结剂而不是成型材料。它相对于材料喷射成型的优势是速度快,不需要支撑材料。

目前市面上唯一的全彩色 3D 打印机是美国 Zcorp 公司(已被美国的 3D Systems 公司收购)生产的粘结剂喷射成型设备 Zprinter 系列。全彩色的粘结剂喷射成型设备可单步快速地制造具有不同颜色图案、标识等视觉特征的装配体,如图 14-13 所示。

8) 定向能量沉积成型

定向能量沉积(Direct Metal Deposition,DMD)成型,相当于多层激光熔覆,利用激光或其他能源在材料从喷嘴输出时同步熔化材料,凝固后形成实体层,逐层叠加,最终形成三维实体零件,如图 14-14 所示。

图 14-13 粘结剂喷射彩色装配体

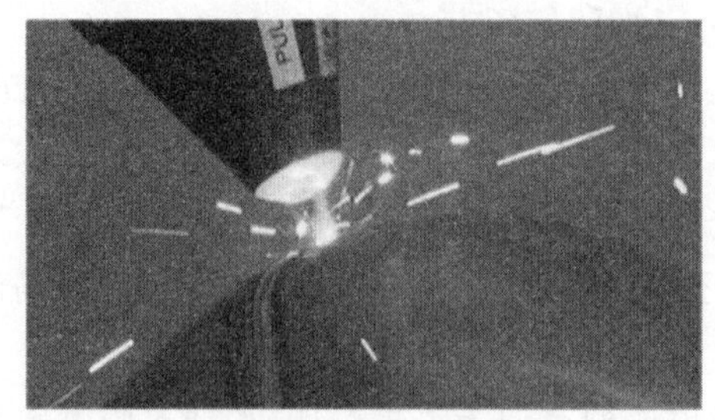

图 14-14 定向能量沉积成型

DMD 与 FDM 材料挤出成型相似,不同之处在于:DMD 不是通过喷嘴熔化材料,而是当粉体或丝状材料被输送到金属基体上时才被激光等能源熔化。DMD 最初用于在已有金属零件上增加新结构(如在平板上制造加强筋),或者快速修复金属零件的破损部位。

DMD 的成型精度较低,但是成型空间不受限制,因而常用于制作大型金属零件的精密毛坯。

3. 快速原型制造的应用

随着原型制造精度的提高，各种间接快速制模工艺已基本成熟，其方法则根据零件生产批量的大小而不同。常用的有硅橡胶模(50 件以下)、环氧树脂模(400～800 件)、金属冷喷涂模(3 000 件以下)、快速制作 EDM 电极加工钢模(5 000 件以上)等。其主要应用实例如下：

(1) 军事领域

快速原型制造技术在军事领域主要应用于军事卫星、航测数字图像处理和军事武器等。如炸弹、火箭等的制造，三维地图模型的制作等。

(2) 航天领域

空气动力学地面模拟试验(风洞试验)是设计性能先进的航天飞机所必需的重要技术环节，采用 RPM 技术，根据严格的 CAD 模型，由快速原型制造系统(RPS) 就可以自动完成型状复杂、精度要求高且具有流线形特征的模型。我国“863”计划航天领域项目在应用快速原型制造技术方面已取得很大进展。

(3) 文物、考古等领域

这方面的应用包括工艺品、首饰、灯饰、家具、建筑装饰，以及建筑和桥梁的外观设计、古建筑和文物的复原等，如图 14 - 15 所示。

(a) 花　瓶

(b) 恐龙骨架

图 14 - 15　工艺品和恐龙骨架

(4) 医学领域

RPM 在医学领域主要应用于头颅外科、牙科、人体器官、人造骨骼、辅助病理诊断、假肢、畸形修复等，如图 14 - 16 所示。

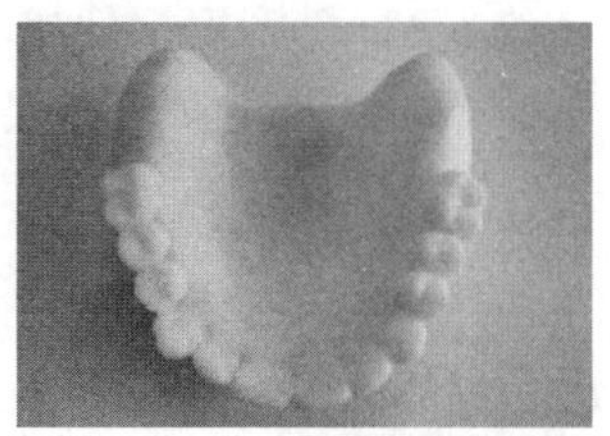

(a) 假　牙

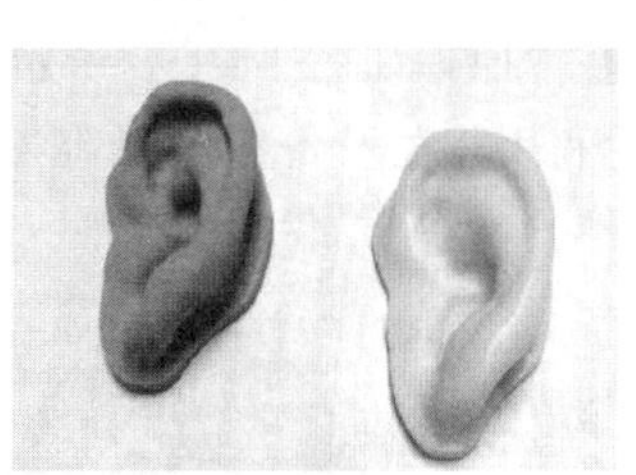

(b) 人造耳朵

图 14 - 16　医学应用

14.5 增材制造技术

1. 概 述

增材制造与传统的材料"去除型"加工方法截然相反,它通过增加材料、基于三维 CAD 模型数据,采用逐层制造方式,直接制造与相应数学模型完全一致的三维物理实体模型。

增材制造的概念有"广义"和"狭义"之分,如图 14-17 所示。

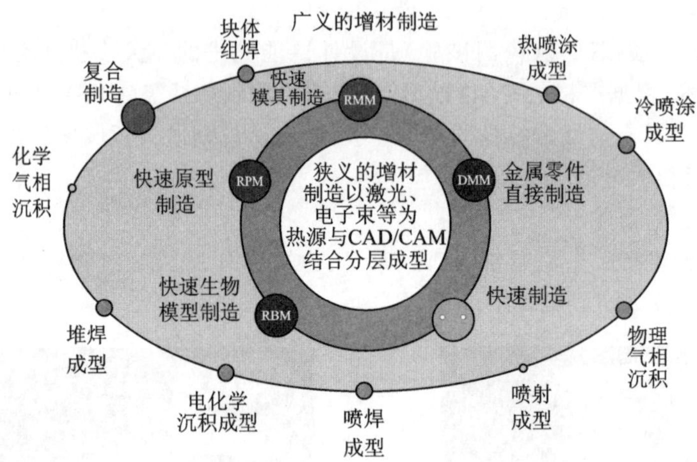

图 14-17 增材制造的概念

"广义"的增材制造以材料累加为基本特征,是以直接制造零件为目标的大范畴技术群;而"狭义"的增材制造是指不同的能量源与 CAD/CAM 技术结合、分层累加材料的技术体系。

目前,出现了许多令人眼花缭乱的称谓,如快速原型(rapid proto-typing)、直接数字制造(direct digital manufacturing)、增材制造(additive fabrication)、三维打印(3D-printing)、实体自由制造(solid free form fabrication)、增层制造(additive layer manufacturing)等。2009 年,美国 ASTM 专门成立了 F42 委员会,将各种 RP 统称为"增量制造"技术,在国际上取得了广泛认可并被广泛采纳。

实际上,日常生产、生活中类似"增材"的例子很多,例如,机械加工的堆焊、建筑物(楼房、桥梁、水库大坝等)施工中的混凝土浇筑、滚汤圆、生日蛋糕与巧克力造型等。

增材制造的基本原理如图 14-18 所示。首先将三维 CAD 模型模拟切成一系列二维的薄片状平面层,然后利用相关设备分别制造各薄片层,与此同时将各薄片层逐层堆积,最终制造出所需的三维零件。

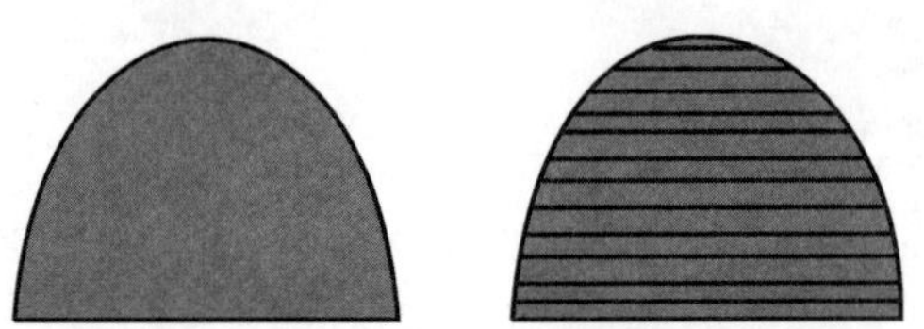

图 14-18 增材制造的基本原理

如果按照加工材料的类型和方式分类，则增材制造又可分为金属成型、非金属成型、生物材料成型等，如图 14－19 所示。

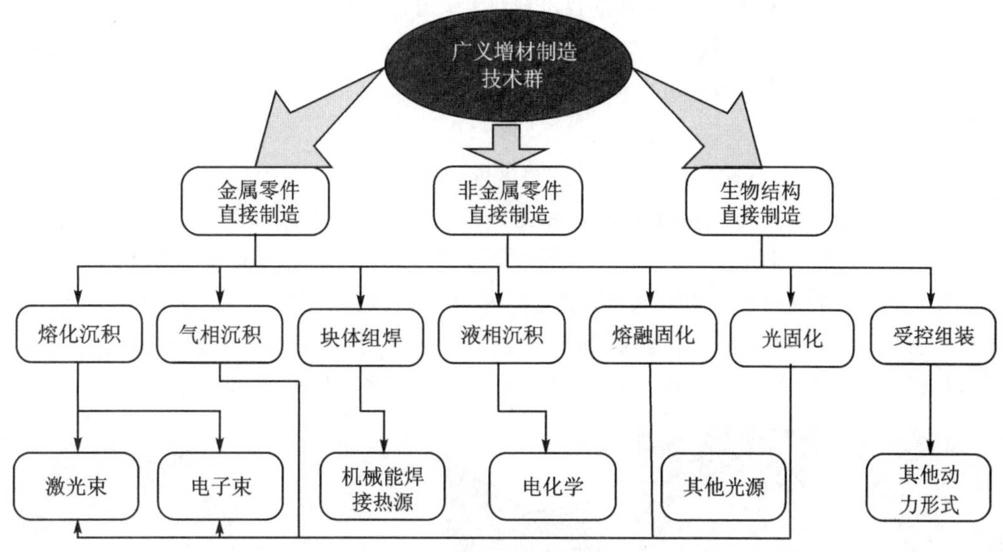

图 14－19　增材制造的分类

按照技术种类划分，增材制造有喷射成型、粘结剂喷射成型、光敏聚合物固化成型、材料挤出成型、激光粉末烧结成型和定向能量沉积成型等。

2. 应　用

作为增材制造技术中社会关注度最高的 3D 打印技术，实际上是一系列快速原型成型技术的统称，其技术类型可分为 3DP 技术、FDM 熔融沉积成型技术、SLA 立体平版印刷技术、SLS 选区激光烧结、DLP 激光成型技术和 UV 紫外线成型技术等。

3D 打印技术是一种以数字模型文件为基础，运用粉末状金属或塑料等可粘合材料，通过逐层打印的方式来构造物体的技术。之所以叫“打印机”，是因为它与普通打印机的工作原理基本相同，借鉴了打印机的喷墨技术，只不过普通的打印机是在纸上喷层墨粉，形成二维(2D)文字或图形，而 3D 打印喷出的不是墨粉，而是融化的树脂、金属或者陶瓷等“印材料”，打印机内装有液体或粉末等，与计算机连接后，通过计算机控制把“打印材料”一层层叠加起来，“打”出三维的立体实物来。

一般情况下，每一层的打印过程都分两步：首先在需要成型的区域喷洒一层特殊胶水，胶水液滴本身很小，且不易扩散；其次喷洒一层均匀的粉末，粉末遇到胶水会迅速固化粘接，而没有胶水的区域仍保持松散状态。这样在一层胶水一层粉末的交替下，实体模型将被“打印”成型。打印结束后，只要扫除松散的粉末即可“刨”出模型，而剩余粉末还可循环利用。

打印耗材由传统的墨水、纸张转变为胶水、粉末，当然胶水和粉末都是经过处理的特殊材料，不仅对固化反应速度有要求，对于模型强度以及“打印”分辨率都有直接影响。3D 打印技术能够实现 600 像素分辨率，每层厚度只有 0.01 mm，即使模型表面有文字或图片也能够清晰打印。3D 打印技术受打印原理的限制，打印速度势必不会很快，较先进的产品可以实现 25 mm/h 高度的垂直速率，相比早期产品有 10 倍提升，而且可以利用有色胶水实现彩色打印，色彩深度高达 24 位。

3D打印除了可以表现出外形曲线上的设计外,结构以及运动部件也能表现出来。由于其打印精度高,所以打印出的模型品质不错。如果用来打印机械装配图,则齿轮、轴承、拉杆等都可以正常活动,腔体、沟槽等形态特征位置准确,甚至可以满足装配要求,打印出的实体还可通过打磨、钻孔、电镀等方式进行进一步加工。同时,粉末材料不限于砂型材料,弹性伸缩、高性能复合、熔模铸造等其他材料也可以使用。3D打印主要在以下几方面开展应用:

(1) 军事领域应用

3D打印技术在军事战略方面拥有巨大的潜能,因为许多军用产品都是高价值、复杂以及少量生产或定制的,需要持续更换零件,如无人驾驶飞行器(无人机)、军人的轻重量装备和盔甲、便携式电源设备、通信设备、地面机器人等,这些部件的制造方式将最有机会转化为3D打印制造。预计在未来10~12年内,军方将会成为3D打印技术的主要使用者之一。

例如,我国歼-15舰载机等新研制的机型也广泛使用了3D打印技术来制造钛合金主承力部分,包括整个前起落架。飞机钛合金主承力结构件如图14-20所示。

(a) 主承力结构件Ⅰ

(b) 主承力结构件Ⅱ

(c) 主承力结构件Ⅲ

图14-20 飞机钛合金主承力结构件

由于工作环境恶劣,飞机结构件、发动机零部件、金属模具等高附加值零部件往往因磨损、高温气体冲刷烧蚀、高低周疲劳、外力破坏等导致局部破坏而失效。这些零部件如果报废,将使制造、使用方受到巨大的经济损失。激光直接沉积技术因具有激光的能量可控性、位置可达性高等特点逐渐成为其关键修复技术。

(2) 航空航天领域

在航空发动机领域,从购买原材料到最终加工成零部件,如果使用传统制造技术,则材料的利用率有的仅为10%~20%,很多贵重金属材料都被切成废屑,浪费了原材料、刀具、工时和能源;如果使用增材制造技术,则理论上可以实现材料的100%利用。3D打印技术可以加工复杂零部件,且更省材料、时间和能源。因此,增材制造技术在航空航天、大型舰船维护等“高精尖”领域很有优势。3D打印的航空发动机燃油喷油器如图14-21所示。

图14-21 发动机燃油喷油器

(3) 医疗领域

目前,3D打印已成功应用于定制植入物、假体和组织支架。SLS选区激光烧结、SLM选区激光熔融和EBM电子束熔融三种AM技术在欧洲和美国获得了医用许可,主要用于两类医用材料的快速制造,分别是坚固耐用的塑料和具有生物兼容性的金属材料,如医用级

TC4 钛合金和 Co－Cr 合金。快速制造具有各种内部复杂结构的人体解剖模型，用于医学教育的直观讲解，如图 14－22 所示。

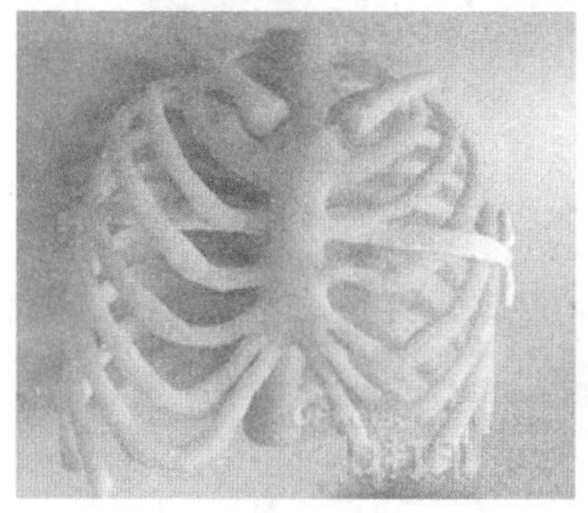

(a) 模型Ⅰ

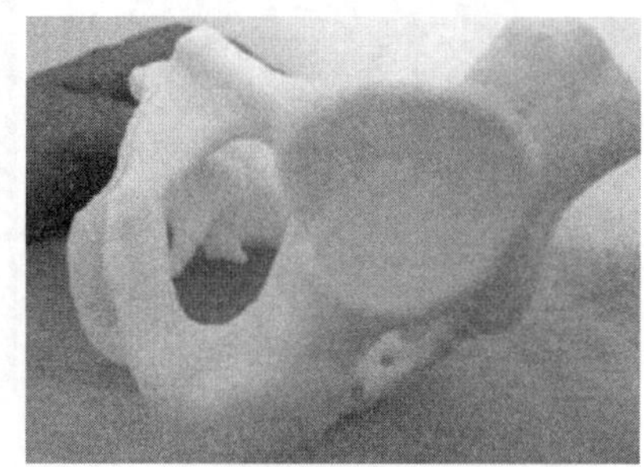

(b) 模型Ⅱ

图 14－22　医用模型

(4) 车辆制造领域

3D 打印在交通工具零部件制造中的使用机会巨大，尤其适用于生产高端的专业级小型汽车零部件。另外，由于可以免去模具等工装制作成本，缩短开发周期，故 3D 打印技术也非常适合于汽车零部件研发过程中小批量产品的制作。

3D 打印汽车如图 14－23 所示，这辆汽车只有 40 个零部件，制造它仅花费了 44 h。

(5) 建筑领域

据报道，2014 年 8 月 21 日，采用超大型 3D 打印机打印的 10 幢 3D 打印建筑在上海张江高新青浦园区内正式交付使用，建筑过程仅花费 24 h，如图 14－24 所示。

图 14－23　3D 打印汽车

图 14－24　3D 打印建筑

(6) 珠宝及收藏品

珠宝商将使用 3D 打印技术制造限量版产品，目前已经可以用钛合金材料打印吊坠。以激光烧结黄金合金材料打印制作项链的技术也是可行的，而传统上制作这种链子则需要复杂且昂贵的机械。

自由成型的特性使 3D 打印技术适用于广泛的消费类产品。利用 3D 打印技术制造的艺术品、塑料和金属雕塑、家具、家居饰品以其独特品质，证明了该类产品的市场潜力，如图 14－25 所示。

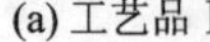
(a) 工艺品 I

(b) 工艺品 II

图 14 - 25　工艺品

练习思考题

14 - 1　何为超高速切削?

14 - 2　简述超精密加工的关键技术与发展趋势。

14 - 3　微细加工与一般尺度加工有哪些不同?

14 - 4　简述各种快速成型工艺的原理。

14 - 5　增材制造与传统加工方法相比有什么不同?

14 - 6　何谓 3D 打印? 简述 3D 打印的应用。

第五篇　机电一体化

第 15 章　机电一体化技术

15.1　概　念

机电一体化技术是一门跨学科的综合性技术，是一门独立的交叉学科。机电一体化一词最早出现在 1971 年日本杂志《机械设计》的副刊上。1983 年 3 月，日本机械振兴协会经济研究所提出：机电一体化是在机械的主功能、动力功能、信息处理功能和控制功能上引进微电子技术（microelectronics technology），并将机械装置与电子装置用相关软件有机结合而构成的系统总称。

1996 年，美国 IEEE/ASME 把机电一体化定义为“在工业产品及过程的设计和制造中，机械工程和电子与智能计算机控制的协同集成”。

综上所述，机电一体化的概念概括为：机电一体化是动力、传动、控制、信息等技术有机结合的系统集成。简单地说，机电一体化就是机械技术与电子技术相结合的产物，是机械装置与电子装置的软硬件集成。作为一门技术，它是多门学科、多种技术交叉融合的结果，其主要目的是使机器在使用过程中更加方便、灵活、可靠。

现实生活中，随处可见许多机器，它们操作轻便、运行稳定、工作可靠。其实，这些机器在不久以前还仅仅是由机械结构来实现运动的纯机械装置，与电子技术、信息技术结合后其性能才得到显著改进和提高。下面将列举几个常见的例子来进一步介绍机电一体化的概念。

第一类：原来仅由机械结构实现某运动或功能的装置，通过与电子技术结合实现同样运动或功能的装置，如机械式钟表对石英钟表、手动照相机对自动照相机等。

第二类：原来由人工判断和操作，改为由机器判断和操作或无人操作的设备，如银行自动柜员机、邮局的自动分拣机、无人仓库的出库机等。

第三类：原来由人工值守操控，改为按照程序实现灵活运动的设备，如人工电话接转对程控电话。

图 15－1 所示的机械手是机电一体化的典型示例，其机械部分由螺钉、齿轮、弹簧等机械

零件和把它们组合起来的连杆机构组成;作为信息处理装置的电子装置部分,为了得到更好的控制性能,由集成电路(芯片)、电阻与电容器等电子电路元器件构成;再配以控制程序,机械手就可以按指令完成操作任务了。

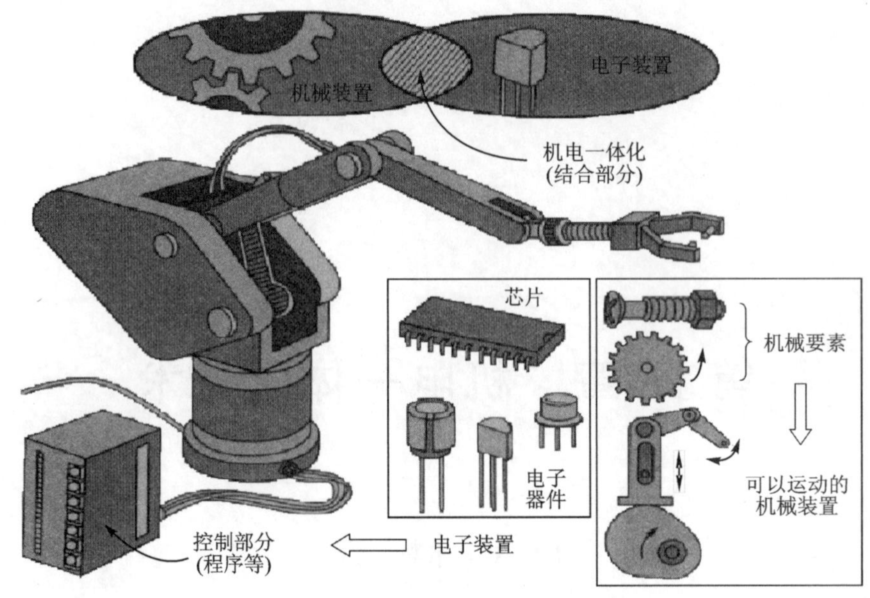

图 15-1　机电一体化示例——机械手

图 15-2 所示是我们常见的汽车,它也是典型的机电一体化机器。汽油为汽车提供能量,机械装置把这个能量转化为运动,这样汽车运载的基本功能就实现了。为了使汽车的运动过程更加符合人们的需求,还要对其进行各种控制,如方向、速度、导航、报警等。其中,方向控制主要是通过操纵方向盘进行机械控制来实现的;速度控制则要通过操纵油门踏板、制动板、变速杆等机械、液压、气动、电子等控制来实现;导航是通过导航仪对外发送本车信息,同时接收外部信号,输入车载微机进行处理,然后把汽车位置的状态结果输出到导航仪显示屏上,供驾驶人员参考,起到提示作用,其主要是应用了电子和信息处理技术。

图 15-2　机电一体化示例——汽车

15.2　机电一体化的基本组成

在人类生物系统中,动作控制过程先是通过眼、耳、皮肤等感觉器官接收外界信息,经大脑

判断后产生相应的意识反应，再通过肌肉、骨骼等运动器官实现各种动作，人体内脏分解食物和排泄废物，为人体运行提供所需能量。与此对应，在机电一体化系统中，其动作控制过程也是先通过传感器接收外界信息，然后利用计算机对这些信息进行处理，再通过执行装置实现相应操作，由驱动装置为系统提供动力，如图 15-3 所示。

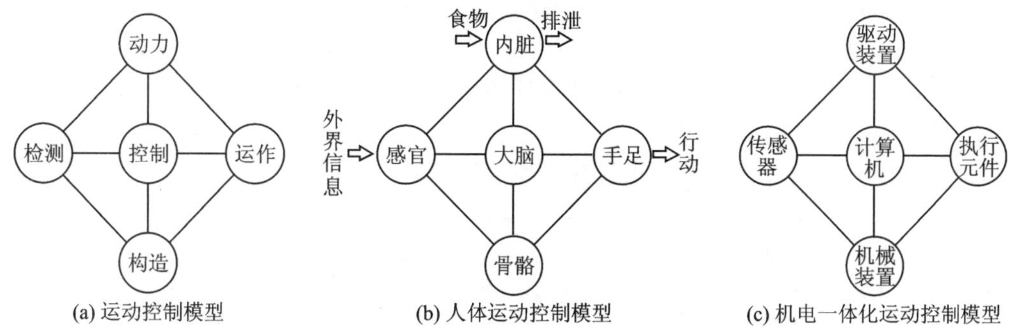

图 15-3　机电一体化系统与人体的对应部分及相应功能关系

由图 15-3 可以看出，机电一体化系统中的计算机与人的大脑相对应，传感器与人体的感官相对应，执行元件与人体的手足相对应，机械装置与人体的骨骼相对应，驱动装置与人体的内脏对应，如图 15-4 所示。

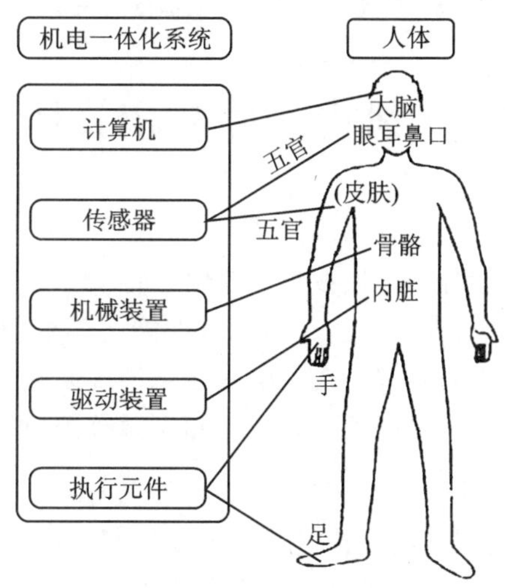

图 15-4　机电一体化系统与人体的对应关系

现代机电一体化技术是以微型计算机为代表的微电子技术、信息技术迅速发展，向机械工业领域渗透，并与机械电子技术深度结合的产物。其五大组成要素为：结构组成要素、动力组成要素、运动组成要素、感知组成要素、智能组成要素。对应的结构分别是：机械本体、动力驱动器、执行器、测试传感器、控制及信息处理器。

各要素（机构）的功能如下：

① 机械本体（机构组成要素）：系统的所有功能要素的机械支持结构，一般包括机身、框架、支撑、连接等。

② 动力驱动器（动力组成要素）：依据系统控制要求，为系统提供能量和动力以使系统正

常运行。

③ 执行器(运动组成要素):根据控制及信息处理部分发出的指令完成规定的动作和功能。

④ 测试传感器(感知组成要素):对系统运行所需要的本身和外部环境的各种参数和状态进行检测,并变成可识别信号传输给信息处理单元,经分析、处理后产生相应的控制信息。

⑤ 控制及信息处理器(智能组成要素):将来自测试传感器的信息及外部直接输入的指令进行集中、存储、分析、加工处理后,按照信息处理结构和规定的程序与节奏发出相应的指令,控制整个系统有目的地运行。

图 15-5 所示为机电一体化各组成部分的关系框图。

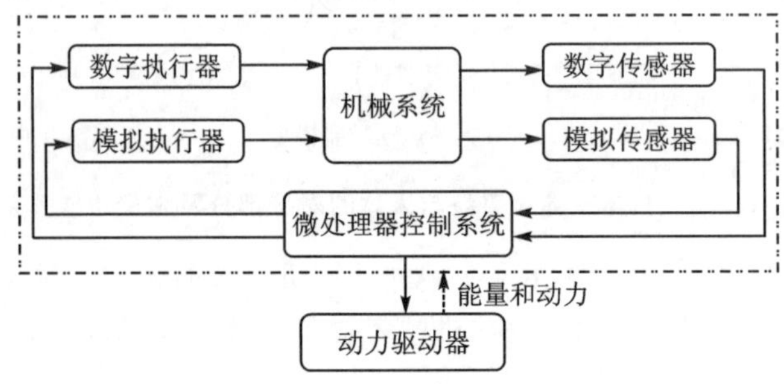

图 15-5 机电一体化各组成部分的关系框图

15.3 机电一体化相关技术

1. 机械技术

机械技术是机电一体化的基础,机械技术的着眼点在于如何与机电一体化技术相适应,利用其他高、新技术来更新概念,实现结构上、材料上、性能上的变更,满足减轻质量、缩小体积、提高精度、提高刚度及改善性能的要求。在机电一体化系统制造过程中,经典的机械理论与工艺应借助于计算机辅助技术,同时采用人工智能与专家系统等,形成新一代的机械制造技术。

2. 计算机与信息处理技术

计算机与信息处理技术是在微电子技术基础上发展起来的,机电一体化系统与纯机械系统的最大差别在于信息处理能力。在机电一体化系统中利用微处理器处理信息,可以方便高效地实现信息交换、存取、运算、判断与决策等,而这在传统的机械结构中是很难实现的。人工智能技术、专家系统技术、神经网络技术均属于计算机与信息处理技术。

3. 传感检测技术

传感检测技术是系统的感受器官,它与信息系统的输入端相连,并将检测到的信号输送到信息处理部分,是感知、获取、处理与传输的关键,是实现自动控制、自动调节的关键环节。其功能越强,系统的自动化程度就越高。现代工程要求传感器能快速、精确地获取信息并能经受严酷环境的考验。

4. 系统技术

系统技术即以整体的概念组织应用各种相关技术,从全局角度和系统目标出发,将总体分

解成相互关联的若干功能单元。在系统技术中，接口技术是系统技术中的一个重要方面，它是实现系统各部分有机连接的保证。接口包括电气接口、机械接口、人机接口等，其中，电气接口实现系统间电信号的连接；机械接口则完成机械与机械部分、机械与电气装置部分的连接；人机接口则提供了人与系统间的交互界面。

5. 自动控制技术

机电一体化产品中的自动控制技术包括高精度定位控制、速度控制、自适应控制、校正、补偿等。随着机电一体化产品中自动控制功能的不断扩大，产品的精度和效率都在迅速提高。通过自动控制，机电一体化产品在工作过程中能及时发现故障，并自动实施切换，缩短了停机时间，提高了设备的有效利用率。由于计算机应用广泛，所以自动控制技术越来越多地与计算机控制技术结合在一起，它已成为机电一体化技术中十分重要的关键技术。该技术的难点在于现代控制理论的工程化和实用化，控制过程中边界条件的确定，优化控制模型的建立以及抗干扰等。

6. 伺服驱动技术

伺服驱动技术主要是指机电一体化产品中的执行元件和驱动装置设计中的技术。机电一体化产品中的执行元件有电动、气动和液压驱动等类型，其中多采用电动式执行元件；驱动装置主要是各种电动机的驱动电源电路，目前多由电力电子器件及集成化的功能电路构成。执行元件一方面通过接口电路与计算机相连，接受控制系统的指令；另一方面通过机械接口与机械传动和执行机构相连，以实现规定的动作。因此，伺服系统是实现电信号到机械动作的转换装置与部件，伺服驱动技术直接影响着机电一体化产品的功能执行和操作，对产品的动态性能、稳定性能、操作精度和控制质量等具有决定性的影响。

练习思考题

15-1　阐述机电一体化的定义，并列举几个身边的机电一体化设备(装置)。

15-2　机电一体化系统的五大要素是什么？对应的结构分别是什么？

15-3　机电一体化的相关技术有哪些？

第 16 章　传感技术

机电一体化系统能否有效地发挥其自动化功能，获得准确信息是首要前提，而完成这一任务的环节就是传感器。传感器是指把被测物理量按照一定规律变换为与之对应的另一种物理量的装置，也叫作变换器或探测器。

传感器是机电一体化系统、现代检测技术和自动化技术的重要元件之一，已被广泛应用到人类生活中的各个领域，例如：

① 生产过程中的信号测量与控制。在工农业生产中，对温度、压力、流量、位移、液位和气体成分等物理信号进行检测，从而实现对工作状态的测量与控制。

② 安全报警与环境保护。利用传感器可对高温、放射性污染以及粉尘弥漫等恶劣工作条件下的过程参量进行远距离测量并发出相应的预警信息，实现安全生产，可用于温控、防灾、防盗等方面的报警系统。在环境保护方面，可用于对大气与水质污染的检测、放射性和噪声的测量等。

③ 自动化设备。传感器可提供各种物理信号的检测信息，当其与计算机结合时，设备的自动化程度会大大提高。

④ 交通运输和资源探测。传感器可用于车辆、道路和桥梁的检测管理，以提高运输效率，防止交通事故；还可以用于陆地、海底资源探测，空间环境、气象的测量等。

⑤ 医疗卫生和家用电器。利用传感器可以实现对病患者的自动监护、微量元素的测定、食品的卫生检疫等。例如，B 超检测仪、胃镜检测仪、变频空调器、自动洗衣机、家用加湿器等。

16.1　传感器的组成及分类

16.1.1　传感器的组成

传感器一般由敏感元件、转换元件和测量转换电路 3 部分组成，如图 16－1 所示。

图 16－1　传感器的组成及转换关系

1. 敏感元件

敏感元件是传感器中能直接感受被测量的部分，即直接感受被测量，并输出与被测量成确定关系的某一物理量。例如，弹性敏感元件将压力转换为位移，且压力与位移之间保持一定的函数关系。

2. 转换元件

转换元件是传感器中将敏感元件的输出量转换为适于传输和测量的电信号的元件。例

如，应变式压力传感器中的电阻应变片将应变转换成电阻的变化。

3. 测量转换电路

测量转换电路将电量参数转换成便于测量的电压、电流、频率等电量信号，如交、直流电桥，放大器，振荡器，电荷放大器等。

实际上，传感器的组成有的很简单，有的又很复杂。有些传感器只有敏感元件，感受被测量时直接输出便于测量的电量；有的则由敏感元件和转换元件组成，无需转换电路；还有的则由敏感元件、转换元件及转换电路组成，这样才能输出便于测量的电量。

16.1.2　传感器的分类

1. 按被测物理量分类

按被测物理量分，传感器可分为温度、压力、流量、位移、速度、加速度、磁场、光通量等传感器。这种分类方法明确表明了传感器的工作原理，有利于使用者选用，如压力传感器用于测量压力信号。

2. 按传感器工作原理分类

按传感器工作原理分类，传感器可分为电阻式、电感式、电容式、电势式、热敏式、光敏式等传感器。这种分类方法表明了传感器的工作原理，有利于传感器的设计和应用，如电容传感器就是将被测量转换成电容值的变化。

3. 按输出信号的性质分类

按输出信号的性质分类，传感器有模拟式传感器和数字式传感器两种。其中，模拟式传感器输出模拟信号，数字式传感器输出数字信号。

4. 按能量转换原理分类

按能量转换原理分，传感器可分为有源传感器和无源传感器。其中，有源传感器将非电量转换为电量，如电动势、电荷式传感器等；无源传感器不起能量转换作用，而只是将被测非电量转换为电参数的量，如电阻式、电感式及电容式传感器等。

16.1.3　传感技术的发展

1. 开发新型传感器

利用物理现象、化学反应和生物效应等基本原理，结合新材料和新工艺，研制具有新原理的传感器，这是发展高性能、多功能传感器的重要途径。

2. 传感器的集成化

集成化是指在同一芯片上或将众多同一类型的单个传感器集成为一维、二维阵列型传感器，或将传感器与调整、补偿电路结合在一起。半导体、电介质等技术的发展，为传感器集成化设计的进一步发展提供了基础。

3. 传感器的多功能化

多功能化就是使传感器同时具有多种检测功能，即在一个芯片上集成多种功能敏感元件或同一功能的多个敏感元件，如复合压阻传感器，一个芯片可同时检测压力和温度。

4. 传感器的智能化

智能化的传感器是一种带有微型计算机芯片,具备检测、放大、信息处理、人机交互、自诊断和保护等功能的传感器,例如智能式加速度传感器等。

5. 仿生传感器

自然界中的生物传感器是最为优秀的检测元件,如狗的嗅觉能力远高于人类的嗅觉能力,鸟的视觉能力是人的 8～50 倍。因此,研究它们的机理是传感器应用开发的重要方向之一,如嗅觉传感器、听觉传感器、图像传感器等。

16.2 传感器的应用

传感器的作用各异、种类繁多,现对其中几种常用传感器的应用进行介绍。

16.2.1 热电偶温度传感器

热电偶温度传感器的测量原理如图 16-2 所示,把两种不同的金属 A 和金属 B 的末端连接起来,作为加热测量点,两金属的另一端作为温度参考点(参考点一般处于室温中),当测量点和参考点有温度差时,两参考点就有电势产生,这种电势称为热电势。产生的热电势与测量点和参考点间的温差成比例,如图 16-3 所示,这一现象称为塞贝克效应。热电偶温度传感器就是利用这个塞贝克效应制成的产品测出参考点的环境温度,这样就可以准确地知道加热测量点的温度。由于热电偶温度传感器的热电势数值大且稳定,所以在工业中广泛用于热处理炉管理等。铜-康铜热电偶测温范围为−200～400 ℃,铂-铂铑热电偶测温范围为 0～1 600 ℃。图 16-4 所示为常用热电偶实物图。

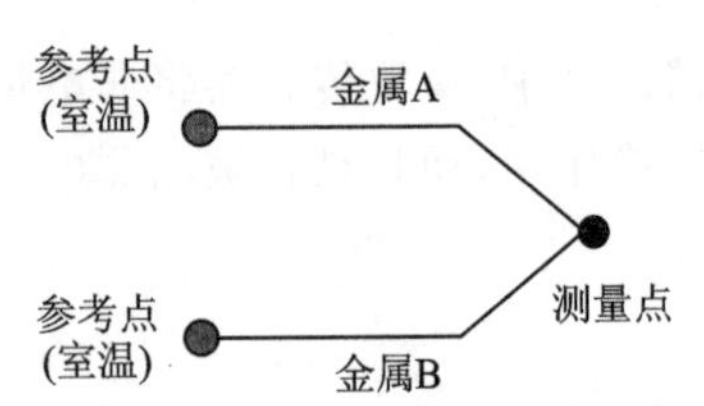

图 16-2　热电偶测温原理图

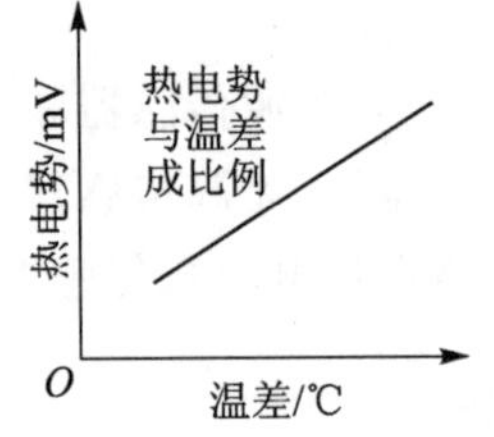

图 16-3　热电势与温差的关系

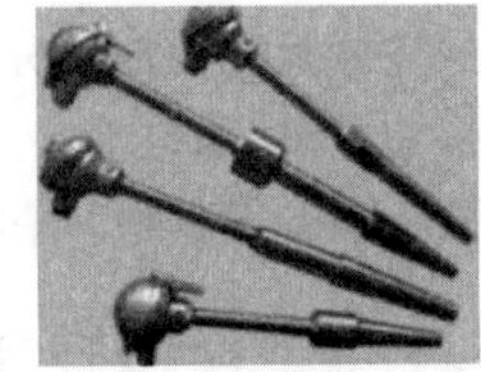
图 16-4　热电偶实物图

图 16-5 所示为恒温箱控制系统框图,用热电偶测量恒温箱的温度,然后将热电偶产生的热电势送处理电路处理,处理后的信号送微型计算机,接着用微型计算机对信号进行处理,如

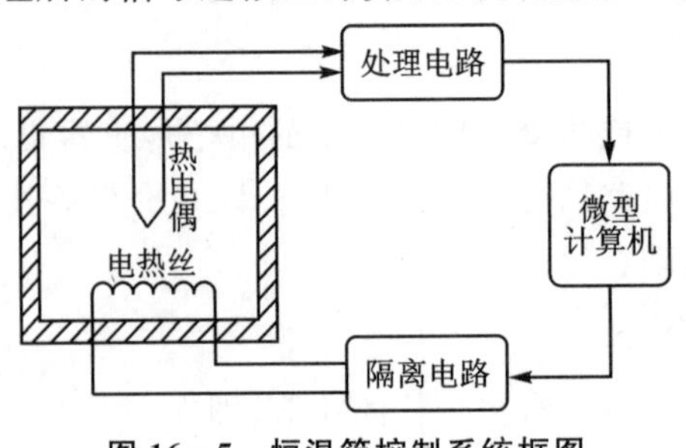

图 16-5　恒温箱控制系统框图

果达到恒温箱的设定温度，则微型计算机将输出控制信号，经光电隔离后控制电热丝断电；如果没有达到设定温度，则控制电热丝通电加热，测得的温度送微型计算机后可以存储和显示。

16.2.2　光传感器

光传感器可将光的有无或亮度等光信息变换为电信号。光传感器主要由光敏元件组成，分为环境光传感器、红外光传感器、太阳光传感器、紫外光传感器四类，主要应用在改变车身和智能照明系统等领域。由于现代光测技术日趋成熟，且具有精度高、便于微机接口实现自动实时处理等优点，所以已经广泛应用在电气量和非电气量的测量中。

太阳光传感器可识别水平、垂直各 360°太阳所在的位置，可识别阴天、多云天、半阴天、晴天、晚上及白天。

太阳能自动跟踪控制器原理简图如图 16－6 所示，采用四只光敏传感器 B1、B2、B3、B4 结合其他电路构成的两个光控比较器来控制电机的正反转，使太阳能接收器自动跟踪太阳转动。为了能根据环境光线的强弱自动进行补偿，将 B1 和 B3 安装在控制电路外壳的一侧，B2 和 B4 安装在控制电路外壳的另一侧。当 B1、B2、B3 和 B4 同时受到环境自然光线的作用时，太阳能接收器不转动；当只有 B1 和 B3 受到太阳光照射时，电机正转，太阳能接收器正向旋转面向太阳；当只有 B2 和 B4 受到太阳光照射时，电机反转，太阳能接收器反向旋转面向太阳。

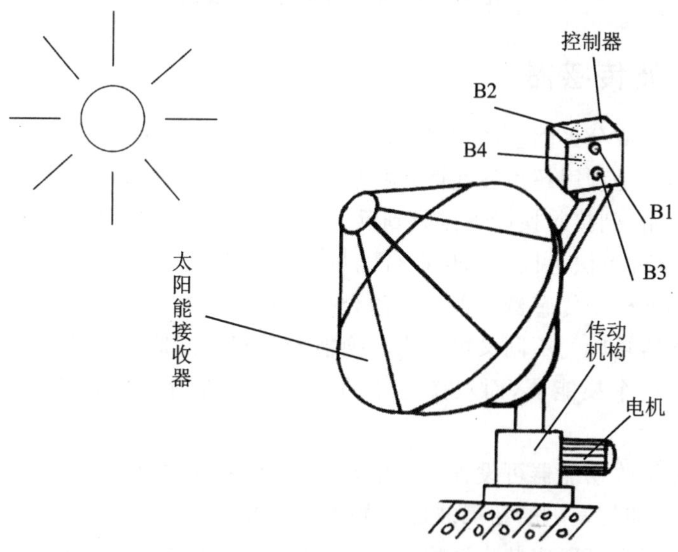

图 16－6　太阳能自动跟踪控制器原理简图

16.2.3　磁传感器

磁传感器是检测磁性的传感器，这种传感器有两类：① 利用磁铁的磁吸力作用，如簧片开关；② 将由电流流过电线或线圈形成的磁场变换为电气量，如霍尔元件。

因为磁传感器能以非接触形式检测，所以可用于无触点开关、车用发动机等的车速传感器、物体位置检测器等。磁簧开关也称簧片开关，由于磁铁的接近而将接点（由导磁体材料加工而成）吸到闭合位置。图 16－7 所示是铁路常用的数字式轨道控制簧片开关的实例。线路上设置簧片开关，当装有磁铁的列车在上面通过时，以簧片开关的开、闭来检测列车是否通过。

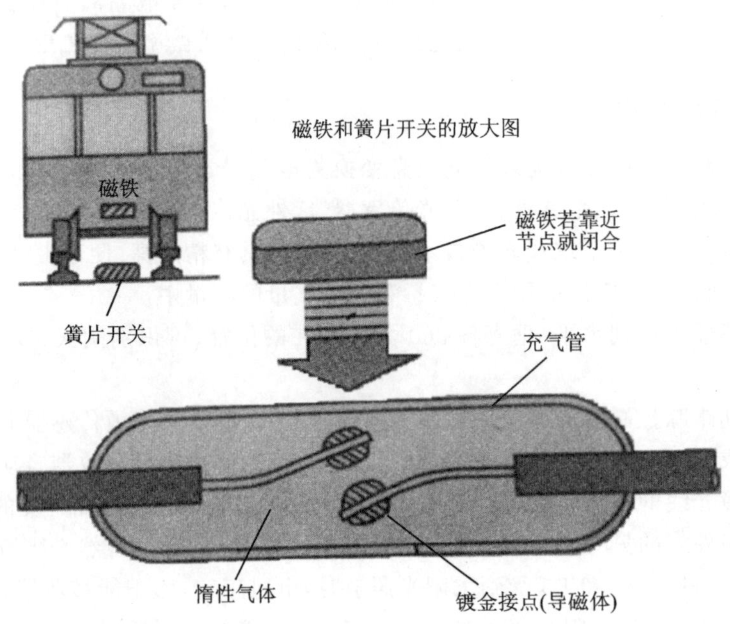

图 16-7　簧片开关的应用实例

16.2.4　超声波传感器

超声波碰到杂质或分界面会产生显著反射形成反射回波，碰到活动物体能产生多普勒效应。超声物位传感器是利用超声波在两种物质分界面上的反射特性制成的。如果从发射换能器发射超声脉冲开始，到接收换能器接收到反射回波为止的这个时间间隔已知，就可以求出分界面的位置，利用这种方法可以对物位进行测量。

超声物位传感器根据传感器放置位置的介质不同可分为气介式、液介式和固介式三类，根据发射和接收换能器功能的不同又可分为单换能器和双换能器。单换能器的传感器在发射和接收超声波时使用一个换能器，而双换能器的传感器在发射和接收超声波时各使用一个换能器。

超声波发射和接收换能器可设置在水中，让超声波在液体中传播。由于超声波在液体中的衰减比较小，所以即使发出的超声波脉冲幅度较小也可以传播，如图 16-8(a)所示。超声波发射和接收换能器也可以安装在液面的上方，让超声波在空气中传播，如图 16-8(b)所示，这种方式虽然便于安装和维修，但由于超声波在空气中的衰减比较厉害，因此用于液位变化比较大的场合时必须采取相应措施。

16.2.5　应变传感器

应变传感器是基于测量物体受力变形所产生的应变的一种传感器。电阻应变片是应变传感器最常采用的一种传感元件，它能将机械构件上应变的变化转换为电阻的变化。电子秤应变测量原理如图 16-9 所示。

秤盘上的苹果给悬臂梁一个作用力，悬臂梁变形，导致应变片变形，则应变片电阻发生变化，经电桥电路转变为输出电压的变化，并送微型计算机，经微型计算机进行计算和处理后，得

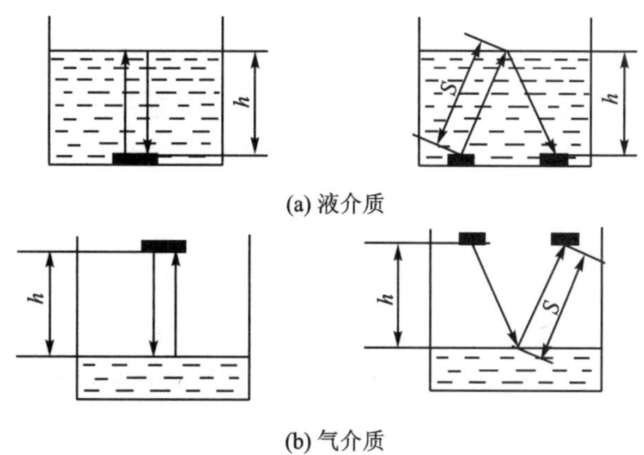

图 16－8 超声波测距原理示意图

到苹果的质量，测得的质量可送显示器显示，也可将质量值进行存储。图 16－10 所示为电子秤实物图。

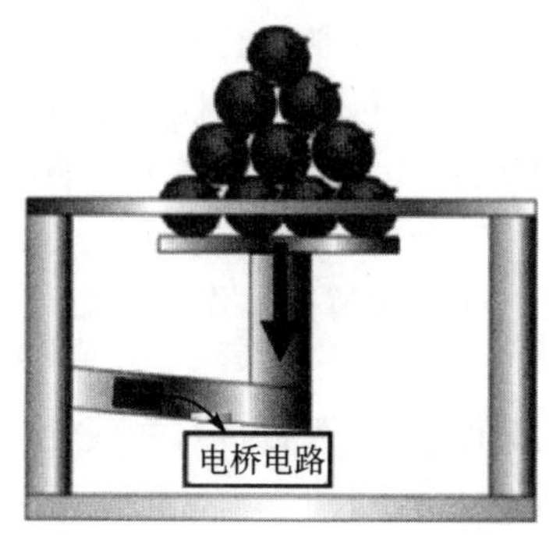

图 16－9 电子秤应变测量原理

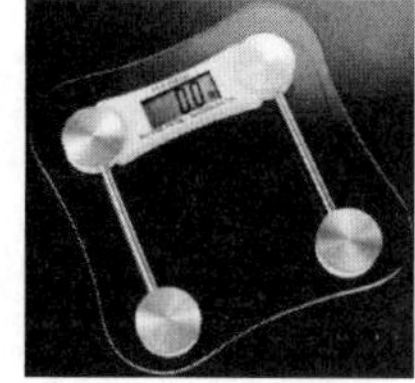

图 16－10 电子秤实物图

16.2.6 智能传感器

智能传感器(intelligent sensor 或 smart sensor)自 20 世纪 70 年代初出现以来，随着微处理器技术的迅猛发展及测控系统自动化、智能化的发展，越来越要求传感器的准确度高、可靠性高、稳定性好，而且要具备一定的数据处理能力，并能够自检、自校、自补偿。近年来，随着微处理器技术、信息技术、检测技术和控制技术的迅速发展，对传感器提出了更高的要求，不仅要具有传统的检测功能，而且要具有存储、判断和信息处理功能，这就促使传统传感器产生了一个质的飞跃，由此诞生了智能传感器。所谓智能传感器，就是一种带有微处理器的，兼有信息检测、信号处理、信息记忆、逻辑思维与判断功能的传感器，即智能传感器就是将传统的传感器、微处理器及相关电路集成一体的结构。

1. 智能传感器的功能

智能传感器是具有判断能力、学习能力和创造能力的传感器。智能传感器具有以下功能：

① 具有自校准功能。操作者输入零值或某一标准值后，自校准软件可以自动地对传感器进行在线校准。

② 具有自补偿功能。智能传感器在工作中可以通过软件对传感器的非线性、温度漂移、响应时间等进行自动补偿。

③ 具有自诊断功能。智能传感器在接通电源后,可以对传感器进行自检,检查各部分是否正常。在内部出现操作问题时,能够立即通知系统,通过输出信号表明传感器发生故障,并可诊断发生故障的部件。

④ 具有数据处理功能。智能传感器可以根据内部的程序自动处理数据,如进行统计处理、剔除异常数值等。

⑤ 具有双向通信功能。智能传感器的微处理器与传感器之间构成闭环,微处理器不但接收、处理传感器的数据,而且还可以将信息反馈至传感器,对测量过程进行调节和控制。

⑥ 具有信息存储和记忆功能。

⑦ 具有数字信号输出功能。由于智能传感器输出数字信号,可以很方便地和计算机或接口总线相连。

2. 智能传感器的特点

与传统的传感器相比,智能传感器主要有以下特点:

① 利用微处理器不仅能提高传感器的线性度,而且能够对各种特性进行补偿。微型计算机将传感元件特性的函数及其参数记录在存储器上,利用这些数据可进行线性度及各种特性的补偿。即使传感元件的输入/输出特性是非线性关系也没关系,只要传感元件具有良好的重复性和稳定性。

② 提高了测量可靠性。测量数据可以存取,使用方便。对异常情况可作出应急处理,如报警或故障显示。

③ 测量精度高。对测量值可以进行各种零点自校准和满度校正,可以进行非线性误差补偿等多项新技术,因此测量精度及分辨率都得到了大幅度提高。

④ 灵敏度高。可进行微小信号的测量。

⑤ 具有数字通信接口。能与微型计算机直接连接,相互交换信息。

⑥ 多功能。能进行多种参数、多功能测量,这是新型智能传感器的一大特色。

⑦ 超小型化,微型化,微功耗。随着微电子技术的迅速推广,智能传感器正朝着短、小、轻、薄的方向发展,以满足航空、航天及国际尖端技术领域的需要,并且为开发便携式、袖珍式检测系统创造了有利条件。

练习思考题

16-1 请举几个生活中及工作中传感器应用的实例。

16-2 传感器一般包括哪几个组成部分?

16-3 传感器一般是怎么分类的?

16-4 传感器的发展趋势是什么?

16-5 智能传感器与非智能传感器的本质区别是什么?

16-6 智能传感器的功能和特点有哪些?

第 17 章　机电控制技术

17.1　机电控制概述

在机电一体化系统中，控制系统是其核心，而控制器又是所有控制系统的核心，它将来自各传感器的检测信息和外部输入命令进行集中、存储、分析、加工，根据信息处理结果，按照一定的程序和节奏发出相应的指令，控制整个系统有条不紊地运行。

根据机电控制系统的控制特点，可将机电控制系统分为模拟式机电控制系统和微机控制系统（基于计算机控制的机电控制系统）。不同的机电一体化系统中控制器的工程实现方式也是不同的。模拟式机电控制系统中的控制器一般是由运算放大器和以分立元件为基本单元构成的模拟电路，其优点是实时性好，构成简单，成本低，开发难度小；缺点是灵活性差，温漂大，不易实现复杂控制规律，不易监督系统异常状态等。微机控制系统中的控制器一般由微处理器、数控装置及逻辑电路等构成，并通过软件算法和接口电路实现，其优点是精度高，响应快，灵活性强，数据处理能力强，易于实现复杂控制算法，以及能够监督系统异常状态并及时处理等；缺点是成本较高，设计和开发一般需要专门的开发工具和环境，重现连续信号过程时有信息丢失，采样保持器会产生滞后问题，以及设计方法复杂等。

本章主要介绍微控制技术中的 PLC、单片机控制技术的特点及应用。

17.2　PLC 控制技术

17.2.1　PLC 控制系统概述

PLC（Programmable Logic Controller，可编程逻辑控制器），是专为工业生产设计的一种数字运算操作的电子装置，它采用一类可编程的存储器，在其内部存储，执行逻辑运算、顺序控制、定时、计数与算术操作等面向用户的指令，并通过数字或模拟式输入/输出来控制各种类型的机械或生产过程，是工业控制的核心部分。图 17－1 所示是两个 PLC 的实物图。

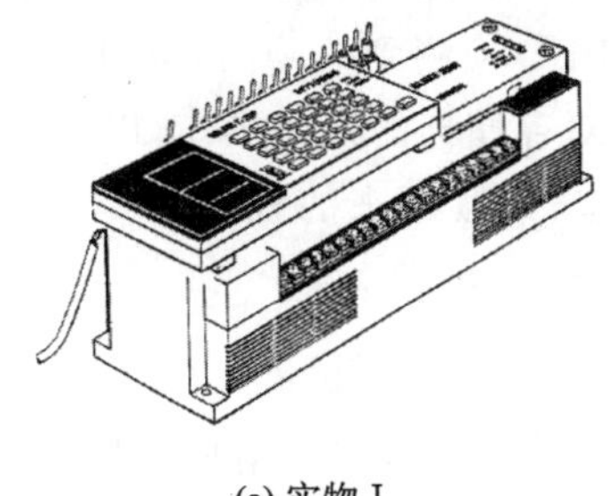

(a) 实物Ⅰ

(b) 实物Ⅱ

图 17－1　PLC 实物图

自20世纪60年代美国推出用PLC取代传统继电器控制装置以来,PLC就得到了快速发展,并在世界各地得到广泛应用。同时,PLC的功能也在不断完善。随着计算机技术、信号处理技术、控制技术、网络技术的不断发展和用户需求的不断提高,PLC在开关量处理的基础上增加了模拟量处理和运动控制等功能。今天的PLC不再局限于逻辑控制方面的应用,在运动控制、过程控制等领域也发挥着十分重要的作用。

17.2.2 PLC的主要特点

1. 抗干扰能力强,可靠性极高

工业生产对电器控制设备可靠性的要求非常高,需具有很强的抗干扰能力,能在很恶劣的环境下(如温度高、湿度大、金属粉尘多、距离高压设备近、有较强的高频电磁干扰等)长期连续可靠地工作,MTBF (Mean Time Between Failures,平均无故障时间)长,故障修复时间短,能适应工业现场的恶劣环境。可以说,没有任何一种工业控制设备能够达到PLC的可靠性。在PLC的设计和制造过程中,采取了精选元器件及多层次抗干扰等措施,使PLC的MTBF通常在10万小时以上,有些PLC的MTBF可以达到几十万小时以上,如三菱公司的F1、F2系列的MTBF可达到30万小时,有些高档的MTBF还要高得多,这是其他电气设备根本做不到的。

绝大多数的用户将可靠性作为选取控制装置的首要条件,PLC在硬件和软件方面均采取了一系列的抗干扰措施,具体如下:

① 硬件方面,首先选用优质器件,采用合理的系统结构,加固、简化安装,使它能抗振动冲击。对印刷电路板的设计、加工及焊接都采取了极为严格的工艺措施。对于工业生产过程中最常见的瞬间干扰,采取的措施主要是隔离和滤波技术。PLC的输入和输出电路一般都用光电耦合器传递信号,做到电浮空,使CPU与外部电路完全切断电的联系,有效地抑制了外部干扰对PLC的影响。在PLC的电源电路和I/O接口中,还设置了多种滤波电路,除了采用常规的模拟滤波器(如LC滤波和n型滤波)外,还加上了数字滤波,消除和抑制高频干扰信号,消弱各种模板之间的相互干扰。用集成电压调整器对微处理器的+5 V电源进行调整,以适应交流电网的波动和过电压、欠电压的影响。在PLC内部还采用了电磁屏蔽措施,对电源变压器、CPU、存储器、编程器等主要部件采用导电、导磁良好的材料进行屏蔽,以防外界干扰。

② 软件方面,PLC采取了很多特殊措施,设置了WDT(Watching Dog Timer,警戒时钟),系统运行时对WDT定时刷新,一旦程序出现死循环,就可以重新启动并发出报警信号。设置故障检测及诊断程序后,将检测系统硬件是否正常,用户程序是否正常,然后自动地做出相应的处理,如报警、封锁输出、保护数据等。当PLC检测到故障时,立即将现场信息存于存储器中,系统软件将配合对存储器进行封闭,禁止对存储器的任何操作,以防存储信息被破坏。检测到外界环境正常后,恢复到故障发生前的状态,继续原来的程序工作。PLC特有的循环扫描工作方式有效地屏蔽了绝大多数的干扰信号。

2. 编程方便

PLC应用面向的是工业企业中一般电气工程计算人员,它采用易于理解和掌握的梯形图语言,以及面向工业控制的简单指令。梯形图语言继承了传统继电器控制线路的表达形式(如线圈、触点、动合、动断),考虑到工业企业中电气技术人员的看图习惯和微机应用水平,PLC

采用梯形图语言编程，形象、直观，简单、易学。小型 PLC 不需专门的计算机知识，只需几天甚至几小时的培训，便可掌握编程方法。

3. 使用方便

由于产品系列化和模板化，并且配有品种齐全的各种软件，因此用户可灵活组合成各种规模和不同要求的控制系统，在 PLC 构成的控制系统中，只需在 PLC 的端子上接入相应的输入/输出信号，不需诸如继电器之类的固体电子器件和大量繁杂的硬件接线电路。当生产工艺流程需改变、生产线设备需更新、系统控制需改变、控制系统的功能需变更时，一般不需改变或很少改变 I/O 通道的外部接线，只需改变存储器中的控制程序。PLC 的输入/输出端子可直接与 AC 220 V、DC 24 V 等强电相连，有较强的带负载能力。

在 PLC 运行过程中，PLC 的面板上（或显示器上）可显示生产过程中用户感兴趣的各种状态和数据，使操作人员做到心中有数，在出现故障甚至发生故障时，能及时处理。

4. 维护方便

PLC 的控制程序可通过编程器输入到 PLC 的用户程序存储器中。编程器可对 PLC 控制程序进行写入、读出、检测和修改，可对 PLC 的工作进行监控，使得 PLC 的操作及维护都很方便。PLC 有很强的自诊断能力，可随时检查出自身的故障，并显示给操作人员。当 PLC 主机或外部的输入装置及执行机构发生故障时，操作人员能迅速检查、判断故障原因，确定故障位置，并采取迅速有效的措施。如果是 PLC 本身的故障，则在维修时只需更换插入式模板或其他易损件即可。

5. 设计、施工、调试周期短

用 PLC 完成一项控制工程时，硬、软件齐全，设计和施工可同时进行，用软件编程取代继电器硬接线实现控制功能，使得控制柜的设计及安装接线工作量大为减少，缩短了施工周期。同时，用户程序大都可以在实验室模拟调试，调试好后再将 PLC 控制系统在生产现场进行联机统调，使得调试更加方便、快捷、安全，大大缩短了设计和投运周期。

6. 易于实现机电一体化

PLC 的结构紧凑，体积小，质量小，可靠性高，抗振防潮和耐热能力强，使之易于安装在机器设备内部，制造出机电一体化产品。随着集成电路制造水平的不断提高，PLC 的体积将进一步缩小，功能进一步增强，与机械设备有机地结合起来，在 CNC(Computer Numerical Nontrol，计算机数字控制)和机器人的应用中必将更加普遍。以 PLC 作为控制器的 CNC 设备和机器人装置将成为典型的机电一体化产品。

17.2.3 PLC 的分类

PLC 有多种形式，其功能也不尽相同，一般按以下原则进行分类。

1. 按 I/O 点数分类

按 PLC 的输入、输出点数的多少可将 PLC 分为以下三类：

(1) 小型机

小型 PLC 的功能一般以开关量控制为主，其输入/输出总点数一般在 256 点以下，用户程序存储器容量在 4 KB 左右。现在的高性能小型 PLC 还具有一定的通信能力和少量的模拟量处理能力。小型PLC的特点是价格低廉,体积小巧,适合于控制单台设备和开发机电一体化产品。

(2) 中型机

中型PLC的输入/输出总点数在256～2 048点,用户程序存储器容量达到8 KB左右。中型PLC不仅具有开关量和模拟量的控制功能,而且还具有更强的数字计算能力;另外,它的通信功能和模拟量处理功能更强大。中型机比小型机指令更丰富,其适用于更复杂的逻辑控制系统以及连续生产线的过程控制系统。

(3) 大型机

大型PLC输入/输出总点数在2 048点以上,用户程序储存器容量达到16 KB以上。大型PLC的性能已经与工业控制计算机相当,它具有计算、控制和调节能力,还具有强大的网络结构和通信联网能力,有些PLC还具有冗余能力。它的监视系统采用CRT(Cathode Ray Tube,阴极射线管)显示器,能够表示过程的动态流程,记录各种曲线、PID调节参数等;而且它还配备多种智能板,构成多功能系统。这种系统还可以和其他型号的控制器互联,和上位机相连,组成一个集中分散的生产过程和产品质量控制系统。大型PLC适用于设备自动化控制、过程自动化控制和过程监控系统。

2. 按结构形式分类

根据PLC结构形式的不同,PLC主要分为整体式和模块式两类。

(1) 整体式结构

整体式结构的特点是将PLC的基本部件,如CPU板、输入板、输出板、电源板等紧凑的安装在一个标准的机壳内,构成一个整体,组成PLC的一个基本单元(主机)或扩展单元。基本单元上设有扩展端口,通过扩展电缆与扩展单元相连,配有许多专用的特殊功能模块,如模拟量输入/输出模块、热电偶、热电阻模块、通信模块等,以构成PLC不同的配置。

(2) 模块式结构

模块式结构的PLC是由一些模块单元构成的,这些标准模块如CPU模块、输入模块、输出模块、电源模块和各种功能模块等,使用时将这些模块插在框架和基板上即可。各个模块的功能是独立的,外型尺寸是统一的,可根据需要灵活配置。目前,大、中型PLC都采用这种方式。

3. 按功能分类

根据PLC所具有的功能不同,可将PLC分为低档、中档和高档三类,具体如下:

(1) 低档PLC

低档PLC具有逻辑运算、定时、计数、移位以及自诊断、监控等基本功能,还可有少量模拟量输入/输出、算术运算、数据传送和比较、通信等功能,主要用于逻辑控制、顺序控制或少量模拟量控制的单机控制系统。

(2) 中档PLC

中档PLC除具有低档PLC的功能外,还具有较强的模拟量输入/输出、算术运算、数据传送和比较、数制转换、远程I/O、子程序、通信联网等功能,有些还可增设中断控制、PID控制等功能,适用于复杂控制系统。

(3) 高档PLC

高档PLC除具有中档PLC的功能外,还增加了带符号算术运算、矩阵运算、位逻辑运算、

平方根运算及其他特殊功能函数的运算、制表及表格传送功能等。高档 PLC 具有更强的通信联网功能，可用于大规模过程控制或构成分布式网络控制系统，实现工厂自动化。

目前，PLC 在国内外已广泛应用于钢铁、石油、化工、电力、建材、机械制造、汽车、轻纺、交通运输、环保及文化娱乐等各个行业，使用情况主要分为如下几类：

① 开关量逻辑控制。取代传统的继电器电路，实现逻辑控制、顺序控制，既可用于单台设备的控制，也可用于多机群控及自动化流水线，如注塑机、印刷机、订书机械、组合机床、磨床、包装生产线、电镀流水线等。

② 工业过程控制。在工业生产过程中存在一些如温度、压力、流量、液位和速度等连续变化的量（模拟量），此时，PLC 采用相应的 A/D 和 D/A 转换模块及各种各样的控制算法程序来处理模拟量，完成闭环控制。PID 调节是一般闭环控制系统中用得较多的一种调节方法。过程控制在冶金、化工、热处理、锅炉控制等场合有非常广泛的应用。

③ 运动控制。PLC 可以用于圆周运动或直线运动的控制。一般使用专用的运动控制模块，如可驱动步进电机或伺服电机的单轴或多轴位置控制模块，广泛用于各种机械、机床、机器人、电梯等场合。

④ 数据处理。PLC 具有数学运算（含矩阵运算、函数运算、逻辑运算）、数据传送、数据转换、排序、查表、位操作等功能，可以完成数据的采集、分析及处理。数据处理一般用于如造纸、冶金、食品工业中的一些大型控制系统。

⑤ 通信及联网。PLC 通信含 PLC 间的通信及 PLC 与其他智能设备间的通信。随着工厂自动化网络的发展，现在的 PLC 都具有通信接口，通信非常方便。

17.3　单片机控制技术

17.3.1　概　述

单片机又称单片微控制器，它不是用于完成某一个逻辑功能，而是把一个计算机系统集成到一个芯片上。单片机其实就是集成在芯片上的微型计算机，与计算机相比，单片机缺少显示器和键盘等输入/输出设备。图 17－2 所示为微型计算机的几种形式，图 17－2(a)所示是常见的台式个人计算机，图 17－2(b)所示是常见的笔记本，图 17－2(c)和图 17－2(d)所示是单片微型计算机，即单片机，分别采用了不同的芯片封装形式。

(a) 台式个人计算机

(b) 笔记本

(c) DIP封装单片机

(d) QFP封装单片机

图 17－2　微型计算机的几种形式

单片机在工业控制领域应用广泛，从 20 世纪 80 年代，由当时的 4 位、8 位单片机，发展到现在的32位300 MHz的高速单片机。

17.3.2 单片机的主要特点

单片机是集成电路技术与微型计算机技术高速发展的产物,单片机控制系统,在机电一体化技术中发挥着越来越重要的作用。在这种集机械、微电子和计算机技术为一体的综合技术(如机器人技术)中,单片机控制系统发挥着非常重要的作用。单片机控制系统主要有以下特点:

1. 低电压和低功耗

随着超大规模集成电路的发展,NMOS(N-Metal Oxide Semiconductor,N型金属氧化物半导体)工艺单片机被CMOS(Complementary Metal Oxide Semiconductor,互补金属氧化物半导体)代替,并开始向HMOS(High performance Metal Oxide Semiconductor,高性能金属氧化物半导体)过渡,单片机的供电电压由5 V降到3 V、2 V,甚至1 V,工作电流由毫安级降至微安级,这大大降低了单片机的功耗。一粒纽扣电池就能使单片机长期工作,这在便携式产品中大有用武之地。

2. 集成度高,体积小,可靠性高

由于单片机将各功能部件集成在一块芯片上,集成度很高,所以体积自然就小。单片机芯片本身是按工业测控环境要求设计的,内部布线很短,所以其抗工业噪声性能优于一般的通用CPU。单片机程序指令、常数及表格等固化在ROM中不易破坏,许多信号通道均在一个芯片内,故可靠性高。

3. 面向控制

单片机指令系统中有丰富的转移指令、微操作指令、I/O口的逻辑操作指令,能满足机电一体化系统控制的要求。单片机嵌入式系统的应用是面对底层的电子技术应用,从简单玩具、小家电,到复杂的工业控制系统、智能仪表、电器控制,再发展到机器人、个人通信终端、机顶盒等。因此,面对不同的应用对象,不断推出适合不同领域要求的、从简易性能到多全功能的单片机系列。

4. 优异的性价比

单片机的性能极高,为了提高速度和运行效率,其已开始使用RISC(Reduced Instruction Set Computer,精简指令系统)流水线和DSP(Digital Signal Processing,数字信号处理)等技术。单片机的寻址能力也已突破64 KB的限制,有的已可达到1 MB和16 MB,片内的ROM容量可达到62 MB,RAM容量可达到2 MB。由于单片机的使用广泛,因而销量极大;另外,由于各大公司的商业竞争使其价格十分低廉,故其性价比极高。

5. 种类多,功能全

单片机具有不同的种类,可以满足不同机电控制的需要。对于一般的机电控制,有一些通用的单片机;而对于特殊场合,则有特殊种类的单片机。例如,对于电动机控制,可以使用C2000系列的DSP;对于多媒体,可以使用OMAP系列的DSP。

6. 集成方便

由于单片机体积小、功能全且接口简单,这使得其与其他以数字技术为基础的系统或设备

具有很好的兼容性，便于大规模集成，从而更好地发挥其控制器的控制功能。

17.3.3　单片机的分类

单片机作为计算机发展的一个重要分支领域，根据目前发展的情况，可从不同的角度将其大致分为通用型/专用型、总线型/非总线型及工控型/家电型，具体如下：

(1) 通用型/专用型

这是按单片机的适用范围来区分的。例如，80C51 是通用型单片机，它不是为某种专门用途设计的；专用型单片机是针对某一类产品甚至某一个产品设计生产的，例如为了满足电子体温计的要求，在片内集成模/数转换(ADC)接口等功能的温度测量控制电路。

(2) 总线型/非总线型

这是按单片机是否提供并行总线来区分的。总线型单片机普遍设置有并行地址总线、数据总线、控制总线，这些引脚用以扩展并行外围器件。另外，许多单片机已把所需要的外围器件及外设接口集成在片内，因此，在许多情况下可以不要并行扩展总线，我们将这类单片机称为非总线型单片机。

(3) 工控型/家电型

这是按照单片机大致应用的领域进行区分的。一般而言，工控型单片机寻址范围大，运算能力强，而家电型单片机多为专用的，通常是小封装、低价格，外围器件和外设接口集成度高。显然，上述分类并不是唯一的和严格的。例如，80C51 类单片机既是通用型又是总线型，还可以用于工控。

另外，按单片机内部数据总线位数分，可分为 4 位、8 位、16 位和 32 位单片机，具体如下：

(1) 4 位单片机

4 位单片机结构简单、价格便宜，非常适合用于控制单一的小型电子类产品，如 PC 用的输入装置(鼠标、游戏杆)、电池充电器、遥控器、电子玩具、小家电等。

(2) 8 位单片机

8 位单片机是目前品种最为丰富、应用最为广泛的单片机。目前，8 位单片机主要分为 51 系列和非 51 系列单片机。51 系列单片机以其典型的结构、众多的逻辑位操作功能以及丰富的指令系统，堪称一代“名机”。

(3) 16 位单片机

16 位单片机在操作速度及数据吞吐能力上与 8 位单片机相比有较大提高。目前，应用较多的有 TI 公司的 MSP430 系列、凌阳公司的 SPCE061A 系列、Motorola 公司的 68HC16 系列、Intel 公司的 MCS－96/196 系列等。

(4) 32 位单片机

32 位单片机主要由 ARM 公司研制，因此，提及 32 位单片机，一般均指 ARM 单片机。严格来说，ARM 不是单片机，而是一种 32 位处理器内核。实际中使用的 ARM 芯片有很多型号，常见的 ARM 芯片主要有飞利浦公司的 LPC2000 系列、三星公司的 S3C/S3F/S3P 系列等。

32 位单片机与 51 单片机相比，其运行速度和功能大幅提高，随着技术的发展及价格的下降，市场占有率将会与 8 位单片机并驾齐驱。单片机广泛应用于仪器仪表、家用电器、医用设备、航空航天、专用设备的智能化管理及过程控制等领域，大致可分为如下几个范畴：

① 智能仪器。单片机具有体积小、功耗低、控制功能强、扩展灵活、微型化和使用方便等优点,故广泛应用于仪器仪表中,其可结合不同类型的传感器,实现诸如电压、电流、功率、频率、湿度、温度、流量、速度、厚度、角度、长度、硬度、元素、压力等物理量的测量。采用单片机控制使得仪器仪表数字化、智能化、微型化,且其功能比采用电子或数字电路更加强大,如精密的测量设备(电压表、功率计、示波器以及各种分析仪)。

② 工业控制。用单片机可以构成型式多样的控制系统、数据采集系统、通信系统、信号检测系统、无线感知系统、测控系统、机器人等应用控制系统,例如,工厂流水线的智能化管理、电梯智能化控制、各种报警系统、与计算机联网构成的二级控制系统等。

③ 家用电器。家用电器广泛采用了单片机控制,从电饭煲、洗衣机、电冰箱、空调机、彩电,到音响视频设备,再到电子称量设备等。

④ 网络和通信。现代单片机普遍具备通信接口,可以很方便地与计算机进行数据通信,为在计算机网络和通信设备间的应用提供了极好的物质条件。从手机、电话机、小型程控交换机、楼宇自动通信呼叫系统、列车无线通信,到日常工作中随处可见的移动电话、集群移动通信、无线电对讲机等,基本上都实现了单片机智能控制。

⑤ 医用设备领域。单片机在医用设备中的用途也相当广泛,例如医用呼吸机、各种分析仪、监护仪、超声诊断设备及病床呼叫系统等。

⑥ 汽车电子。单片机在汽车电子中的应用非常广泛,例如汽车中的发动机控制器、基于CAN总线的汽车发动机智能电子控制器、GPS导航系统、ABS防抱死系统、制动系统、胎压检测等。

此外,单片机在工商、金融、科研、教育、电力、通信、物流和国防航空航天等领域都有着十分广泛的应用。

练习思考题

17-1 PLC的主要特点有哪些?

17-2 PLC的主要用途有哪些?

17-3 PLC按I/O点数分,可分为哪些类?各有什么特点?

17-4 PLC按功能分,可分为哪些类?各有什么特点?

17-5 什么是单片机?

17-6 单片机控制的主要特点有哪些?

17-7 按单片机内部数据总线位数分,可分为哪几类?各有什么特点?

17-8 单片机的主要用途有哪些?

第 18 章 数控加工技术

18.1 数控机床的组成及工作原理

18.1.1 数控与数控机床的概念

数控是数字控制的简称，数控技术是利用数字化信息对机械运动及加工过程进行控制的一种方法。早期的数控系统是由硬件电路构成的，英文为 Numerical Control(NC)，其缺点很明显，即对生产需求变化的适应能力很差，也就是制造柔性不足。20 世纪 70 年代以后，硬件电路元件逐步被计算机代替而称为计算机数控系统。采用专用计算机(工控机)实现数控设备动作以及控制工作过程。工控机(Industrial Personal Computer，IPC)主要在恶劣的环境下使用，对产品的易维护性、散热、防尘、防电磁干扰，甚至尺寸方面都有着严格的要求，并且配有接口电路。因此，现在数控的英文表示一般都是 CNC(Computerized Numerical Control)，很少再用 NC 这个概念了。

在数控机床领域，数控技术主要是通过计算机以及数字化技术来实现机床运转的，以达到加工的智能化以及自动化的目的。数控机床就是用数字化信号对机床的运动及其加工过程进行控制的机床，或者说是装备了数控系统的机床，其概念的提出与计算机紧密相关。1946 年诞生了世界上第一台电子计算机，1948 年，美国帕森斯公司就提出应用计算机控制机床加工的设想，并与麻省理工学院合作进行研制工作，1952 年试制成功第一台三坐标立式数控铣床。

数控加工是指在数控机床上进行零件加工的一种工艺方法，用数字信息控制零件和刀具位移来进行机械加工。

18.1.2 数控机床的组成

数控机床一般由机床本体、IPC 数控装置、输入/输出设备、CNC 装置(或称 CNC 单元)、伺服单元、驱动装置(或称执行机构)、PLC、电气控制装置、辅助装置以及测量反馈装置组成。数控机床组成如图 18-1 所示。

1. 机床本体

数控机床的机床本体与传统机床相似，由机械部分(包括主轴传动装置、进给传动装置、床身、工作台)和辅助装置部分(包括刀库与换刀装置、液压或气动系统、润滑系统、冷却装置、夹紧装置等)组成。但是，数控机床为了满足性能要求以及充分发挥性能特点，其在布局、外观、传动系统、刀具系统、操作机构等方面都做了较大的改变。

2. CNC 单元

CNC 单元由信息的输入、处理和输出三部分组成，是数控机床的核心部分。CNC 单元接收数字化信息，经计算处理后，将各种指令信息输出到伺服系统，伺服系统驱动执行部件做相

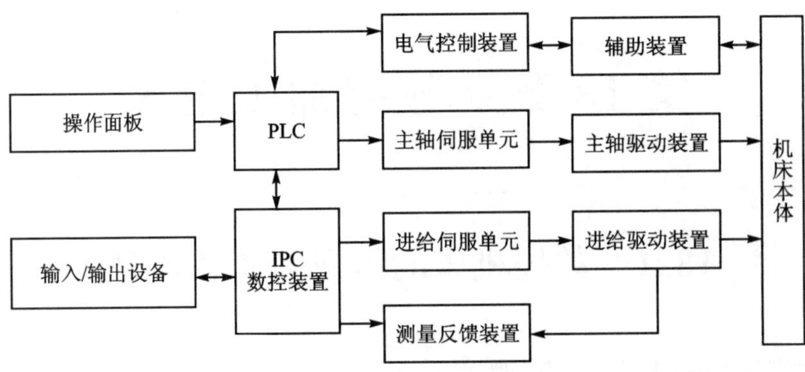

图 18-1　数控机床组成示意图

应运动。

3. 输入/输出设备

输入设备将各种加工程序等信息传递给计算机。加工程序信息初期采用穿孔纸带输入，然后发展到盒式磁带输入，再发展到键盘、磁盘输入。随着计算机技术的发展，目前基本采用网络通信、串行通信的方式输入。

输出设备主要用于将各种信息和数据提供给操作人员，以便操作人员及时了解控制过程的情况。常用的输出设备有打印机、记录仪、显示器等。

4. 伺服单元和驱动装置

伺服单元由驱动器、驱动电机组成，并且其与机床上的执行部件和机械传动部件一起组成数控机床的进给系统，将来自数控装置的脉冲信号转换成机床移动部件的运动。数控机床的性能主要取决于伺服系统。驱动装置有步进电机、直流伺服电机和交流伺服电机等。伺服单元和驱动装置可合称为伺服驱动系统，它是机床工作的动力装置，伺服单元的指令要靠伺服驱动系统来实现。

5. PLC

CNC 和 PLC 互相配合，共同完成对数控机床的控制。

6. 测量反馈装置

测量反馈装置也称测量反馈元件，其包括光栅、旋转编码器、激光测距仪、磁栅等，通常安装在机床的工作台、轴或丝杠上，主要作用是把机床工作台的实际位移转变成电信号反馈给 CNC 装置，不断地与设定值比较，得到差值，然后进行误差修补，达到闭环或半闭环控制的目的。

18.1.3　数控机床的工作原理

数控机床将加工零件的几何信息和工艺信息进行数字化处理，在加工前，由操作人员对所有的操作步骤，如主轴的转速、工件的夹紧或松开、刀具的选择、相对工件的移动路径、进给速度等用规定的代码和格式编制成加工程序，也就是用数字代码来模拟实现加工的全过程，然后将数字信息送入数控系统的计算机中，由计算机进行运算处理，通过驱动电路由伺服单元控制机床各坐标移动若干个最小位移量，实现刀具与工件的相对运动，完成自动加工。对于不同的

零件，我们选择好合适的数控机床后，原则上只需要向数控系统输入不同的加工程序，而不需要对机床进行人工调整及直接参与操作，就可以自动地完成整个加工过程。数控机床的工作原理如图 18－2 所示。

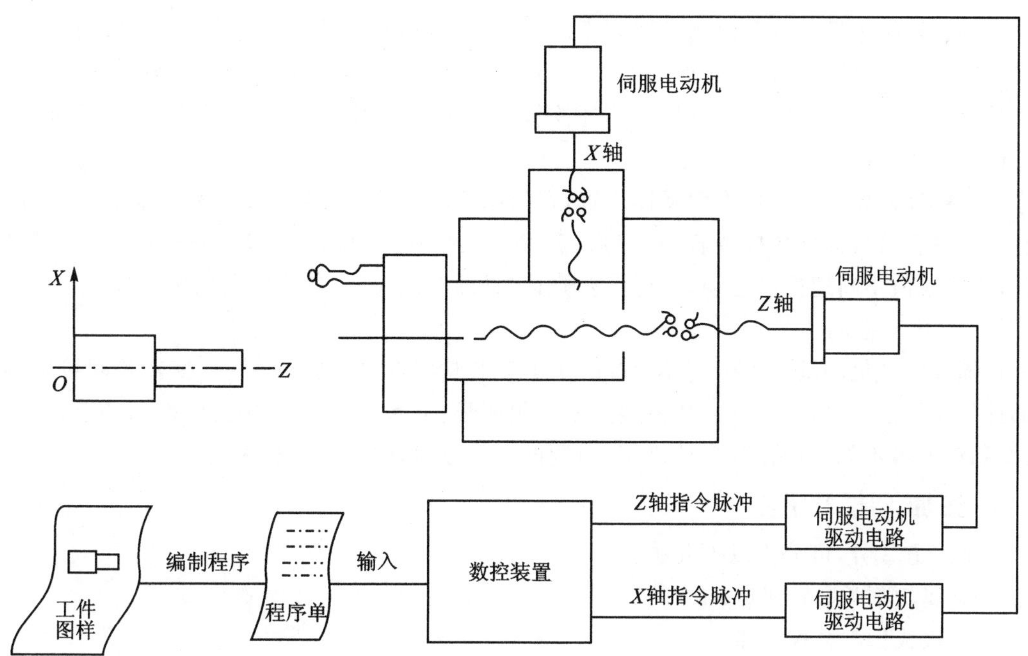

图 18－2　数控机床的工作原理

18.1.4　数控机床分类

数控机床种类繁多，常见的有数控车床、数控铣床、加工中心（具有刀库的数控铣）、数控磨床、数控钻床、数控电火花成型机床、数控线切割机床等，一般可以采用下面三种方法对其进行分类。

1. 按加工路线分类

(1) 点位控制数控机床

点位控制数控机床只控制从一点到另一点位置的精确定位，不控制移动轨迹，在坐标运动过程中不切削，如数控钻床、数控坐标镗床、数控冲床等。

(2) 直线控制数控机床

除了控制点与点之间的准确位置外，还要保证移动轨迹为一直线，一般是沿平行坐标轴方向，并且对移动速度也要进行控制，也称点位直线控制，如简单数控车床、数控铣床、数控磨床等。现在机床数控装置的控制功能均由软件实现，从直线控制到轮廓控制基本不会带来成本的增加，故目前这种单纯的直线控制机床已很少见。

(3) 轮廓控制数控机床

轮廓控制数控机床是对两个或两个以上坐标轴同时进行控制，不仅要控制机床移动部件的起点与终点坐标，还要控制整个加工过程的每一点的速度、方向和位移量，所以也被称为连续控制数控机床。例如，常用的数控车床、数控铣床、数控磨床、数控火焰切割机、电火花加工机床等。

2. 按控制方式分类

(1) 开环控制

这类数控机床没有位置检测反馈装置,通常将步进电机作为执行机构。步进电机转过一个步距角,通过机械传动机构转换为工作台的直线移动,移动速度和位移量实际由脉冲的频率和个数决定。精度主要取决于电机。开环控制结构简单,工作稳定,调试方便,价格低廉。

(2) 闭环控制

这类数控机床带有位置检测反馈装置,在机床移动部件上直接安装直线位移检测元件,并将测量结果直接反馈到数控装置中,然后与 CNC 装置中的插补器发出的位置指令信号进行比较,用比较值不断地控制运动,进行误差修补,直到差值为零,最终实现精确定位。

(3) 半闭环控制

在伺服电动机的轴或机床传动丝杠端头上安装检测元件,通过测量丝杠转角间接检测移动部件的实际位移,然后反馈到数控装置中。很明显,此系统内不包括机械传动环节,稳定性好,控制精度虽不如闭环控制数控机床,但调试比较方便,因而被广泛采用。

3. 按加工方式分类

按加工方式分,可分为以下几类:

① 金属切削类数控机床;

② 金属成型类数控机床;

③ 数控特种加工机床;

④ 其他类型的数控机床。

18.1.5 数控加工的特点与应用

与传统加工比较,数控加工有以下特点:

① 适应性强,高柔性。数控机床能实现多轴联动,加工形状复杂的零件,并且不同的 NC 程序能实现不同零件的加工。

② 加工质量稳定。刀具的运动轨迹、进给速度、对刀等由程序设定后交计算机控制,保证了零件加工后的一致性,且质量稳定。

③ 效率高。一般数控机床的主轴转速及进给范围比普通机床大;数控机床的效率生产可达到普通机床的三倍,甚至更高;时间利用率可达 90%,而普通机床仅为 30%~50%。

④ 精度高。数控机床有较高的加工精度,一般在 0.005~0.1 mm。数控机床普遍采用闭环或半闭环控制,而且可以进行自动误差补偿,其定位精度、重复定位精度、加工精度均高于普通机床。

⑤ 减轻劳动强度。数控机床在设定好加工程序后自动连续加工,极大简化了工人的操作,使得劳动强度大大降低。

⑥ 其他。还能实现复杂曲面的加工,利于生产管理现代化等。

正因为具备这些优势,所以人类从 1949 年就开始研究数控技术,这给传统制造业带来了革命性的变化,使制造业成为工业化的象征。随着数控技术的发展和应用领域的扩大,对国防、汽车、航空航天、医疗、IT 等几乎所有现代行业的发展都起着不可替代的作用。在工业高度发达的

一些国家，如日本、美国、德国，据 2016 年的统计，其机械产品产量数控化率为 60%～70%，产值数控化率为 80%～90%。我国自 1958 年起开始研究数控机床技术，并在"六五计划"期间开始引进技术，建立国产化体系。经过几十年的发展，现在我国已基本掌握现代数控技术，包括数控系统、伺服驱动、数控主机及配套件的基础技术，其中大部分已具备进行商品化开发，部分技术已经商品化、产业化，比较有名的有广州数控、北京凯恩帝、武汉华中等，但对比外国还是存在一定差距的，一方面体现在精确度、稳定性、高速算法、可靠性等，另一方面体现在与设计软件的无缝对接。据 2013 年的统计，我国主要行业的大中型企业的关键工序的数控化率已超过 50%。

18.2　数控编程基础

18.2.1　坐标系

数控机床的每个进给轴都定义为坐标系中的一个坐标轴，进给包括直线进给和圆进给。数控机床坐标系统的标准：右手笛卡儿坐标系统，见图 18－3，采取刀具相对于静止工件运动的原则，将增大刀具与工件距离的方向定为各坐标轴的正方向。

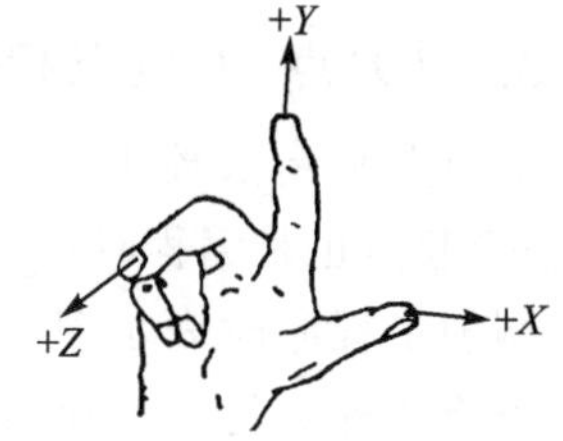

图 18－3　右手笛卡儿坐标系

1. 坐标轴的确定

Z 坐标(首先确定)，与主轴轴线平行，取增加刀具和工件之间距离的方向为正方向。*X* 坐标(其次确定)，平行于工件装夹面，工件旋转的机床取刀具离开回转中心的方向为正方向。对于刀具旋转的机床，当视线正对刀具向立柱看时，取右边为正方向(对于刀具旋转的双立柱机床，视线正对刀具向左立柱看)。*Y* 坐标轴，在确定了 *X* 和 *Z* 坐标轴后，可根据 *X* 和 *Z* 坐标轴的正方向，按照右手笛卡儿坐标系来确定 *Y* 坐标轴及其正方向。

2. 机床坐标系与工件坐标系

刀具或工件的运动总是基于某一坐标系，所以弄清楚机床坐标系和工件坐标系的概念及相互关系是至关重要的。

(1) 机床坐标系

机床原点也称为机床零点，即机床坐标系的原点，是指机床上的固有点，机床调试完成后便确定了，是数控机床进行加工运动的基准参考点。例如，数控车床的机床原点一般设在卡盘端面与主轴中心线的交点上。数控铣床的原点一般设在 *X*、*Y*、*Z* 坐标的正方向极限位置上。以机床原点为坐标系原点的坐标系，是机床固有的坐标系，它具有唯一性，一般不作为编程坐标系，仅作为工件坐标系的参考坐标系，如图 18－4 所示。

(2) 工件坐标系

工件原点，即为方便编程在零件、工装夹具上选定的某一点。工件坐标系，以工件原点为零点建立的一个坐标系，编程时，所有的尺寸都基于此坐标系计算，即编程的原点。工件坐标系如图 18－5 所示。

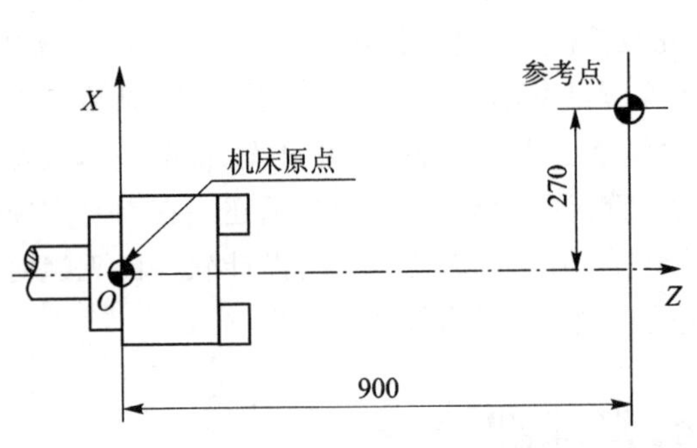

图 18-4 机床坐标系

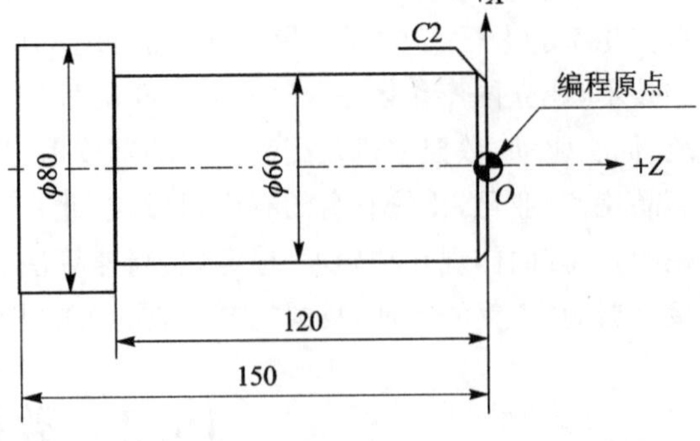

图 18-5 工件坐标系

3. 对刀点、刀位点和换刀点

对刀点是指数控加工时,刀具相对工件运动的起点,这个起点也是编程时程序的坐标起点。刀位点是指在编制加工程序时表示刀具位置的特征点。刀位点与对刀点重合称为对刀。换刀点则是指刀架转位换刀时的位置。常见刀具刀位点如图 18-6 所示。

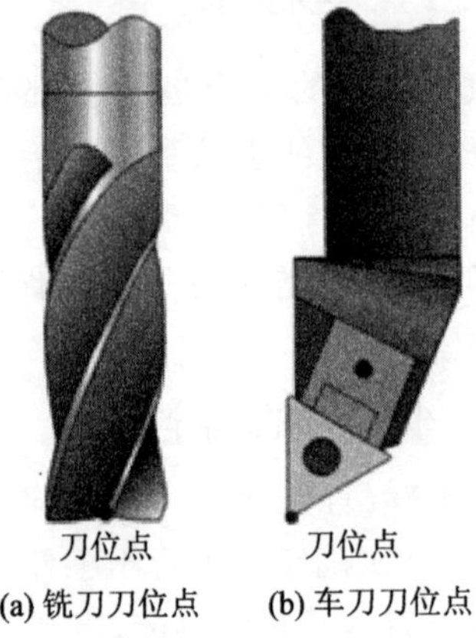

图 18-6 常见刀具刀位点

18.2.2 数控加工程序的组成

数控加工程序的编制与数控系统有关,目前使用较多的有 FANUC 系统(发那科)、SIEMENS 系统(西门子)、Mitsubishi 系统(三菱)等,国内品牌则有华中数控和广州数控。

数控加工程序由程序开始部分(程序号)、若干个程序段、程序结束部分组成。其中,一个程序段由程序段号和若干个程序字组成,一个程序字又由地址符和数字组成。下面是 FANUC 系统的一段小程序示例:

程序	说明
O1002	程序开始,字母 O 为程序号地址,1002 为程序的编号
N1 G90 G92 X0 Y0 Z0;	程序段 1
N2 G42 G01 X-60.0 Y10.0 D01 F200;	程序段 2
N3 G02 X40.0 R50.0;	程序段 3
N4 G00 G40 X0 Y0;	程序段 4
N5 M02;	程序结束

18.2.3 程序段的格式和组成

下面的程序段是 FANUC 系统较常见的一段指令:

```
N03   G90   G01 X50 Y60 F200   S400   M03 M08;
```

其中,N03:程序段号;G90 G01:G 指令;X50 Y60:尺寸指令;F200:进给指令;S400:主轴转速

指令;M03 M08:M 指令;“;”:程序段结束符。

注:程序段的长短是可变的。

上述指令功能详见表 18-1。

表 18-1 部分指令功能说明

指 令	功 能
G90	程序中的编程尺寸在某个坐标系下按其绝对坐标给定
G01	直线插补
X50 Y60 F200	按程序段中规定的合成进给速度 f,使刀具相对于工件按直线方式(由前面 G01 指令设定),由当前位置移动到程序段中规定的位置。当前位置是直线的起点,程序段中指定的坐标值为终点坐标(X=50,Y=60)
F200	若系统选择的是公制单位,则表示进给速度为 150 mm/min
S400	表示主轴转速为 400 r/min
M03	主轴正转
M08	液状切削液开

不同的数控系统,其指令也不同,编程时一定要参考相关的说明书。

数控加工程序的编制方法有手工编程、计算机辅助编程、自动编程。其中,手工编程一般用于点位加工或几何形状不太复杂的零件,程序不长,计算简单,该方式既经济又及时,但对于复杂零件的编程就很烦琐,且容易出错。计算机辅助编程是指利用计算机辅助技术完成数控加工程序的编制,而编程人员主要完成工艺分析制定等工作,不用或较少参与数据处理、编写程序等复杂工作。专门用于编写零件加工程序的计算机语言是 APT(Automatically Programmed Tool)。自动编程则是根据计算机显示器上所显示的零件三维模型,通过人机交互的方式指定加工表面以及选择刀具和工艺参数,软件自动生成零件的数控加工程序。自动编程建立在 CAD/CAM 系统基础上,它是目前使用的最广泛的数控加工程序编制方法。常见的软件有 UG、PRO/E、CATIA 和 MasterCAM。

练习思考题

18-1 数控机床按控制方式可分为哪几类?分别简述其特点。

18-2 解释加工精度和分度精度的概念。

18-3 解释定位精度和重复定位精度的概念。

18-4 解释分辨率与脉冲当量的概念。

18-5 数控机床的可控轴数与联动轴数有何不同?

18-6 简述数控系统中坐标轴的确定方法。

18-7 简述机床坐标系和工件坐标系的不同。

18-8 什么叫对刀?什么是换刀时间?

第 19 章　机器人技术

虽然机器人问世已有几十年,但到现在都还没有一个统一的定义。一个原因是机器人还在发展,另一个原因主要是机器人涉及了人的概念,所以这已成为一个难以回答的哲学问题。也许正是由于机器人定义的模糊,才给了人们充分的想象和创造空间。美国机器人协会(RIA):一种用于移动各种材料、零件、工具或专用装置的,通过程序动作来执行各种任务的,并具有编程能力的多功能操作机(manipulator)。美国国家标准局:一种能够进行编程,并在自动控制下完成某些操作和移动作业任务或动作的机械装置。1987 年,国际标准化组织(ISO)对工业机器人的定义是:工业机器人是一种具有自动控制的操作和移动功能,能完成各种作业的可编程操作机。日本工业标准局:一种机械装置,在自动控制下,能够完成某些操作或者动作功能。英国简明牛津字典:貌似人的自动机,具有智力的和顺从于人的但不具有人格的机器。我国科学家对机器人的定义是:机器人是一种自动化的机器,这种机器具备一些与人或生物相似的智能能力,如感知能力、规划能力、动作能力和协同能力,是一种具有高度灵活性的自动化机器。尽管各国定义不同,但基本上都指明了作为"机器人"所具有的共同点:其是一种自动机械装置,可以在无人参与下,自动完成多种操作或动作功能,即具有通用性;可以再编程,程序流程可变,即具有柔性(适应性)。

随着科学技术的进步,机器人技术得到了很大的发展,并且越来越多的应用到实际中。目前,机器人技术应用非常广泛,上至宇宙开发,下到海洋探索,可以说,机器人正慢慢地出现在我们工作、学习和生活的方方面面,起着为人类服务的重要作用。

图 19-1 所示为 4 种常见的机器人形态。

(a) 跳舞机器人　(b) 喷涂机器人　(c) 乐高履带机器人　(d) 玉兔号月球车

图 19-1　4 种常见的机器人形态

19.1　工业机器人概述

19.1.1　工业机器人的概念

工业机器人是面向工业领域的多关节机械手或多自由度的机器装置,它能自动执行工作,

是靠自身动力和控制能力来实现各种功能的一种机器；它可以接受人类的指挥，也可以按照预先编制的程序运行；现代工业机器人还可以根据人工智能技术制定的原则纲领行动。

19.1.2　工业机器人的特点

自 20 世纪 60 年代初第一代机器人在美国问世以来，工业机器人的研制和应用就有了飞速的发展。工业机器人最显著的特点有以下几个：

1. 可编程

生产自动化的进一步发展是柔性自动化。工业机器人可随其工作环境变化的需要再编程，因此，它在小批量、多品种，具有均衡高效率的柔性制造过程中能发挥很好的功用，是柔性制造系统(FMS)中的一个重要组成部分。

2. 拟人化

工业机器人在机械结构上有类似人的行走、腰转、大臂、小臂、手腕、手爪等部分，在控制上有计算机。此外，智能化工业机器人还有许多类似人类的“生物传感器”，如皮肤型接触传感器、力传感器、负载传感器、视觉传感器、声觉传感器、语言功能等，传感器提高了工业机器人对周围环境的自适应能力。

3. 通用性

除了专门设计的专用工业机器人外，一般工业机器人在执行不同的作业任务时都具有较好的通用性。比如，更换工业机器人手部末端操作器(手爪、工具等)便可执行不同的作业任务。

4. 机电一体化

工业机器人技术涉及的学科相当广泛，归纳起来即是机械学和微电子学的结合——机电一体化技术。第三代智能机器人不仅具有获取外部环境信息的各种传感器，而且还具有记忆能力、语言理解能力、图像识别能力、推理判断能力等人工智能，这些都和微电子技术的应用，特别是计算机技术的应用密切相关。因此，机器人技术的发展必将带动其他技术的发展，同时，机器人技术的发展和应用水平也可以验证一个国家科学技术和工业技术的发展及水平。

19.1.3　工业机器人技术的特点

当今工业机器人技术正逐渐向着具有行走能力、多种感知能力、较强的对作业环境的自适应能力的方向发展。当前，对全球机器人技术发展最有影响的国家是美国和日本，其中，美国在工业机器人技术的综合研究水平上仍处于领先地位，而日本生产的工业机器人在数量、种类方面则居世界首位。工业机器人技术具有以下几个特点：

1. 技术先进

工业机器人集精密化、柔性化、智能化、软件应用开发等先进制造技术于一体，通过对过程实施检测、控制、优化、调度、管理和决策，实现增加产量、提高质量、降低成本、减少资源消耗和环境污染的目标，是工业自动化水平的最高体现。

2. 技术升级

工业机器人与自动化成套装备具有精细制造、精细加工以及柔性生产等技术特点，是继动力机械、计算机之后,出现的全面延伸人的体力和智力的新一代生产工具,是实现生产数字化、自动化、网络化以及智能化的重要手段。

3. 应用领域广泛

工业机器人与自动化成套装备是生产过程的关键设备,可用于制造、安装、检测、物流等生产环节,并广泛应用于汽车整车及汽车零部件、工程机械、轨道交通、低压电器、电力、IC 装备、军工、烟草、金融、医药、冶金及印刷出版等众多行业,应用领域非常广泛。

4. 技术综合性强

工业机器人与自动化成套技术集中并融合了多项学科,涉及多项技术领域,包括工业机器人控制技术、机器人动力学及仿真、机器人构建有限元分析、激光加工技术、模块化程序设计、智能测量、建模加工一体化、工厂自动化以及精细物流等先进制造技术,技术综合性强。

19.1.4 工业机器人的组成

通常来讲,按照机器人各个部件的作用,工业机器人一般由 3 个部分、6 个子系统组成,如图 19-2(a)和图 19-2(b)所示。其中,这 3 个部分分别是机械本体、控制器和感受器;6 个子系统分别是驱动系统、机械结构系统、感受系统、机器人-环境交互系统、人-机交互系统和控制系统。

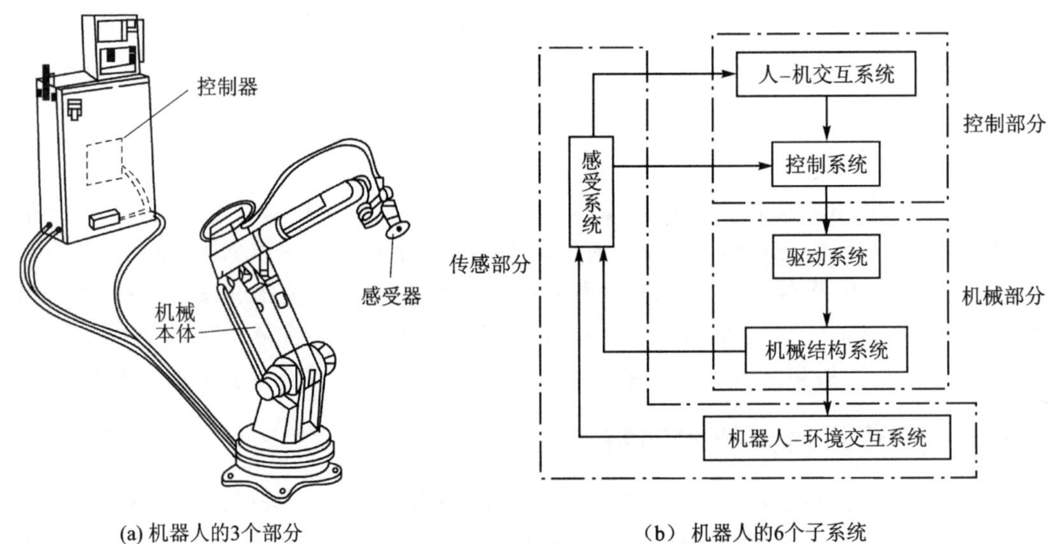

图 19-2 机器人的组成

1. 驱动系统

驱动系统给各个关节(每个运动自由度)安装驱动及传动装置,让机器人运行起来。其作用是提供机器人各部位、各关节动作的原动力。

根据驱动源的不同,驱动系统可分为电动、液压和气动 3 种。驱动系统可以与机械系统直接相连,也可通过同步带、链条、齿轮、谐波传动装置等与机械系统间接相连。

2. 机械结构系统

机械结构系统又称为机械本体或操作机,是机器人的主要承载体,它由一系列连杆、关节

等组成。机械结构系统通常包括机身、手臂、关节和末端执行器，具有多个自由度，如图 19 - 3 所示。

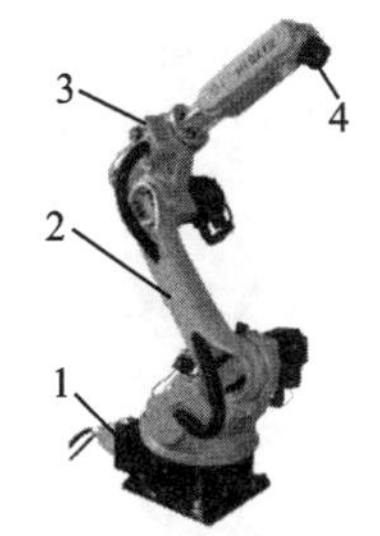

1—机身；2—手臂；3—关节；4—末端执行器

图 19 - 3　机器人的机械本体

3. 感受系统

感受系统通常由内部传感器模块和外部传感器模块组成，用于获取内部和外部环境中有意义的信息。智能传感器的使用提高了机器人的机动性、适应性和智能化。人类的感受系统对外部世界信息的感知是极其灵巧的，但是，对于一些特殊的信息，传感器比人类的感受系统却更有效率。

4. 机器人-环境交互系统

机器人-环境交互系统是实现机器人与外部环境中的设备相互联系和协调的系统。工业机器人往往与外部设备集成为一个功能单元，如加工制造单元、焊接单元、装配单元等；工业机器人也可以是多台机器人、多台机床或设备、多个零件装置等集成的一个能执行复杂任务的功能单元。

5. 人-机交互系统

人-机交互系统是人与机器人进行联系以及参与机器人控制的装置，如计算机的标准终端、指令控制台、信息显示板及危险信号报警器等。该系统归纳起来实际上就是两大类，即指令给定装置和信息显示装置。

6. 控制系统

控制系统的任务就是根据机器人的作业指令程序及从传感器反馈回来的信号，来控制机器人的执行机构去完成规定的动作。若机器人不具备信息反馈特征，则该控制系统为开环控制系统；若具备信息反馈特征，则该控制系统为闭环控制系统。控制系统根据控制原理可分为程序控制系统、适应性控制系统和人工智能控制系统。控制系统根据控制运动的形式可分为点位控制系统和连续轨迹控制系统。

19.2　工业机器人的应用

随着工业机器人发展的深度、广度和机器人智能水平的提高，工业机器人已在众多领域得到应用。目前，工业机器人已广泛应用于汽车制造业、机械加工行业、电子电气行业、橡胶及塑料工业、食品工业、木材与家具制造业等领域。在工业生产中，移动机器人、弧焊机器人、点焊机器人、分配机器人、装配机器人、喷漆机器人及搬运机器人等工业机器人都已被大量应用。

1. 移动机器人

移动机器人(AGV)是工业机器人的一种类型，它由计算机控制，具有移动、自动导航、多传感器控制、网络交互等功能，它可广泛应用于机械、电子、纺织、卷烟、医疗、食品、造纸等行业的柔性搬运、传输等，也可用于自动化立体仓库、柔性加工系统、柔性装配系统(以 AGV 作为活动装配平台)；同时可在车站、机场、邮局的物品分拣中作为运输工具。物流技术电子化是国际物流技术发展的新趋势之一，而移动机器人是其中的核心技术和设备，是用现代物流技术配合、支撑、改造、提升传统生产线,实现点对点自动存取的高架箱储、作业和搬运相结合,实现精细化、柔性化、信息化,缩短物流流程,降低物料损耗,减少占地面积,降低建设投资等的高新技术和装备。

三种移动机器人如图 19-4 所示。

(a) 履带移动机器人

(b) 搬运机器人

(c) 物流搬运机器人

图 19-4　三种移动机器人

2. 点焊机器人

点焊机器人具有性能稳定、工作空间大、运动速度快和负荷能力强等特点,焊接质量明显优于人工焊接,大大提高了点焊作业的生产率。

点焊机器人主要用于汽车整车的焊接工作,生产过程由各大汽车主机厂负责完成。国际工业机器人企业凭借与各大汽车企业的长期合作关系,向各大型汽车生产企业提供各类点焊机器人单元产品,并以焊接机器人与整车生产线配套的形式进入中国,在该领域占据市场主导地位。

随着汽车工业的发展,焊接生产线要求焊钳一体化,质量越来越大,165 kg 点焊机器人是当前汽车焊接中最常用的一种机器人。2008 年 9 月,机器人研究所研制完成国内首台 165 kg 级点焊机器人,并成功应用于奇瑞汽车焊接车间。2009 年 9 月,经过优化和性能提升的第二台机器人完成并顺利通过验收,该机器人整体技术指标已经达到国外同类机器人水平。点焊机器人如图 19-5 所示。

图 19-5　点焊机器人

3. 搬运机器人

搬运机器人是近代自动控制领域出现的一项高新技术,涉及力学、机械学、电气液压气动技术、自动控制技术、传感器技术、单片机技术和计算机技术等学科领域,已成为现代机械制造生产体系中的一项重要组成部分。它的优点是:可以通过编程完成各种预期的任务,在自身结构和性能上有了人和机器的各自优势,尤其体现出了人工智能和适应性。

搬运机器人的优点有:

① 动作稳定,提高搬运准确性。

② 提高生产效率,解放繁重的体力劳动,实现“无人”或“少人”生产。

③ 改善工人劳作条件,摆脱有毒、有害环境。

④ 柔性高、适应性强，可实现多形状、不规则物料搬运。

⑤ 定位准确，保证批量一致性。

⑥ 降低制造成本，提高生产效益。

(1) 成品搬运机器人工作站

成品搬运机器人的任务是将打捆好的成品包从装运小车上搬下来，然后放到传送带上去，如图 19－6(a)所示。

(2) 码垛机器人

码垛机器人是能将不同外形尺寸的包装货物，整齐、自动地码(拆)在托盘上的机器人，所以也称为托盘码垛机器人，如图 19－6(b)所示。为充分利用托盘的面积和保证码堆物料的稳定性，码垛机器人具有物料码垛顺序排列设定器。通过自动更换工具，码垛机器人可以适应不同的产品，并能够在恶劣环境下工作。

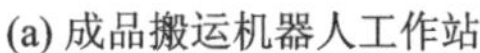

(a) 成品搬运机器人工作站

(b) 码垛机器人

图 19－6　两种搬运机器人

码垛机器人对各种形状的产品(箱、罐、包或板材类等)均可作业，还能根据用户要求进行拆垛作业。

练习思考题

19－1　工业机器人有哪些特点?

19－2　工业机器人的技术特点有哪些?

19－3　简述工业机器人的组成。

19－4　按工业机器人的驱动方式分有哪几类？各类的特点是什么?

19－5　按工业机器人的坐标系统分有哪几类？各类的特点是什么?

19－6　搬运机器人的优点有哪些?

19－7　简述工业机器人的未来发展趋势。

第六篇　金属切削加工工艺规程及经济分析

第20章　概　述

20.1　工艺过程

20.1.1　生产过程

原材料或半成品转变成为成品的全部劳动过程的总和称为生产过程。产品的生产过程包括：

① 准备部分：包括产品的市场调研，设计，试验，工艺确定，工艺装备、专用机床的设计与制造，各种生产资料的准备及生产组织等。

② 制造部分：包括毛坯制造，如铸造、锻造、焊接等；零件的机械加工与热处理，如车、钻、刨、铣、磨、淬火、调质等；产品的装配等。

③ 销售和服务部分：各种生产服务活动的安排，半成品的运输保管，产品的检验、试车、油漆、包装等。

无论是从人员组织、设备购置，还是从生产安排等方面来看，在社会化大生产的今天，由单一的工厂来完成整个产品的设计、制造、加工、销售、服务的全过程是很难做到的。为提高劳动生产率，取得良好的经济效益，企业间一般采取动态联盟方式，进行异地协同制造或设计，把一种产品的生产任务分散到许多工厂加工。例如，每部 iPhone 有超过来自 200 多个供应商的零部件，包括三星的内存芯片、高通的基带、索尼的相机、蓝思科技的玻璃等。苹果公司订购零部件，然后再交给其组装工厂，例如富士康公司。复杂产品如此，很多单一的零件也是如此，如中南某钢铁公司的轧辊由山西锻造加工，在武汉东西湖某机械厂切削加工，在武汉某热处理公司热处理，然后在湖南组装成生产线。因此，一个工厂现在面对的可能不是某个产品，而是产品的某些或某道工序。

由原材料制造成本厂成品的全部劳动过程的总和称为工厂的生产过程。对于车间、班组

也同样可以如此定其生产过程。

20.1.2　工　艺

工艺是指劳动者利用各类生产工具对各种原材料、半成品进行加工或处理，最终使之成为成品的方法与过程。

制定工艺的原则是：技术上的先进性和经济上的合理性。不同的工厂因设备、工人等因素的不同，制定的工艺也可能是不同的，甚至同一个工厂在不同时期的工艺也可能不同，但都能取得比较好的效果。可见，就某一产品而言，工艺并不唯一，没有绝对的好坏之分。这种不确定性和不唯一性，类似艺术，因此有人将工艺解释为“做工的艺术”。不同的工艺方法可以使产品的成本和质量相差极大。

在产品制造环节，工艺过程包括毛坯制造（如铸造、锻造、焊接）、机械加工（有切削加工、无切削加工）、热处理和装配等。在工艺过程中，利用机械加工的方法直接改变毛坯形状、毛坯尺寸以及表面质量，使之成为合格零件的过程称为切削加工工艺过程。切削加工工艺过程属于机器生产过程中的重要组成部分，下面均简称其为工艺过程。

20.1.3　工艺过程的组成

机械加工工艺过程一般由一个或一系列顺序排列的工序组成，每一个工序又可依次细分为安装、工位、工步、走刀。毛坯经过各个工序加工后，变成成品零件。下面我们将分析一个典型零件螺钉的加工过程，如图 20-1 所示，分析中只考虑切削加工环节。

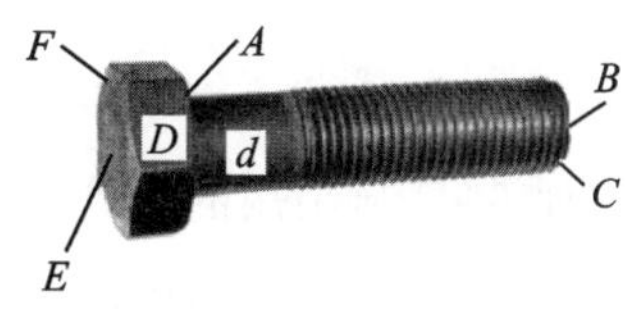

图 20-1　螺　钉

螺钉的切削加工需要考虑圆柱面加工、端面加工、倒角加工、螺纹加工以及六棱柱面加工，分别如图 20-1 中的 A、B、C、D、E、F、d 面以及螺纹部分。

整个加工应该是这样的：

第一步：车床加工，卡盘夹持左端，加工 A、B、C、d 及螺纹面；

第二步：卡盘夹持右端，加工 E、F 面；

第三步：钳工划线（画出六边形，否则加工中无法保证形状）；

第四步：铣床加工，加工六棱柱面。

整个过程涉及不同的机床、多个工作地点、多个工人、数次装夹，装夹后工件还会相对工作台处于不同位置，因此，我们定义了工序、安装、工位、工步、走刀的概念。

1. 工　序

由一个或一组工人，在一台机床或一个工作地点上，对一个或一组工件所连续完成的那部分工艺过程称为工序。图 20-1 所示螺钉分 3 道工序。

工序Ⅰ：车削加工（分析中的第一步和第二步均在同一车床由同一工人加工，为同一工序）；

工序Ⅱ：钳工划线（划六边形）；

工序Ⅲ：铣削加工（加工六棱柱面）。

工序是工艺过程的基本单元，也是生产计划、定额管理和经济核算的基本单元。根据加工余量大小及工序前后工件质量提高的程度，工序分为荒加工、粗加工、半精加工、精加工和光整加工等工序。为提高设备利用率，通常把同种工序集中安排在一起，形成粗加工阶段、半精加工阶段和精加工阶段。

2. 安装与工位

(1) 安　装

工件经一次装夹所完成的那一部分工序称为安装,图20-1所示螺钉的车削工序分2次安装,对应分析中的第一步和第二步。

第一次安装:如图20-2(a)所示,用三爪(四爪)卡盘夹持左端,加工 A、B、C、d 及螺纹面;

第二次安装:如图20-2(b)所示,用三爪(四爪)卡盘夹持右端,加工 E、F 面。

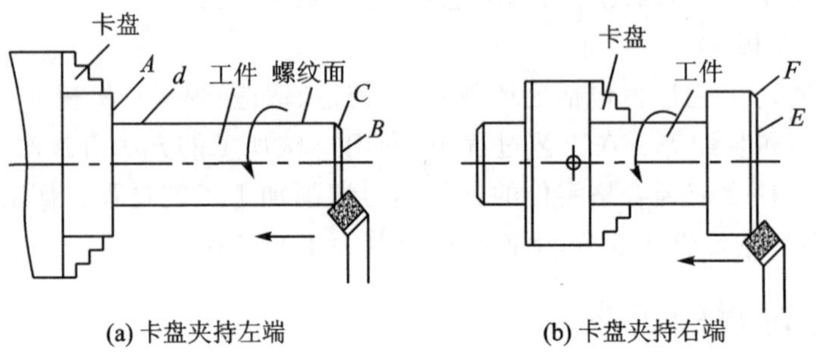

图 20-2　卡盘装夹工件

工件不同,所采用的夹具也不同;同一工序,工件可能安装一次,也可能安装几次,安装的次数越多,误差越大,而且越浪费时间。生产中为了减少安装误差,提高生产率,常采用回转工作台、回转夹具或移动夹具等,使工件在一次安装中能先后处于几个不同的位置进行加工。

(2) 工　位

工件在机床每一个加工位置上所完成的那一部分工艺过程称为工位。在大批量生产中,为了减少安装次数,常采用回转工作台、回转夹具或移动夹具,使工件在一次安装中先后处于几个不同的位置加工。如图20-3所示,利用回转工作台在一次安装中依次完成工件装卸、钻孔、扩孔、铰孔四个工位加工。

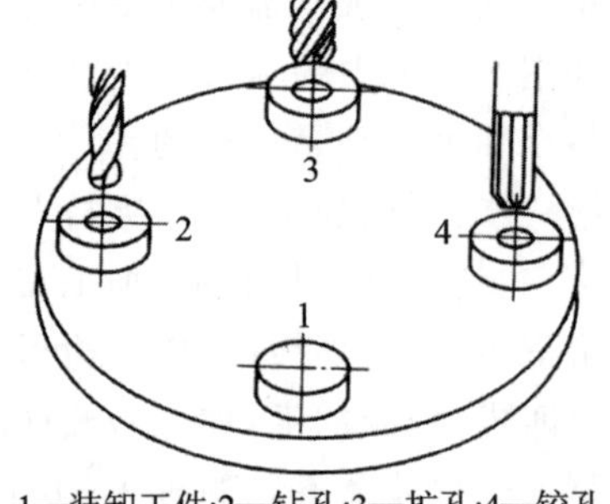

1—装卸工件;2—钻孔;3—扩孔;4—铰孔

图 20-3　多工位加工

3. 工步与走刀

(1) 工　步

工序可进一步划分为工步。当加工表面(或装配时的连接表面)、加工(或装配)工具和切削用量中的转速与进给量均不变时,所完成的那部分工序称为工步。一道工序包含一个或几个工步。例如,在上面螺钉加工过程中,车床加工 A、B、C、d、螺纹面、E、F 面均属于一道工序,但分属于不同的工步。

(2) 走　刀

在一个工步中,由于被加工零件表面切除的金属层厚度较大,可能必须分几次切削才能完成,每一次切削就是一次走刀。走刀是工步的一部分,一个工步包括一次或几次走刀。例如,要求较高的螺钉,上面加工过程中 d 面就可能采用两次走刀,第一次取大的切削深度,第二次取小的切削深度,保证加工精度和表面粗糙度。

20.1.4　定位基准

1. 基准的概念

零件上用来确定其他点、线、面位置所依据的那些点、线、面统称为基准。基准按照其功用的不同，可划分为设计基准和工艺基准。设计基准用于产品或零件的设计图中，工艺基准用于机械制造工艺过程中。

(1) 设计基准

设计图样中所采用的基准称为设计基准，是为了保证其使用性能而确定的基准。

一般轴套类零件的轴线(中心线)为零件各外圆面及中心孔的设计基准。如图 20－4 所示，轴套的轴心线 $O-O$ 为外圆面 ϕ40、外圆面 ϕ30h6 及内孔 ϕ20 的设计基准；端面 A 为端面 B 和端面 C 的设计基准。

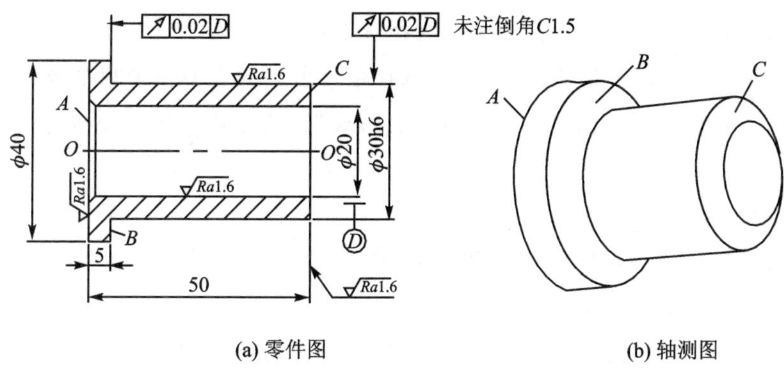

(a) 零件图　　(b) 轴测图

图 20－4　轴　套

很明显，轴套是轴对称图形，为保证性能要求对称性好，故在这个方向取对称中心线为设计基准。而 A 面为安装面，故取该面为此方向的设计基准。

(2) 工艺基准

零件在工艺过程中所采用的基准称为工艺基准。工艺基准按照用途不同，可以分为装配基准、度量基准和定位基准。

① 装配基准：装配时用来确定零件或部件在产品中正确位置所采用的基准称为装配基准。

② 度量基准：检测零件时，用来度量零件尺寸和形位公差所依据的基准称为度量基准。

③ 定位基准：加工中用作定位的基准称为定位基准。如图 20－4(a)所示，用内孔装在心轴上磨削 ϕ30h6 外圆表面时，内孔中心线 $O-O$ 为定位基准。

定位基准分为粗基准和精基准两种。粗基准(毛基准)是在第一道切削加工工序中所采用的基准。一般来说，第一道切削加工工序采用的是毛坯表面定位。粗基准只能使用一次，否则容易产生加工误差，影响后续工序的加工质量。所以在后续各工序中，必须使用已经切削过的表面作为定位基准，这种定位表面称为精基准。精基准又分为主要精基准和辅助精基准，各种基准关系如图 20－5 所示。

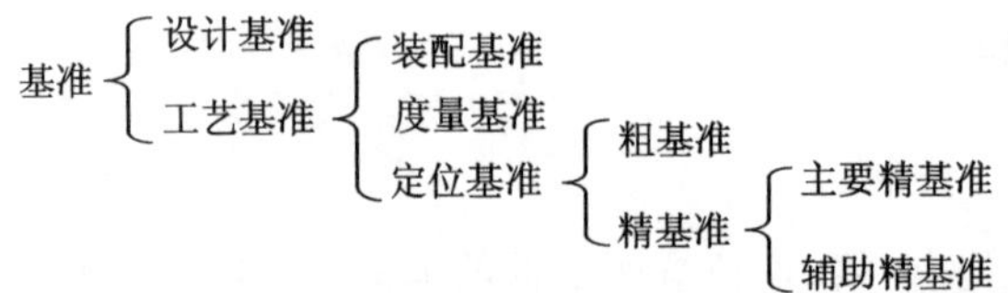

图20-5　各种基准的关系

2. 定位基准的选择

定位基准选择的是否合理,对确保产品质量、提高生产率、降低生产成本有直接的影响。

(1) 粗基准的选择

选择粗基准时,必须使所有加工表面都留有适当的加工余量,并且要保证零件上各加工表面对各非加工表面有一定的位置精度。选择原则如下:

① 优先选择不需要加工的零件表面作为粗基准;

② 在零件各表面均需要加工的情况下,选择余量最小的表面作为粗基准;

③ 尽量选择平整光滑,没有浇口、飞边等表面缺陷,且与其他加工表面之间偏移最小的表面作为粗基准。

(2) 精基准的选择

选择精基准时,先要确保定位精度和定位稳定可靠,其次要尽量减少因定位不妥而引起的加工误差。选择原则如下:

① 基准重合原则:尽量选择加工表面的设计基准作为精基准,减少零件加工或装配时,由于基准不重合造成的误差,实施"基准重合"原则。

② 基准统一原则:指从第二道工序开始,后续的工序尽量采用同一个精基准。"基准统一"原则能用同一组基面加工大多数表面,有利于减少误差,提高工件加工精度。比如,当轴类零件加工时,车削、磨削各外圆表面均采用轴两端顶尖孔作为定位基准,以保证各外圆表面同轴度及轴心线与端面的垂直度;齿轮齿坯和轮齿加工多采用齿轮内孔及基准端面作为定位基准。"基准统一"原则还能简化夹具及专用量具的设计制造工作,一方面使工件安装方便、测量可靠,另一方面缩短了生产技术准备周期。

③ 互为基准原则:反复加工各表面时,比如车削外圆与镗内孔、铣削上表面与下表面等,常使各表面互为定位基准。特别是在薄壁易变形零件的加工中,采用"互为基准"的原则反复加工,能使各表面之间达到高的位置精度。

④ 自为基准的原则:某些精加工和光整加工工序,比如铰孔、拉削成型孔、无心磨削、研磨、珩磨等,常采用"自为基准"原则,以加工表面本身作为定位基准。采用这种定位方式时,加工表面的形位精度要事先保证。

20.1.5　工件安装

工件安装包含定位和夹紧。为了在工件的某一部位上加工出符合技术要求规定的表面,切削加工之前,必须使工件在机床上相对于工具占据某一正确的位置,该过程称为工件的定

位。工件定位后，为确保工件位置在加工过程中不移动，还须以适当的夹紧力在正确的着力点上将工件夹牢，该过程称为夹紧。定位和夹紧都可能引起加工误差，工件安装是否稳固和迅速，将直接影响工件的加工质量、生产成本和生产率的高低。以下从生产类型、定位精度要求及毛坯情况等方面分析工件安装方法。

1. 直接找正

工件装在机床上后，由操作工人利用千分表或划针，采用目测法校正工件的正确位置，一边找正，一边校验，直至能确保定位精度的安装方法称为直接找正，如图 20－6 所示。如工件安装在四爪卡盘上，就是通过反复校验，找正工件内圆、外圆面来保证定位精度的。直接找正法的定位精度和效率取决于所找正表面的精确性、所用刀具及工人技术水平的高低。但这种安装方法生产率低，仅适用于单件、小批生产，或定位精度要求很高的加工。

2. 划线找正

在机床上用划针按毛坯或半成品上所划的线找正工件，使工件获得正确位置的方法称为划线找正，如图 20－7 所示。这种方法要增加一道划线工序，很费工时，定位精度和效率取决于划线精度、找正方法及工人技术水平，一般只能达到 0.2～0.5 mm。但通过划线可以控制、调整毛坯各加工表面的加工余量，使各加工表面和非加工表面之间位置偏差不至于过大。这种方法多用于生产批量小，毛坯精度偏低，形状复杂的大型铸、锻件等不宜使用夹具的粗加工中。

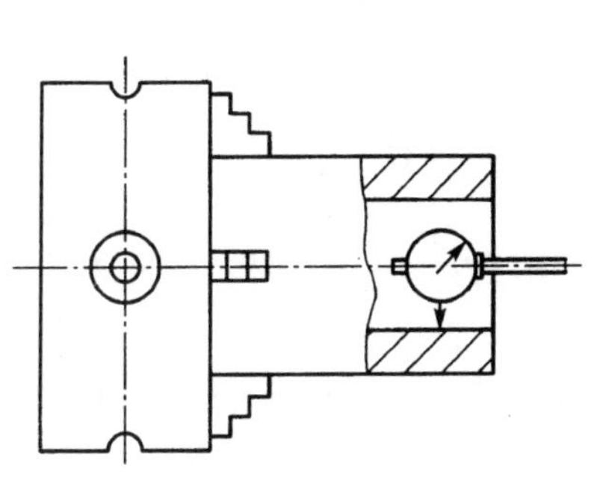

图 20－6　直接找正

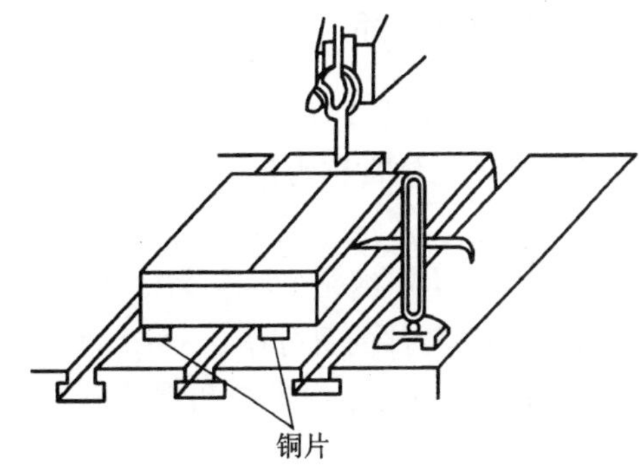

图 20－7　划线找正

3. 采用专用夹具安装

专用夹具根据一定零件某一工序的具体情况设计制造，夹具上设有精确而稳定的定位元件，可以保证工件在夹具中的正确位置；夹具上还设有操作方便迅速、夹紧力适当的夹紧装置，可以迅速地将工件夹紧。所以，这种安装工件的方法快捷且定位精度高，但设计制造周期长、成本高，在成批大量生产中广泛采用。

图 20－8 所示为某后盖零件钻径向孔的零件工序图和钻模示意图。定位元件、夹紧装置、夹具体是夹具的基本组成部分。

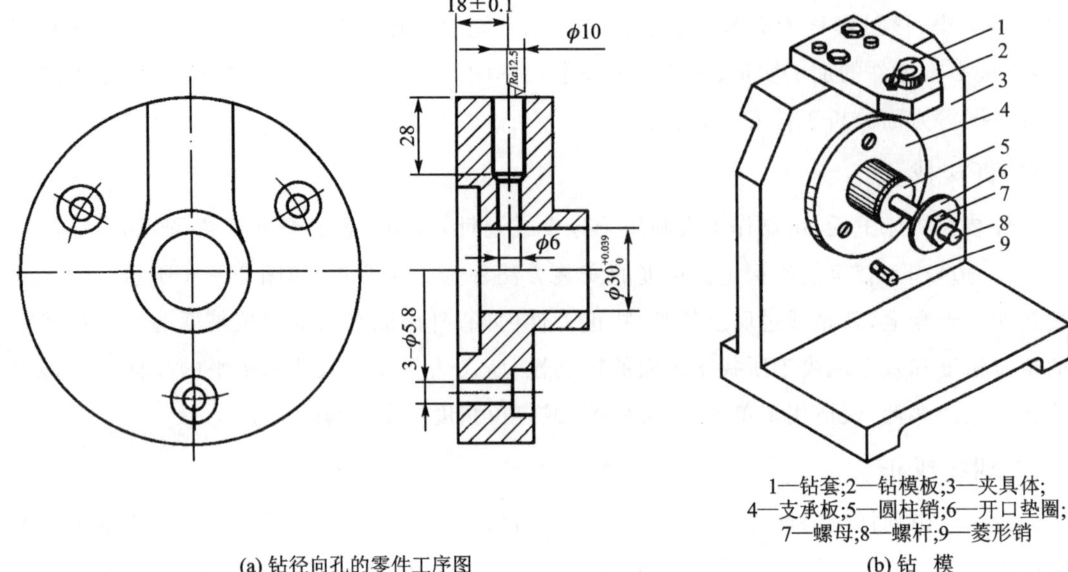

1—钻套;2—钻模板;3—夹具体;
4—支承板;5—圆柱销;6—开口垫圈;
7—螺母;8—螺杆;9—菱形销

(a) 钻径向孔的零件工序图

(b) 钻 模

图 20-8 某后盖零件钻径向孔

20.2 生产类型对工艺过程的影响

20.2.1 生产纲领

生产纲领是指企业在计划期内制造规定产品(或零件)的产品产量和进度计划。计划期常为一年,所以生产纲领常称为年产量。零件的生产纲领按下式计算:

$$N = Qn(1 + \alpha + \beta) \tag{20-1}$$

式中:N 为零件的生产纲领(件/年);Q 为产品的生产纲领(台/年);n 为每台产品中该零件的数量(件/台);α 为备件的百分率(%);β 为废品的百分率(%)。

生产纲领的大小对组织生产和零件成本、零件加工工艺有重要的影响,决定应选用的工艺方法及工艺装备。

20.2.2 生产类型

根据产品生产纲领的大小和品种的数量,生产类型可分为单件生产、成批生产和大量生产三种类型,具体如下:

1. 单件生产

产品的品种较多,每种产品的产量很少,很少重复生产,甚至完全不重复生产的生产类型称为单件生产。比如,新产品试制、专用设备、修配件等。

2. 成批生产

产品的品种不是很多,但每种产品均有一定的数量,工作地点的加工对象周期性更换的生产类型称为成批生产。比如,机床制造厂、特种车辆厂等大多属于成批生产。每批制造同一产

品(或零件)的数量称为批量。根据批量大小和产品特征,成批生产可分为小批生产、中批生产和大批生产。

3. 大量生产

同一种产品的制造数量很多,大多数工作地点长期重复同一零件某一工序加工的生产类型称为大量生产。比如,汽车制造厂及标准件的制造厂都属于大量生产。

不同生产类型与生产纲领的关系如表 20-1 所列。

表 20-1　生产类型与生产纲领的关系

生产类型		零件的生产纲领		
		重型零件	中型零件	轻型零件
单件生产		<5	<10	<100
成批生产	小批生产	5~100	10~200	100~500
	中批生产	100~300	200~500	500~5 000
	大批生产	300~1 000	500~5 000	5 000~50 000
大量生产		>1 000	>5 000	>50 000

20.2.3　根据生产类型制定工艺规程

生产类型不同,企业在生产组织、生产管理、车间布置、所用设备、零件毛坯、所用工具、工时定额、零件互换性、加工方法及工人技术水平等各方面的要求也不同;生产类型不同,对零件加工工艺过程的影响也不同。工艺规程的制定必须要与相应的生产类型相适应,才能获取最大的经济效益。

各种生产类型的工艺特征如表 20-2 所列。

表 20-2　各种生产类型的工艺特征

工艺特征　说　明　生产类型	单件小批	中　批	大批大量
产品数量	少	中等	大量
加工对象	经常变换	周期性变换	固定不变
毛坯制造方法与加工余量	木模手工造型、铸造、自由锻造;毛坯精度低,加工余量大	部分采用金属模铸造或模型锻造;毛坯精度和加工余量适中	采用金属模机器造型、模锻或其他高效加工方法;毛坯精度高,加工余量小
机床设备和布置	通用机床按机群式布置	通用机床及部分专用机床按工艺流程布置	广泛采用专用机床及自动机床;按流水线、自动线排列设备
工艺装备	采用一般刀具、通用量具和通用夹具	广泛采用专用刀具、夹具、量具;	广泛采用高效专用刀具、夹具、量具
工件安装方法	划线找正、试切法	部分划线找正	勿需划线找正

续表 20-2

工艺特征 / 说明 / 生产类型	单件小批	中批	大批大量
操作方式	根据测量采用试切法加工	在调整好的机床上加工，有时也采用试切法	采用调整复杂的、自动化程度高的机床或自动线
零件互换性与装配	有限地采用互换性原则，广泛采用钳工修配	普遍采用互换性原则，保留部分修配工作	完全互换不用修配，允许选择装配
对工人技术要求	需技术水平较高的工人	需一定技术水平的工人	对调整工人的技术水平要求高，对操作工人的技术水平要求低
工艺规程	只编制简单的过程卡片	编制详细的过程卡片、重要零件的工艺卡片、关键工序的工序卡片	详细编制过程、工艺、工序、检验、调整等卡片
生产率	低	中等	高
成本	高	中等	低

练习思考题

20-1　何谓机械产品生产过程？它包括哪些内容？

20-2　什么是工艺过程和切削加工工艺过程？

20-3　机械制造的工艺过程包含什么内容？

20-4　简述工序、安装、工位、工步的含义。

20-5　简述基准的定义和分类。

20-6　生产类型分为哪几类？各有何工艺特征？

第21章　金属切削加工工艺规程

21.1　加工工艺规程及其作用

金属零件的切削加工是机械产品生产中的重要环节，为了提高机械产品在国内外市场上的竞争力，造出优质、高产、低消耗的产品，了解金属切削加工工艺过程和加工工艺规程就显得尤为重要了。

21.1.1　工艺规程

同一零件的加工可能有很多的工艺方案，但在某个特定时期，对于某个特定的工厂，可能只有一种加工工艺方案最为经济合理。我们把这种最为经济合理、性价比最高的方案，用文件的形式记录下来，作为共同遵守的规程，用来指导生产。我们称这种方案为工艺规程。

21.1.2　加工工艺规程的作用

加工工艺规程不但规定了工件加工的工艺路线，而且还规定了各工序的具体内容及所用的设备和工装设备、工件的检验项目及检验方法、切削用量、时间定额等。工艺路线可先简单地理解为零件各表面的加工顺序，实际上包含工序号、工作描述、所使用的加工中心、各项时间定额(如准备时间、加工时间、传送时间等)、外协工序的时间和费用。工艺规程是在给定的生产条件下，在总结实际生产经验和科学分析的基础上，依据工艺理论和必要的工艺试验，由多个加工方案优选制定而成的文件，它有如下作用：

① 工艺规程是企业指导生产的主要技术文件；

② 工艺规程是企业组织生产、安排管理工作的重要依据；

③ 工艺规程是新建、改(扩)建工厂或车间的基本资料；

④ 工艺规程有助于技术交流和先进经验的推广。

21.2　切削加工工艺规程的制定

21.2.1　制定加工工艺规程的原则

在一定的生产条件下制定的工艺规程，必须以最少的劳动量、最低的费用，可靠地加工出符合图样以及技术要求的零件。

1. 技术上的先进性

制定加工工艺规程时，要充分利用现有生产条件，结合当时国内外同行业工艺技术发展水平进行综合平衡，确保产品的生命力。

2. 经济上的合理性

在一定的生产条件下,能保证零件技术要求的工艺方案并不是唯一的。此时应进行成本核算,统筹兼顾、相互比较,选择最为经济合理、性价比最高的方案,使产品在生产成本和社会成本上取得平衡。

3. 有良好的劳动条件

以人为本,优先考虑机械化、自动化程度高的加工方案,尽量降低工人的劳动强度。

21.2.2 制定加工工艺规程的步骤

工艺规程的制定是非常复杂的一个过程,应根据零件的生产类型、现有的生产条件、零件的技术要求等确定合适的步骤。

1. 计算生产纲领,确定生产类型

对于生产类型,主要是区分单件生产、批量生产及大量生产,为后续分析做准备。

2. 审查图纸的工艺,分析零件图及装配图

对装配图的分析,可以熟悉了解产品的用途、使用性能、工作条件,各零件的作用、受力情况及它们所处的装配位置,各项技术条件及主要的技术要求,产品的技术关键点、难以加工的关键零部件等,了解并掌握产品的全部工艺过程。

对零件图分析的具体内容如图 21-1 所示。

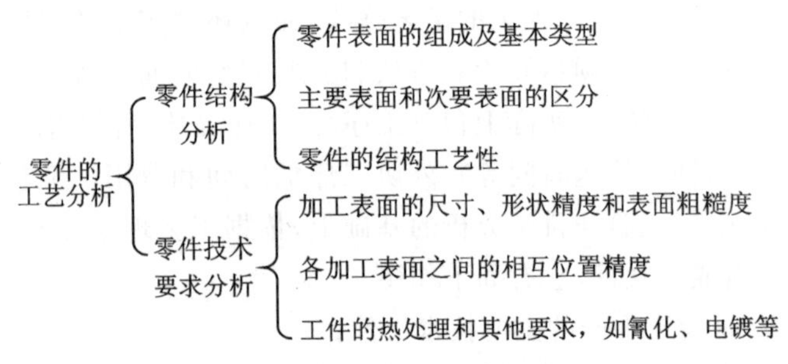

图 21-1　零件的工艺分析

3. 选择毛坯

不同的毛坯,对零件加工工艺的各项内容,比如加工余量、加工方法、加工工序、加工顺序、所用设备、时间定额、加工成本等都有极大的影响,必须根据零件的结构和技术条件,确定毛坯的种类及制造方法,并初步确定毛坯的尺寸。常见的毛坯种类如图 21-2 所示。

4. 工艺分析,拟定工艺路线

工艺分析中非常重要的一步是确定主要加工表面的加工方法、各基本表面的加工方法和顺序,必须依据经济精度和经济表面粗糙度而定(在正常的加工条件下所能保证的一定范围的加工精度、表面粗糙度称为经济精度、经济表面粗糙度)。若以牺牲工时和费用作为代价,则许多加工方法都能达到高的精度和小的表面粗糙度。但是,以降低生产率和提高成本换取的高质量是不经济的做法。对于相同工件采用某种加工方法的情况,随着加工条件的改变,也可以获得几种不同的加工精度和表面粗糙度。不同的加工方法有不同的经济精度和经济表面粗糙

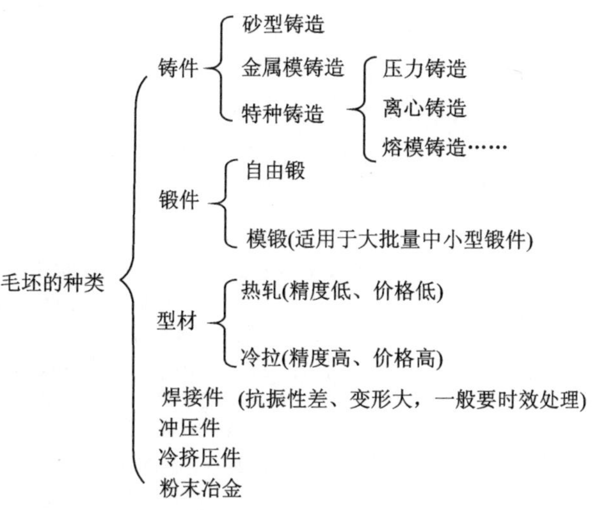

图 21-2　毛坯的种类

度，这在实际工作中可查阅有关手册。

在确定主要加工表面的加工方法时，还必须根据本厂、本车间设备条件、工人技术水平、现有工艺装备、起重运输能力等客观条件全面考虑，既要保证质量，又要经济合理并切实可行。

把零件各加工表面加工的先后顺序按工序排列出来，称为拟定加工工艺路线。拟定加工工艺路线时主要考虑以下几方面：

① 表面加工方法的选择；

② 划分加工阶段；

③ 划分工序，安排工序顺序；

④ 其他工序的安排。

具体如图 21-3 所示。

5. 确定各工序的加工余量，计算工序尺寸

为了得到合格零件，从毛坯表面切除的金属层厚度称为加工余量。加工余量分总加工余量和工序余量，其中，毛坯尺寸与零件设计尺寸的差值称为总加工余量，每一工序所切除的金属层厚度称为工序余量。

由于任何加工方法都会有误差，所以加工余量也不可能完全准确，即每道工序不可能准确地切除名义厚度，必须给每道工序的尺寸规定工序公差。工序公差过宽，加工余量过大，则加工工作量增加，相应的材料、机床、刀具等各项消耗增加，成本提高，并且还会降低定位及加工精度；反之，加工余量和工序公差过小则会造成加工困难，工艺复杂化，加工费用增加，不容易保证加工质量，增加废品率，而且成本也相应提高。

6. 确定机床、夹具、刀具、量具及辅助工具

机床及工艺装备的选择，加工余量、切削用量、工时定额等的选定与计算，都是根据某一工序的具体内容确定的。

(1) 选择机床

选择机床主要考虑机床的规格、性能尺寸应，机床的精度，以及机床的生产率。

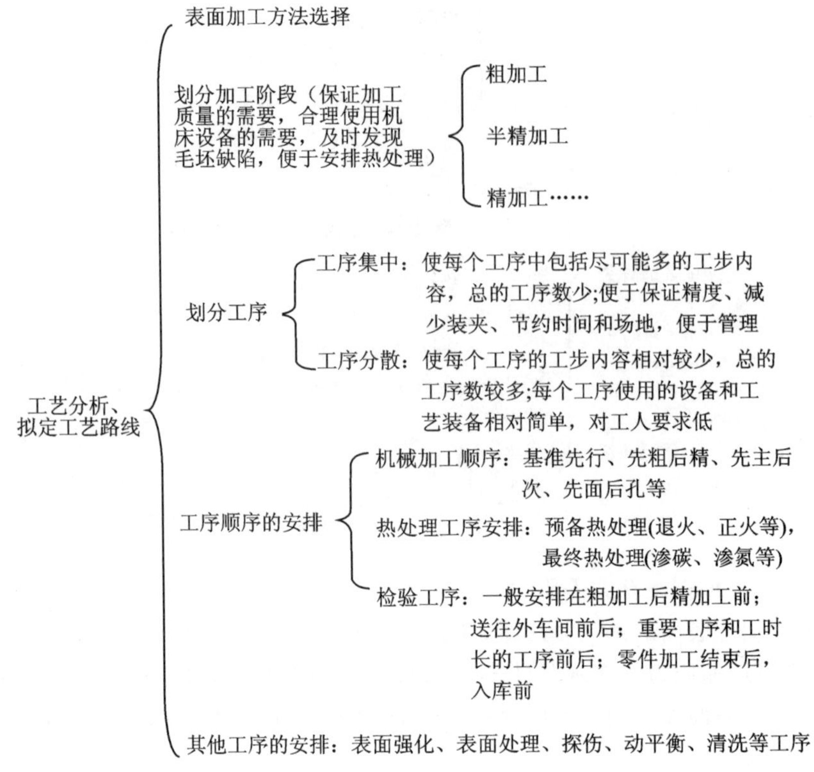

图21-3　拟定工艺路线

(2) 选择夹具

卡盘、回转台、台虎钳等通用夹具,适用于单件、小批量生产;为提高生产率和加工精度,应积极使用组合夹具;大批量生产中,宜选择高生产率的气、液传动的专用夹具,且夹具精度应与加工精度相适应。

(3) 选择刀具

优先选用标准刀具,刀具的类型、规格、精度等级及耐用度等均要符合加工要求。

(4) 选择量具及辅助工具

量具的选择应从技术与经济两方面考虑。若生产类型为单件小批量生产,则应尽量选择通用量具(如游标卡尺、百分表);而对于大批量生产,则应选用量规或高生产率的专用量具。

7. 确定工序的切削用量及工时定额

(1) 确定切削用量

各工序的切削用量必须要合理且能满足经济及技术的要求。

(2) 制定工时定额

每一工序完成一个零件所需要的时间(分)称为工时定额。机械加工工时定额由基本时间(如加工工件时间)、辅助时间(如装卸工件时间)、布置工作地时间(一般按基本时间和辅助时间之和的2%～7%计算)、休息与生理需要时间(一般按作业时间的2%计算)、准备与终结时间组成。

8. 确定各主要工序的技术要求及检验方法

技术要求主要包括工件的形状、位置精度、表面粗糙度、配合精度等。检验方法不但包括检查内容，还包括检查使用的仪器或工具。

9. 填写工艺文件

将反复研究确定好的工艺方案，逐项填入具有一定格式的卡片中，经过一定的审查和批准手续后，就成了企业生产准备和施工依据的工艺文件。

21.3　工艺文件

21.3.1　工艺文件的格式

在我国，各企业生产中使用的工艺文件不尽一致，其具体内容和格式尚无统一的国家标准，但基本内容是相同的，常用的有以下几种：

1. 机械加工工艺过程综合卡片

这种卡片列出了整个零件加工经过的工艺路线(包括毛坯、机械加工和热处理)及工序内容、车间设备、工艺装备、工人技术等级、工时定额等，它是制定其他工艺文件的基础，也是生产技术准备、编制作业计划和组织生产的依据。其格式见表 21－1。

表 21－1　机械加工工艺过程综合卡片

<table>
<tr><td rowspan="4">工厂名</td><td rowspan="4">机械加工工艺过程综合卡片</td><td colspan="2">产品名称及型号</td><td></td><td>零件名称</td><td></td><td colspan="2">零件图号</td><td colspan="3"></td></tr>
<tr><td rowspan="3">材料</td><td>名称</td><td></td><td rowspan="2">毛坯</td><td>种类</td><td rowspan="2">零件质量/kg</td><td>毛</td><td></td><td colspan="2">第　页</td></tr>
<tr><td>牌号</td><td></td><td>尺寸</td><td>净</td><td></td><td colspan="2">共　页</td></tr>
<tr><td>性能</td><td></td><td colspan="2">每料件数</td><td>每台件数</td><td></td><td>每批件数</td><td colspan="2"></td></tr>
<tr><td rowspan="2">工序号</td><td colspan="3" rowspan="2">工序内容</td><td rowspan="2">加工车间</td><td rowspan="2">设备名称及编号</td><td colspan="3">工艺装备名称及编号</td><td>技术等级</td><td colspan="2">工时定额/min</td></tr>
<tr><td>夹具</td><td>刀具</td><td>量具</td><td></td><td>单件</td><td>准备终结</td></tr>
<tr><td></td><td colspan="3"></td><td></td><td></td><td></td><td></td><td></td><td></td><td></td><td></td></tr>
<tr><td rowspan="3">更改内容</td><td colspan="11"></td></tr>
<tr><td colspan="11"></td></tr>
<tr><td colspan="11"></td></tr>
<tr><td>编制</td><td colspan="2"></td><td>抄写</td><td></td><td>校对</td><td></td><td>审核</td><td colspan="2"></td><td>批准</td><td></td></tr>
</table>

2. 机械加工工艺卡片

机械加工工艺卡片是以工序为单位,详细说明整个零件加工工艺过程的文件,它不仅标出工序顺序、工步内容、切削用量、设备、工装、工人技术等级、工时定额等,同时还列出了零件的工艺特性(材料、质量、加工表面及精度和表面粗糙度)、毛坯性质和生产纲领。其格式见表 21-2。

表 21-2　机械加工工艺卡片

<table>
<tr><td rowspan="4">工厂名</td><td rowspan="4">机械加工工艺卡片</td><td colspan="2">产品名称及型号</td><td></td><td>零件名称</td><td></td><td colspan="2">零件图号</td><td></td><td></td></tr>
<tr><td rowspan="3">材料</td><td>名称</td><td></td><td rowspan="2">毛坯</td><td>种类</td><td rowspan="2">零件质量/kg</td><td>毛</td><td></td><td>第　页</td></tr>
<tr><td>牌号</td><td></td><td>尺寸</td><td>净</td><td></td><td>共　页</td></tr>
<tr><td>性能</td><td></td><td colspan="2">每料件数</td><td>每台件数</td><td colspan="2">每批件数</td><td></td></tr>
</table>

<table>
<tr><td rowspan="2">工序</td><td rowspan="2">安装</td><td rowspan="2">工步</td><td rowspan="2">工序内容</td><td rowspan="2">同时加工零件数</td><td colspan="4">切削用量</td><td rowspan="2">设备名称及编号</td><td colspan="2">工艺装备名称及编号</td><td colspan="2">技术等级</td><td colspan="2">工时定额/mm</td></tr>
<tr><td>背吃刀量/mm</td><td>切削速度/$(m \cdot min^{-1})$</td><td>转速/$(r \cdot min^{-1})$</td><td>进给量/$(mm \cdot r^{-1})$或$(mm \cdot min^{-1})$</td><td>夹具</td><td>刀具</td><td>量具</td><td></td><td>单件</td><td>准备终结</td></tr>
<tr><td colspan="3"></td><td></td><td></td><td></td><td></td><td></td><td></td><td></td><td colspan="4"></td><td colspan="2"></td></tr>
<tr><td colspan="3" rowspan="3">更改内容</td><td colspan="13"></td></tr>
<tr><td colspan="13"></td></tr>
<tr><td colspan="13"></td></tr>
<tr><td colspan="3">编制</td><td colspan="2"></td><td>抄写</td><td colspan="2"></td><td>校对</td><td></td><td>审核</td><td colspan="2"></td><td>批准</td><td colspan="2"></td></tr>
</table>

3. 机械加工工序卡片

在机械加工工艺卡片基础上为每个工序编制的内容详细、具体的卡片称为机械加工工序卡片。这种卡片详细记载了零件各工序加工所必需的工艺资料,如定位基准、安装方法、机床、工艺装备、工序尺寸及公差、工时定额及切削用量等,是用来指导工人生产的工艺文件,也叫操作文件。其格式见表 21-3。

表 21－3　机械加工工序卡片

工厂名	机械加工工序卡片	产品名称及型号	零件名称	零件图号	工序名称	工序号	第　页
							共　页
（此处画工序简图）			车间	工段	材料名称	材料牌号	力学性能
			同时加工件数	每料件数	技术等级	单件时间/min	准备时间、终结时间/min
			设备名称	设备编号	夹具名称	夹具编号	工作液
			更改内容				

工步号	工步内容	计算数据/mm			走程次数	切削用量			工时定额/min		刀具量具及辅助工具					
		直径或长度	进给长度	单边余量		背吃刀量/mm	进给量/（$mm \cdot r^{-1}$）或（$mm \cdot min^{-1}$）	转速/（$mm \cdot r^{-1}$）或双行程数	基本时间	辅助时间	工作地点服务时间	工步号	名称	规格	编号	数量
编制		抄写		校对			审核		批准							

4. 检查卡片

为重要零件的关键工序编制的卡片称为检查卡片，是专供检验员使用的工艺文件。检查卡片中要列出检查项目、检查用具、检查方法并注明技术条件，其格式见表 21－4。

表 21-4　检查卡片

<table>
<tr><td>厂名</td><td colspan="2"></td><td colspan="2">质量检查卡片</td><td colspan="2">编号</td><td>第　页</td><td>共　页</td></tr>
<tr><td>产品型号</td><td colspan="4"></td><td colspan="2">零件名称</td><td colspan="2">零件号</td></tr>
<tr><td rowspan="2">顺序</td><td colspan="2">检查部位</td><td rowspan="2">技术条件</td><td colspan="2">检查用具</td><td rowspan="2">工时定额</td><td rowspan="2">工人等级</td><td rowspan="2">检查方法及略图</td></tr>
<tr><td>名称</td><td>尺寸</td><td>名称</td><td>编号</td></tr>
<tr><td></td><td></td><td></td><td></td><td></td><td></td><td></td><td></td><td></td></tr>
<tr><td>制定</td><td colspan="2">日期</td><td>审核</td><td>日期</td><td>批准</td><td>日期</td><td>同意</td><td>日期</td></tr>
<tr><td></td><td colspan="2"></td><td></td><td></td><td></td><td></td><td></td><td></td></tr>
</table>

21.3.2　工艺文件的应用

当生产规模为单件、小批量生产时，只要编写简单的机械加工工艺过程综合卡片，并对其中个别关键零件或复杂零件制定机械加工工艺卡片；当生产规模为中等批量生产时，需要编制机械加工工艺过程综合卡片和机械加工工艺卡片，其中重要零件要增加机械加工工序卡片和检查卡片；当生产规模为大批量生产时，要求全面编制完整而详细的工艺文件，包括机械加工工艺过程综合卡片、机械加工工艺卡片、机械加工工序卡片、检查卡片以及某些工序的调整卡片。

对于探伤、去磁、抛光、动平衡、喷漆、包装等辅助工序，一般不必制定工艺规程，只需要制定一个统一的操作守则，作为通用性的工艺文件给操作人员使用。

21.4　典型零件的工艺过程

21.4.1　轴类零件

轴类零件的主要作用是传递回转运动和扭矩。轴类零件的主要表面包括外圆面、端面、内圆面及其他表面(比如键槽、退刀槽、砂轮越程槽、螺纹等)。根据外形的不同，轴类零件分为直轴和曲轴，目前工业生产中应用最广的是直轴，直轴大多数为阶梯轴。轴类零件的加工方法主要是车削和磨削，其次是铣键槽、钻孔等。

下面以图 21-4 所示的传动轴为例，说明轴类零件单件小批生产时的加工过程。

1. 分析技术要求

传动轴一般由支承轴颈、工作轴颈、过渡轴颈等几部分组成。其中，支承轴颈装配在轴承孔中，配合精度、表面粗糙度要求均较高，属于重要表面；工作轴颈上一般装配有齿轮、带轮等零件，并开有键槽，配合精度和表面粗糙度要求也较高，属于重要表面；过渡轴颈一般精度要求较低，属于一般表面。

2. 毛坯选择

图 21-4 所示传动轴的材料为 45 钢，淬火硬度 HRC 35～40。零件外形尺寸相差较小，单件小批生产，选择 $\phi 50$ 热轧圆钢作毛坯。

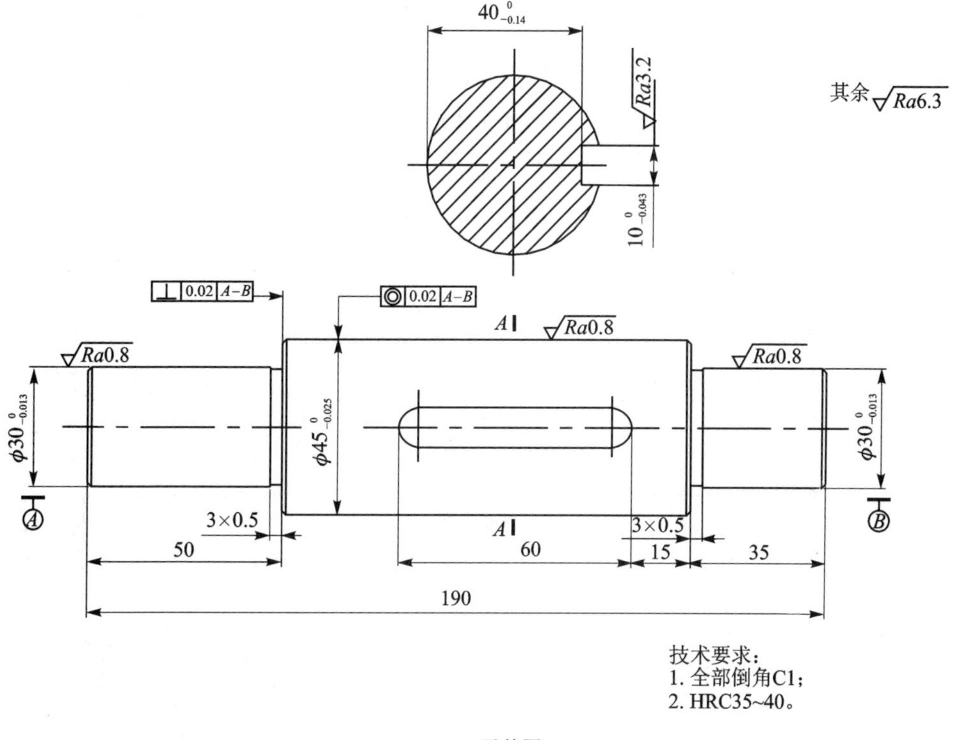

(a) 零件图

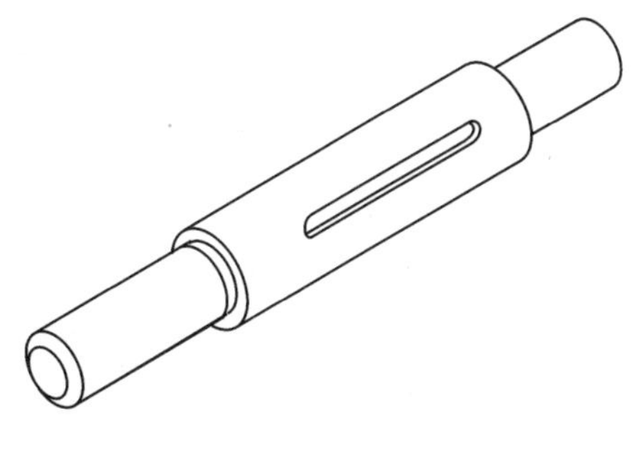

(b) 轴测图

图 21－4　传动轴

3. 工艺分析及基准选择

图 21－4 所示传动轴的三个外圆面都是配合表面，$\phi45$ 外圆面装传动齿轮，两个 $\phi30$ 的外圆面装滚动轴承，滚动轴承轴颈精度要求较高、表面粗糙度值小，中间轴颈相对于两端轴颈轴线有一定的同轴度要求，中间轴颈左端面相对两端轴颈轴线有垂直度要求，所以三个表面都属于轴的重要加工面。为满足尺寸精度、表面粗糙度和位置精度要求，根据单件小批量生产的条件，采用粗车—半精车—磨的加工顺序。

基准选择：以圆钢外圆面作为粗基准，粗车轴两端端面并钻中心孔；为保证各外圆面的位置精度，选择轴两端中心孔为定位精基准，这样既符合基准重合和单一化原则，也利于提高生产率。为保证精加工时的定位精度，热处理后需要修研中心孔。

4. 工艺过程

某厂单件小批生产图21-4所示传动轴的工艺过程如表21-5所列。

表21-5 单件小批生产轴的工艺过程

工序号	工　种	工序内容	定位基准	加工简图
1	车	45圆钢下料 $\phi50\times192$		
2	热	正火		
3	车	① 车端面至190,钻中心孔; ② 粗车一端外圆分别至 $\phi47\times144$,$\phi32\times35$; ③ 半精车该端外圆分别至 $\phi45.4_{-0.1}^{0}\times145$,$\phi30.4_{-0.1}^{0}\times35$; ④ 切槽 3×0.5; ⑤ 倒角 $C1$; ⑥ 粗车另一端外圆至 $\phi32\times49$; ⑦ 半精车该端外圆分别至 $\phi30.4_{-0.1}^{0}\times50$; ⑧ 切槽 3×0.5; ⑨ 倒角 $C1$	圆钢外圆面 中心孔	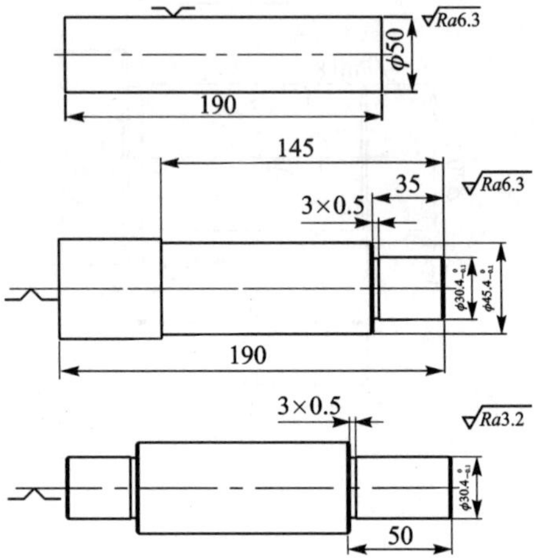
4	铣	粗—精铣键槽至 $10_{-0.043}^{0}\times40_{-0.14}^{0}\times60$	中心孔	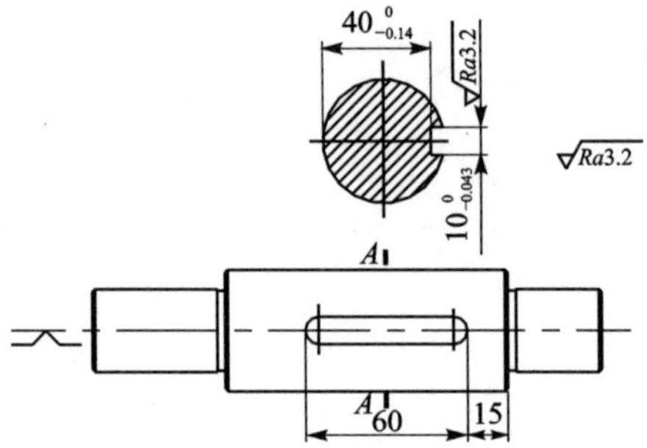
5	热	淬火、回火 HRC 35～40		
6	钳	修研中心孔		
7	磨	① 粗磨一端外至 $\phi45.06_{-0.04}^{0}$,$\phi30.06_{-0.04}^{0}$; ② 精磨该端外圆至 $\phi45_{-0.025}^{0}$,$\phi30_{-0.013}^{0}$; ③ 粗精磨另一端外圆至 $\phi30_{-0.013}^{0}$	中心孔	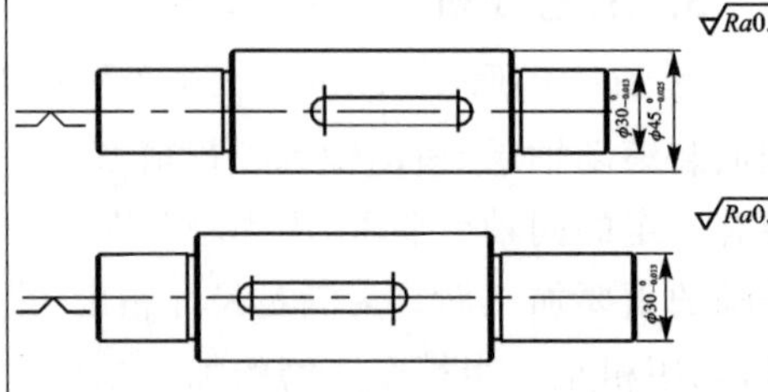
8	检	按零件图纸要求检测零件		
				注:"⌐V⌐"符号指定位基准

21.4.2　盘类零件

盘类零件主要由外圆面和内圆面组成，径向尺寸大于轴向尺寸（如法兰盘）。一般情况下，法兰盘还有尺寸较大的圆形或其他形状的底板，底板上大多具有均匀分布的孔。除此以外，某些盘类零件上还有销孔、螺孔等结构。现以图 21－5 所示的法兰端盖为例，说明盘类零件的加工过程。

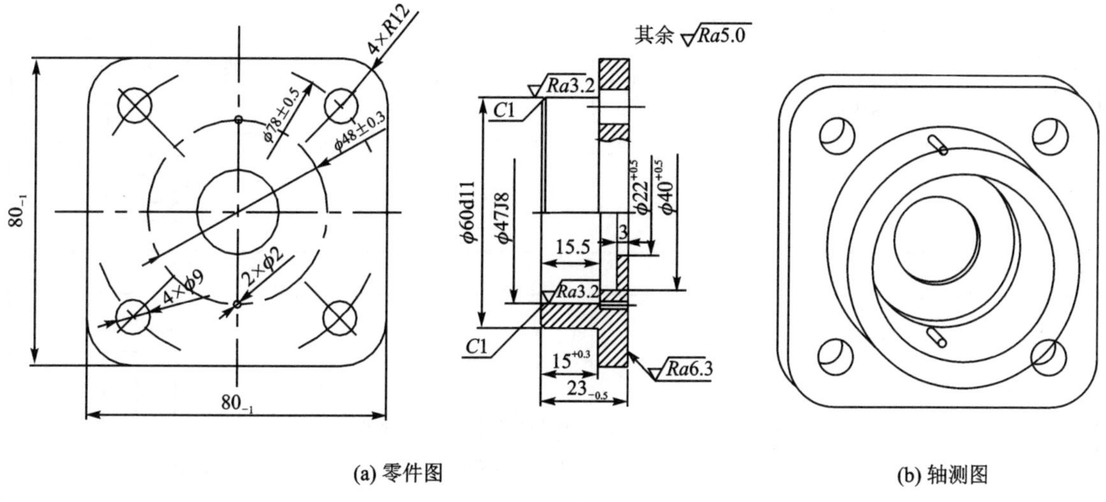

(a) 零件图　　(b) 轴测图

图 21－5　法兰端盖

1. 分析技术要求

盘类零件的技术要求包括：内孔表面尺寸精度、外圆表面尺寸精度、内孔与外圆表面同轴度要求、端面对基准轴线的垂直度（或端面圆跳动）要求、主要表面粗糙度要求等。图 21－5 所示的法兰端盖由外圆面和正方形底板组成，底板上有四个均布孔 $\phi 9$。$\phi 60$ 外圆面为基孔制配合的轴，基本偏差为 d，公差等级为 IT11；$\phi 47$ 内孔为基轴制配合的孔，其基本偏差为 J，公差等级为 IT8；二者的表面粗糙度为 $Ra\,3.2$；底板 $80_{-1} \times 80_{-1}$ 的精度可直接由铸件保证。

2. 选择毛坯

法兰盘类零件毛坯一般为铸铁。某些重要盘类零件材料采用中低碳钢，毛坯为锻件。图 21－5 所示法兰端盖零件的材料为 HT18－36。

3. 工艺分析

由图 21－5 可知，该零件精度要求较低，采用普通加工工艺即可。法兰端盖毛坯采取整体铸造，这样可保证外圆面的轴线与正方形底板中心的相对位置不会在造型时产生偏差。为达到零件设计要求的精度和表面粗糙度，采用粗车—半精车加工。加工时，先以 $\phi 60$ 的毛坯面作为粗基准加工正方形底板的底平面；再以该底平面和正方形底板的侧面为定位基准，采用四爪卡盘定位夹紧，在一次安装中按工序集中原则，把所有外圆面、内圆面、端面加工出来，使之符合基准单一化原则。$4 \times \phi 9$ 的孔和 $2 \times \phi 2$ 的孔以 $\phi 60$ 外圆面为基准划线，按划线找正钻孔。

4. 工艺过程

在单件小批量生产条件下,法兰端盖的加工工艺过程如表 21-6 所列。

表 21-6 单件小批生产法兰盘机械加工工艺过程

工序号	工 种	工序内容	定位基准	加工简图
1	铸	铸造毛坯、清砂、检验,尺寸如右边简图所示		
2	热	去应力退火		
3	车	① 车 80×80 底平面,保证总长尺寸 26	小端外圆毛坯面、底平面和正方形底板侧面	
		② 车 $\phi60$ 端面,保证尺寸 $23_{-0.5}$;车 $\phi60$d11 外圆面、80×80 底板上端面,保证尺寸 $15^{+0.3}$;③ 钻 $\phi20$ 通孔		
		④ 镗 $\phi20$ 孔至 $\phi22^{+0.5}$		

续表 21-6

工序号	工　种	工序内容	定位基准	加工简图
3	车	⑤ 镗 $\phi22^{+0.5}$ 孔至 $\phi40^{+0.5}$,保证尺寸 3; ⑥ 镗 $\phi40^{+0.5}$ 至 $\phi47$J8,保证尺寸 $15.5^{+0.24}$; ⑦ 倒角 $C1$		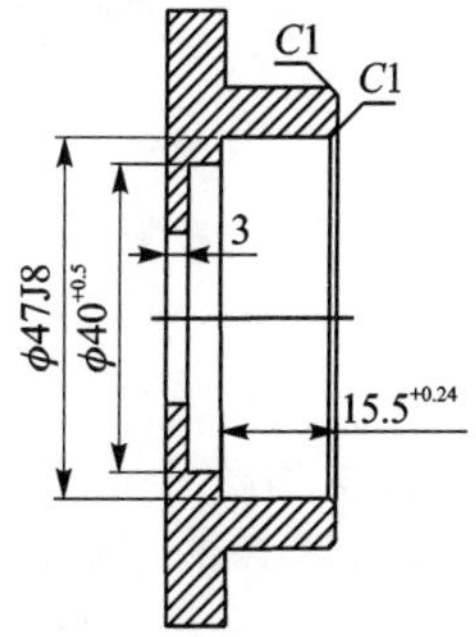
		划 4×$\phi9$ 及 2×$\phi2$ 孔加工线	划线	
4	钳	按划线找正安装,钻 4×$\phi9$ 及 2×$\phi2$ 小孔		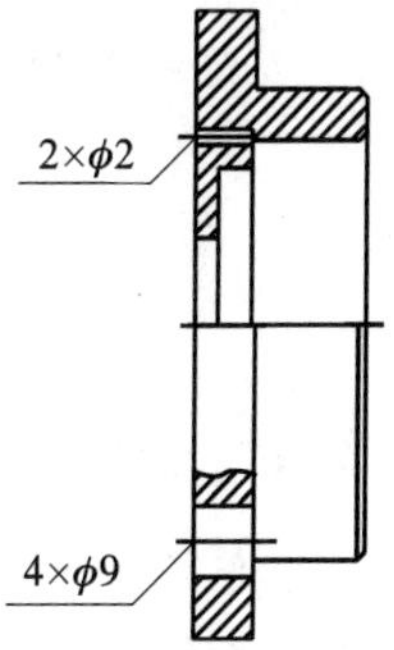
5	钻	按图纸要求,检测零件		
6	检		注:“⌐∨¬”符号指定位基准	

练习思考题

21-1　简述工艺规程的根本目的、二重性及要求。

21-2　简述零件的基本形状分类。

21-3　如何正确拟定零件的机械加工工艺路线?

21-4　如何确定工序的切削用量?

21-5　什么是工时定额?如何合理制定工时定额?

21-6　什么是工艺文件?工艺文件的基本格式有哪些?

21-7　轴类零件的主要作用是什么?有何结构特点?

第 22 章　工艺规程的经济分析

22.1　机械加工的经济性

技术和经济是机械加工中不可缺少的两部分。好的技术方案不仅需要从技术方面进行评价，而且还需要从经济效益、社会效益方面进行评价。

机械加工的经济性，是指机械产品的加工方案，结合现有生产条件，使产品在保证其使用要求的前提下其制造成本最低。一般产品的制造成本指的是全部费用消耗的总和，它包含毛坯或原材料的费用，生产工人工资，机床设备的折旧和调整费用、工具、夹具、量具的折旧和维修费用，车间经费和企业管理费用等。

22.2　机械加工的技术经济指标

22.2.1　技术经济指标

从生产资源利用情况、产品质量等方面反映生产技术水平的各项指标，称为技术经济指标。由于各企业生产技术特点的不同，所以用来考核企业技术经济的指标也不同。企业各项技术经济指标完成的好坏，直接或间接地影响着产品成本。从技术领域分析成本，弄清楚影响企业内部成本升降的各项生产技术因素，改进不合理工艺及操作，是解决企业内部技术与经济脱节，降低企业产品成本的根本问题。

22.2.2　工业技术经济指标

以反映工业生产中技术水平和经济效果为主要内容的指标称为工业技术经济指标，它从实物形态反映企业对设备、原材料、能源、劳动力资源的利用程度和结果，以及产品工作质量状况，为深入分析资源配置效益及其合理性，进一步挖掘工业再生产过程中资源配置的潜力提供决策依据。

反映工业生产技术水平和经济效果的指标可归纳为：工业主要产品质量指标，单位产品原材料、燃料、动力消耗指标，单位产品产量综合能源消耗指标，工业实物劳动生产率指标，设备利用情况指标，以及其他技术经济指标。

1. 产品质量及工作质量指标

产品质量及工作质量指标含工业产品合格率、废品率、返修率、综合废品率和热处理废品率。

(1) 工业产品合格率

工业产品合格率是指合格品数量占全部产品数量（含次品、废品）的百分比。其计算公式如下：

$$工业产品合格率(\%)=\frac{合格品数量}{合格品数量+次品数量+废品数量}\times 100\% \qquad (22-1)$$

(2) 废品率

废品率是指废品数量占全部产品数量(含合格品、次品)的百分比。废品不是产品,废品率的高低不能说明产品本身质量的好坏,只能反映企业生产的工作质量。其计算公式如下:

$$废品率(\%)=\frac{废品数量}{合格品数量+次品数量+废品数量}\times 100\% \qquad (22-2)$$

(3) 返修率

返修率是指出厂前经检验需返修的成品数量占全部送检产品数量的百分比。其计算公式如下:

$$返修率(\%)=\frac{返修品数量}{全部送检产品数量}\times 100\% \qquad (22-3)$$

(4) 综合废品率

综合废品率是指企业报告期内,机械加工生产中全部废品工时占全部机加工工时的比重。该指标能全面反映企业全部机械加工工时损失的情况。其计算公式如下:

$$综合废品率(\%)=\frac{废品工时}{合格品工时+废品工时}\times 100\% \qquad (22-4)$$

合格品工时是指报告期内机加工车间所完成的机加工件合格品工时。

计算机加工废品率时应注意:

① 合格品工时和废品工时均按定额工时计算,不能采用件数。

② 机加工废品工时包含直接废品工时和间接废品工时,是指从填报废品的第一道工序算起,至发生报废工序的全部机加工废品工时。如果工序尚未完成,则可按实用工时统计。

(5) 热处理废品率

企业生产的全部热处理零、部件中,废品所占的比重。其计算公式如下:

$$热处理废品率(\%)=\frac{废品质量(t)}{合格品质量(t)+废品质量(t)}\times 100\% \qquad (22-5)$$

2. 产品单耗

生产单位产品平均实际消耗的原材料、能源数量称为单位产品原材料、能源消耗量,简称“单耗”。其计算公式如下:

$$产品单耗=\frac{生产某种产品的某种原材料(能源)消耗总量}{某种合格产品产量}\times 100\% \qquad (22-6)$$

3. 工业实物劳动生产率

工业实物劳动生产率是指平均每个生产工人(或平均每个职工)在单位时间内生产的产品数量。该项指标能够反映劳动效率的实际水平,并为制定劳动定额、劳动计划提供依据。实物劳动生产率依不同人员范围指标计算,有以下两种形式:

$$全员实物劳动生产率=\frac{报告期产品生产量}{报告期全部职工平均人数}\times 100\% \qquad (22-7)$$

$$工人实物劳动生产率=\frac{报告期产品生产量}{报告期工业生产工人平均人数}\times 100\% \qquad (22-8)$$

22.3 工艺方案的技术经济分析

一个零件的加工工艺过程可以拟定出几种不同的工艺方案,这些方案一般都能满足零件所要求的精度、表面质量及其他技术要求,但它们的经济性不相同,必须进行比较分析,选择一个在给定生产条件下,最为经济有利且能保证生产成本最低的最佳方案。该方案能在保证产品质量的前提下,用较短的时间、较少的劳动消耗,实现产品的工艺过程。评价工艺方案优劣最重要的两个经济指标是高效率和低成本。

零件(或机器)的实际生产成本是制造该零件(或机器)所需要的一切费用的总和,生产成本中有70%~75%的费用与工艺过程有关。因此,在对工艺方案进行技术经济分析时,只须分析与工艺过程直接有关的生产费用——工艺成本,至于其他的费用(与完成工艺过程无关,但与整个车间全部生产条件有关的费用),如行政后勤人员开支、厂房折旧和维修费、取暖照明费、运输费等可以认为相等而略去。

工艺方案技术经济分析的目的就是对不同工艺方案的工艺成本进行计算和比较,从中选出技术上先进、经济上合理的切实可行的工艺方案。

22.3.1 工艺成本的计算

工艺成本按照与年产量的关系分为两部分:第一部分是与年产量直接相关,随年产量的增减而成比例变化的费用,称为可变费用(或经常费用),如原材料费、生产工人计件工资、机床电费、刀具费等;第二部分是与年产量变化无直接关系的费用,当年产量在一定范围内变化时,全年费用基本保持不变,称为不变费用(或一次费用),如工人基本工资、专用机床修理和折旧费、专用夹具修理和折旧费等。

计算年工艺成本 C_n(元/年)的公式如下:

$$C_n = VN + S \tag{22-9}$$

式中:V 为工艺成本中单件产品的可变费用(元/件);N 为工艺方案的产品年产量(件/年);S 为工艺成本中的年不变费用(元/年)。

工艺方案的年工艺成本 C_n 与产品年产量 N 的关系如图22-1所示。

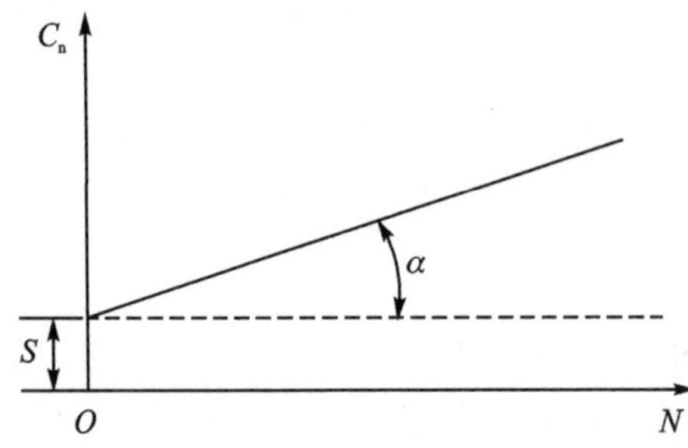

图22-1 年工艺成本与年产量的关系

22.3.2 工艺方案的技术经济分析方法

对于工艺方案的技术经济分析评价的方法有数学分析法和图解法,其中,图解法相对来说

较简便直观。图 22-2 中的两条直线分别代表两个工艺方案的年工艺成本与产品年产量的关系。

从图 22-2 中可以看出，工艺方案的优劣与产品年产量有着密切的关系，当年产量为 N_1 时，工艺方案Ⅰ优于工艺方案Ⅱ；当年产量为 N_2 时，工艺方案Ⅱ优于工艺方案Ⅰ。

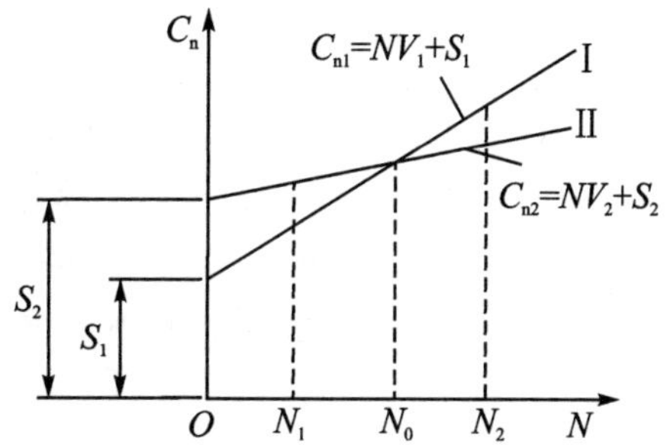

图 22-2　两个工艺方案的比较

分析表明：工艺方案的优劣是相对的，不是绝对的，当工艺方案不变而产品年产量发生较大变化时，它们的优劣将随之发生变化。

当零件（或机器）的年产量较大或者出现先进的加工工艺和技术时，工艺方案将面临两种选择：一个方案是追加投资，采用价格昂贵、生产效率高的专用机床和工艺装备；另一个方案是采用现有的，或是价格便宜、生产效率低的机床和工艺装备。这时要对比两个投资费用差额较大的工艺方案，只比较其年工艺成本就难以全面评价两个工艺方案的经济性了，必须同时考虑其投资差额的回收期。回收期是指两个工艺方案的投资差额（也称追加投资）需要多长时间以年工艺成本降低额补偿回来。

追加投资回收期的计算公式如下：

$$\tau=\frac{S_1-S_2}{C_{n2}-C_{n1}}=\frac{\Delta S}{\Delta C_n}=\frac{\text{投资差额}}{\text{年工艺成本降低额}} \tag{22-10}$$

式中：τ 为回收期（年）；ΔS 为投资差额（元）；ΔC_n 为年工艺成本降低额（元/年）。

回收期越短，技术经济效果越好。

最后还需指出，上述技术经济分析的目的是进行方案比较，选取最佳工艺方案，并非产品成本的精确计算，故各方案中的相同工序可不计入，只需计算各工艺方案成本的相对值。

练习思考题

22-1　何谓零件的生产成本？它包含哪些费用？

22-2　什么是工艺成本？它由哪两类费用组成？单件工艺成本与年产量的关系如何？

22-3　怎样对工艺方案进行技术经济分析？

22-4　什么是追加投资回收期？

22-5　以下为三个工艺方案的工艺成本数据，试分别做出年工艺成本与年产量的关系示意图，其中年产量 N 的最大值为 2 000 件/年，并根据计划生产年产量的变化选择最佳工艺方案。

（1）单件产品可变费用 V_1 为 10 元/件，年不变费用 S_1 为 20 000 元/年；

（2）单件产品可变费用 V_2 为 5 元/件，年不变费用 S_2 为 30 000 元/年；

（3）单件产品可变费用 V_3 为 15 元/件，年不变费用 S_3 为 10 000 元/年。

参考文献

[1] 于爱兵,马廉洁,李雪梅. 机电一体化概论[M]. 北京:机械工业出版社,2017.

[2] 岩本洋,森田克己,田野一美. 机电一体化入门[M]. 北京:科学出版社,2003.

[3] 李朝青,卢晋,王志勇,等. 单片机原理及接口技术[M]. 北京:北京航空航天大学出版社,2017.

[4] 卡梅尔. PLC工业控制[M]. 朱永强,译. 北京:机械工业出版社,2015.

[5] 杨杰忠,邹火军,李仁芝,等. 工业机器人技术基础[M]. 北京:机械工业出版社,2017.

[6] 李鄂民. 实用液压技术一本通[M]. 2版. 北京:化学工业出版社,2016.

[7] 韩慧仙. 工程机械液压控制新技术[M]. 北京:北京理工大学出版社,2017.

[8] 周曲珠,张立新. 图解液压气动技术与实训[M]. 北京:中国电力出版社,2015.

[9] 盛小明,张洪,秦永法. 液压与气压传动[M]. 2版. 北京:科学出版社,2018.

[10] 李新德. 液压传动实用技术[M]. 北京:中国电力出版社,2015.

[11] 王积伟. 液压传动[M]. 北京:机械工业出版社,2018.

[12] 任小中,贾晨辉. 先进制造技术[M]. 武汉:华中科技大学出版社,2017.

[13] 李宗义,黄建明. 先进制造技术[M]. 2版. 北京:机械工业出版社,2017.

[14] 郭琼. 先进制造技术[M]. 北京:机械工业出版社,2018.

[15] 刘美玲,雷振德. 机械设计基础[M]. 北京:科学出版社,2005.

[16] 朱龙英,李贵三. 机械设计[M]. 北京:高等教育出版社,2012.

[17] 范顺成,李春书. 机械设计基础[M]. 5版. 北京:机械工业出版社,2017.

[18] 张鄂,买买提明·艾尼. 现代设计理论与方法[M]. 2版. 北京:科学出版社,2014.

[19] 丁科,殷水平. 有限单元法[M]. 2版. 北京:北京大学出版社,2012.

[20] 张春林,李志香,赵自强. 机械创新设计[M]. 3版. 北京:机械工业出版社,2016.